ドキュメント

世界の傭兵最前線

アメリカ・イラク・アフガニスタンからアフリカまで

アル・J・フェンター　小林朋則 訳
Al J. Venter　Tomonori Kobayashi

MERCENARIES
Putting the World to Rights with Hired Guns

原書房

戦場で「雇われ兵」として日々をすごしてきた友と仲間たちに。彼らは、アフリカ、中東、アジア、および中南米の各地で、政府に対する反乱や、たいてい見境のない残虐行為と戦ってきた。彼らは人命救助に奔走し、混乱に一定の秩序をもたらそうと努めているが、その努力が評価されることはめったになく、たとえあったとしても、しぶしぶ認められるにすぎない。

何人かは――みな勇敢な男たちだったが――帰らぬ人となった。

ならびに

わが友人にして戦友イヴ・ドベーに。イヴは二〇一三年一月一七日、シリアのアレッポで狙撃兵に撃たれて命を落とした。わたしと同じくアフリカ出身で、一九五四年にベルギー領コンゴのエリザベートヴィルで生まれた。わたしたちは何度か同じ紛争地でともにすごし、ローデシアや南アフリカ国境戦争のほか、ベイルートでの内戦が最悪の状態だった時期のレバノンでも一緒だった。

この年下の友人が、安らかに眠らんことを。

「アフリカでは、重機関銃一挺がほかの地域での戦車一〇台分の効果を上げることがある」

ティム・スパイサー陸軍中佐。元サンドライン社社長。『正統的でない兵士 *Unorthodox Soldier*』著者。

「世界秩序を回復させたいが、そのために自国の軍隊を危険にさらす気はないというのなら、民間治安部隊の活用を検討するべきだ。(中略) もし南アフリカ人の傭兵部隊が九六年以降もシエラレオネでの駐留を認められていたら、多くの子どもたちは手を切られずにすんだだろう」

ウィリアム・ショークロス。『われわれを悪から解放する *Deliver Us From Evil*』著者。二〇〇〇年八月二九日、ABCテレビにて。

「傭兵稼業から学ぶべき教訓があるとすれば、それは、頼れるのは自分だけだということにつきる。他人を信用したり、あるいは、よその軍隊に救出してもらうのをあてにしたりするのは、傭兵の世界から未来永劫消え去る片道切符を買おうとするようなものだ。運がよければ刑務所行きで、運が悪ければ、だれも知らないどこかの奥地で後ろから頭に一発撃ちこまれることになるだろう」

「ソルジャー・オヴ・フォーチュン」誌、一九八七年六月号。

「軍事会社は、一時的な現象ではない。軍事力は、危機を安定化させることのできる力であり、強制力のない交渉だけで合意にいたるのに十分だとする意見に異議を唱えるものである。(中略) 国家と国際機関は、民間軍事会社を不愉快な逸脱者とする見方を考えなおす必要がある」

デイヴィッド・シェアラー。自著『民間軍と軍事介入 *Private Armies and Military Intervention*』の序文より。

「そもそも傭兵は、いつの時代も、いずれ消滅するものと思われてきた」

イギリス人ジャーナリスト、イアン・ブルース。二〇〇二年二月一九日。

目次

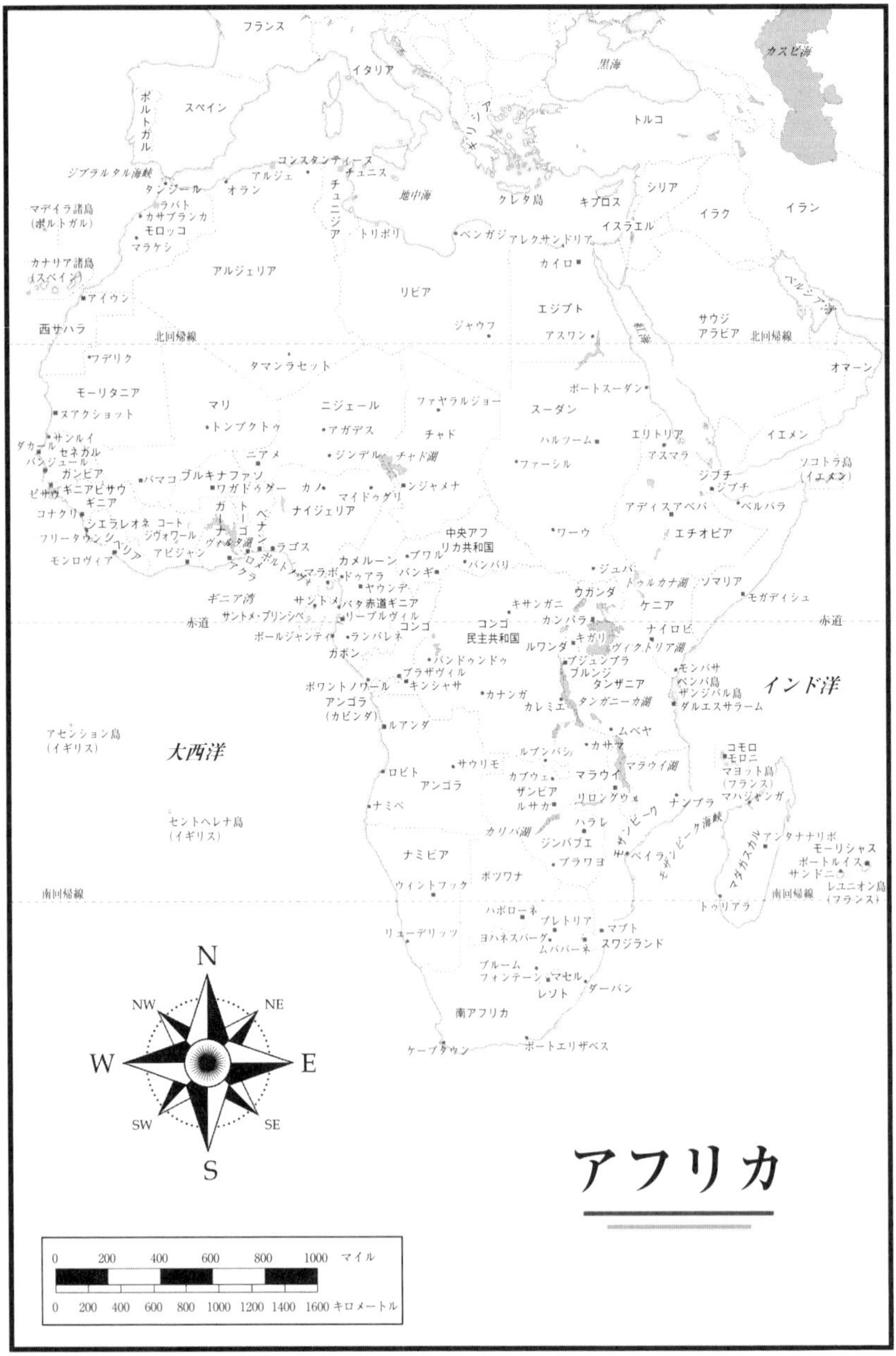

フランス
カスピ海
イタリア
黒海
ポルトガル
スペイン
ギリシア
トルコ
ジブラルタル海峡
コンスタンティーヌ
チュニス
アルジェ
タンジール
オラン
チュニジア
地中海
クレタ島
キプロス
シリア
マデイラ諸島
(ポルトガル)
ラバト
カサブランカ
モロッコ
マラケシ
トリポリ
ベンガジ
アレクサンドリア
イスラエル
イラク
イラン
カイロ
カナリア諸島
(スペイン)
アルジェリア
リビア
アイウン
エジプト
ペルシア湾
西サハラ
ジャウフ
アスワン
紅海
サウジ
アラビア
北回帰線
フデリク
タマンラセット
オマーン
モーリタニア
ポートスーダン
マリ
ニジェール
ファヤラルジョー
スーダン
ヌアクショット
トンブクトゥ
アガデス
チャド
ハルツーム
エリトリア
イエメン
ダカール
サンルイ
セネガル
バンジュール
ガンビア
ニアメ
ジンデル
チャド湖
ファーシル
アスマラ
ソコトラ島
(イエメン)
ビサウ
ギニアビサウ
ギニア
バマコ
ブルキナファソ
ワガドゥグー
カノ
マイドゥグリ
ンジャメナ
ジブチ
コナクリ
ナイジェリア
アディスアベバ
ベルバラ
シエラレオネ
コートジヴォワール
ガーナ
トーゴ
ベナン
ヴォルタ湖
中央アフリカ共和国
ワーウ
エチオピア
フリータウン
リベリア
アビジャン
ラゴス
モンロヴィア
アクラ
ロメ
ポルトノヴォ
カメルーン
ブワル
バンギ
バンバリ
ジュバ
トゥルカナ湖
ソマリア
ドゥアラ
マラボ
ヤウンデ
ウガンダ
ギニア湾
サントメ
バタ
赤道ギニア
キサンガニ
モガディシュ
ケニア
サントメ・プリンシペ
リーブルヴィル
コンゴ
カンパラ
赤道
ナイロビ
ポールジャンティ
ランバレネ
コンゴ民主共和国
ルワンダ
キガリ
ヴィクトリア湖
ガボン
バンドゥンドゥ
ブジュンブラ
ブルンジ
モンバサ
ブラザヴィル
ペンバ島
インド洋
ポワントノワール
キンシャサ
カナンガ
タンザニア
ザンジバル島
アンゴラ
(カビンダ)
カレミエ
タンガニーカ湖
ダルエスサラーム
ルアンダ
ムベヤ
アセンション島
(イギリス)
大西洋
カサマ
コモロ
モロニ
ルブンバシ
マラウイ湖
マヨット島
(フランス)
ロビト
サウリモ
マラウイ
アンゴラ
カブウェ
ザンビア
リロングウェ
ナンプラ
マハジャンガ
ナミベ
ルサカ
セントヘレナ島
(イギリス)
ハラレ
モザンビーク
モザンビーク海峡
カリバ湖
アンタナナリボ
ジンバブエ
マダガスカル
モーリシャス
ナミビア
ベイラ
ブラワヨ
ポートルイス
サンドニ
ボツワナ
ウィントフック
レユニオン島
(フランス)
南回帰線
トゥリアラ
ハボローネ
プレトリア
マプト
リューデリッツ
ヨハネスバーグ
ムババーネ
スワジランド
ブルームフォンテーン
マセル
レソト
ダーバン
南アフリカ
ケープタウン
ポートエリザベス
N
NE
NW
W
E
SW
SE
S
アフリカ
0 200 400 600 800 1000 マイル
0 200 400 600 800 1000 1200 1400 1600 キロメートル

謝辞

そもそもこの本が出版されたのは、ディスカバリーチャンネル（ヨーロッパ）の上級副社長ダン・コーンから、まったく急な話だが、新しいテレビ・シリーズ、その名も「傭兵たち」の数回分でプロデューサーとディレクターをつとめてくれないかと頼まれたのがきっかけだった。わたしは当時すでに南アフリカに戻っており、番組のほうは、どうやら電話をもらった時点で放送ずみの回の一部に少々問題が起きていたらしかった。これは喜んで依頼を受けるよりほかにない。わたしは映像制作のキャリアを積んでおり（テレビのドキュメンタリー番組を一〇〇本以上作っていた）、ふたたび「現場へ向かう」のはとても楽しかった。

それがすむと、わたしはデイヴィッド・ファーンズワースに連絡をとった。デイヴィッドは、美しい奥方サラとふたりで、アメリカとイギリスでケイスメイト出版社を経営しており、わたしは彼に、傭兵をテーマとした新しい本は国際市場で売れるはずだと訴えた。それに、存命中の人物のうち、こうした「雇われ兵」たちと数十年にわたって多くの時間をともにすごした人間はわたしのほかにいなかったので、わたしの話は聞き入れられた。

ケイスメイトの「文章鑑定人」主任スティーヴ・スミスがすぐさまプロジェクトに投入され、時間がないなか、完成品は、ダーバンでわたしの著作の多くを手がけている旧友ブルース・ゴンノーに送られた。スタートからゴールまで、プロジェクトにかかったのはわずか二か月強だった。ここでもわたしは、業界でも屈指の優秀な編集者・校正者であるジェリー・ブイルスキに助けてもらった。ジェリーは聴覚障害者で、わたしがいままで会ったなかでだれよりもたくさん本を読んでいる人物だ。

本書を最終的に仕上げるため、わたしは南アフリカにあるプロテア・ブックスのオーナー、ニコル・スタッセンに、以前に彼のところから出した本から何か所か転載させてもらえないかと頼み、了承を得た。

とりわけありがたかったのは、かつてともに戦場で戦った同志など、以前の傭兵「仲間」の多くから驚くほど協力してもらえたことだ。ルルフ・ファン・ヘールデン、マヌエル・フェレイラ、コブス・クラーセンス、デイヴ・マグレイディー、ニール・エリス、アーサー・ウォーカー、「モンスター」・ウィルキンズ、ヘニー・ブラーウ、フィオナ・キャプスティック、デイヴ・アトキンソン、ピーター・ダフィーなど、大勢の仲間たちに感謝したい。

もはやこの世にいない者も数名いる。フレッド・マラフォノ、ダンカン・ライカールト、ボブ・ポース、イヴ・ドベーらがそうだ。あやうく「ネリス」も、このリストに入るところだった。彼は、攻撃ヘリで海賊対策に従事していたソマリアで昨年一二月、大規模な自爆攻撃にみまわれたが、ぶじに一命をとりとめた。レベル6の防弾ガラスをとりつけた防弾車に乗っていたため、これが爆発に対する楯となり、ほぼ無傷で立ち去ることができた。ほかの生存者はみな入院した。

最後に、長年苦労をかけつづけている最愛の妻キャロラインに感謝の気持ちを捧げたい。妻は、わたしのむら気と「やむにやまれぬ」愚行を大目に見てくれるようになった。妻よ、ありがとう。

わたしたちふたりがプレトリアのトロスキー家から受けたもてなしは、忘れることはもちろん、お返しすることも決してできないだろう。たびたび訪れた彼らの家は、わたしたちにとっては第二のわが家だ。マニーとエリーゼ、それにふたりの息子ベルナルトとヘラルトにありがとうと伝える。それから、ジャネットおばあちゃんとベイジルおじいちゃんにも……。

第1章 戦争を民営化する

本章は、もともとアル・J・フェンターが「戦争を民営化する」という題でイギリスの軍事情報企業ジェーンズ・インフォメーション・グループのために書いた記事である。執筆当時、彼は月刊誌「ジェーンズ国際防衛レヴュー Jane's International Defence Review」のアフリカ・中東通信員であり、「ジェーンズ・インテリジェンス・レヴュー Jane's Intelligence Review」「ジェーンズ・テロリズム・アンド・セキュリティー・モニター Jane's Terrorism and Security Monitor」「ジェーンズ・イスラム問題アナリスト Jane's Islamic Affairs Analyst」各誌の特派員もつとめていた。この記事は、元イギリス陸軍将校ティム・スパイサー中佐が設立した民間軍事会社サンドライン・インターナショナルのウェブサイトに長期間掲載されていた。

一九九九年初め、ナイジェリア軍を主体とする壊滅状態のＥＣＯＭＯＧ（西アフリカ諸国経済共同体監視団）部隊に代わり、三週間以上にわたってシエラレオネ政府を崩壊から守ったのは、南アフリカ人のヘリコプター・パイロット、ニール・エリスが操縦する、わずか一機のＭｉ－17攻撃ヘリコプターだった。事態はいつ無政府状態におちいってもおかしくなかった。

エリスは一日一二時間、燃料と弾薬の補給時以外は休むことなくたった一人で操縦し、首都とその周辺で反政府軍を攻撃しつづけた。その間、敵から激しい報復射撃を受けたが、彼はのちに「ジェーンズ・インテリジェンス・レヴュー」に、「反政府軍にはＲＰＧ（対戦車ロケット砲）とＳＡＭ（地対空ミサイル）がたくさんあったが、わたしの方には幸運があったようだ」と語っている(1)。

「ワシントン・ポスト」紙の元西アフリカ特派員ジェームズ・ルパートは、シエラレオネの首都フリータウンからの記事で、当時の状況を如実に示す、次のような興味深い話を伝えている(2)。

前年の後半、シエラレオネに一機しかないMi-24攻撃ヘリコプター(通称ハインド)がエンジン爆発を起こした。これは政府にとって大問題だった。この年代物のソヴィエト製攻撃ヘリは、首都に迫る反政府軍と戦ううえでもっとも効果的な兵器だったからだ。

政府高官たちはあわてて修理することにした。しかし、通常の武器商人に頼るのではなく、鉱物資源採掘会社や宝石のブローカーや、傭兵たちを相手に入札を実施したのである。入札参加者の大半は、シエラレオネのダイヤモンド鉱山に利権をもつか、利権がほしいと思っている者たちだった。最終的に政府は、三八〇万アメリカ・ドル相当のエンジンと部品と弾薬を、ベルギーに本社を置くレックス・ダイヤモンド採掘会社の重役ゼーヴ・モルゲンステルンが設立した会社を通じて購入することに決定した。

ところが、調達した部品は機械に合わず、攻撃ヘリが飛び立つことはなかった。反政府軍はフリータウンを占拠して、住民数千人を殺害し、多くの市民の手足を切断したとルパートは伝えている。これ以降、シエラレオネ政府はエチオピア人の技術者グループを雇って「旧式」のハインドを整備させ、これにエリスは搭乗したのである。

こうした紛争の民営化にともない、アフリカの戦争では広範囲に大きな人的被害をあたえる気化爆弾が使用されるようになった。たとえばアンゴラ内戦では、一九九九年後半、アンゴラ空軍が武装抵抗組織UNITA(アンゴラ全面独立民族同盟)に対し、同国中央高地の集落バイルンドとアンドゥロにあった拠点周辺の陣地に気化爆弾を投下し、そのためUNITAの指導者サヴィンビは森林地帯への撤退を余儀なくされた。

この攻撃には、アンゴラ政府が新たに取得したスホーイ戦闘機Su-27が出撃し、使われた気化爆弾は、傭兵が政府側に立って戦った内戦初期の遺産となった。ちなみに、気化爆弾をアフリカでの反乱や内戦に投入するという考えは、その以前から広まっていた。「貧者の核爆弾」ともよばれる気化爆弾の使用が最初に議論されたのは、一九八〇年代初頭に南アフリカ陸軍が一連の国境戦争を戦っていたときだった。

SWAPO(南西アフリカ人民機構)は、南アフリカ軍の空対地攻撃で死傷者が出るのを防ぐため、アンゴラ

イギリス空軍は、シエラレオネで展開される反政府軍との戦いを支援するためチヌーク輸送ヘリコプターを４機派遣した。ニール・エリスは、その時点ですでに１年近く後方で戦闘に参加しており、敵の能力や戦術については十分な知識を得ていた。そうした知識のすべてが、到着したイギリス軍の役に立った。（写真：筆者蔵）

南部にトンネルと塹壕からなる複雑な連絡網を作っていた。これは、アンゴラのマルクス主義政権に協力したベトコンの置き土産で、反乱軍側の代表的な対抗手段になっていた。気化爆弾は、こうした隠れ場所からゲリラ兵士をあぶり出す手段と考えられた。

南アフリカの傭兵会社エグゼクティヴ・アウトカムズ（ＥＯ）は、一九九四年にアンゴラで首都ルアンダの北に集結したＵＮＩＴＡの歩兵・機械化部隊に対してはじめて気化爆弾を使用し、その後シエラレオネへ行ったときに、ふたたび気化爆弾の使用を検討している。実際、リベリア国境近くにあったフォディ・サンコー率いる反乱軍の本部を、気化爆弾を使って爆撃する計画が議論されたとき、筆者はその場に同席していた。当時、この問題については多くの研究が行なわれており、反乱軍が防御を固める狭い山腹一帯で使うのに理想的な兵器であろうと考えられていた。ただし、この計画が実行に移される前に、EOはシエラレオネの首都フリータウンから引き揚げた。

バイルンド近郊にあったサヴィンビの本拠地周辺の被害状況から判断して、アンゴラ内戦で気化爆弾が使われた可能性があると、報告は指摘している。民間人目撃者の証言から、投下された爆弾の大きさと形、および爆薬の作用が明らかになっている。遠くからだと、以前に何度も見たことのあるナパーム弾とよく似ていたという証言もある。

気化爆弾は、ジュネーヴ協定で禁じられてはいないが、国際団体から非人道的だとみなされている。元EOの関係者はヨハネスバーグの「メール&ガーディアン」紙に、南アフリカ製の気化爆弾を隠した武器庫は、ルサカ和平協定にサヴィンビが調印したのち、一九九四年にそのままアンゴラに残してきたと語っている。

第三世界の各地で小規模な紛争が多発した結果、徐々にではあるが、戦争は民営化されるようになってきた。これには、それ相応の理由がある。西側諸国の政府が、自国の有権者に説明しにくい曖昧な目的のために自国の若い兵士たちを危険にさらすのに消極的だからである。

この流れをはっきりと示す大きな事例がふたつある。ひとつめは、以前にエグゼクティヴ・アウトカムズが実施していた活動が一九九九年一一月初めに再開されたことだ。同月、軍事計画業務を行なうアメリカの民間企業大手で、クリントン政権と密接な関係にあったMPRI（ミリタリー・プロフェッショナル・リソーシズ・インコーポレーテッド）が、エドゥアルド・ドス・サントス大統領のアンゴラ軍（FAA）を訓練するため、アンゴラへ派遣された。「メール&ガーディアン」紙によると、MPRIはアンゴラ政府と、かつてEOが実施していたのとほぼ同じ形でFAAを鍛えることで合意したという。

ふたつめは、この直後に南アフリカの別の民間人部隊が、国連平和維持軍の一部隊として、独立まもない旧ポルトガル植民地の小国、東ティモールの首都ディリへ派遣されたことだ。部隊は主として混血の人々（南アフリカの人種用語でいえば「カラード」）で構成されたが、これは東ティモールの地元住民に交じっても目立たないようにするためだ。人員は、ダーバンに本社を置く警備会社二社（エンパワー・ロス・コントロール・サーヴィ

アメリカ人傭兵の姿は、世界各地の戦争で目にしないことはなく、フランス外国人部隊で任務についているほか、ローデシア紛争では「フリーランサー」として活動していた者もいる。デーナ・ドレンコウスキ（左）は、ベトナム戦争ではアメリカ空軍兵士として戦闘任務を200回行ない、その後ローデシアへ行って同じく元アメリカ軍兵士のジム・ボーレン（上半身裸の人物）と行動をともにした。（写真：デーナ・ドレンコウスキ）

セズとKZNセキュリティー）が集めて訓練した。その任務は、国連の保護の下、東ティモールで秘密の仕事をすることだった。

当時、東ティモール民族抵抗評議会議長ジョゼ・「シャナナ」・グスマンは、南アフリカのタボ・ムベキ大統領に、警護の者はインドネシア側から送られているかもしれないためだれひとり信用できないと語っており、だから南アフリカ側に警護の任務も担当してくれるよう依頼したのである。

エグゼクティヴ・アウトカムズが一九九〇年代なかばにアンゴラとシエラレオネで反乱を鎮圧したことで、アフリカ諸国は民間の軍隊が活動を拡大するのを最初に目撃した国となった。

同じことは、南アメリカや一部のアジア諸国にもいえる。南アフリカ出身の攻撃ヘリ・パイロットがスリランカで傭兵として飛行任務につき、その直後には、

アメリカ人傭兵デイヴ・マグレイディー。ローデシア北西部で筆者と賞金稼ぎをしているときの１枚。彼はアフリカで数多くの戦闘に参加し、のちには中東で、イスラエル軍がキリスト教徒を中心に作った南レバノン軍にくわわった。（写真：筆者）

イギリスの会社サンドライン・インターナショナルに採用された「雇われ兵」が、パプアニューギニアに派遣されることになった。しかし、オーストラリアの外交政策（とパプアニューギニアによる契約解除）により、この小規模な活動は頓挫している。

傭兵の実績は興味深いものがある。南アフリカの傭兵部隊が一九九六年にはじめてシエラレオネへ行ったときは、面積でアメリカ・コネティカット州の半分に相当する首都周辺を「浄化」するのに三週間もかからなかった。一週間後には、黒人を中心とする八五名の小部隊が、あまっていたソ連製の歩兵戦闘車ＢＭＰ－２二台を先頭に、Ｍｉ－17数機による上空掩護を受けながら内陸へ約二〇〇キロメートル進み、反政府勢力である革命統一戦線（ＲＵＦ）の部隊をコノ地区のダイヤモンド採掘場から追い出した。

この作戦は三日で完了し、ダイヤモンドを資金源にしようとしていた反政府勢力は弱体化した。

シエラレオネで活動した南アフリカ人傭兵の数は、どの段階でも数百人を超えることはなく（通常はわずか八〇名から一〇〇名程度）、補給物資は月に二回、エグゼクティヴ・アウトカムズが所有するボーイング７２７でヨハネスバーグから輸送されていた。

シエラレオネ内戦は、話の一端にすぎない。一九九〇年代には、アフリカ、中東、中南米など、世界各地で多発した内戦や反乱、クーデターや暴動などに傭兵が関与していた。一九九九年初めには、元ソ連軍パイロットがアンゴラの反政府勢力ＵＮＩＴＡを支援していると報じられた。ただし、彼らの任務は輸送であって戦闘関係の任務ではなかった。

二〇〇〇年五月には、エチオピア・エリトリア戦争でロシア人とウクライナ人のパイロットが両陣営でミグ戦闘機を飛ばしていた。事実、「ＵＳニューズ＆ワールド・リポート」誌には、エチオピアが新たに購入したＳｕ－27のデモ飛行後にコクピットから出てくるヴャチェスラフ・ムイジン大佐の写真と、その詳細な記事が掲載された[3]。記事では、彼はアフリカの「新たな傭兵」のひとりと記されている。同様にコンゴ民主共和国（旧ザイール）でも（カビラがモブツを追放する前も後も）セルビア人、南アフリカ人、クロアチア人、ジンバブエ人、ドイツ人、フランス人など、さまざまな国の出身者が政府側・反政府側双方の陣営で戦闘にくわわっていた。

そしてアンゴラである。エグゼクティヴ・アウトカムズの元職員――そのほぼ全員がもっぱら南アフリカ人である――が、一九七五年から断続的に続いていた内戦

(それに先立ち一三年間続いたポルトガルに対する反植民地ゲリラ戦争は除く)で、敵味方の双方に関与していた。しかも、この兵士たちの一部は一九九〇年代なかばにアンゴラ政府軍のため訓練を実施し、戦闘にも参加していた(4)。

EOは、南アフリカ政府から解散せよとの圧力をかけられ、議会もいっさいの傭兵活動を違法とする法律を制定したため、一九九九年一月に解散したが、その後、多くのベテラン傭兵がひそかに敵方にねがえり、一時はサヴィンビ率いるUNITAの反政府活動を指導していた。最終的に、アンゴラ政府が制空権を確保したため、UNITAは交渉の席に着かざるをえなくなり、内戦はようやく終わった。ジョナス・サヴィンビは「味方」との会合におびき出されたところを殺害された。

ほかにも(やはりアフリカ出身の)傭兵たちが、ギニアビサウで反政府勢力と交戦したといわれている。またセネガルのカザマンス地方では、当初(フランス人と思われる)外

エグゼクティヴ・アウトカムズに所属する南アフリカ人傭兵は、凄惨なシエラレオネ内戦の初期に反政府勢力に対して優位に戦いを進めた。その兵力は150人を超えることはほとんどなく、敵を交渉の席に着かせるのに1年もかからなかった。同じころ同国には国連部隊の兵士が1万6000人いたが、まったくなんの成果も出せなかった。やがてデイヴィッド・リチャーズ准将(当時)が指揮するイギリス軍が傭兵部隊の任務を引き継ぎ、数か月後には反政府勢力を鎮圧した。(写真:ルルフ・ファン・ヘールデン)

国人兵士が反政府勢力を支援していたと報告されている。

スーダンでは、キリスト教徒の多い南部のナイル系民族による反政府活動が起きたとき、黒人を主体とする反政府勢力への掃討作戦で、イラク人パイロットがスーダン軍の飛行機を操縦し、別の報道によれば、反政府勢力に対して化学兵器も使用したらしい。またスーダン政府は、地上部隊にアフガニスタンのムジャヒディン（反政府ゲリラ）やイエメン人など、外国人を参加させ、キリスト教徒や伝統宗教を信仰する人々が南部で起こした反乱に対処させた。

さらに傭兵は、ブルンジ、コンゴ共和国、ルワンダ、ウガンダのほか、ケニアでかつて北部辺境地区とよばれていた地域（現在の北東州）でも活動していた。北部辺境地区では、反政府グループの大半がソマリア人で、軍閥の支援を受けている者もいれば、フリーで活動している者もいる。数々のニュース報道で知っていることと思うが、この紛争は、いまではアル・シャバーブと自称するアル・カーイダの分派もからんで現在も続いている。

島国のコモロでは、傭兵の活動がさらに報告されている。コモロでは、フランス人ボブ・デナールがまず一九七八年に海上から侵攻して既存の政府を倒した。デナールは、フランス人とベルギー人を中心にフランス情報機関のうしろだてを得た武装集団を率い、アリ・ソワリ大統領を逮捕すると（ちなみに、ソワリはのちに射殺される）、武装集団の力を背景に、コモロを自分の私領として統治することになった。しかしデナールは、結局一一年後にフランス海軍の任務部隊によって排除された[5]。

これ以外では、ロシア人、フランス人、チェチェン人などの傭兵がコソヴォ紛争で活動していた（それ以前ではジョージア、チェチェン、ダゲスタンなどのカフカス地域でも二〇世紀末に活動していた）。またアフガニスタン、アルメニア、タジキスタン、アゼルバイジャンなど各地の紛争でも傭兵の存在は確認されている。

同様に、コロンビアの麻薬カルテルのメンバー（ならびに、麻薬王と戦う人々）も、それぞれ親政府派や反政府派の民兵との戦闘や訓練のため、南アフリカ人やイギリス人の傭兵を雇っていた。

さらに、パキスタン軍の訓練を受けた傭兵部隊がインドでカシミール・パンディット（高位ヒンドゥー教徒）二三名を虐殺したとして告発された。インド政府のスポークスマンは、同種の事件は一五か月で三度目であり、これは地方選挙で選ばれた政府当局を打倒しようとする直接的なくわだてであると述べている。事件の結果、カシミールでは緊張がいちじるしく高まった[6]。

スリランカでも、内戦が激化していたころは同様だった。タミル・イーラム解放のトラを攻撃する攻撃ヘリコプターの操縦席に、南アフリカ人パイロットが座っていた。ただし、これは長くは続かなかった。スリランカ政府がこうした「雇われ兵」を、公然と消耗品扱いしたからであった。

それ以前、傭兵たちはレバノン内戦で、さまざまな陣営と提携し、この国で一六年間続いた凄惨な戦いに関与した一〇〇以上の多種多様な派閥から、訓練員として、また戦闘員として活用された。南レバノン軍（SLA）司令官サアド・ハッダードに雇われた傭兵にはアメリカ人もいたが、ハッダードに資金を渡しているのがイスラエル政府であることや、SLAの考案者がイスラエル人ジャーナリストで予備役兵のヨラム・ハミスラヒ大佐であることは、ほとんど問題にならなかった。とにかく人数を集めることが先決だった。

SLAに雇われたアメリカ人傭兵デイヴ・マグレイディーによると、報酬と食事と宿泊施設はお粗末だったという。そのせいで外国人兵士はあまり長くとどまらなかった。彼の話では、当時の報酬は月にわずか二〇〇ドルほどで、生活環境は最低だったそうである。

それからしばらくして、熱心なキリスト教徒を主体とするレバノン軍司令部が、ベイルートとその周辺で戦術・狙撃訓練を行なうのにアメリカ人志願兵を使いはじめた。この志願兵の一部は、「ソルジャー・オヴ・フォーチュン Soldier of Fortune」誌の発行人ロバート・K・ブラウン大佐からの要請でレバノンへ派遣された者たちだった。また、おもにフランスやドイツから来た過激派は、これと敵対するさまざまなイスラム勢力に参加した。

このころ、キリスト教右派のファランヘ党が、かつてローデシア空軍で爆撃機キャンベラを操縦していたパイロットを雇った。報酬は月一万ドルだったが、一度も出撃しなかった。それもそのはずで、ベイルート北方の全空域はシリア軍の地対空ミサイルが制圧していたからである。(7)

それにもかかわらず、あるいはそうであるからこそ、雇われ兵を使って戦争を遂行して人の命を奪うことに反対する声が大きく高まっている。

フリーランサーを雇って軍事的な仕事をさせることへの嫌悪感は、ほぼいたるところでみられる。また、職業軍人で構成される伝統的な軍隊という基本理念にも反しており、だからオーストラリアは、サンドラインがニュ

ダーバンのピーター・ダフィーは、コンゴ民主共和国でマイク・ホアーの第５コマンドー部隊のため長期にわたって懸命に戦い、のちにホアーに招かれてセーシェル侵攻未遂事件に関与した。写真の中央左で迷彩服を着ているのがダフィーで、タンガニーカ湖付近で彼の部隊の不正規兵たちとともに撮影した１枚である。（写真：ピーター・ダフィー）

ーギニア政府に対しブーゲンヴィル島の革命軍と戦う契約を承諾したとき、あれほど強硬に反応したのである。

デイヴィッド・シェアラーが「フォーリン・アフェアーズ」誌（一九九八年秋号）の記事で述べているように、二〇〇年前から今日にいたるまで、戦争行為は国民国家だけに許されているというのが一般的な国際規範だった。ところが、民間企業が合法的な営利活動として戦争ビジネスに参入してきたため、人々の反発をまねき、これを非合法化すべきとの声が上がったのだと、シェアラーは指摘している。

彼は続けて、マスコミが「『戦争の犬たち』といったレッテルを使い、ランボーが好き勝手に暴れまわって――たいていアフリカにある――脆弱な政府を転覆させるというイメージを作り上げた」のだとも言っている。

しかし近年、戦争のあり方が変化してきている。現代で屈指の軍事理論家のひとりマルティン・ファン・クレフェルトは、自著『戦争の変遷』［石津朋之監訳、原書房、二〇一一年］で同様の主張をしている。彼の見解によれば、国民国家が行なう従来のような戦争は地図上から姿を消しつつあるという。そ

上：ソマリアの海岸には、航空機の残骸が点々としている。いずれも、荒廃した浜辺に着陸したのちに乗りすてられたか、反政府グループに「押収」されたものである。写真は、筆者が「公正な希望」作戦中のアメリカ陸軍ヘリコプター部隊に同行したときに撮影したもの。
下：ソマリアから分離したプントランドの武装集団に属するソマリア人兵士たちが、戦闘準備を進めているところ。（写真：アーサー・ウォーカー）

モガディシュ――アメリカ陸軍のブラックホーク・ヘリコプターに乗って海から撮影した写真（上）と、北からモガディシュ空港に接近したときの写真（下）。下の写真の手前側には、廃棄された何機もの軍用機の残骸が見える。その多くは飛行不能になっているが、それは簡単な修理や予備の部品のとりつけをできる人間がひとりもいなかったからである。（写真：筆者。ソマリアでアメリカ軍に同行したときに撮影）

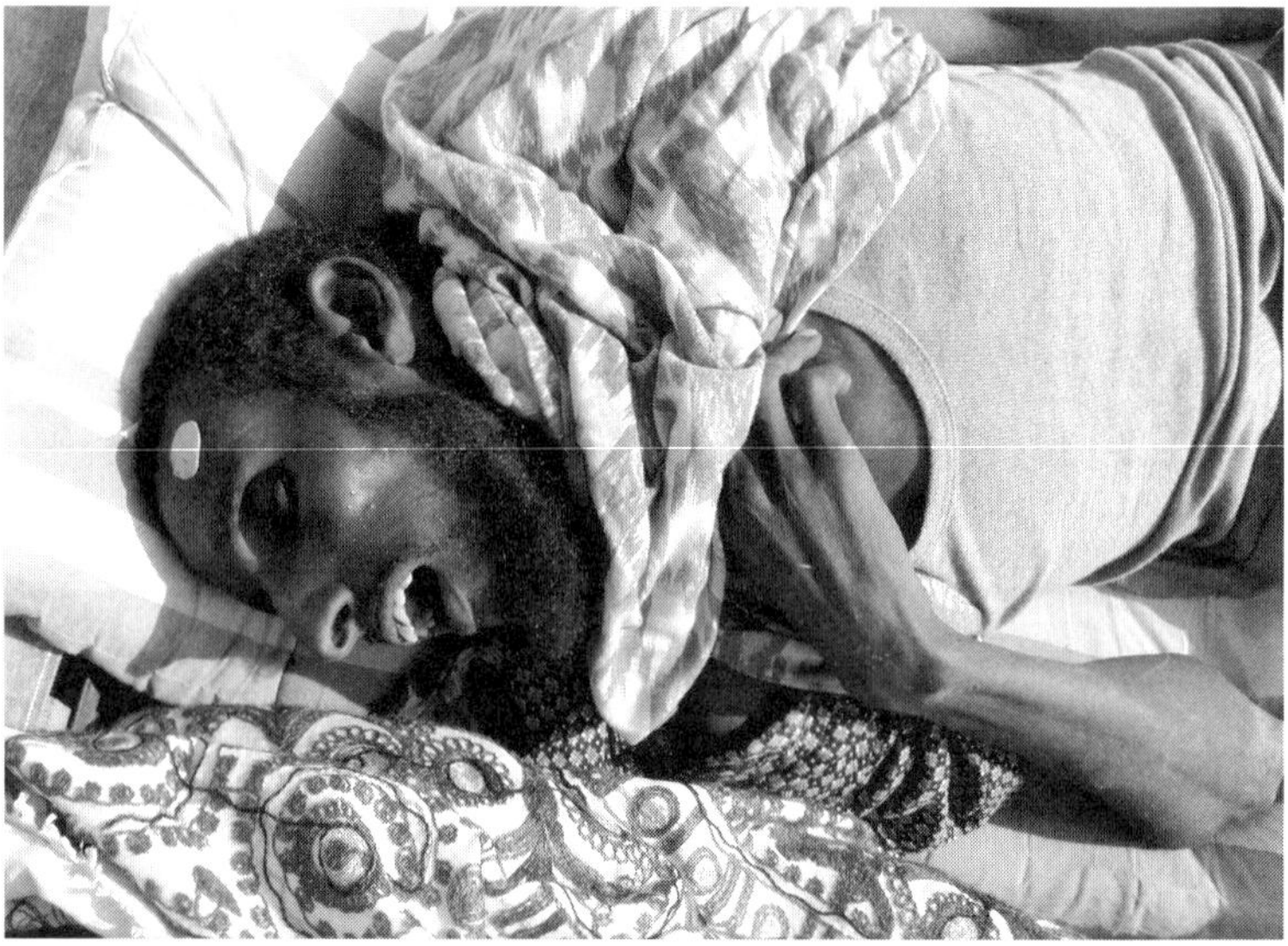

人質救出作戦中に殺害されたソマリア人海賊。このときは、貨物船アイスバーグ１で３年近く海賊に拘束されていた約 20 人の人質が、10 日間の作戦で解放された。この作戦では、南アフリカ人傭兵がプントランド海洋警察とともに海賊と戦った。（写真：アーサー・ウォーカー）

して、今後は「戦争を行なう主体」が近代以前に見られた集団に似てくる可能性を示唆している。近代以前の集団とは、たとえば小規模な地域紛争で互いに対立しあう部族集団、宗教団体、かつてヨーロッパと極東の交易ルートを切り開いた営利企業などのことだ。オランダ東インド会社もイギリス東インド会社も、独自の軍隊をもっており、その構成員は全員が傭兵だった。

　ファン・クレフェルトは、将来の展望について「すくなくとも一六四八年まではそうであったように、軍事的機能と経済的機能がふたたび統合されるだろう」と述べ、「社会を低強度紛争の脅威から守る日々の責務は、急成長をとげている治安ビジネスにまかされることになるだろう。それどころか、そうしたビジネスを行なう組織が、近世イタリアの傭兵《コンドッティエーレ》のように、国家を支配する日が来るかもしれない」と記している。

　発展途上国では、おもに民族対立を原因として激しい地域紛争が起きており、しかもソマリアやコンゴ民主共和国、ルワンダのように出口の見えない状況が続いているが、こうした紛争に先進諸国が関与したがらないのには、もっともな理由がある。

国連が「公正な希望」作戦のもと、一九九一年にソマリアへ介入したとき、その目的は、第一に、飢餓に苦しむ多くの民間人を救うことであり、第二に、戦闘をやめさせることであった。また善意から、手のつけられない状況になっていた社会・軍事制度の内部に一定の秩序を回復したいとも考えていた。

しかし、すぐに明らかになったように、まさかひとにぎりの残忍なソマリア軍閥リーダーたちが頑強に抵抗してくるとは、だれひとり想定していなかった。作戦は失敗に終わって大きな影響を残したが、なかでも、アメリカ軍兵士の遺体が服をはぎとられ、モガディシュ市内をひきずりまわされるという、むごたらしい映像がテレビで流されたのは、深刻だった。これをアメリカ国民の記憶からぬぐい去るには、さらに一世代かかることだろう。

たしかに、ルワンダやアフガニスタンで実証されたとおり、アメリカ軍が建て前であれ本心であれ、アジアなりアフリカなりでなんらかの大義にふたたび全力で取り組むようになるのに、しばらく時間がかかった。

冷戦の終結によっても、優先順位が変わった。こちらの三流独裁者と戦うため、あちらの三流独裁者を支援するという手は、もはや打つことができない。ともかく、それでは筋が通らないのだ。しかも、その根底にはたいてい利権がひそんでいるので、動機を正当化しようとするのがますますむずかしくなっている。

西側諸国が他人の戦争に介入したがらない、もうひとつの理由は、格別な事情がないかぎり、どんなにわずかであっても犠牲者が出るのをだれも容認しようとしないからだ。それもあって、コソヴォでは地上部隊が派遣されなかったのである。この現象を「遺体袋症候群」とよぶ者もいる。

その結果、当然ながら代替案が求められ、おそらくそうしたこともあって、傭兵は大々的に復活してきているのだろう。ディーキン大学オーストラリア・国際研究学科で戦略研究を教える講師サム・ログヴェインは、論文「傭兵軍擁護論」のなかで、「今日の戦争は、大軍を広い戦線に投入するのではなく、すぐれた判断力をもった部隊を慎重に選んだ地点に投入するものになってきている」と主張している。

そのため、条件がすべて同じであれば、有能で、十分な装備をもち、士気の高い部隊なら、第三世界のどの紛争でもかならず圧倒的な優位を確立できるはずだと、ログヴェインは断言している。

現在のソマリアは、激しい群雄割拠に苦しめられているが、この国家崩壊ですら、容易に避けることができただろう。ソマリア崩壊の根底には、組織が肥大化して非常に官僚的になった国連の存在があり、国連では、武力に武力で対抗して同じ条件で活動できるようにしようなどとは、だれひとり本気で考えたりしなかった。東ティモールへの介入作戦では、そうしたことはまったくなく、現にオーストラリア軍は、反撃してよいかとだれかに許可を求める必要などなかった。

いまも国連レバノン暫定軍（ＵＮＩＦＩＬ）が駐留する南レバノンもそうだが、ソマリアでも、なんらかの軍事行動をとるには、ばかげた条件をいくつか満たさなくてはならない。しかも、アフリカ連合の大部隊が駐留しているにもかかわらず――当初は成果を上げていたが、いまでは弱体化し――、アル・シャバーブはかまうことなく依然として暴力をふるいつづけている。たしかに、このイスラム過激派を首都モガディシュと南部の港湾都市キスマヨから追い出したのちの一年間は、自動車爆弾や手製爆弾による攻撃はほとんどなかった。しかし、本書執筆時点で、こうした攻撃がふたたび日常茶飯事となり、それにともなって犠牲者も増加している。

それに対して傭兵軍には、こうした障害はほとんどない。その一方で、「フリーランスの代替軍隊」には独自の問題がある。これには、イメージに由来するものもあれば、現代史に原因があるものもある。現代の傭兵のイメージそのものが決してほめられたものでないのも事実だが、その理由のひとつは、一九六〇年代にコンゴ民主共和国で傭兵たちが無差別殺戮に関与したという話が続々と出てきたことにある。このひと昔前の戦争の犬たちは、暴力による混乱と悲惨な記憶をコンゴに残して、ようやく本国へ帰っていった。

こうした事態をまねいたひとりが、仲間から「マッド」とよばれていた元イギリス陸軍大尉マイク・ホアーだ。彼は、結果を出すためなら手段を選ばなかった（し、実際に結果も出していた）。ホアーは、モイーズ・チョンベが支配するカタンガ州で戦うためフリーランスのコマンドー部隊を集める任務をまかされた。

その後で、白人の傭兵が無差別殺戮を行なっているとの報道が流れ、その証拠として、ヨーロッパ系兵士の一団が、笑みを浮かべながら、黒人の首をまるでトロフィーかなにかのように高く掲げている、むごたらしい写真がかならずといっていいほどそえられた。その具体的な顛末は、当時のニュース雑誌の多くに掲載された。

南アフリカ人の傭兵司令官ダンカン・ライカールトと、アンゴラ軍の将校たち。エグゼクティヴ・アウトカムズが西アフリカの同国でまだ活動していた時期に撮影した1枚。のちにダンカンは、ソマリアへ向かうために搭乗したロシアの飛行機がウガンダのエンテベ空港を離陸直後に墜落するという謎の事故で死亡した。（写真：筆者）

アメリカ人やカナダ人などの非合法な「志願兵」は、ローデシアの戦争にもいたし、その一部はひき続きアンゴラで南アフリカの精鋭部隊である第四四パラシュート旅団で任務についた。ローデシアでもアンゴラでも軍紀は厳しく、いかなる違法行為も軍法に照らして厳正に対処されたが、白人が黒人と戦うことに人種差別的な意味あいを見て自由主義諸国は激怒した。当時の政治的状況では、両国で実際に日々の戦闘活動を行なっているのは大半が黒人だという事実には、ほとんど目が向けられなかった。さらにいえば、彼らの敵である反政府勢力も、同じく黒人でありアフリカ人であった。

今後は傭兵の役割を拡大すべきという主張に対する反論としてかならずもち出されるのが、カラン大佐と自称してアンゴラで活動した悪名高いキプロス人傭兵である。彼は本名をコスタス・ゲオルギウといい、イギリス陸軍に入ると、北アイルランドのパラシュート連隊第一大隊に配属されて当初は功績を上げ、部隊でも指折りの射撃の名手と評価された。また、一九七二年にロンドンデリーで軍の発砲により市民が死亡した血の日曜日事件では二六発の銃弾を撃ったとされた。いずれにせよ、彼が伍長までしか昇進しなかったのはまちがいなく、しかもそれさえ、彼は兵卒どまりだったとして一部の者からは否定されている。

カランを雇ったのは、アメリカ中央情報局（CIA）である。当時CIAは、アンゴラ政府（社会主義政党のMPLA政権）とキューバ軍が合同で首都ルアンダから北へ攻勢を開始したのをなんとかくいとめようと必死に最後の抵抗をくりひろげていた。CIAに雇われたカランは、兵士というよりはむしろ殺人狂であり、だれよりもきわめて残忍であった。その行為（敵だけでなく味方も容赦なく殺した）は、現代の「傭兵軍団」という発想に反対する人々が使う典型的な事例となっている(8)。

こうした反論には、もっともな根拠がある。かつて、こうした者たちの多くは、法律を無視するばかりか、しばしば自分勝手に過酷な法令を作り、ときにはそれを自分たちが守っているはずの社会そのものに押しつけることさえあった。アフリカのほかの国々で見られたように、残忍な殺し屋集団が別の集団にとって代わるにすぎなかったのである。

しかし、事情は変わった。エグゼクティヴ・アウトカムズがシエラレオネの一部を制圧したとき、EOの地域指揮官ルルフ・ファン・ヘールデンが最初にとった措置のひとつは、秩序を維持できるなんらかの枠組みを作るため地元諸部族の長老と会うことだった。

わたしが彼の東部地域司令部——建物は、同国東部の町コイドゥを見下ろす高台にあった——ですごした一週間、首長や副族長がたえず施設に出入りしては、会合に出席したり助言を求めたり、裁判で証言したりしていた。時間のかかるプロセスだったが、元南アフリカ陸軍司令官で口数の少ないファン・ヘールデンは——彼は、麻薬中毒であったり規律が乱れたりしているシエラレオネ軍から地元住民の利益を守るための相談窓口となっていた——かならず時間を見つけて話を聞くようにしていた。

アメリカ人ジャーナリストのエリザベス・ルービンは、ニューヨークの「ハーパーズ」誌に寄稿した長文記事のなかで、シエラレオネにおけるEOの活動について報じている。

記事には、南アフリカ人傭兵は「首長たちやビジネスマンや町の人々から救世主としておしみない称賛を受けていた」と書かれている。あるときは町の住民全員が祈りの集会に出席し、「わたしたちを守ってくれている人々に神の御加護を求め」たという。もちろん彼らが祈ったのは、規律が乱れ、たいていは酒か麻薬におぼれているシエラレオネ軍のためではなく、コイドゥを守る空想上の城壁を警備している傭兵たちのためであった(9)。

首都フリータウンにいるイギリスの高等弁務官でさえ、同国で活動するEOのメンバーが金曜の夜に開くカジュアルなパーティーに顔を出していた。

わたし自身が同国を訪れていたとき（これは、EOの将校たちがジャングルで彼らなりの正義を実行しはじめて一か月後のことだったが）、イギリスで訓練を受けたシエラレオネ軍の将校数名から、国軍の規律がこれほどよかったことはなかったという話を聞いた。それまでは、軍の将校が部下に命令を徹底させようとして兵士たちに「バラされる」ことが何度かあった。南アフリカ人傭兵たちには、不法行為に対処する独自のてっとりばやい方法――たいていはシャンボク(10)を使った鞭打ち――があったが、法的手続きは、第一回公判から判決まで、すべてが長老など部族長のいる場で行なわれた。それからファン・ヘールデンが部族長らに、判決を認めるか拒絶するかをたずね、部族長たちは民主的に挙手によって決定をくだした。

この話の大半――および、傭兵についてのその他さまざまな話――は、アメリカとイギリスでケイスメイト社から出版されている拙著『戦争の犬――他国民の戦争を行なう *War Dog—Fighting Other People's Wars*』でもふれている。

記事の最後で、国連軍で交渉担当者だったカナダ軍のイアン・ダグラス将軍が、次のように述べている。「EOのおかげで、これほど治安が安定した。もちろん、完璧な世界ではEOのような組織は必要ないだろうが、傭兵だからという理由だけで彼らが出ていかなくてはならないなどとは言いたくないものだ(11)」。エグゼクティヴ・アウトカムズは、やがてシエラレオネから出ていくことになる。かわってイギリスの会社サンドライン・インターナショナルが業務を引き継ぐことになるが、残念ながら、その活動は政治家でなくては仕組むことのできない論争にまきこまれることになった。

その後どうなったかは読者の知るとおりというか、すくなくとも知っていることと思う。二〇〇〇年にイギリスの陸海軍が大挙してフリータウンに到着して敵を壊走させたが、それまでに反政府勢力によって約一万五〇〇〇のシエラレオネ国民が殺害され、子どもをふくむ何万人もの一般人が生きたまま手や足を切断されたのである。

アフリカでの一連の戦闘でエグゼクティヴ・アウトカムズが果たした役割は、活動期間が比較的短かったことをふまえ、一部の専門家からは大きな成功をおさめたとみなされている。EOを批判する者でさえ、この事実は認めざるをえないはずだ。

やがて作戦は、空中・地上攻撃もふくむようになり、活動範囲はコンゴ民主共和国（同国でEOの部隊は、反政府勢力が首都の南西にある戦略的に重要なインガ・ダムを攻撃するのを防いだ）、ケニア、コンゴ共和国、ウガンダなどに広がった。

またメキシコとは、南部チアパス州での反乱を鎮圧するため部隊を派遣する交渉が進められていた。ただし、アメリカからの圧力でこれはすぐ沙汰やみになった。

EOが活動を進めながら独自の社風を築いていったのはまちがいない。EOが一九九三年三月にはじめてアンゴラへ出撃するに先立ち、エーベン・バーロウが採用されて、南アフリカ特殊部隊の元将兵約五〇名を集めた。この一団が、コンゴ川河口でソヨにある石油施設を押さえて防備を固めている兵力一〇〇〇人のUNITA部隊に攻撃を仕かけることになる。その詳細については、本書の後の章であらためて扱うことにする。

しかし、これだけは言っておきたい。その後のブリーフィングで、南アフリカ偵察連隊の元司令官ヘニー・ブラーウ大佐は、きわどい勝利だったと語っている。「われわれは彼らを追い出し、人的損耗もあたえたが、彼らはたえず戻ってきた。（中略）最後には、どうしようもなくなった。さらに、弾薬も底をつきはじめていた。そのとき突然、彼らは部隊を引き上げて消えてしまった。勝敗が逆になってもおかしくなかった」と、アンゴラのレド岬にあった彼らのおもな作戦基地をわたしが訪ね、同社の初期のころについて包括的なブリーフィングをしたときに大佐は語ってくれた。

ブラーウは、ソヨはEO部隊にとってだけでなく、世界における傭兵活動にとってもターニングポイントになったと語っている。「プロフェッショナルなフリーの兵士たちの一団が、戦場で何ができるかを実証したのであり、われわれは現地へ行って、やるべきことをやった」

注目すべきは、傭兵の第一弾が到着したとき、アンゴラ政府は強い疑念をいだいていたとブラーウがのちに述べている点だ。彼によると、アンゴラ軍の上級司令官のなかには、これは反政府クーデターを起こす支援をしようという策略ではないかとか、金をもらったら逃げてしまうのではないかと考える者もいたという。

「しかし、われわれから死者が出ると、彼らにもわれわれが本気であることがわかった。最後には彼らの信頼を勝ちえたが、それでもわれわれの動機を疑う者はいた。アメリカとか別のだれかのために活動しているのではないかと思いこんでいる者もいた」とブラーウはつけくわえている。

ＥＯの元幹部たちは、当時もいまも、暴力を抑えるのに果たした役割を熱心に擁護している。そこには明白なプロ意識がある。また彼らは、取引を確保（して維持）するのに国際的に認められた法的・財務的手段しか使わなかった。

軍事的な目標を達成するため、つねに迅速ですばやい解決策を選んだ。そのためときには（たとえばシエラレオネのコノ地区でのダイヤモンド採掘場奪取のように）目標を占領して捕虜は

南アフリカ人傭兵のパイロットたちは、アンゴラ軍のジェット機と攻撃ヘリコプターを操縦し、この石油の豊かな国で続く内戦で戦況を変えるのに重要な役割を演じた。（写真:筆者蔵）

ほとんどとらない、地上と空からの正確な連合攻撃を行なうこともあった。この攻撃から伝わるメッセージに、曖昧なところはまったくなかった。ＥＯがいるあいだは、反政府勢力ＲＵＦは国内の広い範囲で作戦を一時停止する以外になかった。

その後、エグゼクティヴ・アウトカムズの契約が期間満了を待たずに解除されると（これには国連からの圧力が一役かった）、フォディ・サンコーのＲＵＦは活動を再開した。

さらに注目すべきは、ＥＯは反政府活動を支援するチャンスが数多くあったにもかかわらず、つねに一貫して国際的に承認を受けた政府だけを支援していたという事実だろう。同社は、国際社会に受け入れられていない政権は避ける傾向にあった。ＥＯの元副社長で創設メンバーのひとりラフラス・ルーティンは、わたしとアフリカ上空を飛行中に、ナイジェリアの反体制派から「アブジャの政府を打倒するため革命軍を訓練」してほしいとして一億ドルのオファーがあったと話してくれた。当時ナイジェリアは独裁者サニ・アバチャが支配しており、ほとんどだれもが彼を倒したいと思っていた。

反体制派はナイジェリアを民主主義陣営に戻したいと思ったわけだが、ＥＯには、その道具になるつもりはなかった点をルーティンは強調した。「それはむりな話だった」と彼は断言した。「体制派に対する反乱を支援するつもりはまったくなかった」と、ルーティンはルアンダからフリータウンへ向かう飛行機のなかでわたしに言い、「国内政治に手を出しはじめたとたん、フェアプレーという動機はもはや正当化できなくなる」と主張した。「それ以外なら、もっとも高値をつけた人に雇われる」と、「ジェーンズ国際防衛レヴュー」に語っている。

彼いわく、とにかくそういう仕事をすれば、ＥＯの根本的な存在理由であり、同社が苦労して顧客のあいだに育んできた信用と信頼をそこなうことになってしまう。それが彼の見解であり、社員全員が共有していた考えだった。

エグゼクティヴ・アウトカムズが不正規戦ビジネスで国際的な主要企業であった時期が一〇年に満たないことを考えると、この組織について書かれた文書の量は驚くほど多い。その一方でＥＯは、彼らは傭兵として雇用されているのだと示唆する者に対してはだれであろうと反論する。この点では訴訟もまったく辞さない。

ＥＯは一貫して、自社は軍事訓練グループ以外の何者でもないと主張しているが、これは——事実を見ればわかるとおり——ナンセンスだ。どれほど好意的に見て

アメリカのICIオレゴンは、近年10数か国で活動している企業だ。多くの場合アメリカ国務省と契約を結び、おもに支援任務にたずさわっている。面白いことに、同社は支援任務に、この写真にあるようなロシア製の輸送ヘリコプターを使うことを好む。ちなみに写真は、筆者がシエラレオネのフリータウン軍事基地で撮影したもの。

も、目標の大半を達成するのに軍事力が使われたのは明らかであり、しかも、それこそがこのビジネスのすべてなのだ。

同社のパイロットは、攻撃ヘリやMiG-23、翼下ロケット弾ポッドを装着したピラタスPC-7を飛ばしていた。また、EOをめぐる論争の多くは、同社が業務に対する報酬を受けとる方法にも向けられている。現金で受けとることもあったが、それは例外的だった。ときには資源の一部で支払われ、ダイヤモンドや金鉱のほか、木材の場合もあった。

顧客となった国家の経済事情に関与することは、とくにそれが貧困にあえぐアフリカ諸国の場合、批判の的になっている。とりわけ、かつてEOに投資し、現在もアフリカで活動している企業に対してはそうだ。具体的には、ブランチ・エナジー、ヘリテージ・ガス・アンド・オイル、バハマで登記したイギリスの会社ストラテジック・リソーシズ・グループなどが、これにあたる。結果として、たとえばアメリカ陸軍中佐（退役）トマス・アダムズによる「新たな傭兵と紛争の民営化 The New Mercenaries and the Privatization of Conflict」などの記事は、実際にはかつて書かれたものの焼きなおしにすぎない[12]。

実をいうと、ＥＯに成功をもたらした要因を本格的に分析した者は、拙著『戦争の犬』を除けば、皆無に等しいのである。

金銭が根底にあったことはまちがいない。興味深いことに、ＥＯの幹部全員が比較的短期間に多額の金を稼いでいる。たとえばルーティンは、ＥＯにくわわる前は南アフリカの特殊部隊の正規の将校だった。それがいまでは百万長者だ。これは、会社が年に二五〇〇万から四〇〇〇万ドルの利益を上げていたことを考えれば驚くにあたらないだろう。もっとも、ロンドンの「デイリー・テレグラフ」紙は、実際の利益はこの倍だと報じている。

この変化には、南アフリカの経済が大きく関係していた。ネルソン・マンデラ大統領がＦ・Ｗ・デクラーク元大統領から政権を引き継ぎ、黒人や「カラード」つまりインド系住民など、それまで選挙権をあたえられていなかった人々に権利をあたえると、状況は一変した。白人系の南アフリカ人が大勢、いきなり職を失ったのだ。

その多くは、何年も国境で実戦経験を積んできた有能な歴戦の兵士だった。彼らは、ほぼ一夜にして貧困におちいった。急激なインフレも追い打ちをかけた。その結果、ＥＯが誕生するころには、非課税の仕事ができる（うえに、事業の大半は報酬をアメリカ・ドルで受けとれる）かもしれないというのは、多くの古参兵にとって魅力的に思われた。

国際的な基準で見ると、南アフリカ人活動員の大半は、人種に関係なく、平均的なヨーロッパ人傭兵が最低報酬とみなす額より低い報酬しか支給されていなかった。それでも、黒人であれ白人であれ、プレトリアにあるＥＯ本社へやってくる応募者に事欠くことはなかったと、幹部のひとりが話してくれた。

ＥＯが、往々にして味方の少ない第三世界の人里離れた過酷な地で成功をおさめることができたのは、互いに関連しあう三つの行動規範に負うところが大きく、この三つの規範はほぼ絶対に厳守された。

その第一は、地上作戦は十分な航空支援がないかぎり計画してはならないというものだった。このため同社は、攻撃ヘリＭｉ－17数機を独自に取得している。その詳細については、世界でもっとも有名な傭兵飛行士ニール・エリスをとりあげた書籍『攻撃ヘリのエース *Gunship Ace*』に見ることができる。

第二の規範は、役に立つ実践的な軍事経験を重視したことだ。ＥＯ本部は、目標達成のためには大胆不敵で、独断行動も辞さない戦術をとるよう積極的に奨励してお

歴戦の南アフリカ人傭兵で、エグゼクティヴ・アウトカムズでの働きで有名になったコブス・クラーセンスは、政府とヨーロッパ連合の支援を受けて、西アフリカで対海賊部隊を結成した。彼は、わずか数隻の半硬質ゴムボートを使って海賊の取り締まりにあたり、大きな成果を上げた。（写真：筆者）

り、たいていの場合、そうした戦術は教科書にのっているようなものではなかった。

最後の規範は規律で、これは厳格に守られた。アンゴラの首都ルアンダ南方の海岸沿いにあったＥＯのレド岬基地では、一部の男たちが着ていたＴシャツの背中に、デカデカと「Fit in or F*** off（規則を守れないなら出ていけ）」という一文が記されていた。規律に違反した者は、だれであれすぐ次の飛行機で本国へ送還された。

この傭兵たちは、あきらかに共通点が多い。たとえば、だれもが軍隊時代に数年間をジャングルですごしており、それによって深い絆が生まれてくる。もうひとつ重要なのは、話す言語が同じアフリカーンス語だという点で、これは無線通信のセキュリティー対策にもなっている。

ＥＯの護衛将校が最初に語ったコメントのひとつに、同社は明確で結束力のあるアイデンティティーを育てたいと考えているという発言があった。言語と、南アフリカ人としての絆とが、これを鍛え上げたのだという。黒人兵の一部が、かつて南西アフリカとよばれたナミビア出身であっても、たいして問題にならなかった。彼らは成人してからの大半を南アフリカの同僚たちとともに戦ってすごし、自分たちを、二一年におよんだ敵対的な隣国との戦争で進化してきた組織の一員と考えていたからだ。

　また、ごくまれにヨーロッパ人がEOの一員になることがあっても（ちなみに、アメリカ人が入ることは絶対になかった）、仲間に入れてもらうためにはアフリカーンス語を話す——か、最低でも理解する——ことができる必要があった。

　結果、作戦時の無線通信はほぼすべてがアフリカーンス語で行なわれた。そのためシエラレオネでは（EOの作戦の第一段階において）サンコーの反政府勢力のほうが政府軍よりも装備が充実していることが多く、EOの無線通信を——ときには思うがままに——傍受することができたが、その内容はほとんど理解されなかった。このことは、フリータウンの戦いで地上部隊と航空機が通信回線を開いて密接な連絡をとっていた時期には、とりわけ重要だった。

　そんなEOも、アンゴラでの作戦中には内部のセキュリティー管理に失敗した。筆者が知るかぎりすくなくとも一回、UNITAのジョナス・サヴィンビは部下のひとりをEOに潜入させることに成功している。その人物は無線通信員として、同国でダイヤモンドが豊富にとれる北東部にあったEOのサウリモ地域基地で活動し、判明しているところによると、ヘリコプターの隠密降下の情報をすくなくとも二度もらしている。わたしが聞いた話では、その結果、関係者計八名が全員死亡したという。

　どちらの降下のときもUNITAの兵士が近くにいたため、現地のEO指揮官は、わたしとのインタビューでは詳細を明かしてくれなかったが、罠を仕かけて成功させた。例の無線通信員は、その直後に跡形もなく姿を消し、その家族には、彼は敵との衝突で死亡したと伝えられ、保険金もすんなりと支払われた[13]。

　EOが解体され、かつて同社が活動していた国の一部で紛争が増えると、そうした国々は——とくにアンゴラでは、ルアンダの政府と反政府勢力の指導者サヴィンビの両者が——元EOのベテラン兵士を雇いはじめた[14]。

　その直後から、ほとんど解決不能な問題がもちあがった。かつての心地よい仲間意識に代わって、緊張と不信がまきおこったのだ。自分の仲間がいったいだれのために働いているのか、皆目見当がつかなくなったのである。プラス面に目を向ければ、EOの確固たる強みとして、所属する兵士の多くが生まれた大陸について、経験にもとづく知識や情報をもっていたことがあげられる。関係者のほぼ全員がアフリカ育ちだ。だからアンゴラや

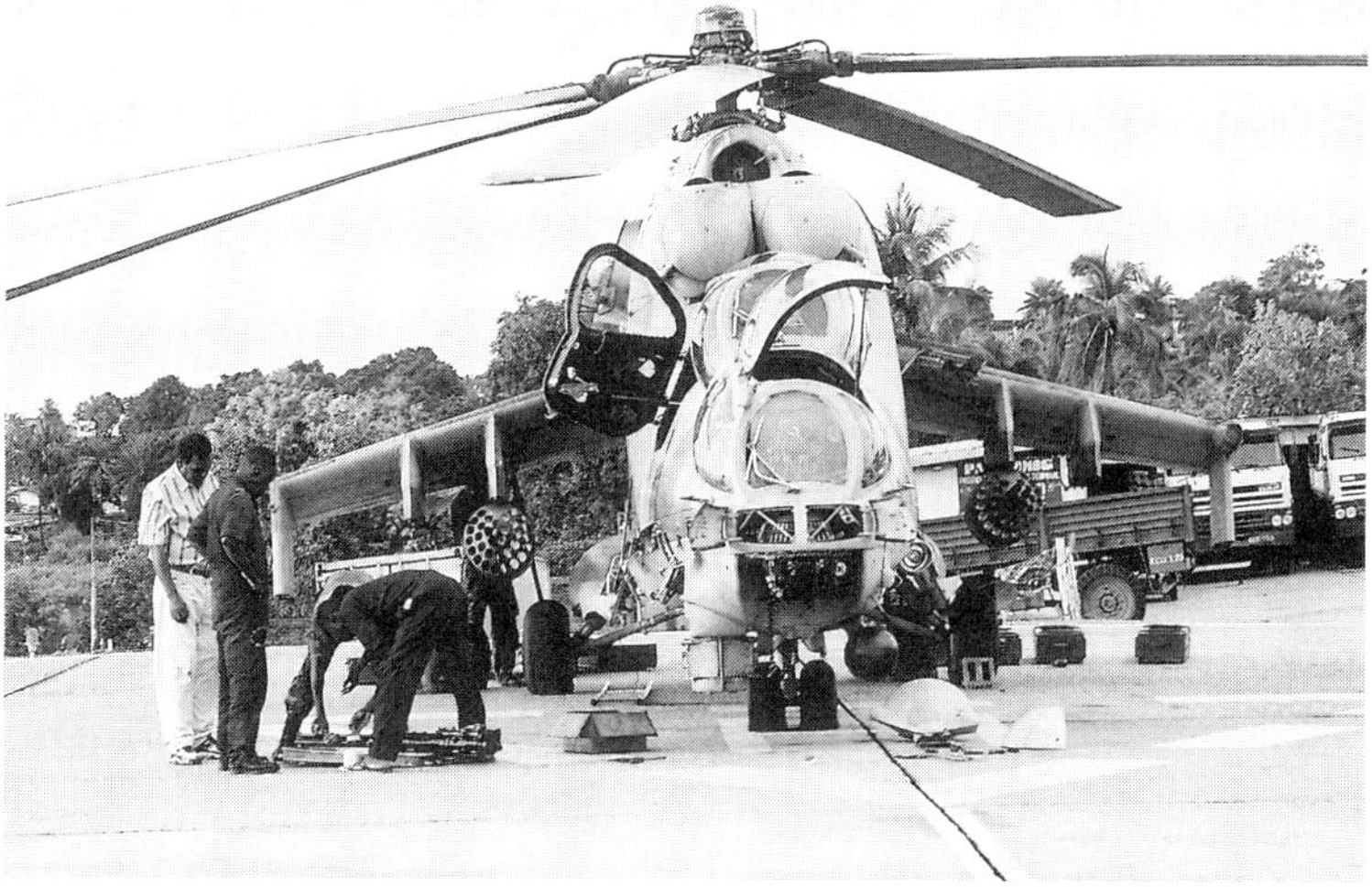

シエラレオネにあった唯一の攻撃ヘリコプター Mi-24 に銃砲を装備しているところ。反政府勢力との戦いで傭兵ニール・エリスが操縦した。彼の物語は、伝記『攻撃ヘリのエース』で詳しく明らかにされている。（写真：筆者）

シエラレオネへ行った者は、平均的なヨーロッパ人やアメリカ人がいだきそうな誤解や偏見をだれも何ひとつもたなかった。こうした誤解は、恵まれない人々のあいだに突如放りこまれたヨーロッパやアメリカの戦闘員にとっては深刻な問題であり、それはソマリアの事例に典型的に表れている[15]。

たとえばフリータウン周辺の人々は、EOがはじめてやってきたとき貧困に苦しんでおり、それはいまも続いている。大多数の人々は、一九六〇年にイギリスから独立して以来、次々と現れた独裁者に抑圧されていた。こうした人々は、かつてEOのメンバーがともに活動したアンゴラの黒人やナミビアの少数民族と異なるところは少しもなかった。

さらにいえば、社員たちには、彼らが活動する地域で何を入手できるか――および、何を入手できないか――をわざわざ教えなくてもよかった。だれもがこの大陸についてよく知っており、その強みも弱みも理解していた。理由は単純で、アフリカはいまも昔も、どこもかしこも同じだからだ。

EOの新兵には、諸君が直面する状況は過酷でつらく厳しいものだとわざわざ強調する必要はほとんどなかった。あるいは、派遣される地域のほとんどが、どの大陸であろうと非常に未開でつらい場所だと伝えなくてもよい。むしろ軍事的には、こうした環境は彼らの多くが、いわば慣れ親しんできたものだ。

さらに、地元民との関係も――それが大統領であろうと庶民であろうと――模範的でなくてはならなかった。黒人と平等に接することができなければ、会社に居場所はなかった。アフリカ大陸ではほかの場所でも人種間紛争の例がいくつもあった（し、いまもある）が、南アフリカ人は、過去においては人種的平等を示す模範とはいえなかったものの、ともに働く人々について理解し、絆を深めることができた。

しかし、傭兵契約で雇われたヨーロッパ人の場合はそうでなかった。たとえば、コンゴ民主共和国のモブツ大統領は、カビラ率いる反政府勢力との戦いの最終段階でバルカン半島出身の傭兵――ボスニア人とクロアチア人――を大勢雇った。しかし彼らは、活動期間中はつねに不機嫌で、いっしょに活動している人々に対し、しばしば無意識に傲慢で無愛想な態度をとった。その結果、本来なら共通の敵となるべき相手と戦う段になっても、たいして成果を上げられなかった。

こうした態度では、どこであれ第三世界の国で成功するのに欠かせない唯一の要素である信頼を生み出すことは絶対にできない。その一方で、ＥＯの幹部は軍上層部にすぐとりいったが、ＥＯの将校たちは、活動する国ではどこであろうと現地の高級将校とほとんど交際しなかった。

一般兵にいたっては、交際することはまったくなかった。

ＥＯは、ある国へ行くに先立ち、職員が契約交渉段階で、そもそも同社が何を提供でき、何をなしとげるつもりでいるかを書面で明確に述べるようにしていた。基本事項で合意に達し（かつ契約金が用意され）てから、ほかの条件の協議に移った。

これには、目標、物品の費用負担者、経費、装備と武器一式や支援航空機などＥＯが部隊とともにもちこむものがふくまれる。ほかにも、警備、国内移動、傭兵部隊が利用できる基地と空港について詳細が決められる。

さらなる協議で詳細がつめられる事項として、居住施設（通常は首都にある食事つきのアパートで、世話係もつく）、地元部隊との連絡方法および地元部隊の訓練予定、命令系統、物資の補給、糧食の手配、負傷者の後送、軍紀、そしてなにより重要な、政府の担当者と新たに到着した戦闘チームとの責任分担などがある。項目はすべて一覧表にして記録され、その後に両者が関係書類に署名する。

アメリカ人傭兵デイヴ・マグレイディーと、南レバノン軍の野戦指揮官。ふたりの後ろにあるのは、ヒズボラと戦う南レバノン軍にイスラエル国防軍が支給したアメリカ製のM 113装甲兵員輸送車。（写真：デイヴ・マグレイディー）

しかし、いつもこのように進んだわけではない。アンゴラでは当初、ＥＯは契約を結んでいたものの、警備にかんする問題が曖昧になっていた。これは主として、アンゴラ側がこのような不正規の南アフリカ兵を味方として受け入れるのに時間がかかったことに原因があった。その結果、ＥＯの将校と、黒服を着て通称「ニンジャ」とよばれていた悪名高い特殊部隊の隊員とのあいだで対立が生じた。

強靭で悪意に満ち、十分な訓練も積んでいたニンジャの将校たちは、白人系アフリカ人を明らかな不信の目で見ていた。あるときなどEOの動きを妨害し、そのためサウリモ空軍基地で銃撃戦が発生した。EO側に死者は出なかったが、数名が負傷した。

わたしがEOのボーイング727でサウリモに到着したころには、問題はおおかた解決していたが、両当事者間にいささか険悪な空気が流れているのを感じとることはできた。これがはっきりしたのが、わたしが滑走路に放置されていたMiG-23の写真を撮影したときだ。このジェット機に「秘密」は何もなく、部隊の者はほとんどだれもが写真を撮っていた。

それにもかかわらず、ニンジャに配属されていた政治委員の命令でわたしは逮捕され、カメラは没収された。これは以前にもあったことで、そのときの対応をくりかえせばよかったので、ヘニー・ブラーウほかEOの幹部一名が数時間かけて問題を解決してくれた。

のちにふたりの一方が語ったように、「この連中はどう反応するかまったく見当がつかない。つねに慎重かつ礼儀正しくふるまう必要がある」のだった。

行動がともなわないアンゴラ軍とのやりとりを経験していたため、EOは、シエラレオネでは同じことをくりかえすまいと心に決めていた。当初から、いつでも即座に無条件で大統領と連絡がとれるよう求め、それを認めさせた。

フリータウンでの初日、ラフラス・ルーティンが大統領府を表敬訪問するのに同行した。その前に、彼のオフィスに一本の電話があり、その三〇分後に彼と大統領は一対一で会談を行ない、ダイヤモンドの採掘権について話しあった。このほかに、通信と兵站のふたつが最優先事項だった。

プレトリア郊外の準都会風の屋敷にあるEOのグローバル本部では、二四時間体制で無線通信を監視していた。スタッフが、アフリカにいる同社の関係者と部隊すべてとつねに連絡をとっていたのである。信号、定期連絡、社内通信、必要品リストなどが常時やりとりされ、シエラレオネの場合は、アンゴラの無線局を増幅局として利用することもあった。

輸送はEOにとって、とりわけアフリカでは最強の切り札でありつづけた。同社はアメリカン航空からボーイング727を二機、一機五〇万ドルで購入した。二機とも、厳しい騒音制限のためアメリカで飛ばすことができず、そこで同社が新品同様のジェット旅客機を破格の安値で手に入れたのである。ほかにもEOは、小型機であるキングエア数機と、イギリス空軍の旧輸送機二機を負傷兵の搬送用に獲得した。ただし現実には、負傷兵ではなく重症のマラリア患者を海外の病院へ運ぶのに使われることになった。

自前の航空機がなかったら、ＥＯは決して業務を効率的に遂行できなかっただろう。アフリカ南部を除けば、サハラ以南のアフリカ各地を移動するのは容易ではなく、状況が改善する兆しも見られない。多種多様な利害関係をもった会社に日々さまざまな要求がなされているため、ＥＯに自前の輸送手段がなければ、これほどの活躍はできなかったであろう。

ルアンダで登記したイギリス系の子会社アイビス・エアを通じて、ＥＯはアンゴラ行きの飛行機を平均して週二回（当初はヨハネスバーグ近郊のランセリア国際空港から、のちにはヨハネスバーグ国際空港［現在の名称はＯ・Ｒ・タンボ国際空港］から）飛ばし、まずルアンダの南にあるレド岬の訓練基地へ寄ってからサウリモへ行き、状況が許せば首都ルアンダにも向かった。フリータウンのルンギ国際空港へのフライトは二週間に一度の割合で実施され、行きも帰りも給油のためルアンダに着陸した。

車両など重い装備の一部や（問題がない場合は）弾薬その他の補給物資は船で運んだが、それ以外で現場の部隊が戦争を進めるのに必要なものは、ほとんどすべて飛行機で輸送した。具体的には、生鮮食料品、予備の部品、医療機器、無線通信機などだ。これらを飛行機に積むのにおよそ六時間かかり、貨物室に入れるものを除き、物資は乗客室に所狭しと積み上げられた。終盤、ＥＯはシエラレオネ沖で活動する海上部隊を追加した。ＥＯの兵站担当がだれであれ、その人物は自分のすべき仕事をよくわかっていた。

同社は、フリータウン郊外のアバディーン軍事基地の大きな倉庫を会社の主要補給所として使っており、わたしはそこでジャングル戦用の装備を身につけたことがある。装備の大半は南アフリカ軍がアンゴラで使っていたのと同じもので、アンゴラ内戦終結後に払い下げ品になっていたものだった。

同社は戦闘部隊として有能でないと批判する声が以前からあるが、わたしの個人的経験から判断するに、そうした批判はまったくあたらない。ＥＯはあたえられた目標の大半を達成していたし、同社となんらかの関係をもったたれもが、あらゆる部署でそうだと思った。要するに、この会社はプロ意識がきわめて強い軍事組織だったのである。

実際そうでなければ、戦いに明けくれるアンゴラでの過酷な環境では、おそらく一年ももたなかっただろう。計画および地上部隊と航空支援部隊との徹底した調整は綿密に行なわれ、その場にはつねに部隊長が参加していた。

アンゴラとコンゴの両方でなかなか解決できなかったのが言語の問題で、これは攻撃ヘリや支援ジェット機など航空支援任務を行なう人々にとってはとりわけ深刻だった。

軍の航空基地とのあいだでやりとりされる航空管制通信は、基本的にポルトガル語か、あるいは、コンゴの場合がそうだったのだが、フランス語で行なわれた。しかし地上では事情が異なり、黒人兵士の多くはどちらかの言語を話せたのに対し、将校のなかでどちらかを話せた者はほとんどいなかったのである。

(1) 著者との電話インタビュー。一九九八年一二月。
(2) James Rupert, Washington Post Foreign Service: "Diamond Hunters Fuel Africa's Brutal Wars": October 16, 1999.
(3) "The Russians are Coming" *US News and World Report*. 15 March, 1999.
(4) *Jane's Intelligence Review*, London, November, 1999.
(5) デナール本人へのインタビュー。一九九二年三月、ヨハネスバーグ市リヴォニアにて。
(6) *The Hindustan Times*, New Delhi, January 27, 1998.
(7) 著者は、LFCとのコネを利用して、この展開を後押しした。
(8) 傭兵カランと、彼の部隊の隊員数名(複数のアメリカ人をふくむ)は政府軍によって身柄を拘束され、ルアンダの軍事法廷で裁かれて銃殺刑に処された。
(9) "An Army of One's Own"; *Harpers* New York, pp 44-55, Elizabeth Rubin, February, 1997.
(10) 通常はサイの皮で作った頑丈な革製の鞭で、アパルトヘイト時代の南アフリカでは白人が厳しい処罰に使うことが多かった。
(11) Rubin 前掲書。
(12) *Parameters*: US Army War College Quarterly, Summer, 1999.
(13) アンゴラ北東部サウリモにおけるEO基地指揮官へニー・ブラーウへのインタビュー。
(14) プレトリア、ルアンダ、およびフリータウンで実施したアーサー・ウォーカー、カール・アルバーツ、ニール・エリス、および「ジュバ」・ジュベールとの個人インタビュー。
(15) 興味深いことに、ラフラス・ルーティンが最後にかかわったプロジェクトのひとつは、ソマリアの半自治地域であるプントランドで攻撃ヘリ部隊を運用して治安維持を担当する傭兵部隊を——元ブラックウォーターのオーナーであるエリック・プリンスとともに——結成することであった。

第2章 アフリカの大いなる傭兵の伝説

傭兵——つまり雇われ兵——は、一種独特の存在である。第二次世界大戦の終結以降、こうしたフリーの兵士たちは何万人も、ほぼすべての大陸で数々の戦争に参加してきたが、成功をおさめた者はほんのひとにぎりしかいない。そのひとりマニュエル・フェレイラは、軍情報部の元メンバー／工作員であり、ボブ・デナールとともに、モザンビーク海峡の北側の入り口という戦略的に重要な場所に位置するコモロ諸島で活動した人物だ。本章では、このフェレイラに傭兵体験の一端を語ってもらう。

傭兵仲間のうちもっとも有名なのは——英語圏にかぎっていえば——、おそらくマイク・ホアー大佐だろう。仲間からは「マッド」・マイクとよばれているが、このよび名はもともと東ドイツ側がはじめたものだ。元イギリス陸軍大尉のマイクは、一九六〇年代のコンゴ動乱でソヴィエト側の熱心な活動を妨害したため東ドイツ側から嫌われ、そうよばれたのである。彼についてウィキペディアの英語版は、次のように説明している。

「ホアーはインドに生まれた。幼いころをアイルランドですごし、イングランドで教育を受けた。第二次世界大戦中はイギリス陸軍の機甲部隊将校として北アフリカで軍務についた。戦後は公認会計士になる教育を受け、一九四八年に資格を得ると、ダーバンへ移って冒険旅行を行なうかたわら、雇われ兵となってアフリカのさまざまな国で働いた」

マイク・ホアーという名前を聞いてまっさきに思い浮かぶのは、ベルギーから独立した直後の多難な時代にあったコンゴ民主共和国だろう。彼がはじめて傭兵として働いたのは、一九六〇～六一年、カタンガ州で第四コマンドー部隊と行動をともにしたときだった。カタンガ州はコンゴ南部にあり、首都レオポルドヴィル（現キンシャサ）にある中央政府の支配から脱しようとしていた。

三年後、彼はコンゴの首相モイーズ・チョンベに雇われて、ほぼ全員が南アフリカ人で構成される三〇〇人の部隊、第五コマンドー部隊を指揮することになった(1)。

その直後、彼のもっとも有名な任務が実施された。ホアーとその部隊は、ベルギー軍パラシュート部隊、練習機T-6（通称ハーヴァード）を操縦する亡命キューバ人パイロットの一団、およびCIAが雇った傭兵たちと共同で、ヨーロッパ人と宣教師など民間人一六〇〇名の命を救う危険な救出作戦を行なったのである。作戦はスタンリーヴィル（現キサンガニ）とその周辺で実施され、計画立案者により「ドラゴン・ルージュ」作戦と命名された。しかし残念ながら、反政府勢力によって人質となっていた者の多くが殺害された。

傭兵としてまったく異なる道をたどったのが、現在世界でもっとも有名な傭兵パイロットと目されている元南アフリカ空軍のニール・エリス大佐だ。いまもアフガニスタンなどで航空支援任務を行なっているエリスは、数十年にわたり三つの大陸で数々の戦争に参加してきた。その活動の多くは、ニール・エリスの伝記『攻撃ヘリのエース』に詳しい(2)。

そして忘れてならないのが、アフリカの独立国家をのっとって野心あふれる傭兵たちの運命を変えた軍事のプロ、フランス人のボブ・デナール大佐だ。デナールは、コモロ諸島を合計四度侵略し、独立国家だったコモロ共和国を、いわく私領のようにして、一〇年以上にわたって巧みに支配した。ちなみに、彼の逸話はジョン・ヒューストン監督の傑作映画「王になろうとした男」を連想させる。ふたりのイギリス人が秘境を征服して王になろうとする話で、主演はショーン・コネリーとマイケル・ケインだが、ほんとうに島国を奪取して自分のものとした実在のフランス人傭兵のほうが、映画よりもはるかに派手だ。なにしろ彼のほうは、実際にあった話なのだ。

コモロには南アフリカ人もかかわっていた。やがてこの諸島から、ブラック・アフリカ諸国やイスラエル、フォークランド紛争にかかわる数々の秘密作戦が実施されたが、その多くは南アフリカ政府から発令されたものだった。

ボブ・デナールは私生活も軍事侵攻におとらず派手なところが多かった人物だが、このデナールに首都モロニを制圧されたコモロは、三つの島で構成される連邦国家

コモロの首都モロニで閲兵式にのぞむ大統領警護隊。（写真：マニュエル・フェレイラ蔵）

だった。やがてこの国は、陰謀といつわりが渦巻く、るつぼとなった。それに終止符が打たれたのは一九八九年、デナールがフランス大統領フランソワ・ミッテランの命令で排除されてからだ。フランス政府はレユニオン島からコモロ諸島に強力な海軍部隊を派遣し、デナールはフランスの空挺部隊により南アフリカへ連行された。

コモロについて、さらに一言。遠く離れたインド洋の、マダガスカルの北西に位置するアフリカの小独立国コモロは、非常に貧しく、さまざまな言語が話され、数百年におよぶ興味深い歴史を歩んできた。コモロ諸島にはもうひとつ第四の島があるが（厳密にいうと、付属する複数の小島を有する二個の島が狭い水路をはさんでひとつのまとまったもので、海図にはマヨット島と記されている）、この島は一九七四年にフランス領にとどまる決定をした。タヒチや、カリブ海に浮かぶマルティニーク島やグアダループ島のように、フランスからの独立は求めず、現在は海外県としてフランス政府の直接統治下にある。ついでにいえば、マヨット島は二〇一四年一月に、ヨーロッパ連合に属するもっとも遠く離れた地域になった。

人口が一〇〇万にも満たない独立国コモロ連合は、アフリカで三番目に小さな国であるだけでなく、アラブ連盟の加盟国でもっとも南に位置する国でもある。そのため、この国には公用語が三つある。アラビア語とフランス語とコモロ語だ。コモロ語とは、スワヒリ語から派生したいくつかの方言をもとにした言語で、コモロ諸島全域で話されている。そんなコモロは、一九七五年にフランスから独立して以降、短いながらも紆余曲折の歴史をたどってきた。軍の反乱とクーデターがあいついで国は大いに混乱し、そのせいでこの小国の歴史は世界の発展途上国のなかでもきわめて複雑なものとなった。この混乱の多くはイスラム教の影響に原因がある。実際、そうしたこともあってこの国は一時期国名をコモロ・イスラム連邦共和国としていた。

以下、この国の歩みを概説して背景の一端を紹介する。同国の初代大統領アーメド・アブダラが、一九七五年七月六日、一方的に独立を宣言した。

同年八月、フランス人傭兵ボブ・デナールが——戦後フランス政界の黒幕でアフリカにおける秘匿作戦の専門家だったジャック・フォカールから秘密裏に支援を受けて——武力クーデターを起こしてアブダラ政権を倒し、後任にサイード・ムハンマド・ジャファールをすえた。しかし、その政権は長くはもたず、ジャファールは強烈な反フランス派で急進的社会主義者のアリ・ソワリによって追放された。フランス政府はコモロに対する支援をすべて凍結し、デナールは、当時の言い方を借りれば「理想と理想の衝突」を理由にコモロを離れた。

一九七八年五月、デナールは島に戻り、ソワリ大統領を倒してアブダラを復帰させた。このときもフランスの支援を受けていたが、今回はローデシア政府と南アフリカ政府もからんでいた。

短命に終わったソワリ政権は、アフリカの独裁者が実施したなかでも屈指の残虐非道な行為に満ちており、七度の反乱未遂でもそれを終わらせることはできなかった。権力の座にあるあいだ、ソワリは国民に、自分はアラーから支配をゆだねられており、まさしく預言者ムハンマドと同等の存在なのだと宣言した。

反対はいっさい認めず、反対する者は思いのままに殺害した。国民が抗議すると銃殺し、こうして起きたのが、マジュンバとイコニでのコモロ人虐殺である。その間もソワリは、自分の出している指示はアラーから直接くだされているのだと主張したため、すぐに——コモロ国内でもフランスでも——この男は完全に精神錯乱状態にあるとの見方で意見が一致した。フランス側がなんとかしなくてはならなかったのは明らかで、彼らはコモロの最初の統治者だったアブダラを復権させることにした。同じころ、フランス情報部の一員がデナールの自宅を訪問していた。

デナールの二度目のクーデターは、そのまま映画になりそうだ。その目的と実際の行動は、イギリス人作家フレデリック・フォーサイスが書いた『戦争の犬たち』で大々的にとりあげられており、同書で描かれた傭兵による上陸侵攻は、実際に起きたこととほとんど違いがない。アトランティス作戦と命名された同作戦に、フォカール氏とフランス政府が関与していたことはまちがいない。

デナールと、彼が信頼をよせる部下の一団は、ヨーロッパ各地の港をまわり、実施予定の典型的な「船一隻による」上陸侵攻で使えそうな、古いが航海には耐えうる船を探した。やがて、フランスのとある港で、老朽船「アンティネア号」を見つけると、塗装しなおして航海に出せるよう整備し、一九七八年四月に出航してアフリカ沿岸を南下した。デナールに同行したのは、厳選した「志願兵」四六名の小集団で、その多くは彼とコンゴで

南アフリカ軍情報部のメンバー／工作員のマニュエル・フェレイラ。コモロ諸島ではボブ・デナールと行動をともにした。

戦闘に参加したり、イエメンでエジプト軍と戦ったりした経験をもっていた。デナール一行が確実にコモロへ着けるよう、船員四名が雇われていた。

装備は充実しており――提供したのはまちがいなくフランス政府だろう――、各種自動火器や迫撃砲など軍需物資を携行していた。航行中に計画が細部までねりあげられた。男たちは毎日戦闘技術を磨き、目標を達成するために使用する予定の武器を徹底的に知りつくした。

船は喜望峰をまわり、インド洋へ入っていった。出航して三三日後、侵攻部隊は一九七八年五月一三日の夜にモロニ港の沖に到着した。じつは一行は、船長がグランド・コモロ島への航路をまちがえたため、別な島の沖合で丸一日をすごしていた。それ以外にミスのなかった船長は、地元民にモロニへ向かう方向をたずねなければならなかった。教えてくれた地元民は、当局へ通報させないため監禁し、侵攻が終わってから首都で解放された。

いうまでもなく、ボブ・デナールがやろうとしていたことは危険きわまりないものだった。もし計画が失敗したら、彼が率いる比較的小規模の反乱グループは、ほぼまちがいなく壁を背にして立たせられ、ソワリの手の者に銃殺されることになる。しかし、結局は事前の準備が功を奏し、デナールの小戦闘集団は二時間あまりであたえられた任務をやりとげることに成功した。

小型ボート数隻に分乗してひそかに上陸した一行は、まず港を警備する部隊を制圧した。次に地元民兵を無力化したのち、近くの兵舎を迫撃砲で攻撃し、これによってコモロ軍の兵士はほぼ全員が逃走した。ソワリ大統領は、どこへも逃げることができず、大統領宮のベッドの下に隠れたが、結局そこで裸のまま若い女性ふたりといっしょにいるところを見つかった。彼は身柄を拘束されてのちに殺されたが、それを問題視する者はだれひとりいなかった。

デナールは、島内の刑務所にいた政治犯を全員ただちに解放すると、国営ラジオを通じて、自分は「抑圧された」コモロ国民のために行動しているのだと公に宣言し、数日後には、残るアンジュアン島とモヘリ島の二島も制圧した。そのころには、事前の手はずどおり、アブダラ大統領がパリから帰国の途についていた。一方、取引の第二段階として、ローデシアと南アフリカ両国と契約を結び、デナールは有名な大統領警護隊（Garde Présidentielle）、通称GPを創設した。

デナールは、その後一一年にわたりコモロ諸島の事実上の支配者となり、フランス人と南アフリカ人からなる有力グループの支援を受けて、GPを高度な訓練を受け

忠誠心厚い大統領警護隊（GP）の兵士たちを整列させて最後の閲兵式を行なうデナール大佐。この後にGPは、彼を追放するため空路コモロへ派遣されたフランス軍の司令官に引き渡された。フランス軍の介入により、デナールは亡命のため飛行機で南アフリカへ向かった。（写真：マニュエル・フェレイラ蔵）

たコモロ兵五〇〇人で構成される強力な部隊に育て上げた。これを中心となって支えたのが、英語、フランス語、ポルトガル語、アフリカーンス語の四つを話せるマニュエル・フェレイラだ。やがて彼は、たびたび敬愛をこめて「大佐殿《モン・コロネル》」とよぶことになる人物と深い絆を築いていった。

　この新たな秩序には、当然ながら一定の反発もあった。反対グループによるクーデター未遂が何度か起こり、そのなかには、インド洋に傭兵部隊が存在するのを快く思わない外国から資金援助を受けているものもあった。その後一九八九年一一月末、まったくなんの前ぶれもなく、アブダラ大統領が殺害された。当時デナールは、すでにイスラム教に改宗し、島の美女を妻にしていた。彼は初婚ではなく、以前モロッコでユダヤ人少女と結婚しており、その後グランド・コモロ島で再婚するまで、何人もの女性と関係をもち、子どもも数人もうけていた。

　一九八九年、フランス軍が三島すべてに侵攻し、デナールによる支配と、すでに悪化していた南アフリカ軍情報部との関係に終止符が打たれた。二週間後、デナールとその部下たちは、護衛をつけられて南アフリカへ向かった。彼はプレトリアに滞在したが、一九九三年二月、裁判を受けるためフランスへ戻った。

しかし、デナールはコモロと縁を切ったわけではなかった。一九九五年、彼はコモロでの最後のクーデターとなる「カシュカジ作戦」を開始した。黒人であるGPの元同僚たちを頼りに復権し、地元民の支持も得て、新たな政権下で投獄されていた昔の同僚や友人たちを解放した。

フランスは、海軍と海兵隊の部隊をグランド・コモロ島に上陸させて、この反乱をすぐに鎮圧した。デナールとその仲間たちは逮捕・追放された。

ボブ・デナールは、一九二九年四月に生まれ、学校を出るとすぐ徴兵されてフランス陸軍に入った。その後、紆余曲折をへて国際社会でもっとも有名な、いや、もっとも悪名高い「戦争の犬」になった。

こうした性向の一端は、友人たちによると、家族ゆずりに違いないという。彼は軍と強いつながりのある家庭に生まれ、父親は中国のフランス租界で兵士として勤務した経験の持ち主だった。

フランス海軍に入ってインドシナやフランス領アルジェリアですごしたのち、まだ青年だったデナールは、一九五二年から一九五七年までモロッコで警察官として勤務した。しかし、ここでトラブルにまきこまれ、「国務大臣ピエール・マンデス＝フランス襲撃未遂事件」にかかわったとして一年以上刑務所に入れられた。一九五七年に釈放されると、フランス本国へ送還された。

彼の熱烈な反共産主義者としての活動はフランス政府内ですぐに認められ、デナールはいくつかの秘密作戦に参加するよう求められた。その過程で、フランサフリック（フランスの影響下にあるアフリカの旧植民地をさす言葉）を支援する政府出資の「仕事」にもたずさわった。

デナールが傭兵として働きはじめたのは、一九六一年一二月にコンゴのカタンガ州で分離独立派の兵士と戦ったのが最初で、以後、極悪非道な革命派にとり囲まれて人質となった白人の民間人を救出したことで有名になった。この革命派は「シンバ（ライオンの意）」と自称し、「ドラゴン・ルージュ作戦」中の本部はスタンリーヴィルにあった。

これは「自発的な」反政府暴動などではなかった。シンバは、中国人や、チェ・ゲバラなどキューバ人の非正規兵からかなりの支援を受けていた。これに対する「親欧米」部隊は、ＣＩＡとベルギーがひそかに支援していた。デナールは、独自のフランス人傭兵部隊、通称「レザフルー（Les Affreux「嫌な連中」という意味）」を指揮していた。のちにはチョンベのため、一九六六年七月にカタンガ州の分離独立派が起こしたクーデター未遂事件を鎮圧する手助けをした。一時期、負傷したときに、ほかの重傷者の一団といっしょに、ハイジャックした民間機でローデシアへ移送されたこともあった。ちなみにこれは今日、記録に残る最初の民間機ハイジャック事件とされている。

コンゴ動乱に最後に関与したときは、カタンガ州の分離独立派と、狡猾なジャン・「ブラック・ジャック」・シュラム率いるベルギー人傭兵部隊がコンゴ東部で起こした反乱に味方した。かなり混乱したコンゴ陸軍とコンゴ空軍に対して続けざまに勝利をおさめたものの、反乱軍はコンゴ最東部の町ブカヴに追いつめられた。みずから事態打開にのりだしたデナールは、ブガヴの包囲を突破できるよう、陽動作戦として自転車に乗った兵士一〇〇名でカタンガへ侵攻したが、これはさんざんな結果に終わった。

デナールが紛争で活動したり関与したりしたことが知られている国・地域としては、ビアフラ（ナイジェリア東南部）、イエメン、イラン、ナイジェリア、ベナン、ガボン、アンゴラ、コンゴ共和国（首都ブラザヴィル）、ザイール（現コンゴ民主共和国）、リビア、チャド、コートジヴォワール、モーリタニア、コモロなどがある。

当時ビアフラにいたフレデリック・フォーサイスによると、デナールは、そのころナイジェリア軍に完全に包囲されて孤立していた反乱軍のところへ行ったが、一目で勝ち目がないと見るや、反乱軍の指導者オジュクに、わたしと部下たちは立ち去りたいと思うと告げた。ビアフラ側は彼らをガボンへ戻る最初の飛行機に乗せるよりほかになく、しかも、フォーサイスいわく、デナールたちは反乱軍からもらっていた多額の前払い金を返したりなどしなかった。

一九六八年から一九七八年まではガボンで政府を支援するため雇われ、一時はガボンに拠点を置いて、ここからフランス政府のためアフリカで軍事活動を実施した。

デナールは、一九七〇年のギニアに対する攻撃に関与していたかは不明だが、一九七七年にダオメー（現ベナン）で失敗に終わったクーデター未遂事件、作戦名「クルヴェット（小エビ）作戦」に関与していたのはまちがいない。この作戦では、デナールのグループに敵対する者たちが首都のコトヌー空港で待ちかまえていたので、きっと作戦は内部から情報がもれていたのだろう。ジャック・フォカールは、同作戦の失敗後、クーデター未遂事件については個人的に何も知らないと言っていたが、これが、トーゴの指導者ニャシンベ・エヤデマ、コートジヴォワールのウフェ＝ボワニ、ガボンのオマール・ボンゴ、モロッコのハッサン二世国王ら、当時フランスと強固な同盟関係にあった指導者たちから支援を受けていたことは認めている。

デナールの傭兵譚には興味深いものが多いが、たとえば、彼とその仲間数名がイギリス陸軍の特殊空挺部隊の秘密部隊とともに、イエメンの首都サヌア北方のイエメン山地で、同国を服属させせようと画策するエジプトの陸軍と空軍の活動を妨害したことなども、そのひとつだろう。イギリス軍部隊を指揮していたのはアル・フェンターの旧友ジム・ジョンソン大佐で、そのためフェンターは、当時アラビア半島で何が起きていたのかを大佐から直接教えてもらうことができた。ジョンソンは作戦当時の貴重な写真を何枚か保管しており、それを見ると、三年続いた作戦によって、中東の重要な一角をアラブの支配下に置こうとしたエジプトのナセル大統領のたくらみがじつにみごとに妨害されたことがわかる。

注目すべきは、このときイギリスが協力相手として、イスラエル（支援航空機を提供）、ヨルダン（関係者全員との連絡を担当）、および作戦資金を出したサウジアラビアと密接に協力して作戦を推進したことだ。ジム・ジョンソンの話によると、彼はチャーター機でアンマンへ向かったが、機内ではすぐ前の席にヨルダンのフセイン国王と、イスラエルでもっとも有名な軍司令官モーシェ・ダヤンが座っていたという。彼いわく、このふたりはフライト中ずっと「活発な議論」を延々と続けていたそうである。

ジョンソンがもっとも成果を上げた活動は、夜襲でエジプト軍機を破壊したことだった。飛行機が何度も破壊されたため、ついにナセルは紅海東岸から部隊を引き上げた(3)。

後年ボブ・デナールは、こうした出来事を語るとき、決して退屈ではなかったと言い、面白い逸話が次から次へと出てきた。

「三〇年の傭兵生活で、いろいろな者たちと会った。勇気と理想にあふれる者。しばしば非常にすぐれた才能をもちながら、それでいて自分の命を危険にさらし、その多くが自分の選んだ大義に殉じた者。傭兵暮らしを金と名声を手に入れる近道と考える連中や、ときどき下手な行動でわれわれの名誉を汚す連中とは比べ物にならない、立派な者。そうした男たちと何人も会った」

一九七九年、フランス秘密情報部の指示でデナールは南アフリカ政府と接触し、軍情報部部長P・W・ファン・デル・ヴェストハイゼン将軍と会談をもった。南アフリカ側は会談に積極的だった。コモロとの関係を糸口にして、モザンビーク海峡と、グランド・コモロ島にあるモロニ空港とを利用できるようになれば南アフリカは国際的な孤立から脱することができるのではないかと考えたからだ。実際、のちに南アフリカはモロニ空港を改修して大型機が離発着できるようにしている。

マニュエル・フェレイラによると、南アフリカ軍情報部の工作員たちがモロニを訪れ、大統領警護隊とその施設を視察した。彼らがプレトリアに戻って数日後、デナールに、南アフリカ側に支援の用意があることが伝えられた。GPへ資金援助する見返りとして、南アフリカ側は、コモロに常設の電子戦（EW）基地を設置する許可を求め、この要請をアブダラ大統領は承認した。

南アフリカ軍のコモロ駐留は一九九〇年一月まで続き、その期間、同国から実施された南アフリカの軍事作戦はすべて極秘とされた。その全貌はいまなおほとんど明らかにされていない。

一〇年間にわたり、南アフリカはコモロの経済発展と農村開発を支援し、資金を出して農場を作り、道路建設にかかわり、人道支援を行ない、観光施設を建設するな

デナールの傭兵部隊は、閲兵式に重火器を出すことがあった。写真で車両の後部に搭載されているのは、12.7ミリ口径のDShK重機関銃。（写真：マニュエル・フェレイラ蔵）

ど、さまざまな事業を行なった。南アフリカ外務省も、モロニに在外公館を開き、常駐の職員を任命した。フェレイラの話によると、コモロに駐在する南アフリカ軍人には、GP内で少尉の階級が、部隊長には中尉の階級があたえられた。

「わたしたちがコモロに駐留した当初、兵員には、偽名と通常三年の服務期間とが記載された軍人身分証が支給されました。電子戦基地は一年三六五日稼働しており、モザンビークの中部と北部全域ならびにタンザニアがEW基地の『ターゲット』とされ、おもにFRELIMO（モザンビーク解放戦線）と南アフリカのアフリカ民族会議に狙いをしぼっていました。

南アフリカの軍医も常時GPに派遣され、GP隊員たちにかかわる治療をすべて担当していました。重症患者はプレトリアへ輸送され、第一陸軍病院の、極秘情報使用許可を得た人員しかいない立ち入り禁止の秘密病棟へ入れられました。

軍情報部も、GPを訓練するため南アフリカ軍の教官をコモロに派遣し、選抜メンバーが南アフリカへ送られて、さまざまな軍事訓練に参加しました。コモロ人のかなりの大部隊が、空挺隊員としての訓練を受けるため、オレンジ自由州［現、自由州］のブルームフォンテーン郊外にあるテンペ軍事基地に派遣されたこともありました。

一九八九年には、南アフリカの精鋭部隊である偵察連隊（通称レキ）から特技兵の小隊が派遣されてGPの兵士を訓練し、情報担当副参謀長ジュプ・ジュベール将軍が卒業式に出席するため空路コモロへ向かいました。一九八八年からは、常勤の軍情報部連絡将校がモロニに常駐していました。

そのころ、モロニに駐在する南アフリカ外務省の代表が、GPとデナールに対する批判を公然と口にするようになりました。しだいに手に負えなくなったため、つい

部隊のGP基地「チャーリー」にて。南アフリカ人のトニーとイアン。（写真：イアン・C・ハイリー）

には本国政府から、彼をターゲットにせよとの命令が下りました。つまり、彼が受話器をとってプレトリアの上司と話をするときは、毎回すべてを録音するようになったのです。

その外交官は最終的にアブダラ大統領から追放されましたが、そのころにはデナールは、GPの日常活動に姿を見せたり参加したりすることがめっきり減っていました。腹心のマルケス中佐が任務を引き継いでいましたが、それでもわたしたちはデナールとはほとんど毎日、たいてい昼食時に将校食堂で会っていました。かならず握手しては、愛想よく『ボナペティ（召し上がれ）』と声をかけてくれて、まあ、彼にとっては習慣のようなものだったのでしょう。

ボブ・デナールは、しだいにわたしたちも彼の真価がわかるようになりましたが、彼こそ究極の将校にして紳士ですよ！」

やがて、このかなり著名で、当時すでに軍隊の世界で伝説のようになっていたフランス人は、南アフリカ政府がザンベジ川以北のアフリカで進める、ときとして奇怪な陰謀にますますまきこまれていった。個人的な手紙のやりとりを通じてフェレイラは、いまもまだ見過ごされたままであるらしい興味深い話を教えてくれた。

イギリスとアルゼンチンのあいだでフォークランド戦争がエスカレートしていたころ、南アフリカ政府はデナールに、グランド・コモロ島にあるハハヤ空港に大型貨物機を二機、ひそかに着陸させる手はずを整えてほしいと命じた。南アフリカ政府は、アルゼンチン軍向けの装備品を積んだC-130を派遣し、デナールは、記憶によると、積み荷をすべて降ろしてパナマ籍の飛行機DC-8に移し替えよとの指令を受けていた。積み荷がなにかは教えられていなかったが、察しはついた。デナールは、荷物がぶじに移し替えられるのを見とどける役目だった。

デナールは語る。「作業がほぼ完了したとき、わたしは部下のひとりに声をかけられた。『見てください、大佐殿！』と、彼はコンテナのひとつを開けながら言った。部下がコンテナを閉じる前に、わたしはミサイルの形をやすやすと見てとることができた。アームスコー［南アフリカの武器調達企業］に、こんな兵器を製造できる能力のないことは知っていた。DC-8が滑走路に出て離陸するのを見ながら、わたしは南アフリカ軍が、中継役としてフランスかイスラエルに利用されているのだと気がついた」

その後まもなく、南アフリカ航空のボーイング737

をコモロ航空機として塗装したいとの要請が、ファン・デル・ヴェストハイゼン将軍により承認された。この飛行機はナイロビ線に就航する予定で、これによって南アフリカ人はダルエスサラームやセーシェル諸島、モーリシャス、マラウイのリロングウェ、サウジアラビアのジッダへ行けるようになるほか、メッカへの巡礼者を輸送することも可能になるはずだった。

「ぜひ強調しておきたいが、ナイロビ線は、ハハヤ国際空港の警備を担当していたGPの存在なくしては実現不可能だっただろう。

別の作戦でわたしは、南アフリカの工作員がダコタDC-3を五機ニュージーランドへ届けられるよう、彼らにコモロのパスポートが支給される手配をした」

それからしばらくして、ファン・デル・ヴェストハイゼン将軍に代わって新たにドリース・プッター海軍中将が情報担当参謀長になると、デナールに対し、今後はコモロでの活動に資金援助を増やすことはできないと告げた。しかし、前任者以上に協力はおしまないとデナールに約束した。そして、「通信および機械関係のすぐれた訓練」など各種訓練を受けるため南アフリカに来るコモロ人の数を増やすつもりだと言った。こうして、分隊が空挺訓練のためテンペに派遣された。

「中将は、われわれが必要とする十分な量の弾薬も支給してくれた。資金難にもかかわらず、GPは国民からよせられる名声をなんとか守り、コモロ軍の全部隊でもっとも高い水準を維持することができた。

南アフリカの秘密情報部は当時わたしに、南アフリカに対する国連の武器禁輸措置のせいで、アンゴラの反政府運動UNITAのために武器を購入するのが困難になっていると教えてくれた。そのゲリラ組織は、スイスで教育を受けたジョナス・サヴィンビが指導者で、MPLA主導のアンゴラ政府に反対する反共産主義勢力の中心だった。わたしは仕事にとりかかり、香港で何人かの武器商人と接触して、UNITAが至急必要としていた武器を中国で見つけた。

興味深かったのは、北京の中国指導部が、武器禁輸措置や、UNITAが中国の政治イデオロギーを熱心に奉じていないことなどにはおかまいなく、取引しようとしていたことだ。中国側にとっては、MPLAを支援しているソ連に一撃をくわえる絶好のチャンスだったのだ。しかも結構なことに、南アフリカ側は大金を払う気でおり、しかも、武器の取引でものをいうのはいつも決まって金だった。

わたしはコモロでの立場を利用して、南アフリカ人工作員が取引をまとめるため南アフリカと香港やスイスを行き来するのに使うパスポートを用意した。ヨーロッパでの彼らの身の安全をはかって、かつてローデシア陸軍にいたGPのメンバーを警護につけた。当然、わたしは以前の上司たちにも事情を話していた。交渉過程を通じて、わたしはフランス情報機関の対外治安総局（DGSE）に報告することができたし、わたしの行動を妨害するのは彼らの利益にならなかった」

だから、マニュエル・フェレイラが後年述べているように、コモロ軍に支給されたAK–47が中国製だったことは、たいして不思議ではなかったのである。

フェレイラは、この有名なフランス人とはじめて会った日のことを、次のように回想している。

「わたしがオフィスに座ってデナールの部隊にくわわる準備をしていたとき、電話が鳴りました。防諜部の女性少佐からで、わたしに会いたいというのです。彼女のオフィスは、プレトリア中心部に位置する軍情報部本部リバティー・ライフ・ビルにあるわたしのオフィスの数階上にありました。

その女性に会いに行くと、軍情報部として少々あなたに聞きたいことがあると言われました。コモロへ出発する数日前のことで、その後あの美しい島国へは何度も行くことになりますが、その最初のときでした。

『どのパスポートを使うのですか？』と彼女に質問されました。

『わたしのです』

彼女は驚いたようです。『あなた自身のパスポートは使えません。わたしが別のパスポートを支給しなくてはならないでしょう』

わたしは、新しいパスポートを支給してもらう時間はないと反論しました。すでにわたしが所有していて、わたしの名前が書いてあるものを使わなければならないだろうと。

『身元はどう偽装しますか？』と少佐はたずねました。

『ベルギー人ビジネスマンということになっています』。わたしは答えました。

この返事は、すくなくとも気に入られたようです。

それから、こう質問されました。『家族のうち、あなたがコモロへ行くことを知っている人はだれです？　だれがあなたを空港へつれていくのですか？』

『妻と母だけです』

これにもショックを受けたようです。『それは秘密保持違反です！』と彼女は主張しました。

わたしは辛抱しながら、母も情報部本部で働いていて、それもわたしのオフィスがあるのとまさに同じ部署であり、妻も長年国防軍にいると説明しなくてはなりませんでした。それに、看護師としてコモロ人の患者と日常的に接しているとも言いました。

それでも少佐は面白くなかったようです。続く一五分間、わたしに何をしてよく、何をしてはいけないかを言いつづけましたからね。退屈な教師に叱られる小学生のような気分でしたよ。よっぽどほんとうのことを言ってやろうかと思いましたが、考えなおして、そのままにしましたが……防諜部の連中は、ときにイライラさせられるような仕事の進め方をするものですが、これなどもそうだったのです。

ようやく空港へ行き、飛行機でコモロへ向かいましたが、心から敬愛する人物にもうじき会えるのかと思うと、胸が高鳴りました。味方も敵も、彼を『大海賊』とか『史上最高の戦争の犬』などとよんでいました。わたしには、ボブ・デナールという名前だけで十分でした。

モロニの北にあるハハヤ空港に着陸し、飛行機から降りると、すぐ蒸し暑さを感じました。南半球は夏の盛りで、まるで飛行機から出てサウナに入ったような感じでした。大佐の兵士たちが一帯を、つまり空港とその周辺の両方をパトロールしていました。

わたしはハハヤからつれられて駐屯地へ行くと、何人か知った顔がいて、今夜大統領警護隊のために開かれる大々的な新年パーティーについてだれもが話してくれました。たしかにすごいパーティーで、だれもが航海センター――大統領警護隊の将校用食堂のことですが――そこへ行って盛大な新年パーティーに参加しました。

わたしたちが着いたときはもう暗く、重武装した数十人の黒人兵士が一帯をとり囲んでいました。

『どういうことだ?』とわたしはたずねました。『ボブは命を狙われるのを心配しているのか?』。もちろんそうじゃないというのが答えでした。特別な行事のときはこうするんだということでした。

食堂に入ると、わたしは指さされた方を見て、はじめてあの人をちらりと見ました。美しいコモロ人の奥さんとならんで座っていました。まちがいありません。指揮官としてのオーラが出ていましたから。

パーティーは、最高級のフランス料理に、シーフードに、ドン・ペリニヨンのシャンパンと、じつにすばらしいものでした。時計が夜の一二時に近づくにつれ、パーティーはますます騒々しくなっていきました。部下の何人かが少々羽目をはずすなか、ボブは一晩中、奥さんと上座にな

ボブ・デナール大佐と、その「戦利品」の一部。船の総舵輪は、彼と部下たちがコモロへ来るときに乗ってきた老朽船「アンティネア号」のもので、この船でフランスのロリアンを出航し、カナリア諸島のラス・パルマスに一時寄港してからモロニへやってきた。（写真：フィオナ・キャプスティック）

らんで静かに座っていました。

　やがてわたしはボブ・デナールと深く知りあうようになり、彼といっしょに楽しい宴会にも何度か出ました。また、新年パーティーは騒々しくて、まったくの無礼講という感じでしたが、大佐本人はじつは物静かな人物で、ああいう評判の持ち主にありがちな、うぬぼれた態度はいっさいとらない人でした」

　ふりかえってみると、プロ意識の高かったボブ・デナール大佐が人生をこよなく愛していたことは、だれの目にも明らかだった。

　この陽気な民間人兵士は、自分の島を三つもち、みずから率いる軍隊を有し、そしてなにより、女性から見てとにかく魅力的だった。はじめて会った者でさえ、このフランス人の完全な虜になった。彼はまた、戦争なり戦闘なりにまきこまれたとき、生きのびるには勇気と隠密行動と忠誠心とがいまも変わらずカギであることを示す生きた証拠でもあった。

　さらには、法廷で自分の身の証しを十二分に立てることもできたと言いそえる者もいるだろう。彼は――とくに後年――数々の非難に反論することに多くの時間をついやすことになったからだ。そうした反論は、おおかた十分な根拠があったが、絶対不可欠な要素すなわち証拠に欠けていた。これはもちろん、彼のなしとげたものの多くがフランス（および、ときには南アフリカの）情報機関の支援を受けていたおかげでもあった。

最後には関係者全員が、どれだけ過酷であろうと必要なものはかならず手に入れたのだった。

コモロの軍事面についていえば、何もかもかなり直接的だった。南アフリカ国防軍（ＳＡＤＦ）は、ＧＰの予算に毎年約六〇〇〇万アメリカ・ドルを払っていた。それはすなわち、この協力関係――および、南アフリカが関与したアフリカでの軍事的計略の一部分――がつねにかなり順調に進んでいたということだ。ときには問題も発生したが、大佐が非常に「陣頭指揮型」の人間だったおかげで、そうしたことはめったに起こらずにすんだ。つまり、彼はアフリカに精通していたのである。

フェレイラの話によると、あるときＧＰにレキの一部隊が――中佐の指揮下――やってきて、ＧＰの特殊部隊に非正規戦のコツを教えたことがあった。講習が終わると、南アフリカ軍の将軍ら高官数名が、卒業式に出席するためコモロを訪問した。

するとデナールは、自分に向けられる注意をそらすため――ジャーナリストなど情報をかぎまわる連中が続々と島へやってきていた――引退を宣言し、ＧＰの指揮官として右腕のドミニク・マラクリノ、別名マルケス中佐を指名した。そのころから、情勢が少々思わしくなくなってきた。

名目上、デナールは依然として軍の全権をにぎり、大きな政治的影響力も行使しつづけていたが、彼を追放したいと思う人々も――国内と国外の両方に――いた。さらに、フランスで政権交代が起こり、彼を支持していた者は異動または退職した。新政権が、この政治的に正しくない人物に疑念をいだき、彼を嫌っていたのはまちがいなかった。なにしろ彼は、依然として傭兵に分類される人間であった。

軍人でありコモロの政治指導者でもあったデナールは、みずからの立場を正当化するためイスラム教に改宗した。島民の多くがイスラム教徒なのだから、これはあきらかに道理にかなった行為だった。名前もサイード・ムスタファ・マハジューブとあらため、このころ島の女性を妻にして、公的な行事にかならず同席させるようになった。

同じころ、フランスは南アフリカ政府に対し、デナールと配下の傭兵たちをコモロから追放するよう圧力をかけはじめていた。しかも、フランス側には圧力をかけられるだけの政治的・軍事的影響力があった。南アフリカ空軍の航空機の多くが――ヘリコプターもジェット機も――フランス製だったからだ。

フェレイラは語る。「転機は、モロニ駐在の南アフリカ外交官でロジャーという名の人物が記者会見を開いたときにやってきました。南アフリカの外務大臣『ピック』・ボータから、デナールを公然と非難し、彼本人のみならず、白人の外国人を主体とする傭兵部隊も即刻退去するよう求めよとの命令がとどいたのです。

プレトリアが大騒ぎだったのはまちがいないでしょう。ボータが独断でことを進め、南アフリカ国防軍に一言の相談もなしに動いたことに、だれもが激怒していました。軍の関係者が絶対に同意しないのはわかっていましたし、その結果、激しい摩擦が起こりました。

デナールはひるむことなく、さっそく反撃に出て、南アフリカ外交官を国外追放にしました。その直後、新たな人物がモロニへの駐在員に任命されましたが、さらに事態を悪化させる出来事が起こりました。コモロにある複合企業サザン・サン・ホテルで働いていた民間の南アフリカ人が、写真を撮影したとして空港でGP兵の一団に逮捕されたのです。彼も南アフリカへ送還されました。

それからすぐ、プレトリアから緊急信号がとどきました。リアジェット機が一機、もうじきコモロに着陸するというのです。同機には、南アフリカ国防軍の上層部が乗っているとのことでした。

南アフリカ軍上層部は――情報担当参謀長ウィット・コップ・バーデンホルスト中将も同行していましたが――数日間デナール大佐と密室にこもって話しあいました。きっと将軍たちから、君と部下たちがこの島から出ていくよう厳しい政治的圧力がくわえられていると告げられたに違いありません。

この高官グループがプレトリアに帰ってすぐ、プレトリアから極秘通信文が来て、それをわが軍の連絡将校が大佐に直接手渡ししなくてはなりませんでした。デナールにとって悪い知らせのひとつは、彼への予算が翌年は五〇パーセント削減されるというものでした」

このころには、デナールはコモロ国内の先住民グループもふくめ、四方八方から圧力を受けるようになっていた。状況が日増しに厳しくなるなか、デナールは自分の

カンダニにあるデナール大佐の大統領警護隊本部の正面入り口（写真：ヴィター・モスカ）。左は、デナール大佐が、離任する情報担当参謀長ドリース・プッター海軍中将と、その後任の「ウィットコップ」・バーデンホルスト陸軍中将をＧＰの将校たちに正式に紹介しているところ。（写真：Ｈ大尉。マニュエル・フェレイラの好意による）

生命のみならず、今後ＧＰがコモロで果たすかもしれない役割を守るため、文字どおり戦いつづけていた。

次の段階が、マニュエル・フェレイラいわく、デナールがコモロで果たす今後の役割に決定的な影響をあたえた。

フェレイラは「フォックストロット」という人物について教えてくれた。やはりフランス人で、大統領警護隊の大尉だった人物だ。また彼は、大統領および大統領の身辺警護担当者の安全にかんする全責任を負っていた。「フォックストロット」は、モロニにある大統領宮の隣に住んでいた。

「『フォックストロット』は、実際とても愉快なやつで、わたしたち南アフリカ人とよくいっしょにすごしていました。暇なときは、たいていチェスをするか、いっしょにブラーイ（バーベキュー）をしたりしていました。

あの土曜日の夜も、『フォックストロット』はいつもどおり基地でわたしたちといっしょに数時間すごしました。帰り際、わたしは彼に、明日も来るかとたずねました。彼は『いや、明日は来ない』と答え、彼の部隊が、当人いわく『夜間演習を実施する』予定だと言いました。一言一句そのとおりに答えたのです。

白状しますが、この返答が妙だとは思いませんでした。南アフリカ軍のレキが帰国した直後ですから、GPが夜間演習するのは当然に思えました。いや、そうするものだと思っていたのかもしれません。

そして翌日の晩、つまり日曜の夜ですが、わたしが寝ようとした矢先、大統領宮の方から騒ぎが聞こえてきたのです。激しい銃撃音がして、モロニから曳光弾が何発も空を横切るのが見えました。わたしは同僚に、あれはたぶん『フォックストロット』の夜間演習だろうというようなことを言いました。

翌朝、わたしはふだんどおり傍受作戦センターへいちばんのりしました。なかに入ると、わが軍の連絡将校が、モロニ市街にある自宅から無線で必死にわたしにこうよびかけているのが聞こえました。『マニュエル、だれも基地から出るな、昨夜、大統領が殺されたんだ！』


ボブ・デナールはすぐに行動を起こしました。見るからに当惑しながらも、コモロの国軍が大統領府に攻撃を仕かけたと言って非難しました。しかも、これはまちがっていませんでした。コモロ軍と、そのトップのアフメド・モハンメド司令官がクーデターを仕組み、その結果、大統領を殺害したからです。彼はただちに国軍を解散し、将校の一部を逮捕しました。

そんなときにフランスはデナールとその部下たちに最後通牒をつきつけ、即刻コモロから立ち去れと命じたのです。

もちろん大佐は拒絶しました。即座にとった対応は、『最後のひとりになるまで反撃する』と断言することでした。それはつまり、フランス軍が海と空から侵攻してきたら報復するということでした。

それから毎日、一日も欠かさず、フランス軍艦がモロニ沖の水平線を巡回するようになりました。それにフランス軍機が、グランド・コモロ島上空を、たいていかなりの高高度で飛んで、定期的に偵察飛行を行なうようにもなりました。GP部隊が海岸沿いの戦略地点すべてに展開され、モロニには海に向けて大砲が設置されました。大佐は侵攻を受ける可能性をかなり真剣に考えていましたが、突然起こることはないことも当然ながら知っていました。フランス軍にはかなりの物資があり、それを集めるのに時間がかかるはずでした……そうした物資の大半は、いまも変わらずフランス領であるレユニオン島から来ていました。議論が続きましたが、デナールの意志は固かった。彼に降伏する気などありませんでした。

一方、プレトリアからは、GPのもとに派遣されているSADFの全人員はデナール配下の者たちとの接触をすべて断つようにとの命令が来ました。彼らの中央兵舎に入ることも、彼らの将校用食堂で食事をすることも、もう何年も前からあたりまえのようにやってきたのに、それを禁じられたのです。GPの中央兵舎で活動していたわたしたちの軍医将校も、その任を辞するようにと命じられました。

南アフリカ政府がデナールと縁を切る決定をくだしたのち――これはもちろんすべて「ピック」・ボータのしわざでしたが――、わたしは軍の連絡将校から、GPの中央兵舎へ行って、しばらく前に注文していたビール三〇ケースを受けとって来てくれないかと頼まれました。代金はすでに払ってあったのです。顔を出す勇気のある者などほかにだれもいなかったので、わたしが思いきってとりに行くことにしました。ところが、兵舎でケースを積んでいると、戦友のダニエルが近づいてきました。歴戦のフランス人傭兵で、コモロには大佐とともに初日から来ていた男ですが、彼は一言も言わず、ただ軽蔑するような顔でわたしを見ました。それがすべてを物語っていたと思います。

恨まれて当然でしょう。わたしたち南アフリカ人は、親友であり仲間である者たちをだましたのですから。しかも、大佐と部下たちは南アフリカのためにいろいろとしてくれたにもかかわらずです。彼らのひとりが、いみじくもこう言っていました。『いままで以上に君たちを必要とするときになって、君たちは俺たちを見すてるんだ』と。

愛国心の堅固な南アフリカ人として、わたしは生まれてはじめて自分がほんとうに恥ずかしくなりましたよ。

外国からの命令で裏切るというのは、いまにはじまったことではありません。南アフリカ政府はなじみの友を窮地《ドワング》に追いやったわけですが、それは、アンゴラとモザンビークで白人たちが南アフリカに助けを求め、一九七五年に一方的に独立宣言したときもそうでした。同じことは、その後すぐローデシアでもありました。彼らも、アメリカ政府の命令で窮地に立たされたのです。そして今度はデナールの番というわけです。

わたしたちはGPとの接触をすべて停止しましたが、

デナール大佐の方は最後まで約束を守りました。彼の警護兵は最後までわたしたちの基地で任務につき、糧食もGPの食堂から毎日運ばれていました」

あとは知ってのとおりである。フランス軍は侵攻したが、モロニではなく空港をめざし、精鋭の空挺部隊をヘリコプターで展開させた。この部隊は、空港を制圧すると、モロニとGPの兵舎へ向かった。短い話しあいがもたれ、流血の事態を避けるため、フランス軍は、デナールに降伏することを求めず、白人将校たちをつれて威厳を保ったままコモロから退去することを認めた。いつもながらのフランス式に、すべては紳士協定として実施された。

デナールは、忠誠をつくしてくれた兵士たちに最後の閲兵式を行なった後、このコモロ軍を空港でフランス軍指揮官に引き渡した。彼と部下たちは、南アフリカの航空会社サフエアのC-130輸送機に、完全武装した軍服姿で乗りこむことが認められた。飛行機に乗り、プレトリア郊外のウォータークルーフ空軍基地へ向かう途中、彼らは軍服を脱ぎ、武器を南アフリカ人クルーに引き渡した。

数年後の一九九五年、デナールには自分の真の力量を世界に示すだけの気概がまだ残っていた。ふたたびコモロへ侵攻して数日で制圧し、新体制によって投獄されていた元GPの兵士数名を解放したのである。彼は兵士たちへの仁義に厚く、ゆえに敬愛されたのである。

フランス側は、今回は間を置かずに行動し、ふたたびコモロへ侵攻すると大佐を逮捕してフランスへ護送した。フランスに着くと、彼はアーメド・アブダラ大統領殺害の罪で告発された。いよいよ裁判になるとデナールは、あの夜の出来事は正規軍に責任を負わせるためGPが仕かけた偽装クーデターであり、そうすることで正規軍を強制的に武装解除する計画だったと主張した。すべては前もって入念に仕組まれたことだったのだと判事に訴えたのである。さらに彼は、じつはアブダラ大統領は偽装クーデターを承認しており、一一月二六日の午前零時一〇分に、正規軍を武装解除せよとの命令に署名していたと主張した。その数秒後、彼はパジャマ姿のまま死亡していた。偽装クーデターは完全に失敗したのだと、デナールは言い張った。

裁判所は、そのような経過で現職の大統領が死亡したとは信じられないと主張したが、デナールと副官のマルケスは無罪になった。検察側は立証できなかったが、それは、カギをにぎる証人で、マニュエル・フェライラの旧友にして戦友の「フォックストロット」を見つけ出すことができなかったからだった。

　フェレイラは、のちに次のような手紙を大佐に宛てて書いている。「ボブ、大統領が死んだ経緯など、どうでもいいのです。あなたとマルケスと『フォックストロット』だけが、あの晩に何が起きたのか正確に知っているのはまちがいないでしょう。あなた方三人全員、大統領が撃たれたとき彼の部屋にいたのですから。あなたとマルケス中佐は無罪となり、そのことだけがわたしにとっては重要なのです。

　それに、あなたと、あなたが率いた規律の高いGPは、あの島国に、かつてないほど長期にわたって平和をもたらし、その間にあなたは民主主義的制度が根づくよう監督しました。またあなたは、あの国の経済インフラの発展にも手を貸し、会社や雇用の創設を後押しし、農村開発を進め、道路建設を奨励し、歴代の支配者たちが透明性と思いやりのある統治という考えなどほとんどもたず、彼らの下で人々が容赦なく苦しめられてきた社会で人道的な状況の改善をおしすすめたのです。

　敬礼を捧げます、大佐殿《モン・コロネル》」

最後に

　一九八八年から一九九一年までミッテラン大統領の下でフランス首相をつとめたミシェル・ロカールは、二〇〇〇年一月にワシントンで、ボブ・デナール大佐がDGSE（対外治安総局）と「親密な関係」にあったと認めた。フランス国家とアブダラ大統領追放計画とのあいだに共謀関係があったことを明らかにしたのである。

　アブダラ大統領は、一九八九年一一月に暗殺される五日前、ミッテランに書簡を送り、国連のハビエル・ペレス・デ・クエヤル事務総長への覚書でコモロ諸島のひとつマヨット島の問題を提起したと伝えた。

　マヨット島は当時――だけでなく現在もそうだが――コモロ諸島で唯一フランスの統治下にある島で、この問題はコモロがフランスからの独立をなしとげて以来、すべての政権が一貫して強く主張してきたものだった。これはいまなお、コモロ諸島に住む住民の大多数はもちろん、フランスの属領マヨット島を構成する小さな二島に住みつづけている多くの住民にとっても、わだかまりの残る係争中の問題である。

　最後に、マニュエル・フェレイラからも一言。彼は現在、旧ケープ州南部で家族と静かで勤勉な生活を送っているが、「大統領警護隊での勤務期間が終わった後、モブッ・セセ・セコ大統領時代のザイール情報機関に何度か勤務しましたよ」と教えてくれた。

しかし、本人いわく、それは「また別の機会に話しましょう……」

(1) マイク・ホアーの著書『コンゴの傭兵 *Congo Mercenary*』は、長らくベストセラー・リストにのっていた。

(2) Al J. Venter: *Gunship Ace: The Wars of Neall Ellis, Helicopter Pilot and Mercenary*, Casemate Publishers, United States and Britain (with a South African edition published by Protea Books, Pretoria).

(3) Duff Hart-Davis: *The War that Never Was*, Century, London, a division of Random House, 2011.

第3章　傭兵列伝――コブス・クラーセンス

わたしたちのボートがリトル・スケアシーズ川の河口を通過したころは、すでに暗くなっていた。場所は、西アフリカのフリータウンからヘリで北へ一〇分ほど行ったあたりだ。わたしたちは夕方前から沖合をパトロールしていた。外国の旗を掲げる漁船が数隻あるのが気になったが、コブス――われわれの隊長――は、別のものに気を向けていた。

彼は海岸へと近づいていった。コーティマウ島のいびつな形をした影が闇のなかから姿を現し、海岸線は、半月が出ていたものの、薄暗い内陸部に比べて若干の黒みをおびていた。闇のなかではまったく何もないように思え、音にまどわされがちになった。

遠くに、本土の村のひとつでかすかな光がゆらめいているが見える。ほんのわずかな文明の利器さえない、この僻地の村々には、どこにも電気は通じていない。照明用に住民は、パーム油の缶を斜めに切り、そこに芯を浮かべて火をともしていた。

「かがんでいろ」。コブスは、用を足そうとして立ち上がった射撃手に向かって低い声で鋭く言った。「あなたもだ」。コブスは海岸線を調べながらわたしに向かって言った。わたしは痙攣した両脚を伸ばそうとしたのだが、言い返さなかった。

わたしはゆっくりと、木製のサンパン――平底船のことで、現地では「パムパム」とよばれていた――の船縁より下に身をかがめ、その間もわたしたちはギニア国境へ向かって北進していた。船ではほかに五人がわたしと同じ姿勢をとっていた。唯一の例外はアンゴラ人のアントニオ・ヴィエラで、彼は船首に座り、見えないようにRPG-7ロケット・グレネード・ランチャーで武装していた。

コブス・クラーセンス（左）と、旧友かつ戦友であり、2013年に病気のため亡くなったフレッド・マラフォノ。クラーセンスとともにシエラレオネで反政府軍と戦ったフレッドは、かつては長年イギリス特殊部隊SASに所属して数々の功績を上げていた。ちなみに、クラーセンスの逸話のいくつかは、レオナルド・ディカプリオ主演の映画「ブラッド・ダイヤモンド」でとりあげられた。（写真：コブス・クラーセンス）

通常、政府公認の漁船監視パトロールでは、コブス・クラーセンスは自社特注の半硬質ゴム製「快速艇」を使って海上の標的を捕まえたり、シエラレオネ海域で違法に操業する中国漁船やガーナ漁船を取り締まったりしていた。しかしこのときは――以前に何度もしていたように――成立まもないシエラレオネ軍事政権の要請を受け、この海岸一帯でよくみられる、かなり質素な船を使って任務についていた。こうしたボートは、通称「パムパム」とよばれ、滑るように高速で進む。

要はこうだ。残忍な手足切断などの戦争犯罪で知られた反政府軍ＲＵＦの残党が、フリータウン周辺での戦闘から逃げ落ち、現在はイェリバヤ海峡や、巨大迷路のようなマングローヴの湿地帯、ジャングル、よどんだ水路など、シエラレオネと隣国のギニアの国境沿いに身をひそめていた。盗んだ快速艇で、沿岸各地を行き来する船を襲い、乗客を殺したり積み荷を奪ったりしている。パムパムは、西アフリカ沿岸では数多く見られ、外見に反してかなり大きく、船倉は深くて中心線は長く、五〇トンもの荷物を運べるものも多い。実際これが、西アフリカのこの一帯では沿岸各地をつなぐバックボーンになっていた。

コブスは、そうしたパムパムを一艘作らせ、外からはふつうの船となんら変わらないように見せかけた。船倉には、高い船尾で隠すようにして超強力な二五〇馬力の船外機をつけ、かなりのノットで移動できるようにした。さらに砂袋で防護壁を、船縁でうまく隠れるようにして作り、ボロボロのシートでおおった。船内には、徹底的に訓練を受けた部下のチームが隠れており、その多くはシエラレオネ軍の水兵だが、応援として、経験豊富な元傭兵仲間がくわわっていた。

しばらくして、コブスは――黒い戦闘用ジャケットを着ていたため、海を背景にすると姿はほとんど見えなかった。またジャケットの前面には、パウチのなかにAK－47の弾倉を六つ入れていた――エンジンを切った。わたしたちは耳を澄ませながら、闇の方へ目をこらした。

五～六〇〇メートル沖で横になっていると、陸からはさまざまな音がじつによく聞こえてくる。遠くで女性のよび声がする。さらに遠くの、内陸のどこかからだれかが返事するが、女性の声は、ジャングルの動物が出すキーキーという高い声にかき消されてしまう。痛みを必死に訴えているのだろうか？　だれにもわからない。

南の方――わたしたちがいまやって来た方向――から、ダッダッという規則的なディーゼル音が聞こえてきた。たぶん、さっきやりすごしたトロール漁船のひとつだろう。フリータウンへ向かっていたから。

コブスはエンジンを再スタートさせ、船をさらに岸へ近づけた。その目的は――すでに前もって説明していたとおり――奥まった入り江や湿地にひそんでいる海賊たちに、こちらの姿をぼんやりと見せ、隣国へ向かっているらしい「丸腰の」ボートに目を向けさせることにある。つまり、わたしたちを略奪するよう仕向けようというのだ。われわれが貴重品を積んでいるらしいと思うはずだと、彼は説明した。

「われわれは標的を、彼らがこちらへ向かってくるような望ましいものとしなくてはならない」と、彼はつけくわえた。すでにわたしは、ここ数か月でパムパム数隻が略奪にあっており、フリータウンに拠点を置くコブスの会社サザン・クロス・セキュリティーが、シエラレオネ政府から、この開水域での海賊行為を終わらせてほしいと依頼されたことを知っていた。

この地域に住む人のほとんどすべてにとって、ときどき襲われたり略奪されたりする分には生きていくのに支障はないが、問題だったのは、この海の犯罪者集団が冷酷非道だったことである。彼らは何もかも奪い去るだけでなく、ほとんど毎回、船に乗っている者全員を殺害していた。襲撃者たちは、つねに十分な数のAKで武装し、ときにはRPG-7をもっていることさえあった。

コブスが三度目にエンジンを切ったとき、まちがいなく別の船外機の音がした。まっすぐこちらへ向かってくる。しばらくわたしたちは、襲撃者がこれほどの短時間でこれほど近づいてきたことに驚いていた。そのころには二五〇メートルほどしか離れておらず、数ノットの速さで向かってきていた。

突然、曳光弾が頭上で弧を描いた。わたしたちは本能的に身をかがめた。かつて襲撃にあって生きのびた人々によると、海賊は襲撃をはじめるとき、標的とした船を止めるために曳光弾を発射したという。すべて同じパターンだ。

すでにコブスはエンジンを切っていたが、銃撃を受けてもなお何も言わなかった。わたしが見守るなか、彼は座ったまま船縁にゆっくりと背中を預けると、薄暗いなかでわかりにくかったが、わたしたちに向かって首を縦にふった。準備せよとの合図だ。

その後の行動は、数日かけて練習をしてあった。敵は強力な照明をもっている可能性は低かった――かつての生存者が、懐中電灯がひとつふたつだけだったと話していた――ので、ボートの者は、コブス（片手で武器をもち、片手で舵を操作していた）と船首にいるヴィエラ以外の全員が体勢を低くしておくことになっていた。コブスがAKを肩まで上げるのが戦闘開始の合図で、合図を出すのは相手のボートが約四五メートルまで近づいたころとされていた。

コブスとヴィエラが発砲したら、すぐ全員が銃撃を開始する。ボートの中央に位置する隊員は、イギリス製の七・六二ミリ口径汎用機関銃をもってくることになっていた。

そして、数秒後にすべてが予定どおりに進んだ。ヴィエラが――ロケット推進擲弾をさらに六個、胸にぶら下げていた――口火を切り、ほかの者があとに続いた。ロケットがエンジンの真上にいた襲撃者たちに命中したのに続き、相手の燃料タンクがやられて強烈な二次爆発が起こった。

先に銃撃してきたボートに乗っていたのは六～七人で、そのうち生存者はひとりだけだった。負傷していたところを海から引き揚げられたのである。生存者はほかにもいたかもしれないが、のちに隊員のひとりは、炎の反射光のなかで、ボートの残骸が海に飲みこまれる前にヒレが見えたと話している。

わたしたちは、のちに今回の攻撃について話しあったが、運がこちらに味方したのは明らかだった。しかし、コブスが言ったように、勝敗が逆になっても少しもおかしくなかった。

若いころ、コブスはアフリカの農場で育ち、試験に合格すると、すぐ南アフリカ陸軍に入った。あっというまにキャリアを重ねて、史上最年少で大隊長となり、勤務の最終年には名高い第一パラシュート大隊を指揮した。その後に軍を退職し、民間警備業務の道を進んだ。

軍隊時代の活躍は目をみはるものがあったが、それは当時「国境戦争」がもっとも激しかったからだ。彼は、モデュラー作戦やフーパー作戦などのアンゴラへの越境作戦で、当時キューバ軍とソヴィエト軍から強力な支援を受けていたアンゴラ軍と何度も交戦し、それもあってのちに彼は、民間軍事会社エグゼクティヴ・アウトカムズから、シエラレオネで反政府軍と戦うためにヘッドハンティングされた。彼は、いわゆる「ファイヤー・フォース作戦」実施の達人として認められており、本書でも、当時の出来事の多くをほかの個所でとりあげる予定にしている。

本人も思い出せないほど数々の危険な活動を経験したのち、現在では定評のある世界規模のリスク・マネジメント会社で取締役と株主をつとめており、顧客にはフォーチュン五〇〇に名をつらねる大企業や人道支援団体がある。彼はアフリカでビジネスをすることに集中しており、アフリカはさまざまな問題をかかえているが、ビジネスや商業が発展する見こみのある大陸だと固く信じ、支援している。

「悩みの種は、最近もっとも近づいた刺激的なものといえばゴルフ・コースくらいしかないということでしょうか……それはさておき、わたしはモンバサを拠点に活動しているアメリカ海軍の沿岸警備艇に対する利用権をもっていますし、ソマリア海域では、その警備艇で何度かおもしろい襲撃もやりましたよ」

彼が強調するのは、活動するのがどこであれ、つねに自分とその部下たちが倫理的に高い地位を占めるようにしていたという点だ。「わたしたちは、もっとも狭い意味での傭兵活動をしているわけでは決してありません。(中略)つねにわたしたちは、民主的に選ばれた正当な政府と契約を結び、国際人権裁判所から完全に説明責任を果たしていると認められました。

彼らはわたしたちを大々的に調査して、最終的に一〇〇パーセント問題なしの『潔白証明書』をくれたのです

傭兵の「機動部隊」がシエラレオネでダイヤモンド採掘場へ向かうところ。この部隊が待ち伏せなどの攻撃を受けた際の支援兵器として持っていたのは、旧式のソ連製 BMP-2 だけだった。（写真：コブス・クラーセンス）

よ」

西アフリカでの紛争を取材する軍事記者として、わたしはシエラレオネ滞在中にしばらくコブス・クラーセンスと行動をともにした。そのときの作戦のひとつに、同国東部のダイヤモンド採掘場を囲むジャングル地帯を数時間徒歩で進んだところにある反政府軍の基地を攻略するというものがあった。そのときの攻撃直後のコブスとわたしの写真を、本書の裏表紙にのせておいた。

当時ＥＯの戦闘部隊は、二隊に分割されていた。一隊は――ソ連時代のＢＭＰ歩兵戦闘車とランドローバーを配備されて――モビル・フォースと命名されていた。もう一隊は、コブスが指揮をとる――攻撃ヘリの支援を受けた――ファイヤー・フォースだ。傭兵部隊は、コノ地区のダイヤモンド採掘場を敵から奪還するまで、この体制で戦いつづけた。

わたしがイギリスのジェーンズ・インフォメーション・グループに至急報を送ってここに到着したころには、ふたつの部隊は、傭兵として数々の戦闘を潜り抜けてきた歴戦の兵士ルルフ・ファン・ヘールデンの総指揮下に統合されており、コブスは地上での戦術指揮官に任命されていた。

それから彼はファイヤー・フォースをフリータウン郊外にある新たな作戦基地へ移し、傭兵軍は、アンゴラから新たに到着した者たちでふくれあがっていた。その後も戦闘は続き、なかにはそれまで経験したことのないような激戦もあった。あるときコブスは、とくに激しい戦闘で負傷し、エグゼクティヴ・アウトカムズの「名誉短剣章」をもらった。これは同社が傑出した戦闘員にあたえる最高位の章で、まだ三度しか授与されたことがなかった。

政治情勢により、ほどなくエグゼクティヴ・アウトカムズはシエラレオネからの撤収を余儀なくされたが、コブスは残り、商業ベースの民間警備会社ライフガードで働きはじめた。その後しばらくは、金紅石の鉱山で警備の仕事をし、パイン・ピネアール——同僚の野戦指揮官——が部下のひとりに暗殺されたときはブンブナの業務を引き継ぎ、そしてシエラレオネの首都で会社の統括マネジャーに任命された。

「わたしはギニアでしばらくダイヤモンドの取引をしていて、そのときアメリカ政府と契約しているアメリカの企業にスカウトされました。それでギニア、リベリア、およびシエラレオネで——ときには危険な状況のなか——活動することになったのです。

その大半は秘密にしておかなくてはならないでしょうが、たとえばニック・ドゥトワに関係した仕事がありました。ほんとうにいいやつで、彼を友人にできてラッキーだと思いますよ。ほら、亡くなったイギリス元首相マーガレット・サッチャーの息子マーク・サッチャーも関与していた、赤道ギニアでの政府転覆計画が失敗に終わった後、あの悪名高いプラヤ・ネグラ刑務所に何年も収監されていた男ですよ」

同じ時期に、リベリアの元大統領チャールズ・テーラーの捜査・収監にもかかわった。テーラーは独裁者で、現在では人権侵害の罪でヨーロッパの刑務所ですごしている。

その後コブスは、今度はシエラレオネ人パートナーと、自分の警備会社サザン・クロスを設立した。彼の指揮下、同社はシエラレオネで最大の民間警備会社となったが、のちに国際的な警備グループG4Sに売却され、彼は数年G4Sの現地パートナーをつとめたが、やがて職を辞して現在にいたっている。

注目すべきは、初期の作戦を除き——その一部は「白黒はっきりしない」というのが最適だろう——コブス・クラーセンスは、本人が好きな表現を借りれば、「完全に合法的」だったことだ。長年にわたって数多くの有力な顧客に業務を提供しており、そのなかには国連、世界食糧計画（WFP）、赤十字国際委員会など、数々のNGOや政府機関が名をつらねている。

「事実、わたしはまったく新しい道を選んだのであって、もう以前のやり方に戻ることはできませんでした。いつもかならずあったのは、海上での密漁と海賊の取り締まりの仕事だけでしたが……けっこうたいへんな仕事もありましたよ。

サザン・クロスを売却してからは、この業界でいう『さすらいの《ジャーニーマン》セキュリティー・コンサルタント』になって、家族を大切にしようと努力する反面、いまも契約に同意してイラクやアフガニスタン、タイ、ヨーロッパ、レバノン、イスラエルなど、興味深い国や地域で仕事をしています。仕事の中身は大半が身辺警護ですが、訓練などの業務もあって、とてもやりがいがありましたよ。

しばらく前には、また密漁取り締まりの仕事をやって、そのようすはヒストリー・チャンネルの番組『シャドー・フォース』になりました」

コブスはわたしに言わなかったが、ほかの雇われ兵仲間から聞いたところによると、エドワード・ズウィック監督の大ヒット映画「ブラッド・ダイヤモンド」の主要登場人物のひとりは、シエラレオネで傭兵として戦っていたころのコブスがモデルになっているという。

話によると、彼はこの映画にたずさわり、その過程でレオナルド・ディカプリオに協力したとのことである。

第4章 CIAがコンゴで実施した空中戦に参加したキューバ人傭兵たち

あまり知られていないことだが、アメリカ政府は長年にわたり、コンゴ民主共和国の内戦に直接関与していた。CIAは、なんとマイアミに住む亡命キューバ人グループを雇い、モブツ・セセ・セコ大統領の中央政府に反旗をひるがえす反政府勢力と戦わせている。CIAはキューバ人たちを飛行機でアフリカへ送り、任務遂行用に練習機T-6ハーヴァードなどの飛行機をあたえた。リーフ・ヘルシュトレームが一連の出来事について詳細な調査を行なっており、ここにその概要を紹介する。

一九六五年五月二九日土曜日、コンゴ北東部、イツリ地区の熱帯雨林上空

CIAに雇われたベルギー人の操縦で、それまで順調に飛行を続けていたアメリカ製航空機T-28トロージャンが、燃料ぎれを起こした。

T-28は、南アフリカ空軍が長年訓練機として使っている旧式のT-6通称ハーヴァードと同じく、ベトナム戦争で対反乱任務に利用された機種だ。そのT-28がいま——アフリカの侵入ほぼ不可能な熱帯雨林の上空を僚機と二機で——コンゴでの作戦任務中だった。

僚機のパイロット、ルイス・デ・ラ・グアルディアは、無線チャンネルを切り替えてポーリス飛行場（今日のイシロ。現在のキサンガニの北東にあり、ブニアとの中間に位置する）の作戦基地をよび出し、飛行中にトラブル発生と伝えた。そしてチャンネルを戻したが、編隊長か

1962年秋、傭兵が任務飛行で飛ばしているカタンガ空軍のT-6航空機2機。この2機が、コンゴ政府と国連の大きな頭痛の種になっていた。（写真：レオン・リベールより）

らの返事はなく、雑音が聞こえてくるだけだった。

ブラッコはもう緊急脱出したに違いないと、彼は判断した。彼の飛行機の燃料警告灯も、しばらく前から点灯しており、こちらのT-28のエンジンもあと数分で止まるはずだと考えた。それまでに着陸できる場所に到達できる見こみはなく、迷っている余裕はなかった。彼はジャングルに不時着することにした。

その日の昼すぎ、それは通常どおりの任務としてはじまった。政府軍の分遣隊にトラブル発生との連絡を受け、現地にいるCIAの航空作戦将校「ミシュ」・ミシューが、支援のためT-28二機を派遣した。彼は各機のパイロットに、翼下のロケットとマシンガンがあれば十分な支援になるだろうと告げた。

隊長機を操縦していたのは、歴戦のベルギー人傭兵ロジェ・ブラッコで、かつて国連と対立するカタンガ空軍で働いていた人物だ。僚機のデ・ラ・グアルディアは、マイアミからやって来たばかりのキューバ人パイロットだった。

ふたりは、スタンリーヴィル――現キサンガニ――の北約三〇〇キロメートルにあるティチュレの任務基地へ向かっていた。そこには第六コマンドー部隊のベルギー人将校三名が指揮する約五〇〇人の分隊が、反政府軍の迫撃砲攻撃で身動きがとれずにいた。ベルギー人将校らは、部隊を指揮して地元兵を「強化」するために雇われた傭兵だった。

「問題が起こるとは思いもしませんでした」と、デ・ラ・グアルディアは回想している。ふたりが受けた命令は、ティチュレへ飛行機で向かい、地上部隊と無線で連絡をとり、必要なことをやって基地に帰還せよというものだった。朝飯前のはずだったが、現実には、そうとはならなかった。

地上で反政府軍から攻撃を受けている将校のひとりが、たまたまブラッコの個人的な友人だった。それで話しあいのすえ、ブラッコがあれこれするよう求められ、出撃することになったのである。

二機は、地上で特定された敵の陣地にロケットを撃ちこみ、これで攻撃はおさまるはずだった。しかし、その直後に地上の部隊はふたたび迫撃砲の攻撃を受けはじめたため、二機は戻ってふたたび同じことをくりかえさなくてはならなかった。どうやらロケットは期待どおりの効果を生まなかったようだ。

デ・ラ・グアルディアは、ブラッコを援護しようと最善をつくした。あるときは、低空飛行して敵の陣地や迫撃砲の発射地点を特定しようとし、またあるときは、上空にとどまって高度約一〇〇〇メートルで旋回し、ほかの地上部隊が二機を狙って銃撃しようとしているかどうかを確認した。

「もちろん、反政府軍はわたしたちが何をしているのかはっきりわかっていたはずです」と、彼はのちに断言している。「別の飛行機が上空を飛びまわっているのを見て、『煙を出すな。出したら上のやつがすぐさま向かってくるぞ！』って言っていたことでしょう」

二機はさらにしばらく上空を旋回して、反政府軍をおびき出そうとした。そのころデ・ラ・グアルディアは、燃料が心配になりはじめ、ブラッコに戻るべきだと伝えた。

「わかった、わかった……もう五分だけ！」とブラッコは答えた。

「OK、あと五分だけだ。地上部隊と連絡をとったが、こちらの武器を全部発射してほしいそうだ。そのすきに脱出するからと」。すでに時刻は夕方の一六時三〇分で、暗くなる前に帰還するには、あと九〇分ほどしかなかった。

すでにデ・ラ・グアルディアは不安になっていた。「ブラッコ、帰る時間です！　戻りましょう！」。彼は無

アメリカの中央情報局はモブツ・セセ・セコに、地上攻撃任務用に航空機T-28トロージャンを多数提供した。右は、コンゴで活動するフランス人傭兵部隊。(写真:リーフ・ヘルシュトレーム・コレクションの好意による)

線で訴えたが、その声には緊迫感があった。

「OK、OK、戻ることにする」とブラッコは答えた。そして、まずロケットを全部発射するよう指示し、それがすむと、ふたたび無線で、まだマシンガンが残っているだろうと言った。

「いいか」と彼はデ・ラ・グアルディアに言った。「下の連中が脱出するあいだ、マシンガンを撃つんだ」

しかし最後の攻撃中、まったく予想だにしていなかったことだが、デ・ラ・グアルディアは、地上から銃撃されて被弾したと言った。「おい、ブラッコ! なにかに撃たれたぞ。(中略)穴が、翼の上に裂け目みたいなのが見えるんだ」

ブラッコは了解というと、僚機の方に近づいて、その下に入った。下に入るとすぐ彼は言った。「たしかにそうだ、被弾している。そんなに悪そうには見えないが、燃料がちょっともれているだけだ」

言われなくてもデ・ラ・グアルディアにはわかっていたことだが、T-28の燃料タンクはゴム引き加工された袋のようになっていて、地上からの銃撃で穴が開いても自動的に穴をふさいで燃料の損失を最小限に抑える仕組みになっていた。それでも心配だとデ・ラ・グアルディアは思った。それもあって、ふたりのパイロットは帰還することにした。

しかし、すでに遅すぎた。帰途、両機はコンゴでしかお目にかかれないような激しい雷雨に次々とみまわれた。そのため遠まわりを余儀なくされ、基地まで残り八〇キロメートルのところまで来たときには、もう帰還できないのは明らかだった。

ミシューが基地からパイロットたちに最後に告げた言葉は、明日朝一で捜索に出るというような内容だった。デ・ラ・グアルディアは、エンジンが咳きこむような音を出しはじめると、脱出した。

「わたしは左側から、まっさかさまに飛び出しました。すでにあたりは真っ暗でしたが、それでも、垂直尾翼の先端にあるビーコンが三メートルほどの目の前をすぎていくのはわかりました……ぶつからなくて幸運でしたよ。

飛行機から出ると、すぐにDリングを引きはじめたんですが、いつまでたって

スタンリーヴィル（現キサンガニ）がシンバ反乱軍から解放されたのち、検問で止められるキューバ人パイロットたち。このパイロットたちの大半は、マイアミでCIAにスカウトされた者たちだった。（写真：リーフ・ヘルシュトレーム・コレクションの好意による）

もパラシュートが開かないような気がしてね。ひっぱって、またひっぱって、いったいパラシュートはどこだって悪態をついたりして。実際には数秒で開くんですがね。

飛行機から頭を下にして飛び出したので、パラシュートが開いたときには体が一回転してしまいました。するといきなり、胸に提げていたウジ・サブマシンガンがハーネスで強く押しつけられ、あやうく肋骨を折るところでした。前方の、少し離れたところに閃光が見えました。違うかもしれませんが、あれはわたしの飛行機が地面に衝突したのだと思います。

パラシュートで降りながら、下を見ました。そのとき、五〜八キロ先で雷が何度か落ちて一帯を照らし出しました。

下を向いても見えるのはジャングルだけで……グリーンピース・スープのような熱帯雨林が、あのわずかな光のなかでも、まるで無限に広がっているみたいに思えました」

数秒後、足もとからジャングルが迫って来たかと思うと、彼は衝撃を受け、うっそうと茂った群葉に斜め上からつっこみ、梢をバリバリと折ったすえに、パラシュートが引っかかって止まった。デ・ラ・グアルディアのヘルメットは、後頭部が枝に激しくぶつかったため、頑丈なプラスティック製にもかかわらず割れた。それから、完全な静寂が訪れた。

しばらくしてデ・ラ・グアルディアは気がついた。彼はゆっくりと状況確認をはじめた。全身を触ってみると、打撲やすり傷があちこちにあるが、大きなけがはないようだ。しかし体は、地上数メートルのところに宙ぶらりんになっている。パラシュートのキャノピーがつき出た枝に引っかかっているのだ。彼にはどうすることもできず、風がまわりの枝をざわざわと震わせ、雨だれがヘルメットにぽつぽつと落ちてくるなか、ただじっとしているよりなかった。

数分後、あたりはすっかり暗くなり、地面も見えなくなった。そのとき、ふと思った。そもそも、この窮地から脱出してぶじに下へ降りることなんてできるのだろうか?

彼は若いキューバ人学生で、ときどき農薬散布のパイロットもやっていたが、それがいま、アフリカのジャングルで三〇メートルもある巨木に引っかかってぶら下がっている。事前に示された飛行計画は頭のなかに入っていたので、ここが敵戦線のはるか後方であることはわかっている。もし発見されたら殺されるだろう。それはまちがいないが、そうなるまでに時間がかかるだけだ。アフリカの僻地では、何事もスピーディーには進まない。

完全にひとりで、ほかにだれもおらず、はじめて恐怖を感じたものの、明るくならないことには、できることなど何ひとつないことはわかっていた。しばらくのあいだ、家族や友人のことを考えた。

夜はゆっくりとすぎていき、彼はいく度となく自問した。いったい自分はここで何をしているんだろう？　そもそもなんでこんなことになったのだろう？

そして、どうしてＣＩＡは自分を雇ってコンゴへ行かせることになったのだろうか、と。

一九六六年、「ニューヨーク・タイムズ」紙は、中央情報局が数年前に「即席空軍」をコンゴへ派遣したとする記事を掲載した。その目的は、コンゴ政府が反乱軍と戦うために雇った傭兵部隊の作戦を支援することにあった。

当時アメリカは、コンゴ政府を軍事的・政治的・経済的に公然と支援しており、ＣＩＡがさまざまな形で関与していることは周知の事実となっていた。しかし、当時はまだ知られていなかったが、アメリカ政府によるコンゴへの準軍事支援は、じつは一九六四年に反乱が勃発するはるか以前にはじまっており、その目的も当初はまったく違ったものであった。ＣＩＡはすでに一九六二年、小規模な軍事的脅威を受けているコンゴ政府を支援するため航空部隊を派遣している。この脅威は、当初は小さかったが、やがて当時の首相シリル・アドゥラにとって深刻な政治問題へと発展していった。

非常に著名なスウェーデン人歴史家リーフ・ヘルシュトレームは、そのすぐれた著書『即席空軍――コンゴにおけるＣＩＡ航空部隊の創設 *The Instant Air Force: The Creation of the CIA's Air Unit in the Congo*』（一九六二年刊）で、当初コンゴ中央政府にとって深刻な問題となっていたのは、航空戦力がないことだったと指摘している。

植民地時代、宗主国だったベルギーは、コンゴでは輸送機とヘリコプターで構成される小部隊を運用していたが、その大半は、ベルギー人パイロット全員ともども、独立後すぐにカタンガへ移送された。

コンゴ政府は空軍を作るべく努力をしたが、一向に実を結ばず、一九六二年秋の時点でコンゴ空軍（ＦＡＣ）には、コンゴ人であれ外国人であれ、パイロットはひとりもいないというありさまだった。空軍は旧ベルギー軍の練習機Ｔ-６ハーヴァードを一九六二年なかばに六機購入した。航空支援任務に使おうと考えてのことだが、それもパイロットと必要な武装が手に入れればの話である。そして、それこそが問題だった。というのも、一九六〇年にベルギーから独立した時点で、コンゴは――フランスとドイツとスペインを合わせた広さの国土をもつ国でありながら――大学出身者が六人しかいなかった。飛行士はおろか、パイロット訓練生さえ、ただのひとりもいなかった。

一方、分離独立を主張する南部では、カタンガ空軍（Aviation Katangaise　略してアヴィカット）は、一九六一年の戦闘で国連軍に破壊されたものの、着々と再建を進めていた。

同年の九月末時点でアヴィカットは、FACが購入したのと同型のT－6航空機を一〇機保有していた。しかし中央政府とは異なり、カタンガ側は自軍の航空機運用のため傭兵パイロットを雇っており、武装もふんだんにあった。これだけ軍備を充実できたのには、反体制勢力がレオポルドヴィル（まもなくキンシャサと改称）のコンゴ中央政府からいままでどおり距離を置いたままでいてほしいと願うベルギー採掘業界の協力が大きかった。

やがてこの小さな空軍は、反対派や中央政府支持者に対するカタンガ側の軍事作戦を支援するため、カタンガ北部で地上攻撃任務を実施するようになった。

コンゴ中央政府が、地上部隊に十分な航空支援を提供できるようになりたいと考えているからには、さらに航空機を見つけるか、せめては自軍の飛行機に搭乗させるのに必要な数のパイロットを集める必要があった。しかも、それを迅速に行なわなくてはならなかった。このころになるとアメリカが、アフリカ大陸を横断するコンゴ周辺全域を不安定化させようとするソ連の活動を妨害させるためもあって、この問題にのりだしてきた。

ここで留意すべきは、当時ポルトガルもアンゴラとモザンビークで次々と起こる大規模な反乱と戦っており、しかも反乱軍の大多数はソ連政府から資金と支援を受けてポルトガル政府に反抗していたということだ。この点コンゴも同様であり、それでアメリカの戦略家たちが危機感をいだいたようだ。そのころアメリカ政府部内で、完全にアメリカの統制下にある代理部隊を紛争に派遣するのが最善策だという考えがもちあがった。

アメリカ政府がコンゴ政府を支援してカタンガ空軍の脅威に対抗させる場合、その具体的な支援策はいくとおりも考えられる。

アメリカにとっての選択肢は大きく分けてふたつ、必要な支援をみずから行なうか、あるいは、ほかのだれか

ダフィー（左）と、コンゴ北東部の反政府勢力シンバと戦うためCIAが提供したアメリカ軍爆撃機の乗組員たち。（写真：ピーター・ダフィー）

に提供させるかだ。後者の策には、アメリカがコンゴに内政干渉したと非難されるリスクを減らせるという利点がある。理論上アメリカは、同盟国のひとつか、アフリカかどこかの中立国に働きかけて、コンゴ政府に一方的な援助をあたえるよう説得を試みてもよかった。

　しかし、こうした動きをとった場合に発生すると考えられる現実的・政治的障害をすべて無視したとしても、このような形で問題に首をつっこんでもよいという国を見つけるのは困難だっただろう。まして、それが一触即発状態のアフリカとあれば、なおさらだった。

　現実には、この選択肢は真剣に検討されることすらなかった（なお、コンゴに軍事飛行学校を設立するのにイタリアを関与させることが一九六二年に議論されているが、当然ながらこれはもっと長期にわたるプロジェクトであった）。もうひとつ考えられるルートは、以前からコンゴの治安に深くかかわっていた国連を関与させることだ。しかし、当時の大方の見方では、すでに国連は悩みを十分にかかえており、これ以上問題を増やすことはできないと考えられていた。

もしアメリカ政府がみずからのりだすことに決めた場合、対応策としてまっさきに考えられるのは、アメリカ軍を正式に派遣し、コンゴ軍とハイレベルで調整を行なうことだろう。この手は、軍事的には利点がいくつかあったが、政治的には数えきれないほどリスクが多かった。

もうひとつ考えられる対応策は、事実上アメリカの統制下にあるが表向きはそう見えない部隊を使うことだった。そこで、中央情報局の登場となった。

一九六二年の時点でCIAは、世界中のどんなに遠く離れた場所であろうと、小規模の航空部隊を組織し、装備をあたえ、運用する方法について、かなりの経験を積んでいた。また、前年にCIAの支援する亡命キューバ人部隊がキューバに侵攻して失敗したピッグズ湾事件の直接の副産物として、アメリカ国内には任務のなくなった亡命キューバ人パイロットの一団がおり、しかも彼らはすでにCIAのやり方を熟知していた。CIAでは準軍事作戦が何年も前から活動の重要な部分を占めており、CIA本部には、秘匿作戦の計画と訓練を実施する基幹人員がすでに数百名いた。必要に応じて追加人員を雇用することもあり、その場合はアメリカ軍から出向してもらうか、さもなければアメリカ内外の「自由市場」から採用した。つまり傭兵を雇ったのである。

支援するとの決定が下ると、アメリカによるコンゴ政府支援プログラムの一環として、軍事顧問団が一九六二年六月にコンゴの首都へ向かった。顧問団は一か月後に報告書を発表し、そのなかで――同じころイギリスや国連も指摘していたのと同様――この戦闘の続く国では多くの地域で深刻な問題をかかえていると記している。それに続けて、軍事的な選択肢もふくめ、さまざまな対策を提案した。

今後については、次のように述べている。

- 長期にわたる訓練と物的支援以外の活動を行なう組織の開発が必要である。
- 地元出身者を訓練したりコンゴ人部隊を組織したりできるようになるまでは、コンゴの作戦上の必要を満たすため、現在保有する航空機および設備を有効活用できるよう、なんらかの手をうつ必要があるだろう。

一九六二年なかばの時点で、まだアメリカ政府はコンゴに直接軍事介入するのに消極的で、コンゴ危機を平和的に解決する方法が出てくるのではないかと期待していた。そう考えていたのがだれであれ、その人物はアフリカについてもアフリカ政治全般についても無知同然だったに違いない。それでも、国連の仲介活動を支援するべく努力が続けられたが、一部の強い声を受け、ささやかながらジープや無線機器などの物資が集められ、数週間後にコンゴ軍へ届けられた。

そのころコンゴ政府は、初回分の新たなT‐6ハーヴァード訓練機・地上支援機の引き渡しを受けると、ただちにアメリカに支援を求めた。アメリカ大使は一九六二年八月下旬の報告書のなかで、コンゴのアドゥラ首相と会ったところ、航空機の到着に喜んでいるが、今度はこの航空機を飛ばすパイロットを見つける手助けをしてほしいと強く求められたと伝えている。表向き、大使ははっきりした返答はあたえなかった。

しかし大使は、数日後にワシントンへ確認状を送り、アドゥラ首相には現在航空機が六機あるがパイロットはまだいないとあらためて伝えている。

「積極的に攻撃したがるような無能な非熟練者を雇う気になっている可能性がある」と、そこには記されていた。数週間後、大使はふたたび同じ指摘をした。

この切迫した時期のすくなくとも二週間のあいだ、アドゥラの机の上には、大西洋の対岸にある無名な会社エア・パナマから提出された契約書の草案がのっていた。さらにアメリカ大使のもとには、指示に反して傭兵パイロットが戦闘のため雇われる可能性が現実味を増しているとの報告もよせられていた。もしこれが実現したら「国内の停戦計画にとって逆効果になるだろう」と大使は警告した。

エア・パナマ（正式な社名はアエロビアス・パナマ株式会社）は、その名に反して、フロリダ州マイアミにある比較的小さな航空会社だった。すでにコンゴで国連のためチャーター機を飛ばす任務をしており、今度はコンゴ政府と契約を結ぼうとしていた。

この時点で、エア・パナマがＦＡＣ（コンゴ空軍）の訓練を実施するとのうわさがあり、さらにはＦＡＣのＴ‐6に対する支援や亡命キューバ人パイロットの派遣も行なうらしいと語られていた。アメリカ政府は、エア・パナマの提案を好都合と思い、エア・パナマの経営陣は喜んでアメリカ政府を手助けすることになった。一九六二年九月なかばにＣＩＡ局長は、エア・パナマの経営者が局長のオフィスを訪ね、「われわれが必要とする同社の設備を自由に使っていいと申し出た」と報告している。ＣＩＡが同社の申し出を受け入れたかどうかは定か

CIA の提供した爆撃機は、コンゴの首都に到着後、アメリカ空軍の標識をはがされた。(写真:リーフ・ヘルシュトレーム・コレクションの好意による)

ではない。

一九六二年九月下旬に国連は、カタンガ空軍が航空機T-6を多数受けとったとの確証を得た。この情報はアメリカ政府とコンゴ政府にも伝えられた。当然ながらアメリカ政府は、アフリカ中央部での展開、とりわけコンゴでの軍事情勢が悪化することに懸念を強め、抑制のきかない内戦が勃発する可能性が突然高まってきたことに危機感をつのらせていた。

当時、国務省がケネディ大統領に送ったメモには、「コンゴに対するわが国の計画は徐々にアフリカの泥沼に沈んでいっている」と記されている。

続く数週間でも状況は改善せず、その間コンゴ政府は野党から、カタンガに対してなんらかの行動をとれとの政治的圧力をますます受けるようになっていった。一〇月上旬には、ソヴィエト連邦がコンゴ政府に直接軍事支援を行なう準備にとりかかっているとの報告があった。アメリカ政府は即座に行動する必要に迫られた。

一か月後、カタンガ空軍の航空機がカタンガ北部でコンゴ軍に攻撃を実施したとの報告が入り、このときはじめてコンゴ政府はアメリカ政府に直接支援を求めた。その要点は、こうだ。「わたしには、どうしても戦闘機が必要である。なぜなら、軍事的圧力によってしか、「カタンガ国大統領の」チョンベから真に融和的な行動を引き出すことはできないと思われるからだ」

ここで登場するのが、当時のＣＩＡコンゴ支局長で筆者の古い友人でもあるローレンス（ラリー）・デヴリンだ。アドゥラは、デヴリンと政治情勢について延々と話しあった後、アメリカのすぐれた航空機を数機もらえれば、アメリカ政府にしてもらえるどんなことよりも政権維持に役立つだろうという趣旨の発言をして会合を終えた。

先ごろ亡くなったデヴリンは、自著のなかで、キューバ人を雇うのを率先して後押しした中心人物はコンゴ駐在のアメリカ大使だったと暴露している。航空機や武装についてワシントンへ送った電報の数が、大使がこの件について非常に個人的な関心をいだいていたことを示唆している。

コンゴに派遣する新たな航空部隊に適した人材を見つけるためにＣＩＡが目を向けたのが、すでに提携したことのあるグループだった。フロリダ州に住む亡命キューバ人たちは、受け入れ国政府のために、失敗に終わった違法な侵略行為であるピッグズ湾事件など数々の秘密戦にかかわっていた。

一九六一年末、同事件でＣＩＡ航空部隊の作戦部長をつとめていたルイス・コズメがワシントンへ行き、亡命キューバ人パイロットが正式な飛行士免許を取得できるよう便宜をはかってほしいと求めた。しばらく議論があったすえ、ＣＩＡは求めに応じることに同意し、マイアミのエンブリー＝リドル航空学校に二万五〇〇〇アメリカ・ドルを支出した。これはパイロットを二〇名養成するのにほぼ十分な額であり、おかげで「生徒」たちはなんの条件もつけられずに無料で受講することができた。この措置は、かつての貢献に対して「感謝」を伝えるものとみなされた。

さらにＣＩＡは、ジョージ（ジェリー）・ソールという名の将校に、同じ学校に通ってキューバ人との連絡係をつとめるよう命じた。

こうした動きは、この種の作戦に「外国出身の」人員を雇いたがるＣＩＡの好みにも合致していた。まずパイロットが五人スカウトされた。大半がエンブリー＝リドルで訓練を受けたグループの出身者で、ひとりを除き全員がピッグズ湾事件の参加者だった。選考作業にはコズメもくわわり、彼が個人的に知るパイロットが選ばれ、契約書は彼の自宅で清書された。給与は月八〇〇ドルで経費は別途支給、契約期間は六か月とされた。キューバ人の飛行機整備士も一名雇われた。

公式には、このパイロットたちは中小企業カリビアン・エアロマリーン社に採用されたことになっていた。同社は、一九六二年四月にフロリダ州で登記された企業で、登記書には数ある業務のひとつとして、「人員を雇用し」、航空機のいわゆる「運用・事業・維持・修理」について「訓練と教育を行なう」と記されていた。

じつは、カリビアン・エアロマリーン社の出資者はCIA本部であり、同社は事実上CIAのダミー会社として機能していた。つまり、業界用語で「プロプライエタリー（proprietary）」とよばれる秘密企業なのであった。こうした企業はCIAの活動を支援する目的で創設され（そうした企業は現在も存在しており）、当時は、数百社とはいかないまでも、数十社が世界中のさまざまな分野で活動していた。

秘密企業のなかには、特定分野での専門技能が必要になった場合にすぐ利用できるようにと考えて設立されたものもあり、取締役やオーナーには、たいてい地元の弁護士が就任した。カリビアン・エアロマリーン社も同様で、取締役は三人全員が同じオフィス・ビルを連絡先にしていた。

キューバ人たちが雇われた正確な日付はわかっていない。おそらくコンゴへ行くわずか二〜三週間前だっただろう。アフリカへ向けて出発するに先立ち、一行はマイアミで元アメリカ海軍パイロットから、アフリカで飛ばすことになっているハーヴァードの徹底した操縦訓練を受けた。編隊飛行の訓練もやった。この準備段階では何ひとつ問題に出くわすことはなかった。パイロットのうち四人が、キューバ空軍かキューバ海軍でT‐6を操縦した経験があったからだ。

コンゴに到着した彼らは――一行には「世話役」としてジェリー・ソールが同行していた――表向きは契約にもとづいて直接コンゴ政府のために働くことになっていた。そのため全員に、コンゴ国民軍から支給された正式な身分証明書類が渡された。キューバ人は全員が偽造パスポートでやってきており、出身地はグアテマラやドミニカ共和国などヒスパニック諸国ということになっていた。しかし、これは役に立たなかった。ほどなくして町じゅうのほとんどだれもが、キューバ人の一団がやってきたことを知ったからだ。

またコンゴ人たちは、彼らを「les techniciens americains」（アメリカ人技術者）とよぶことがあり、アメリカから来たことを暗示していた。そのため現地では、彼らの採用にアメリカ政府が関与していたことは秘密でもなんでもなかった。

興味深いことに、現地のコンゴ・メディアは、この変わった集団について当時は報道しなかった。もっとも、もしマスコミがこの件をとりあげようとしたら、政府の手の者に警告されていたのはまちがいないだろう。あのころは、政府の警告を無視しようとするのは命を懸けてまでやることではなかったし、それに五〇年後のいまも、そうした実情はあまり変わっていない。

当初、T‐6航空機はすべてレオポルドヴィルのンドロ飛行場に配置されていた。この飛行場には地元の軍も航空学校を置いており、キューバ人たちは小さなオフィスをあたえられた。

はじめのうち航空機は武装されておらず、しばらく物事はゆっくりと進んだ。キューバ人たちはかなり定期的に飛行機を飛ばし、通常は首都の上空と周辺を編隊飛行して、FACがついに「機能」しはじめたことを多くの人に知らしめた。キューバ人パイロットは、飛行中は――一時間単位で――割増手当がもらえるため、ほぼ毎日飛んだ。どの飛行機も整備がいきとどいており、技術的な問題が起きても、キューバ人の主任整備士とコンゴ人助手がすぐに解決してくれた。

到着して数日後、ソールとキューバ人たちはよばれてコンゴ国民軍の参謀長モブツ大佐と面会した。モブツは、自軍の部隊のひとつが目下カタンガ軍に包囲されているので、即刻そのカタンガ部隊の攻撃に向かってほしいと要請した。ソールは、それはむりだと反論し、飛行機にはまだ武器が装着されていないと説明した。モブツには言わなかったが、じつは依然としてアメリカ政府は、現在の軍事紛争を悪化させるようなことはなんとしてでも避けたいと思っていた。しかし、これは無益な主張だった。カタンガ国と反政府勢力も外国からの軍事支援を受けていたため、どのみち紛争は悪化の一途をたどっていたからである。

ついにアメリカ政府も納得し、キューバ人の航空分遣隊に、いわく「適当な量」のロケットを支給するよう命令が出されたが、実際に供給するのは技術的な詳細が明らかになってからとされた。この難局を打開できる兆しが見えず、ふたたび不満がくすぶっていった。

一二月初旬、コンゴの指導者アドゥラ首相は落胆のあまり、政権が崩壊寸前にあると訴えた。さらにアメリカに対して、この国の安全が危機にさらされていると警告した。そして続けて、「チョンベがコンゴ軍や村々を日常的に爆撃して」おり、アメリカと国連は無力でなんの対処もできないようだと述べた。とりわけ不愉快だったのは、実戦に使えそうな戦闘航空部隊があるのに、それを投入するのが許されていないことだった。

実際、キューバ人パイロットの存在は「隠された」まで、アメリカはハーヴァードに装備させる空対地ロケットの引き渡しを延期させつづけていた。

そのころアメリカ大使は上司に緊急の提言を行ない、アメリカ政府に、ソヴィエトからの軍事支援の申し出に対抗するためにも、武器の引き渡しを急いでほしいと要請した。事態は急を要していると大使は断言し、コンゴ側には武器がこちらへ向かっていると伝えてもいいと提案した。注目してほしいのは、この時点ではアメリカ大使でさえ状況にきわめて悲観的になり、政権崩壊さえ危惧していた点だ。先ごろ秘密解除された本国への報告書のなかでも、そうしたことを述べている。

実際、コンゴ情勢はアメリカ政府内部で注目を集めるようになっていた。そのことは毎日のスタッフ・ミーティングでのメモからも明らかで、たとえば一九六二年一二月一〇日にホワイトハウスで行なわれたミーティングのメモには、次のように記されている。


少々悲観的な空気が会議の席に流れた後、議論はより広い問題へと移った。(中略) バンディとケーソンとダンガンは、もっとも望ましい展開は、コンゴ国民軍がアメリカから爆撃用に提供された航空機数機を使ってカタンガに爆弾を数発落とすことだろうと言った(1)。

その意図は、こうすればコンゴ問題で複雑にからみあう諸要素(国連やUMHK[上カタンガ鉱山連合。ベルギーの鉱山会社]など)の多くを排除することになるだろうし、もしかするとレオポルドヴィル対エリザベートヴィルのすっきりしたわかりやすい戦争に変えられるかもしれないという点にあったようだ。この提案を聞いて、会議の場に小さく笑いが起こった。たとえばバンディは、「われわれ一同、たしかにタカ派の集団だが、それでも根底にはまちがいなく真剣さが流れていた」と言っていた。


このころまでにキューバ人パイロットには、カタンガ州コルウェジにあるアヴィカットの基地に攻撃を仕かけることになるかもしれないと伝えられていた。ロケットの発射レールが航空機に装着されると、レオポルドヴィルからかなり離れたところにある飛行場へ向かい、そこでパイロットたちは攻撃の練習をはじめた。同じころ、国連も追加の戦闘機を確保する努力を続けていた。

一一月下旬にスウェーデンが増援を送ることに同意したものの、条件として、他国も航空機を出すことを求めた。国連は一二月上旬から中旬にかけ、ギリシア、イラン、イタリア、パキスタン、フィリピンなどの各国を中心に、航空機か乗員のどちらかを提供してくれるよう説得を試みたが、交渉は実質的な成果のないまま、ずるずると続いていた。最終的にはフィリピンがパイロットの派遣に同意した。彼らは、イタリアが提供する航空機を飛ばすこととなり、一方イランは――当時はまだ王制だったが――航空機と乗員を出すと約束したが、どちらもコンゴ到着が数週間先になるのは明らかだった。

この交渉のいくつかでは、アメリカ政府が舞台裏でひそかに外交的な支援をしていた。イタリアからの航空機については、事実上アメリカ政府が航空機を出していたといえる。これらはもともとアメリカによる援助計画の一環としてイタリア政府に提供されたもので、厳密にいえば、これらの飛行機は依然としてアメリカの所有物であったからだ。

また、アメリカ軍を投入するという選択肢もまだ残されており、実際、コンゴの政治情勢が悪化していたため当時この選択肢は多くの注目を集めていた。

一九六二年一二月上旬、統合参謀本部は勧告を出し、そのなかで、参謀本部としてはとにかく「コンゴ問題の中心的課題は、親欧米政権を権力の座にとどめておくこと」だと確信していると述べている。カタンガ問題が解決しないかぎり、問題は残るというのである。

そこで、「もし中央政府の崩壊をくいとめる必要があるのなら、必要な支援小隊をそなえた混成航空進攻部隊一個をふくむアメリカの軍事支援を国連に提供する」べきだと助言した。

さらに、ジェット戦闘機八機と偵察機二機からなる戦闘飛行中隊を派遣する詳細な計画も策定した。計画の草案には、コンゴがかかえる苦難が数多く列挙されており、たとえばアドゥラ政権の「不安定さと行政のゆるみ」や、ソヴィエトによる軍事支援という潜在的脅威などがあげられていた。

国務省はクリスマス直前に、「アドゥラ［とその政権］が直面しているもっともむずかしい問題のひとつは、カタンガ空軍が空を事実上自由に飛びまわっているため不利益を受けていることである」と記している。その上で、国連軍が地上のアヴィカットを壊滅させるべきだと提言しており、そのことからも、あきらかにコンゴ軍への航空支援は依然として優先度が高かったことがわかる。

呪術信仰の伝統がアフリカにどれほど深く浸透しているかを示す１枚。マイク・ホアーの第５コマンドー部隊の隊員がかかわった戦闘の後、一部の黒人兵が衣服を脱いだ。そうすれば敵が「ジュジュ」という呪術でかけた呪いを避けられると信じていたからだ。（写真：リーフ・ヘルシュトレーム・コレクションの好意による）

アメリカ軍の将軍が一名、実地調査任務のためコンゴへ派遣され、その主たる任務のひとつとして、「コンゴにおけるアメリカ軍の戦術戦闘飛行中隊の必要度を査定し、同国におけるアメリカの目的を推進するためには、この部隊をどのように運用するのが最善かを判断すること」になった。

大統領に近い関係者によると、この任務を行なった理由の一つは、ケネディ大統領がこの件について決定をくださざるをえない時期を先延ばしにできるようにすることにあったという。

最終的にケネディは、国連から正式に要請が来たら戦闘機部隊を派遣することに同意した。この要請は、同年の一二月三〇日に来た。数時間後、アメリカの戦闘機航空団が「上級司令部から課せられた、F-84の飛行中隊を秘密の前進作戦拠点へ移動させる任務のため、計画と調整」を開始した。したがって、一九六二年一二月末日時点で、航空機の状況は以下のようになっていた。

・国連の戦闘機部隊は、スウェーデンからの増援を受けていたが、スウェーデン部隊は頼りにならず、能力もおとると考えられていた。他国から部隊の追加派遣が約束されていたが、到着は数週間後になる見こみだった。

・アメリカ空軍の部隊が、国連軍の一翼を担うためヨーロッパからコンゴへ向かう準備をはじめたが、これも到着までしばらく時間がかかりそうである。

・「コンゴ空軍」すなわちＣＩＡの航空部隊は、ロケット装備を受けとり、一月中旬に予想されるカタンガへの攻撃にそなえて訓練中である。

ほぼ一夜にして、コンゴは時間ぎれになった。国連軍とカタンガ軍のあいだで戦闘が起こり、戦闘が続くと国連本部は、ついに反撃する決断をくだした。

関係者全員の話によると、当初これは通常の「治安活動」のひとつとみなされており、国連がなんらかの大きな変化が生まれることを予期していたと思わせる証拠は何ひとつなかった。数日後、スウェーデンの戦闘機部隊がコルウェジのアヴィカット基地を攻撃し、数日のうちにカタンガ空軍は地上でほぼ全滅した。破壊をまぬがれた数少ない航空機は、アンゴラへ逃げてポルトガル政府の保護下に入った。

同時に国連軍の地上部隊が前進して、残るカタンガ軍の拠点を、抵抗をほとんどまたはまったく受けずに、たちまち占拠した。カタンガの分離状態は、一九六三年一月一四日に正式に終わった。

のちに判明することとなのだが、国連もアメリカ政府も、事態のめまぐるしい展開に虚をつかれていた。一部には、すべてが結局これほど簡単に進んだことを認めたくない気持ちさえあった。アヴィカットがあっけなく崩壊したことにほとんど全員が驚いたのは、カタンガ軍が頑強に抵抗するだろうとだれもが思いこんでいたからだ。事実、当時のアメリカ政府では「損害の評価が大きく誇張されている」と考えられていた。それでも、もはやアメリカ軍機をコンゴへ派遣する意味がないのは確かで、派遣はすぐに中止された。

しかし、フィリピンとイランの戦闘機飛行中隊はすでに派遣がはじまっており、そのため、もはや必要ないにもかかわらず、両部隊はコンゴ行きが認められた。ただしどちらも数か月駐留しただけで帰国した。スウェーデン空軍の部隊は――国連軍で唯一の戦闘機部隊になっていたが――しばらくコンゴに残ったのち、やはり一九六三年九月に解散した。

カタンガ国が消滅したことで、ＣＩＡ航空部隊も当座

ベトナム戦争を撮影し、2012年に亡くなった著名な報道カメラマン、ホルスト・ファースから筆者がもらった、訓練中の少年兵たちを撮った写真。半世紀前にカタンガの旧エリザベートヴィル（現在のルブンバシ）で撮影したもの。

の必要はなくなった。アドゥラ政権はいまのところ比較的安泰で、国内外の敵が軍事行動を起こす心配も当面はなくなった。

それでもキューバ人パイロットたちはコンゴに残り、「存在感を示すため」レオポルドヴィル周辺でT-6を飛ばしつづけた。これは、アメリカがアドゥラ政権を支持していることを示す、かなり安上がりな方法だった。また、カタンガ国がなくなったことでコンゴ情勢は大きく沈静化し、これにかかわる政治的リスクは皆無に等しかった。

一九六四年初めまで、コンゴ民主共和国の情勢は、顔ぶれが定期的に変わるのを除き、ほとんど変化がなかった。ところがこの年、レオポルドヴィルの東にあるクウィル州で中央政府に対する反乱が勃発した。ちなみに同州の州都キクウィットは、数十年後にローラン・カビラが反乱を起こして一九九七年にモブツ・セセ・セコを追放した際、反乱の中間準備地域として利用されることになる[2]。

一九六四年の反乱は、指導者ピエール・ムレレの名をとって「ムレレの反乱」とよばれるようになった。反乱がはじまって数週間後、CIA航空部隊は前線に配備され、その後、ANCを支援するため何度も地上攻撃任務に出撃した。

また異例ながら、国連の救助ヘリコプターがプロテスタントやカトリックの伝道所から避難民を救出するため僻地へ向かう場合、CIAの航空機は、その上空掩護も行なった。その見返りとして国連は、キューバ人パイロットが不時着したり緊急脱出したりした場合に救出活動を行なうと約束していた。

同年後半、第二の、さらに大規模な反乱がコンゴの東端部で起こると、CIA航空部隊は、ふたたびCIAの後援の下、規模を拡大し、アメリカ政府から新型の航空機を直接受けとるようになった。この祖国を離れた傭兵集団――まさに彼らはそういう存在だった――は、さらに三年間戦い、防衛任務を終えるのはようやく一九六七年後半になってからだった。

彼らがこれほど長期にわたってアフリカに駐留したというのは、興味深い。一九六一年のピッグズ湾事件失敗を受けて、ケネディ大統領は、大規模な準軍事作戦には前任者であるアイゼンハワー大統領ほどの信頼を二度と置かなくなっていたからだ。

一方、一九六一年以降、第三世界では対ゲリラ戦など、周縁的あるいは「局地的」な戦争が重視されていった。ポルトガルはアフリカで大規模な軍事作戦を三つ実行していたし、数年後にはローデシア戦争が起こり、さらには南アフリカがアンゴラに軍事介入することになる。これは、ソヴィエト連邦が世界中でいわゆる「解放戦争」を支援すると約束した直接の結果であった。

ここまで見てくると、一つの疑問がわいてくる。CIAの要請によって実施されたコンゴへの軍事介入は、はたして必要だったのだろうか？

答えを出すには、最近の歴史をふりかえる必要がある。たとえば一九六一年の東南アジアだ。アメリカ空軍がベトナムで秘密作戦を（ベトナム空軍が行なう活動の一部だと一貫して主張しながら）実施したとき、CIAはラオス上空での作戦のため一連の秘密作戦を計画した。

どちらの作戦も、規模はほぼ同じで、どちらも同様の任務を目的とし、どちらも同種の航空機を運用した。しかもCIAの作戦は、おもにアメリカ空軍から出向してきたパイロットを使っていた。ここで重要なのは、CIAはアメリカ政府によって数ある「道具」のひとつと見られていたことで、その点でCIAは、正規軍である陸海空軍と同等の組織と考えられていた。つまり、当時アメリカ政府内でのコンセンサスだったCIAを派遣するという方針は、非常に劇的な決定とはかならずしも考えられていなかったということだ。むしろ、それぞれの具体的な状況で何がもっとも現実的かが問われていたのである。

そして一九六二年のコンゴではCIAを使うほうが、どうやら実践的な解決策だと判断されたようであった。

CIAの航空作戦と比較して、コンゴにおけるアメリカ政府の活動は、アジアなどほかの軍事活動地域と比べ、かなり穏健なものだった。「複雑さのない」活動でもあったが、それはなにより、乗員たちが「友好」国とみなすことのできる国で活動し、首都で比較的自由に行動できたからだ。しかも、攻撃に投入された航空機は全機すでに現地にあったから、兵站支援も複雑でなかった。

当初、航空機は武装していなかったのだから、活動の大半は「体裁作り」だったといっていいだろう。飛行機の戦闘準備が整うのに、二か月近くも要している。もしも乗員が実際にカタンガとの戦闘を行なうよう要請されていたら、事情は違っていたかもしれないが、そうしたことはまったく起こらなかった。

(1) マクジョージ・バンディは、ケネディ大統領の国家安全保障問題担当特別補佐官で、ホワイトハウスでの関連ブリーフィングには、コンゴにかんするものはもちろん、すべて出席していた。

(2) Al J. Venter: *War Dog—Fighting Other People's Wars*, Casemate Publishers, Philadelphia, 2006. 同書では、その後のモブツ政権におけるザイールでの傭兵活動と、この紛争へのジンバブエの軍事介入を扱っている。詳細は同書第一〇章から第一三章、二四一〜三一〇ページを参照。また、筆者のコンゴにおける体験については、*Barrel of a Gun—A War Correspondent's Misspent Moments in Combat*, Chapters 19–22, pp. 357–400 を参照。

第5章
ビアフラでの航空消耗戦に参加した傭兵たち

現在ナイジェリアが終わることのない内戦に――ほぼまちがいなく――ふたたび突入しようとしていることを考えると、一九六〇年代後半に起きたビアフラ戦争をふりかえるのは、妥当なことなのかもしれない。この部族対立では一〇〇万人が死亡し、しかも、その多くは子どもたちであった。悲しいことに、その歴史がこの西アフリカの一角でくりかえされようとしているようだ。

わたしがビアフラ戦争について最後に記事を書いたのは、一九六九年末に同地での戦闘から脱出した直後だったが、その記事の冒頭部は、この戦争のほとんどすべてを言いつくしている。「ウリ空港――暗号名アナベル――は、熱帯の西アフリカの奥地にあるジャングルの仮設滑走路にすぎなかったが、世界の航空会社のパイロットのあいだで伝説となった」

その記事では書かなかったが、戦争で孤立していたビアフラでは数週間にわたって毎日ロケットやマシンガンや爆弾で攻撃されていたため、わたしは飢えに苦しんでいただけでなく――ナイジェリア軍に完全に包囲されていたため、孤立したビアフラに食料はまったくなかった――かなり重度の戦争神経症にもなっていた。わたしは、当時拠点にしていたナイロビに戻ると、一週間がっつりと食べた。しかし、それ以上に困ったのが、車がバックファイヤーを起こしたりだれかがドアをバタンと閉めたりするたび、大急ぎで地面に体を伏せてしまうことだった。あのナイジェリアでの体験はたしかに影響を残し、事実、わたしはいまも大きな音が苦手だ。

あのひどい紛争では大半がそうだったが、一九六〇年代後半に三年間続いたナイジェリア内戦の中心地ウリで起きたことは、すべてが急場しのぎであった。そもそもウリの「空港」の滑走路も――両側は太古のジャングルが続いていたが――かつてはナイジェリア東部の町アバとオニチャを結ぶ幹線道路の一部だった。

停電は毎晩のように――しかも、救援機の第一便が上空に到着すると決まって――起こ

ラゴスで軍による２度目の反乱が起こり、やがてこれがビアフラ戦争に発展するのだが、この反乱の翌日、ラゴスのイケジャ空港にある筆者のオフィス（この空港は、筆者の活動拠点であり、また北部州の将校たちが陰謀をくわだてた場所でもあった）は、イギリスの武装車両や歩兵戦闘車、軍隊輸送車、そして思い出せないほど多くの怒れる兵士たちに囲まれた。その後はあやうく死にかける事態にもあったが、そうした当時の出来事については、筆者の伝記『銃身 *Barrel of a Gun*』に詳しい。（写真：筆者。イケジャ空港にあった筆者のオフィスの外で撮影）

り、そうなるとグラウンドクルーは、パーム油の缶に芯を挿して火をつけたのを使って、パイロットに飛行機を着陸させる場所を教えた。単純なわりに西アフリカでは準備がおそろしくたいへんで、とくに風が吹いているときはそうなのだが、これでうまくいった。そして、万事が二年間こういう調子で行なわれていった。

そのようすをフレデリック・フォーサイスが、戦争から生まれた傑作のひとつ、マイク・ドレーパーの『影——ビアフラとナイジェリアでの空輸と航空戦 一九六七〜一九七〇 *Shadows: Airlift and Airwar in Biafra and Nigeria 1967–1970*』によせた序文で次のようにみごとに描いている(1)。

「クレージーでむちゃくちゃで、ありえないほど危険であり、うまくいくはずなどなかった。しかし、なんとか成功し、それが毎晩続いた。飛行機が着陸し、自動車道路を転用した滑走路の横で到着を待っていた暗闇のなかへ進んでいくと、手伝いに来た人々が、粉ミルクの袋や魚の干物の束を機体からひきずり出して、食料配布センターへ運んでいく。それが終わると、パイロットは離陸地点へ戻り、ライトを数秒点滅させると、去っていくのだった」

フォーサイスは、わたしが着いたときはマラリアで倒れていたが、これを世界がいままで見てきたなかでもっとも奇妙な空輸ルートの話だったと回想している。支援団体の人々が使う航空機は、耐用年数をすぎているか、すでに製造を終了している、スクラップ置き場からかき集めてきたような、おんぼろ貨物機ばかりだった。しかし、そうでもしなければ、独立を宣言したビアフラは陸・海・空のすべてを封鎖されていたのだから、ビアフラで餓死した子どもの数は、さらに一〇〇万人増えていただろうと彼は推計している。

一方のナイジェリア側も、おとらず積極的に動いていた。乳児用の食料を積んだ国際赤十字の救援機DC-7Bを撃墜した以外にも、南アフリカ人やイギリス人、エジプト人などの国々から来た傭兵たちがナイジェリア空軍（NAF）のためMiG-17で何百回となく出撃してビアフラ側の地上の標的を攻撃した。

興味深いことに、ソ連政府はMiGをナイジェリアに売るとき、西側のパイロットを機体に近づけないことを条件にしていたが、戦争の進展にともない、事情はすぐに変わった。アレス・クロートヴェイクという、イギリス空軍で訓練を受けたケープタウン出身の南アフリカ人傭兵パイロットが、西側の人間としてはじめてソ連製のMiGに乗って戦闘に参加した人物になった。

こうした傭兵たちは、ほぼ全員がスイスにある企業一社を通じて雇われていた。ただし、ナイジェリア空軍のイリューシンＩＬ-28爆撃機を飛ばしていたエジプト人傭兵は、これといった成果を何も上げることができないことで知られていた。地上からの砲撃をおそれて高度をなかなか一万フィート（約三〇〇〇メートル）以下に下げようとしなかったせいだが、じつは高射砲の弾薬はビアフラへはほとんど空輸されていなかったから、その心配は、どう考えても不要だった。

この流血の事態で共通して見られた唯一の特徴は、ある意味、今日のイスラエルでみられるのと同じものだ。どちらの側も、信仰心に後押しされた怒りで互いを憎みあっており、その激しさは今日もなお表現できないほど強い。

ビアフラ側も、ナイジェリアの航空攻勢に手をこまね

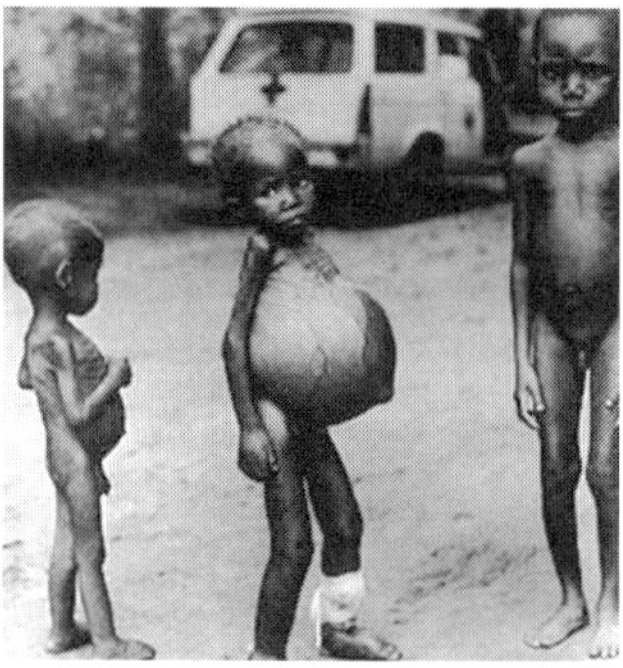

ビアフラ国内では子どもが100万人、おもに飢えが原因で命を落とすことになる。ビアフラ戦争は、第２次世界大戦が終結して以降アフリカで起きた最大の軍事衝突だった。独立宣言したビアフラは、数年にわたって勇敢に戦い、独自の紙幣(右)さえ発行した。(写真：筆者)

スウェーデンの先駆的飛行士で、傭兵であり人道活動家でもあったカール・グスタフ・フォン・ローゼン伯爵は、スウェーデンで軍用機 MFI－9B ミニコインを 5 機購入――のちに 8 機に増加――して、ビアフラへ乳児用食料を運ぶ救援飛行を実施し、孤立するビアフラへひそかに届けた。たぐいまれなる男だったが、エチオピアのオガデン戦争で命を落とした。（写真：リーフ・ヘルシュトレームの好意による）

いていたわけではなかったが、「ビアフラン・ベイビー」とよばれた小規模な航空戦力で限定的な抵抗を行なうことしかできなかった。この小部隊は、冒険好きのスウェーデン人篤志家カール・グスタフ・エリクソン・フォン・ローゼン伯爵のよびかけで結成されたもので、ローゼンは、自分にはアフリカを「変える」ことができるという、かなり頑迷な思いこみがあった。彼は結局アフリカで命を落とすことになり、一九七七年にエチオピアのオガデン戦争でゲリラ攻撃にあって死亡した。

　彼はスウェーデン製の軍用機マルメMFI－9Bミニコインを五機ひそかに購入して、ナイジェリアからの独立を宣言した国へ送り、ビアフラ空軍を創設した。当初、飛行機はガボンの首都リーブルヴィルからビアフラへ輸送された。損失が出たため何度か補充され、戦争が終わるまでに合計一一機のミニコインが運ばれたと、アメリカの情報筋が明かしている。

　「戦闘機」という点では、ミニコインは

いままでに作られたなかでもっとも小さな戦闘用航空機の部類に入る。しかし、メディアから「フォン・ローゼンの復讐」とよばれた、この小型プロペラ機は、驚くほどの成果を上げた。「Srbin」と名のるブロガー（この人物についてわかっているのは、一九八六年生まれということだけだ）は、以下のようにコメントしている。「フォン・ローゼンが飛行隊の中核とした小さなパタパタ機と比べれば、スカイレイダー［一九四六年に就役したプロペラ単発艦上攻撃機］ですらSR-71［一九六六年に就役した超音速・高高度戦略偵察機］のようだった。このスウェーデン製の小さな練習機は、ガレージで組み立てられる超軽量飛行機のように見えた。この飛行機なら、ストックホルムのショッピングモールにある小型車用の駐車スペースに駐機できた。（中略）最大積載量は五〇〇ポンド［二二六・八キログラム］、つまり『わたしプラス中型犬二匹ほど』だそうだ。うらやましいことに、スウェーデン人はずいぶんやせているらしい。（以下略）

（前略）ガボンでフォン・ローゼンは、軍用機らしくみせるため、機体にフォルクスワーゲン・グリーンのペンキを塗りたくり、各機に、フランス製の六八ミリ・マトラ無誘導ロケット用の翼下ツイン・ポッドをとりつけた。それから彼と配下のパイロットたち——民間企業から休暇をとって参加したスウェーデン人の志願者三名と、ナイジェリアのイボ人三名——は飛行機でビアフラに戻ると、この勝てそうに見えない七機編隊は戦闘に向かった。

彼らはナイジェリア陸軍だけでなくナイジェリア空軍も徹底的にたたきのめした。このすばしこく飛びまわる小さな飛行機を撃ち落とすことは不可能だった。一機も撃墜されなかったが、けたたましいプロペラ音とともに帰還すると、穴だらけになっていることもあった。（中略）任務飛行を日に三度行ない、破壊すべき目標のリストには、ナイジェリアの飛行場、発電所、部隊の集結地などがあった。

さらに、地上で待機中の敵機をとらえて破壊しており、その数は、ソ連製のMiG-17ジェット戦闘機三機（ほかに半壊が二機）、イリューシン-28一機、イギリス製キャンベラ爆撃機一機（ほかに半壊が一機）、「イントルーダー（侵入者）」（双発のDC-3輸送機で、民間の支援機を夜間着陸時に爆撃するのに使われていた）一機、およびヘリコプター二機（ほかに半壊が一機）だった。これは、ラゴス政府が内戦の続いた三年間、反乱軍には『存在しない』とたえず否定しつづけた航空部隊としては、悪くない数字だった」

ポート・ハーコート付近のジャングルに墜落したソ連製MiG－17。どうやらパイロットは燃料計に注意をはらわなかったようだ。（写真：リーフ・ヘルシュトレームの好意による）

あるとき、ミニコインのかわりにビアフラの指導者オドメグ・オジュク将軍がT－6ハーヴァードを一二機購入したが、状態が悪く、飛べるのは四機しかなかった。しかも、ガボンからビアフラへの移送飛行中に二機が失われてしまう。残った二機が攻撃に使われ、通常は当時まだ九機が活躍していたMFI－9と連携して作戦にあたった。戦争の後半にはMFI－9が二機、破壊されたが、これはどうやら地上戦でやられたらしい。地上戦もときには激戦となることもあった。

ひとつ興味深い話がある。ポルトガル人の傭兵パイロット（で、一時期は飛行中隊長としてミニコインやT－6を飛ばしていた）アルトゥール・アルヴェス・ペレイラは、ビアフラに最後まで残っていたウガの空港を一九七〇年一月九日に出発してガボンへ向かった。そこからリスボンに戻ったのだが、戦争はすでに終わり、ポルトガルにあったビアフラ側の事務所はすべて閉鎖していたにもかかわらず、もはや存在しないビアフラ政府から、彼が戦争中に実施したすべての飛行任務分の報酬を（友人たちに語った言い方を借りれば）「最後の一ペニーにいたるまで」きっちり記した小切手が送られてきた。

のちに彼は、この小さな一件でイボ人がどれほど特別な人々であるかがわかるとして、次のようにコメントしている。「アフリカにかぎらず、世界中のどこに、約束をここまで守ろうとする国があるだろうか？　この金の一部なり全部なりを懐に入れてしまおうという誘惑をいだかない使者が、どこにいるだろうか？」。彼も認めているが、当時こうした着服行為は日常茶飯事で、しかも関係者全員にとって先行きがまったく見えない場合はなおさらだった。それに彼が言うとおり、訴えを起こそうにも受けつけてくれる裁判所もなかったのだから。

彼は、もうひとつ重要なコメントを残している。「最前線」で時間をかけて経験を積んだ結果、小さなミニコインは真のゲリラ戦術をとることで、弱み――サイズの小ささとスピードの遅さ――を強みに変えたというのだ。ミニコインは低速なので、否応なくかなり低い高度で飛ばなければならず、そのためジャングルから銃撃しようと思っても、頭上に来るまで姿を見ることはできないので、攻撃はほぼ不可能であった。また、それほど速度が出ないため、空

ソヴィエト連邦からナイジェリアに届けられたばかりのソ連製 MiG-17 のコクピットに立つ南アフリカ人傭兵パイロット、アレス・クロートヴェイク。彼は、ソ連政府の意向に反して、当時まだ極秘扱いだった同戦闘機を操縦した最初の西側パイロットだった。のちにクロートヴェイクが西側情報機関に明かした情報は、このジェット機の戦闘能力を理解するのに、おおいに役立った。（写真：リーフ・ヘルシュトレームの好意による）

からは狙いを定めやすかった。ミニコインは六八ミリ・ロケット弾を四〇〇発発射したが、そのうちのほぼ半分が標的に命中した。これは、航空機用の無誘導弾としてはすばらしい数字である（第二次世界大戦と朝鮮戦争中のアメリカ空軍には、もし万有引力の法則がなかったら、航空機から発射した無誘導弾は地面にさえあたらないだろうというジョークがあった）。

たしかに、スウェーデン製の小型機MFI-9Bは決定的な打撃をあたえた。ハーヴァード以外に、第二次世界大戦中にアメリカで製造された中古の爆撃機B-26もあったが、これは好不調をくりかえしたすえに、ラゴスへの空襲任務で出撃中に墜落した。

戦争の大半で、ウリはこの血で血を洗う残忍な戦争中にビアフラと外の世界とをつなぐ細い生命線でありつづけた。マスコミが「ウリの奇跡」とよんだ輸送活動では、毎晩約二〇回のフライトが実施され――ただし、飛行機がわずか五機しか来ない場合もあれば、ときには四〇機も来ることもあった――、たいていどの輸送機も国際的に認められた安全基準をはるかに超えて、何トンもの食料や武器弾薬を運びこんだ。飛行機はすべてナイジェリア連邦政府による封鎖を突破し、ソ連製の高射砲が配備されたポート・ハーコート近くの海岸線を横切って飛来していた。

救援機は多大な損失を出した。滑走路を移動中に攻撃された飛行機もあれば、通称「イントルーダー（侵入者）」に爆撃された救援機もあった。このイントルーダーとは、ナイジェリア空軍が保有する旧式の輸送機C-47を改造して二五キロ爆弾や五〇キロ爆弾を運べるようにしたもので、爆弾の投下はサイド・ドアを開けて人力で行なった。のちにナイジェリア軍は中古のB-25も数機購入した。

空輸に参加した民間機のなかには、ビアフラ軍の対空砲火で誤って撃墜されたものも数機あったが、ビアフラ側はこれを否定している。そんなことはありえないというのが言い分だが、現にわたしがビアフラ入りしたとき、乗っていたDC-6は接近中に地上から重機関銃であやうく撃たれそうになった。

ナイジェリア軍からの銃撃でなかったのはまちがいない。彼らの戦線は遠く離れていたからだ。

やがてビアフラ戦争は膠着状態が続くようになり、住民の大半はひたすら生きのびるために努力を続けた。だが現実には、戦争の初年がすぎると、ビアフラの食料事情は、全国民が飢えに苦しむほどの危機的状況におちいった。

食料をもちこむには、当時ポルトガル領だったサントメ島か、ガボンの首都リーブルヴィルから空輸するしかなかった。国際赤十字は、旧スペイン領のフェルナンド・ポー島（現在の赤道ギニア）や、ベナンの都市で当時はまだダホメとよばれていたコトヌーから何度か救援機を飛ばしたが、定期的な活動ではなく、一九六九年六月に一機がナイジェリアのＭｉＧ－17を操縦していた傭兵パイロットに撃ち落とされると、空輸活動は中止された。

一九六八年なかばまでは、国際的な救援組織も小規模な空輸を実施していた。これはヨーロッパから武器を運ぶアメリカの飛行機に便乗することが多く、当初はポート・ハーコートへ向かっていたが、やがて、当時まだビアフラ側の手にあった、あのウリの飛行場へ届けられるようになった。

アメリカが危険を理由に空輸を中止すると、フォン・ローゼン伯爵は同年八月に福祉援助団体カリタス・ドイツのためフライトを実施した。サントメ島からの空輸はノルトチャーチエイドというスカンディナヴィア系の団体が担当し、一九七〇年一月までに五〇〇〇回以上のフライトで合計六万一〇〇〇トンの物資をビアフラに輸送した。国際赤十字は、不定期にフェルナンド・ポー島とコトヌーから空輸を実施し、最終的に中止される一九六九年六月までに二万〇二九〇トンを運んだ。

ビアフラ空域に入るのは、戦争がはじまって最初の数か月以降はつねに夜間だったが、入ったとたんに忙しくなることが多く、ときには目がまわるほどであった。

以下は、一九六九年五月に記された救援機パイロットの飛行報告書からの抜粋である。

「（前略）ウリ飛行場の上空で一時間四分待機し（中略）接近を五回試みて失敗した。ナイジェリア軍の爆撃機からいつもどおり妨害が入り、着陸灯は点灯するのが遅すぎるか、最終進入路に入ると消された。イントルーダーつまり爆撃機は、われわれが最終進入路の端に来ると最初の爆弾を投下した。

はじめ、地上から高度二五〇〇フィート（約七六〇メートル）で――東から空港の方向へ――進入してよいとの許可を得たものの、すぐに、入ってきた航空標識ＥＺの方へ引き返せとの指示を受けた。航空機が一機、われわれと地上とのあいだに確認されたというのだ。その飛行機は南へ飛んでいった。

ウリ飛行場から、この飛行機はおそらくＧＪＥ（コト

ナイジェリア空軍のジェット機は、ジャングルの滑走路の端に駐機され、夜間は野ざらしのまま、そこに放置されることが多かった。事情は、筆者のオフィスがあったラゴスのイケジャ空港でも同じで、チェコスロヴァキアから購入した新品のジェット練習機デルフィーンが、雨の降るなか、コクピットを開けたまま放置されているのを、たびたび目にした。（写真：リーフ・ヘルシュトレームの好意による）

ヌーから来たニュージーランドのDC－6）だろうとの連絡を受けた。その飛行機があそこで何をしていて、だれが進入許可を出したのかは知らない」

ウリ飛行場は、一定の期間にたえまなく爆撃を受けることが何度かあったが、被害はすぐに修復された。航空機は計一一機が破壊され、乗員二一名が死亡した。この数字には、キリスト教系団体に属する飛行機九機とパイロット一三名もふくまれていた。

一九六八年一一月、ジョイント・チャーチ・エイドという団体のDC－6が、機体の横で一〇キロの榴散弾が爆発したため損傷を受けた。五人が死亡し、副操縦士のヤン・エリック・オールセンと操縦士のシェル・ベックシュトレーム機長をふくむ多くの人が負傷した。オールセンは赤十字の飛行機で搬送されたが、ベックシュトレームはむりを承知で、損傷した飛行機を飛ばして帰ろうと決心した。機体の片側には爆弾の破片で空いた穴が五〇もあり、エンジンのうち二基からはオイルがもれていた。それでもベックシュトレームは、負傷していたにもかかわらず、みずから飛行機を操縦してぶじサントメ島に到着し、地元の病院でポルトガル人医師による手術を受けた。彼の体からは爆弾の破片が三つ出てきた。

赤十字の乗員は、一九六九年五月の飛行機墜落と、翌月のナイジェリア軍による飛行機撃墜とで、計八名が死亡した。ジョイント・チャーチ・エイドが失った乗員は、全部で一三名である。

一九六八年七月にはドイツの航空機が墜落して乗員四名が亡くなり、一九六八年一二月七日にはドイツのDC-7がウリで不時着して、やはり四人が死亡した。

それから一九六九年八月四日、カナダの組織カンエリリーフの航空機スーパー・コンステレーションが墜落し、乗員四人が死亡した。一九六九年九月二六日にはアメリカ人五名が飛行機の墜落で亡くなった。その後、さらにウリでは航空機四機が、死者は出なかったものの完全に大破し、これ以外に二機が修理できないほどの損傷を受けた。

これほど乗員や航空機が失われたものの、空輸救援事業は大成功だった。そのことは、数字を見るとよくわかる。キリスト教系団体の救援活動だけでも（夜間に何度も実施された武器の輸送は別として）、戦争でナイジェリア東部が荒廃していた三年間に貨物が七三五〇回ビアフラへ空輸された。この期間中に、武器もふくめ、約一〇〇万トンの物資が包囲された地域へ運びこまれた。

ビアフラへの全空輸活動中に、航空機が一五機失われて乗員二五名が死亡し、遺体の大半はウリ空港に隣接する小さな墓地に葬られた。しかし戦争が終わると、ナイジェリア陸軍が墓地をブルドーザーで整地した。戦後に「犠牲者」は不要というのが軍部の主張だった。

戦争の初期、エジプトはナイジェリア空軍にMiG戦闘機を一五機送った。当時エジプト政府は、さまざまな革命グループを支援していたほか、アラビア半島南部にある北イエメンを勢力下におさめようと多大な努力を続けていた（この動きには、イギリスの特殊空挺部隊がフランス人ボブ・デナールなど傭兵の力を借りて対抗していた[2]）。

のちにアルジェリアとエジプトがイリューシン-28を六機提供した。これにくわえて、L-29デルフィーン一二機がチェコスロヴァキアから、練習機ジェット・プロヴォスト二機がスーダンから、ヘリコプターのウェストランド・ワールウィンド二機がオーストリアから、ヘリコプターのノーム・ワールウィンド二機とヘリコプターのFH-1100一機がイギリスから、それぞれやってきた。

わたしがナイジェリアのジョン・ホルト・シッピング・サーヴィセズ社で働いていたころ、わたしのオフィ

第２次世界大戦中に製造された爆撃機 B-25 ――その一部は太平洋戦争で日本軍と戦った――は、ビアフラ戦争でも両陣営によって使われた。（写真：マイケル・ドレーパーの好意による）

スの外の滑走路にデルフィーンが駐機していた。また、ラゴスに住んでいたときにナイジェリア陸軍による二度目の反乱が起きたので、わたしは以下のエピソードを著書のひとつ『銃身 *Barrel of a Gun*』でかなり詳しく紹介している。同書は、ケイスメイト出版社から二〇一三年にアメリカとイギリスで出版されている[3]。

　戦争がはじまった直後、ナイジェリア政府は航空機搭乗員として傭兵を雇うことに決めた。その第一の理由は、ナイジェリア人パイロットでは複雑な最新の戦闘機や爆撃機を操作できないからだった。「雇われ兵」たちは、さまざまな国からやってきた。

　その後一九六七年からはじまったのが、ナイジェリア空軍によってくりかえし実施された学校・病院・市場への空爆だった。ときに中断することもあったが、空爆は戦争終結まで続いた。ビアフラにあった病院は、ほぼすべてがいずれかの時期に攻撃を受け、なかには何度も空爆された病院もあ

ナイジェリアの指導者ヤクブ・ゴウォン中佐。（写真：ナイジェリア政府）

り、そのことからも、独立した監視員たち――これには、ビアフラで活動していた教会関係者もいた――の、これは「テロ」爆撃であって軍事的意味は何ひとつなかったという主張が正しいことは明らかである。事実、はるか後になって、空爆はビアフラ側の抵抗する意志を強くするだけだったことが、手記を残した多くの人々によって裏づけられた。

戦争がはじまって最初の数か月は、ビアフラ側に航空戦での利点がいくつかあったが、とくにそれは、パイロットが十分な訓練を受けていたのにくわえ、彼らの存亡を賭けた戦いだっただけに戦意も高かったからだ。

ビアフラ空軍（ＢＡＦ）のパイロットと整備士は、大半がそれまでにナイジェリア空軍か、誕生まもないナイジェリア空軍で勤務した経験があった。

もうひとつ大きな貢献をした人物が、ドイツで訓練を受けたビアフラ人パイロットの大半と旧知の仲だったフリードリヒ・「フレディー」・ヘルツだ。ヘルツは、西アフリカでこの紛争が勃発したとき、西ドイツで暮らしていた。その彼に、ビアフラ人の友人たちが手紙を送り、こちらへ来て手を貸してくれないかと頼んだのである。しばらく悩んだのち、ヘルツはナイジェリアの南隣のカメルーンへ向かい、ビアフラへ入る許可を得ると、友人たちにつれられて、新たに決められたビアフラの首都エヌグへ行った。

ビアフラを訪れるのはこれがはじめてだったため、ヘルツは身元を入念に調査された。数週間後ようやくBAF司令官ゾキ大佐との面会を許されると、食事と寝る場所以外に報酬はいらないのでビアフラ人の手助けをしたいと説明し、その言葉を大佐に信じてもらうことができた。

この時期、エヌグの状況は深刻だった。ナイジェリア軍が激しく迫ってきており、町の近くまで来ていた。エヌグ空港には、ビアフラ軍の爆撃機B‐25ミッチェル二機と、「マローダー」とよばれていた爆撃機B‐26一機があった。フレディーは、この型の爆撃機を飛ばした経験はなかったが、エジロ大佐とともに、一機目のB‐25をポート・ハーコートへなんとか移送し、陸路でエヌグに戻ると、もう一機のB‐25を移した。

問題が多かったのはB‐26のほうだった。ブレーキが故障しており、ビアフラ側は離陸させせようとはしなかった。この直後に、空港とエヌグ市そのものがナイジェリア軍に制圧され、その戦闘中にB‐26は失われた。

数週間後、空軍司令官ゾキ大佐が死亡した。この危機的な時期に、フレディーはニジェール川沿いのオニチャで地上任務にもかかわり、ビアフラ軍兵士がロケット発射装置を建設するのを手伝った。

その後フレディーは、二機のB‐25が配備されたポート・ハーコートへ行った。ここでは、ビアフラ人たちやキューバ人パイロット一名と協力して、航空機を入念に点検し、各機のテスト飛行を実施した。それがすむとすぐ、B‐25二機と、爆撃機に改装した輸送機DC‐3ダコタに乗って、以後何度も空爆に出撃した。標的は、おもにビアフラ東南部と中西部にある敵の陣地と部隊だ。爆撃は陸軍と連携して行なわれ、このBAFの活動により南部戦線ではナイジェリア軍の進撃が大幅に遅れた。

一九六七年後半には、カメルーン共和国との国境に近いナイジェリアの港湾都市カラバルに対して、夜間爆撃が実施された。当時この都市はナイジェリア軍の手中にあった。空爆のようすは、グンナー・ハグルンドがスウェーデン語で出版した著書『ビアフラのゲリラ・パイロット *Gerillapilot i Biafra*』に詳しいが、この攻撃はDC‐3と、「解放された」B‐25のうちの一機、および、一説では南アフリカから直接ビアフラへ空輸されたという、新たに調達したB‐26によって行なわれることになった。

暗くなってから、三機の乗員たちは離陸の準備をはじめた。DC-3とB-26は給油を終え、焼夷弾も、その多くは手製だったが、すでに積み終えていた。命令では、DC-3とB-26爆撃機がまず出撃し、目標（カラバルの工業地帯と飛行場が指定されていた）を見つけたら焼夷弾を落とすことになっていた。この空襲の後で、フレディーがB-25で目標地域の上空に来て、付近の工場や飛行機の格納庫に通常の高性能爆弾を落とすという計画だった。

三機は離陸すると飛行場の上空でいったん編隊を組み、それからかなり低い高度でカラバルに向かって出発した。乗員はみな緊張していた。カラバルが重高射砲陣地でとり囲まれていることを知っていたからである。

驚くほど明るいカラバルが近づいてくると、DC-3とB-26は高度を九〇〇メートル強に上げ、それから急降下して積んでいた爆弾を落とすと、あちこちでいくつも火の手が上がった。一帯は、場所によっては「まるで日中のように明るかった」と、のちにフレディーは回想している。標的としていた工場施設は簡単に識別できたので、高度を数百メートルに下げて接近し、地上から高射砲の激しい砲撃を受けながら高性能爆弾を投下した。

空爆に出撃した航空機は何発も被弾したが、のちにフレディーが語ったところでは、彼のB-25はほとんど無傷で、四人の乗員に負傷した者はいなかった。フレディーは急旋回してポート・ハーコートへの帰途につき、ナイジェリア空軍のMiGがあたりを旋回しているかもしれないので、それを避けるためもあって、低空飛行で進んだ。それからまもなく計器類に、燃料タンクがもれていることを示す表示が出た。B-25は、彼が当初思った以上に被害が大きかったのだ。

フレディーがポート・ハーコートの航空管制官とやっとの思いで連絡をとると、B-25にはほとんど即座に着陸許可があたえられた。彼によると、そのころには燃料計はほとんどゼロをさしており、それまでの経験から、タンクにはおそらく数リットルしか残っていないだろうと思った。この時点で飛行機は空港にかなり接近しており、目の前に滑走路の照明がならんでいるのが見えたが、そのとき管制官から、通常の旋回をせずに直接入ってくるようにとの指示が出た。フレディーは出力を落とし、それで大いにホッとしたと語っている。

その後の展開を、ハグルンドは次のように記している。「彼らの古いB-25は、急旋回して機首を滑走路に向け、もう少し高度を下げた。速度を落とすためフラップを出し、次いで車輪を出した。ほかの、つねに彼らのすぐ前を飛んでいた飛行機は、すでに着陸動作に入る地点に到着しており、フレディーの飛行機は接地するまであと数百メートルしかなかった。

突然、無線から管制官の声がした。『着陸を中止せよ！すぐにだ！』。なんと、前を飛んでいた飛行機が滑走路に墜落したのだ！

フレディーの記憶によると、なにもかもがあっというまに起きたという。彼らは着陸を中断して高度を上げ、車輪をしまい、フラップを上げ、もうわずかしか残っていない燃料をむだにしないようスロットルをゆるめなくてはならなかった。コクピットの乗員たちは最悪の事態を覚悟した。

フレディーは、飛行場のまわりを小さく旋回している間に、なんとかグラウンドクルーが墜落した航空機を滑走路からかたづけてくれないだろうかと祈った。しかし、まったく予期していなかったわけではないが、旋回を半分終えたとき片方のエンジンが異音を出し……そして、もうひとつからも異音がした……

両方のエンジンはふたたび数秒間いっしょに不調音を出し、そして沈黙した。フレディーとエジロは、暗闇のなか、いちかばちかの緊急着陸の準備を進め、地面に向かって急速に高度を下げていくなか、着陸灯のスイッチを入れた。

フレディーは、斜め前方の茂みに空き地を見つけた。爆撃機は地面すれすれを飛んでおり、片方の翼が木にぶつかった。次の瞬間、飛行機は地面につっこみ、何度かバウンドした後、地面を滑って空き地へ出た。フレディーは、ドスンドスンとくりかえす音や、金属と金属がこすれるキーッという音など、いたるところからガリガリ、ギーギーという雑音が聞こえてきたことを覚えている。最後にバンッというひどい音がして、あたりは静まり返った」

フレディーと副操縦士は、気がついたときにはポート・ハーコートの病院にいた。航空士のサミーは即死だった。後部銃手は、それよりはるかに運がよかった。衝撃で飛行機から投げ出されたのだが、片脚を負傷しただけで助かった。

これだけのことがあったものの、今日に残る記録によると、カラバル空襲は文句なしの大成功だった。数多くの目標が破壊され、空港や市内の工場地区、および燃料貯蔵庫は――すべて同じ地区内にあったが――大部分が焼夷弾による火災で焼失した。

ところが、ハグルンドによると、フレディーは精神的に参ってしまい、戦争から身を引きたいと思うようになった。三週間ほど入院した後、まだ脚は治りきっていなかったが、彼はヨーロッパに戻った。

しかし、歴戦の勇士の大半が自宅での平凡な生活に退屈してくるように、この飛行士もいろいろなことが起きている場所から遠ざかっているのが我慢できなくなったようで、一九六八年一月にビアフラに戻った。このころポート・ハーコートはすでにナイジェリア軍が占拠しており、空港に駐機したままだったアメリカ製の中古爆撃機二機も敵の手にわたっていたため、彼には操縦する飛行機がまったくなかった。

一九六八年には、ビアフラは新たな航空機をまったく入手できなかった。なんとか中古の旧型機を——ジェット機であれプロペラ機であれ——購入しようと、さまざまな方面に働きかけた。交渉は、ほとんどがまとまる寸前まで行き、航空機を移送する手はずも整ったのだが、どれも取引成立にはいたらなかった。こうした交渉でビアフラ側は貴重な外貨を大量に投じたが、喉から手が出るほどほしかった航空機を手にすることはできなかった。

ここで登場したのがフォン・ローゼン伯爵とスウェーデン製のミニコインだ。この非凡な飛行士については一言ふれておく必要があるだろう。イタリアがアビシニア（現エチオピア）を一九三五～三六年に侵略したとき、伯爵はハインケルＨＤ-21や、のちにはフォッカーＦ.Ⅶなどを救急搬送用に改装した飛行機を操縦した。その後、一九三九年にソ連がフィンランドに侵攻すると、Ｄ

ウェールズに生まれ南アフリカで育った傭兵タフィー・ウィリアムズは、ビアフラで政府軍と勇敢に戦った。コンゴでの内乱にも参加していた彼は、ビアフラ戦争からも生還した。イギリスに戻ってからは不遇の日々を送ったが、後年フレデリック・フォーサイスから何度か支援を受けた。（写真：筆者蔵）

C-2一機とコールホーフェンFK52二機をフィンランド空軍に寄贈した。このうちDC-2は、スウェーデンのトロルヘッタンで同国の企業SAABによって臨時の爆撃機に改造され、後部銃手用の銃座と外部の爆弾収納装置をとりつけられた。どうやらこのDC-2は、クレムリンへの爆撃任務に使おうと考えられていたようだ！　戦争中、フォン・ローゼンはこのDC-2のほか、イギリス製の軽爆撃機ブリストル・ブレニムにも乗って何度か出撃した。

サントメ島やリーブルヴィルからビアフラへ入るのは一大事だった。ナイジェリア軍がわたしたちを待っていたからだ。

ポート・ハーコート付近で海岸線を超えると、すぐに地上で高射砲の閃光がいくつも見え、その閃光はたちまちオレンジ色の火の玉になったかと思うと、わたしたちの眼下数百メートルのところで爆発した。わたしは、この壮観を近くの丸窓から眺めていたものの、純然たる恐怖で身じろぎすらできなかった。まるでちょっと映画のなかにいるようだったが……すべては現実だった！

戦争が終わってはじめて、この夜間定期便が大々的な茶番の一部だったことが明らかになった。すべては、超大国どうしがときどき興じることのあるチェスの試合のようなものだったのだ。ナイジェリアの対空砲とその操作員は、じつはソ連から来たものであり、ビアフラへの夜間飛行を実施していた者たちは、なぜかはわからないが、砲弾の信管は高度一万四〇〇〇フィート（約四二五〇メートル）で爆発するようセットされていることを知っていた。一方、わたしたちは高度一万八〇〇〇フィート（約五五〇〇メートル）で海岸線を越えた。彼らはその気になればいつでも好きなときにわたしたちを撃ち落とすことができたわけだ。

ウリ空港への接近は夜間に行なわれた。わたしたちが海岸線を越えたとたん、地上のどこにも明かりは見えなくなり、ただときどき大口径の火器がわたしたちに向かって撃ってくるだけで、それであのあたりが戦争の最前線なのだろうとわかった。また、その後すぐに気づいたのだが、さらに事態をやっかいにしていたのが、ウリに近づく飛行機はどれも航空灯を使っていないことだった。航空機が八機から一〇機、わたしたちの上や下で旋回待機することもあったが、それでも点灯しないのである。

ウリに着陸するのは、問題なさそうな夜間の大仕事だったが、立ちふさがる困難を考えると、うまくいったのが信じられないほどだった。救援機の乗員のあいだでは、こんなジョークがかわされていた。いわく、もしウリを旋回中に全機が航空灯のスイッチを同時に入れたら、パイロットの半分は心臓発作で死んでいただろう。各飛行機は、それほど接近して飛んでいたのである。

実際の着陸手順も危険だった。やがて、手順をくりかえしているうちに、わたしたちは急激に下降した。パイロットたちは、地上でまにあわせに作った滑走路の照明が点灯する前に、操縦している飛行機の態勢を整える。点灯しているのは五～六秒ほどで、そのわずかな時間で現在地を確認しなくてはならない。その間、乗員は地上の管制官と話を続けていた。

外は真っ暗だったが、ほとんどのパイロットは、接地するまで着陸灯が不規則に点滅していたため、旋回中も自機がどこにいるか、おおよそわかっていたようだ。短い最終進入段階に入ると、さらに数秒点灯することが許されるが、それで終わりだ。きわめて正確な作業であり、この年代物の機体を飛ばすには経験者の技量が大いにものをいった。実際、パイロットの多くは航空会社を退職したベテランたちだった。

ナイジェリア空軍ではさらに多くの傭兵たちが、民間機の乗員から「イントルーダー」とよばれていた爆撃機を飛ばしていた。この爆撃機は、通常高度五五〇〇メートル前後を維持しながら好機が訪れるのを待った。パイロットは、接近してきた航空機が最終進入をはじめるのに合わせて高性能散弾を落とした。こうすれば接地直前に散弾が爆発するという計算だ。

フォーサイスは、こう回想している。「同じ波長で交信を聞いていたら、ナイジェリア軍の爆撃機を飛ばしている傭兵パイロットが自分たちをあざけり、ライトがほんの数秒わずかに光る間に着陸できるものなら着陸してみろと言っているのが、きっと聞こえたことだろう」

爆撃機が任務に成功して深刻な被害をあたえることはめったになかった。しかし成功したときには、ナイジェリアのプロパガンダ機関がすぐに動き出し、ラゴスの新聞各紙はウリ空港が使用不能になったと自慢げに書きたてた。修復には一週間かかることもあったが、たいていビアフラ側は滑走路として使える代わりの道路を見つけた。こうして空輸はまたはじまるのだった。

この一連の出来事には、ひとつ面白いエピソードがある。ウリへの最終進入時に、多くのパイロットは低空で入ってくるため、胴体がヤシの木の枝先にぶつかることがあった。基地に戻ってから乗員たちは、葉の色がついた「緑のプロペラ」について話しあった。こうしたことは、ほとんどだれもが何度か経験していた。ときには

「赤いプロペラ」になることもあった。荷物の積み下ろしチームは大半が地元住民で構成されており、彼らは近代的な航空機の危険性についてほとんど知らなかったため、飛行機から荷を降ろしているときプロペラに近づいてしまって、それで赤くなるのである。

わたしたちのフライトでは、リーブルヴィルから出るときが楽しかった。機内に乗客はほかにいなかったので、わたしは後ろへ追いやられた。フライト・デッキとわたしのあいだにはベビー・フードが山のように積まれていた。

わたしが座った場所からは、左側の窓から外のようすをよく見ることができた。たいしたものはなかったが、満月のおかげで眼下に広がる黒くてかなり不気味なアフリカ大陸の輪郭が少しばかり見えた。ポート・ハーコートから遠くない場所で海岸線を超えると、すぐに小さな閃光が次々と浴びせられたが、わたしたちが飛んでいるはるか下で爆発するだけで被害はなかった。だが、ウリに近づくと事態はもっと緊迫した。わたしはことが起きたあとで知ったのだが、わたしたちの乗ったL-1049Hスーパー・コンステレーションが――ほかの貨物輸送機六機とともに――最終進入路に入ろうとしていたときに、「イントルーダー」が爆弾を落としたのである。わたしたちの飛行機は車輪がすでに出ていた。

まぶしい閃光が上がり、その後すぐに、周辺に配備されていたビアフラ側のボフォース高射砲の部隊が激しく応射した。曳光弾が目の前を横切っていく。わたしたちのパイロットは急にスロットルをもとに戻した。中古の四発機はゆっくりと右に旋回して、遮蔽として使えそうな雲の方へ向かった。それからさらに一時間旋回したのち、ふたたび挑戦して、今度はぶじに着陸することができた。

最後に、アフリカで一〇〇万人の死者を出した、この内戦の原因を見ておきたいと思う。当時この戦争は、第二次世界大戦終結以降にアフリカ大陸で起きた最大の軍事衝突だった。

そもそものはじまりは、一九六〇年にイギリスから独立したとき、ナイジェリアが三つの異なる州に分割されたことだった。南部の二州は、住民の大半がキリスト教か伝統宗教を信仰していたのに対し、国土の半分を占める北部州は、面積も人口もほかの二州を合わせたよりも大きかった。北部州はイスラム教徒が多く、古代の交易都市カノを中心としていた。しかも、ナイジェリアの政府と国軍も掌握しており、そのことが不幸にも、その後三年続くことになる凄惨な血で血を洗う内戦の種をまいた。

この内戦がはじまる発火点となったのは、一九六六年のクーデターだった。東部州出身の（キリスト教徒の）青年将校の一団が、ラゴスの中央政府は完全に腐敗していて、狂信者に支配されていると一方的に思いこみ、軍事クーデターを起こしたのである。彼らは後から思いついたかのように、北部出身の非常に尊敬されていた政治・宗教指導者たちを殺害し、たとえば、一九六〇年のナイジェリア独立時にイギリス女王から大英帝国二等勲爵士に叙されたアブバカル・タファワ・バレワ首相も犠牲になった。こうした行為は、イスラム教に長い報復の伝統がある以上、たんなる仕返しですむはずなどなかった。

七か月後、北部出身で、大半が「預言者の息子たち」を名のる陸軍将校の一団が、反クーデターで反撃に出た。彼らは、イボ人の指導者で政権を掌握していたイロンシ将軍を追放するとともに、組織的な虐殺を開始し、その結果、北部に移住していた東部州出身者は、何世代も前に移り住んだ者たちもふくめ、何万人も殺された。多くのイボ人が、指導者を自称するオドメグ・オジュ

ジャングル内部に隠れた小さな空港で働く２名のビアフラ人グラウンドクルー。後ろにとまっている飛行機はミニコイン。（写真：筆者蔵）

ク中佐の保護を求めて避難してきた。その時点ですでに東部州はビアフラを名のっていた。オジュクは、この地域の膨大な石油資源が頼りになるはずだと確信しており、ナイジェリアの中央政府が押しつけようとした軍事的権威は、いかなる形のものであれ受け入れるのをこばんだ。彼は、わが民族への暴力が続くようなら、わたしとわが民族は独自の道を歩み、ビアフラはナイジェリア連邦から分離すると警告した。

イギリスとアメリカは、冷戦の真最中にそうした主張が現実となることだけは避けたいと考えていた。ベトナムは依然として戦略的に重要なファクターであり、ここでもしナイジェリアが崩壊したら、ドミノ効果がアフリカにもおよぶかもしれない。くわえて、それまでだれも名前を聞いたことのなかったナイジェリア陸軍出身の若いなりあがり者が、いきなり彼らの石油投資を危険にさらしていることにも驚いていた。そうでありながら、イギリスもアメリカも、無実の人々が虐殺されたため国際メディアから「野蛮」とよばれていた状況を、自分たちにはくいとめる力がないことを認めていた。

ついにビアフラは独立を宣言した。同時にオジュクは、アメリカの武器商人ハンク・ウォートンやローデシアの著名な飛行士ジャック・マロックといった人々の助けを借りて、秘密裏に大規模な軍備増強を開始した。ウォートンとマロックは、フランス・オランダ・ドイツ・中国の武器商人とともに、フランス・ポルトガル・スペインなどヨーロッパ数か国の政府と密接に協力して、ビアフラに武器を供給した。まもなくビアフラは、アフリカ諸国のうちガボン、コートジヴォワール、モーリタニアの三か国から承認された。

南アフリカもやがてこの紛争に関与し、特殊部隊のヤン・ブレイテンバッハ大佐など数名がビアフラでの作戦や訓練、戦術的問題にかかわった。極秘に関与することは南アフリカ政府にとって都合がよかった。この紛争のおかげで自国の問題から注意がそれたからである。

やがてビアフラにはさまざまな国から傭兵たちが集まってきた。しかし、国際的孤立や、コミュニケーション不足、わたしたちジャーナリストが「アフリカの脇下」とよんだ地域のきわめて過酷な熱帯性気候など、さまざまな理由により、こうした「戦争の犬たち」は、意外にも戦争の最終結果にほとんど影響をあたえなかった。しかも彼らは、すぐにビアフラ将校団の、烏合の衆にすぎない雇われ兵にどれほどのことができるのかという根強い偏見にぶつかった。傭兵のほぼ全員が白人だったことも、偏見解消の障害となった。

内戦は一九七〇年一月に突然終わった。ビアフラ人が、ありていにいえば、飢餓に耐えきれずに降伏したのである。ちなみに、戦後イボ人に対する大虐殺は——連邦軍がビアフラ一帯を占拠した後で発生するのではないかと危惧されていたが——まったく起きなかった。

二一世紀に入った今日、アフリカでもっとも人口の多いこの国では、歴史がくりかえされようとしているようだ。

(1) Michael Draper: *Shadows: Airlift and Airwar in Biafra and Nigeria, 1967–1970*. 元ビアフラ救援機のパイロット、マイケル・I・ドレーパーの活躍を詳しく描いた傑作で、フレデリック・フォーサイスが序文をよせている（ちなみにフォーサイスは、フェンターが孤立地域に到着した時点ですでにビアフラには一年以上滞在していた）。

(2) Duff Hart-Davis: *The War That Never Was: The True Story of the Men who Fought Britain's Most Secret Battle*, Century, a division of Random House, London, 2011.

(3) Al J. Venter, *Barrel of a Gun: A War Correspondent's Misspent Moments in Combat*, Casemate US and UK, 2010.

上：貨物船アイスバーグ1は、20名以上の乗員を乗せたまま、身代金目的で3年にわたって乗っとられていた。南アフリカの傭兵グループが救出任務を実施したが、その際に同船はかなりの被害を受けた。　下：ソマリアのプントランド政府が展開する攻撃ヘリ、アルーエットが、ダウ船の船団を臨検するところ。この船団は、イエメンからアフリカ本土へ近づいているところを発見された。こうした船は、中東からソマリアへ武器弾薬を密輸したり、アル・カーイダと連携している組織アル・シャバーブの戦闘員を密入国させたりするのに使われている。（写真：アーサー・ウォーカー）

上：12日間にわたったアイスバーグ1解放作戦では、ロシア製の無反動砲を使用して海賊に対する優位を確保し、そのためついに海賊たちは話しあいを求めてきた。（写真：ルルフ・ファン・ヘールデン） 下の写真は、コブス・クラーセンスがシエラレオネで西アフリカの海賊や、中国のトロール漁船による違法操業を取り締まるため出動した際に筆者が撮影したものである。（写真：筆者）

これらの写真はアーサー・ウォーカーが、ソマリアの半自治地区プントランドでボサソから攻撃ヘリ、アルーエットを飛ばしていた時期にみずから撮影したものである。写真には、ヘリコプターのほか、ヘリの乗員や陸上部隊のソマリア人兵士が写っている。武器はすべてロシア製である。

プントランドのボサソにある主要軍事基地および空港の航空写真。ここを拠点に海賊掃討作戦が日常的に実施されている。右上は、海賊との銃撃戦で負傷した政府軍兵士のひとりをアルーエットで病院まで空輸しているところ。(写真：提供者不明)

上：アフガニスタンのカンダハールにある主要作戦航空基地への最終進入路。ここは中央アジアでもっとも忙しい「友軍の」航空施設のひとつである。　下：この写真は、カブールの西にある町でタリバーンの待ち伏せ攻撃を受けたようすをニール・エリスが上空から撮影したものである。（写真：ニール・エリス）

左上：異色の傭兵たち。アフガニスタンでこれから支援ヘリに乗る傭兵「射撃手」。一方、イラクでは当初、フリーランスの兵士が数千人活動していた（右）。（写真：ニール・エリスとグレッグ・ラヴェット）
下：アフガニスタン農村部の厳しい自然条件をニール・エリスがカメラにおさめた 1 枚。僻地を流れる川の両岸の「耕作された」平野部と、その周囲をほぼ完全にとり囲む半砂漠が好対照をなしている。

上:(手前)アフガニスタンの前線作戦基地にとまる南アフリカの支援ヘリ Mi-8。外国のエアクルーは、同国に展開するアメリカ軍からかならずしも歓迎されたわけではなかった。実際、ヘリコプター支援任務を行なうロシア人飛行士は着陸を拒否されることがあり、あるパイロットは、激しい嵐が吹き荒れたときも断わられたため自分の基地に戻らざるをえず、そのせいでヘリコプター1機と乗員が失われたことがすくなくとも1度はあった。　下:廃墟となったカブールの旧大統領府上空に常時浮かんでいた飛行船。当時「ネリス」は、中央アジアのこの国でまだ活動していた。(写真:ニール・エリス)

上：アメリカ軍のヘリコプターは、アフガニスタンの遠隔地では発着所を共有することが多かった。写真では、イスラム教のモスクの近くに発着所を設けている。下：アフガニスタンで作戦中の写真から。左上から反時計まわりに、地上での整備作業、コロンビアの民間軍事会社が所有・運営する商用のチヌーク・ヘリコプター、カブールでクリスマスの「ブラーイ（バーベキュー）」を楽しむ南アフリカ人エアクルーたち、内陸部へ出発しようとするアメリカ空軍輸送機 C–130。（写真：ニール・エリス）

上：アフガニスタンで支援ヘリに乗る二人組の「射撃手」。民間人の乗員は同国内を飛行中に武器を携帯することは禁じられているため、航空機が撃墜された場合にそなえ、フリーランスの傭兵を警護のために雇うのが通例となっている。　下：イラク戦争中、バグダードのグリーン・ゾーン（政府機関の集まる中枢部）に通じる幹線道路に設けられた検問所のひとつ。（写真：ニール・エリス）

「アフガニスタンでは、ヘリを上昇させれば山は越えられるが、どれだけ高く上昇しても天気からはのがれられない。知らないうちにしのびよってくることもあるからね」と、ニール・エリスは語る。山はタリバーンの拠点でもあるため警戒をゆるめることはできず、タリバーンはチャンスと見るや、通過する多国籍軍のヘリコプターを砲撃した。（写真：ニール・エリス）

上：アフガニスタン戦争で民間軍事会社の実施するヘリコプター支援任務が決定的に重要だったのは、国内の道路のいたるところに爆薬——地雷や即席爆弾など——が仕かけられていたからだ。写真は、大爆発で破壊された装甲兵員輸送車で、爆発直後にアメリカ陸軍中尉ライカー・セントジョージが撮影したもの。　下：カラート市は、アフガニスタンで活動する民間ヘリコプターにより定期的に物資の供給を受けている。ここは歴史の古い都市で、2400 年前にアレクサンドロス大王が中央アジアを征服したとき建設されたと伝えられている。（写真：ニール・エリス）

現代の戦争のなかで、アフガニスタンほど多種多様な軍用ヘリコプターが数多く使われた戦争はない。たとえば民間用のチヌーク、南アフリカのピューマ、フランスのガゼルのほか、上の写真のベルOH-58カイオワ・ウォリアーが投入された。カイオワは偵察用ヘリで、昼夜間用の遠距離目標捕捉装置をそなえ、C-130から降ろされて10分後には稼働できる。　下：厳重に警護された居住区。ここには、イラクでマウリッツ・ル・ルーの傭兵会社セーフネットで働く上級スタッフ数名が暮らしていた。（写真：ニール・エリス）

上：アフガニスタンでニール・エリスとそのクルーが飛ばなかった地域はあまりなく、飛行任務では通常、食料や軍需物資または一般用品など補充が必要なものを運んだ。　下：日常業務のため指定されたヘリに乗りこむ「射撃手」の一団。（写真：ニール・エリス）

反対ページ：（上）筆者がワシントンに住んでいたころ、ダニー・オブライエンは ICI オレゴンをとりしきっており、彼から送ってもらったこの写真には、同社が依頼されたパキスタンでの援助任務に出かけたときの姿が写っている。彼はシエラレオネやリベリアなど世界の多くの地域で戦闘に参加してきたが、アメリカ国務省の依頼で支援の手を差し伸べることも、仕事のひとつである。（写真：ダニー・オブライエン）　下の２枚は、アフガニスタンでニール・エリスが撮影したもので、いちばん下の写真には、彼といっしょに Mi−8 のパイロットであるピーター・ミンナール（中央）と同じくパイロットのルイス・フェンター（右）が写っている。

タンザニアでの2枚。ニール・エリス――著名な傭兵パイロット――が、同国大統領の国内移動を委託されたときのもの。この業務は、2011年に数か月間、国政選挙の運動期間中に行なわれた。上は業界でいう「ブラウン・アウト」で、この写真から、アフリカの僻地で働くヘリコプター・パイロットが直面する問題のひとつが、そのおそろしさもふくめて、はっきりとわかる。下の写真は、「ネリス」がキクウェテ大統領とあいさつをかわしているところ。

第6章　南レバノンのアメリカ人兵士

ミシガン州出身のデイヴ・マグレイディーは、「ソルジャー・オヴ・フォーチュン」誌で手紙をやりとりしたのち、アル・フェンターの依頼でアフリカへ向かった。フェンターに派遣された先はローデシアで、そこでデイヴは「前線」にある農場の警備を行なったのち、賞金稼ぎの仕事に挑戦した。それが終わると、アルの旧友でイスラエル陸軍予備役大佐のヨラム・ハミスラヒに連絡をとった。当時ヨラムは南レバノン軍を結成したばかりで、イスラム過激派と戦う外国人を雇っている最中だった。「『いい』ことなんて、ひとつもなかったよ。実際、金も食事も寝床もひどかったが……面白かったのはまちがいない」。以下は、デイヴの物語である。

レバノンはいつもと変わりない夜で、われわれはM113装甲兵員輸送車に乗って終夜のパトロールに出かけた。坂を上り下りしながら道をぬうように進み、村落を抜けるときは道路がたいへん狭かったので、横にすえた三〇口径ブローニング機関銃をたえず引き上げて直立させ、頭上の壁や木や茂みなどをはらわなくてはならなかった。

イスラエル軍のサーチライトが空を照らして、グライダーが飛んでいないか調べていた。ときおり、砲弾が頭上をヒューッと音を立てながらパレスチナ側の目標に向かって飛んでいく。われわれは国境のフェンスにかなり近づいており、眼下にイスラエル人入植地の明かりがよく見えた。舗装道路を進むキャタピラのガラガラという音は、おそろしげであるだけでなく、われわれが近づいていることを皆に知らせる合図にもなった。もっとも、キャタピラ音がなくても、ヘッドライトでわかったに違

アメリカ人傭兵デイヴ・マグレイディー。軍隊経験はなかったが、ローデシア戦争では大活躍した。ローデシアには自前の武器ももちこんだ。持参したのは、伸縮式の銃床と長めの銃口消炎器をとりつけたセミ・オート・ライフル AR−15 と、着装武器としてもってきたピストルのコルト.45ACP である。レバノンでは、ベルギーの FN 社の武器が支給された。（写真：デイヴ・マグレイディー）

いない。

わたしは、反政府軍のゲリラが大きな岩の影や建物の屋上からRPG（対戦車ロケット砲）をもっていまにも現れ、われわれを黒焦げにするのではないかと思っていた。ビント・ジュベイル近くの村で停車したときは、住民がナイフの刃を牛の喉にあてて殺し、それから皮をはぐようすをじっくり見物する機会に恵まれた。

わたしの戦友たちは、店などの建物の外壁にならんでしばらく眠っていた。近くに立ってただ彼らを見張っているのにあきたわたしは、眠っている仲間に目を配りながらも、悪者がいないかと近くの路地を歩きはじめた。

数時間後にわれわれは出発し、ほこりが多くて喉がつまりそうな汚れた二車線道路を進んでいたが、ボーフォール城の下まで来ると、いきなり停車した。後ろから騒ぎ声が聞こえたのでふりかえると、照明弾で目がくらんだ。一発が、M113の後部に急いでとりつけた携帯用の迫撃砲から転げ落ちたのだ。われわれは、その照明弾は谷底へ落ちていくのにまかせ、ひたすら目をはるか頭上の城にじっと向けていた。こちらはまるで「ぼくたちはここにいるよ、さあ撃ってちょうだい」と言っているような状態だったからだ。

いく晩かはジョーゼフの家に行って、五・五六ミリ口径のライフルCARを携行しているIDF（イスラエル国防軍）の将校たちと話をしながら、全員が彼らの軍事無線から流れるむだ話に耳を傾けることもあった。ジョーゼフの奥さんが眠気覚ましにアラブ風の濃いコーヒーを小さなカップで出してくれ、それを飲みながら耳を澄まして、ラジオからコールサイン「アルナブ、アルナブ（ウサギ、ウサギ）」が流れてくるのを待った。聞こえてきたら、武器をつかんで外に駆け出し、APC（装甲兵員輸送車）に乗りこんで銃をおおっていたキャンヴァスをはぎとり、弾を装填して出発した。これが、南レバノン軍（SLA）とすごすレバノンの典型的な夜だった。

さて、わたしがレバノン南部に来ることになった経緯を説明しよう。ローデシアで活動したのち、アメリカに帰国したものの、すっかり退屈したわたしは、この世界で虐げられ、抑圧され、貧困に苦しむ人々を救いたいと思い、新たな「正義」の紛争を探しはじめた。いろいろと調べてみたが、サード・ハッダード少佐のSLAが希望に合いそうに思われた。

何度か手紙のやりとりをした後で——ハッダードは、ローデシアでのわたしの活躍に感心したようだった——承諾を得ると、わたしはニューヨークのJFK国際空港へ向かい、イスラエルのテル・アヴィヴ行きの飛行機に乗ろうとした。ここで、この後続々と起こる問題の第一弾が発生した。わたしは自分の戦闘服とベルト・キットをかならず持参することにしている。行き先がどこであれ、そうした装備がなかったり、あっても品質がひどいことを知っているからだ。

しかし、ＪＦＫにいるイスラエルの税関職員がわたしの荷物の中身を見て、当然ながら、わたしが何をしに行くのか知りたがった。わたしがハッダード少佐からの手紙を見せると、税関職員はじっくりと調べ、次々と質問を浴びせた。それからにっこりほほ笑むと、わたしのやろうとしていることを認めてくれたのか、応対が非常にていねいになった。しかし、すでに出発時刻が迫っていた。われわれは二個あるスーツケースをつかむと、搭乗通路へ全速力で走ったが、飛行機は目の前で離れていった。税関の男は、次に出発するフライトに乗れるようにするとうけあってくれ、五時間待った後、モントリオール経由でイスラエルへ向かった。

テル・アヴィヴに着くと、当局から、わたしがパイロットに預けていた武器は税関に置いていくようにと命じられた。いわく、「ああ、それは国境でも南レバノンでも必要ありませんよ。あそこはまったく平和ですから」。これを聞いて、わたしは困惑した。いくら訴えても聞く耳もたずで、結局わたしは武器をもたずに出発した。

テル・アヴィヴからバスに乗って、メトゥラにあるアラジム・ホテルに着いたのは夜遅くになってからだった。このホテルはレバノン国境のすぐ近くに位置していたため、主要な報道機関も、アメリカ軍の将校やＩＤＦも、みなここに出入りしていた。

一か月ほど後、わたしはある晩、ＩＤＦの軍服を着てアラジムに戻ってきた。わたしはあごひげを生やし、レバノン軍の司令官などレバノン人数名といっしょに歩いていたが、それでも窓際に座っていたアメリカ軍将校には、わたしがアメリカ人だとわかったようだ。あるいは、ハッダードの関係者を嫌っていたのかもしれない。わたしをにらみつけたので、わたしもにらみ返した。そのすぐ後に、世界的に有名な作家ジョン・ル・カレにその場でよびとめられ、話をしてもかまわないかとたずねられた。わたしは、ハッダード少佐から許可を得ないとむりだと言った。彼はわかったと言い、わたしはこれでこの件は終わりだと思った。

翌日、ハッダードの拠点・基地であるマルジャヨウン［メトゥラに隣接するレバノンの村］周辺を歩いた後、爆撃を受けて放置されていたのをわれわれ数名の外国人が宿舎として使っている教会に戻ると、ＩＤＦのジープ三台がとまっていて、軍人らが民間人数名とあたりを散策しており、そのうちのひとりが前日ホテルで声をかけられた人物だった。

なんと彼は必要な許可を得ており、わたしと話ができないかとあらためてたずねてきた。さらに、わたしから聞いた話を次の本で使うかもしれないとも言った。ＩＤＦの将校たちは、話してほしくないことをわたしが話さないよう、始終こちらをにらみつけていた。このときのインタビューは、後に「マイアミ・トリビューン」紙に掲載された。

わたしの南レバノン入りは、どこかスパイ小説の一場面のようだった。夜の一〇時ごろだったと思うが、わたしがホテルのロビーに座って何人かの観光客とテレビを見ていると、フロント係が近づいてきて、全員に聞こえるほどの大声で「ハッダードの部下があんたを迎えに来ているよ」と言い、それを聞いてだれもがわたしの方を見た。わたしはバッグをつかんで軍用トラックの後ろに投げ入れ、座席に飛びのると、ティムという名の、カナダ軍での軍務経験をもつカナダ人に迎えられた。彼が今後の手はずを話すなか、われわれの乗った車はＩＤＦの警備員が国境のゲートを手で押さえて開けている横を通りすぎ、越境して南レバノンに入った。

わたしは小さな掩蔽壕で車から降ろされ、ティムから、別の人間がすぐ迎えに来てハッダード少佐と合わせることになっていると告げられた。そこにはレバノン人が何人かいたが、ひとりとして英語が話せなかった。約三〇分後に軍用ジープがやってきてハッダードのところへつれていかれたが、そのハッダードはわたしと会えて非常に喜んでいた。後で知ったことだが、彼はアフリカ南部でわたしがやってきたことと、それで得た評判に、いたく感心していた。わたしのうわさも、われわれの作戦地域にまたたくまに広まった。

ハッダード少佐はわたしを、彼の下で働く大半のレバノン人よりも数段優秀だと思っていたようだ。わたしが退屈になったのでアメリカに戻ろうと思うと告げたときには、悲しそうな顔を見せ、それから「また戻ってくることがあったら、君のような人物をもう八人つれてきてくれ」と言ってくれた。どうして八人なのかはわからない。ともかく、わたしは置き土産としてガーバーのマークⅡ戦闘用ナイフを送った。すると彼はニコリと笑い、さっと運転手の方を向くと、その股間をナイフでつくふりをして……運転手は、それまでしたことのないような動きを見せた。

ハッダード少佐は、わたしを腹心の指揮官ジョーゼフ・アブ・アラージが乗るM113の銃手に任命した。これをわたしは、そのとおり名誉なことと受けとめた。

ハッダードとわたしは、いうまでもなく馬が合い、われわれは友人になった。彼はほかの外国人をほとんど無視していた。わたしが作戦で現場にいるのを見かけるたびに、開口いちばん「デイヴィッド、アラビア語の勉強は進んでいるか?」と言っていた。ほかにわたしと仲がよかった友人に、フランス外国人部隊の元隊員モーリスがいた。彼はアルジェリアで活動していた経験があったが、ハッダード少佐はモーリスを嫌っており、どうやら容疑をでっち上げて彼を逮捕させて投獄し、イスラエルから追放して、もっとも危険なルート――つまり、PLO(パレスチナ解放機構)やシリア軍などSLAを嫌っている勢力が制圧している地域――を経由させてベイルートへ送り返したらしい。モーリスは、PLOに捕まって処刑されたに違いないだろう。わたしには、彼のためにしてやれることはなかった。わたしの手には負えないことだったのだ。大半のレバノン人は、植民地時代に由来するフランス人への激しい憎しみをいだいていた。

ハッダードとはじめて会った後、わたしは最初の小さな掩蔽壕に戻ったが、そこでは体中をはいまわる蟻と夜通し格闘する羽目になり、翌朝には教会を転用した兵舎に移った。

その日のうちに、ジョーゼフにつれられて古い砦を転用した兵舎にあるIDFの補給所へ行き、IDFの軍服を出してもらって着替え、イスラエル製の七・六二ミリ口径FNライフルを、弾倉一個と弾薬二〇発とともに支給された。どうやら、長引く銃撃戦にいますぐ参加することにはならなそうだ。それでもわたしは、いつでも先のことを考え、つねに装備を充実させるチャンスを狙っていたので、ほどなくして、遠くの前哨地に駐車してあるAPCの弾薬箱から弾薬をもち去ったり、いらない私物を予備の弾倉と交換したりするようになった。

そうこうするうちに、M113に乗っての終夜のパトロールがはじまった。パトロールも、前哨地での任務も、わたしは大いに楽しんだ。一方レバノン人は、夜間パトロールに出ると数日間は家族に会えず、食事も睡眠もセックスも満足にできないので、嫌っていた。

わたしはひとりでいるほうを好んだ。なにしろ、そのおかげで七五ミリ戦車砲のあるシャーマン戦車の上に乗って、五〇口径の重機関銃を好きなだけ撃つチャンスにも恵まれたのだ！　それに夜勤のおかげで、わたしが眠ろうとしている隣で、ベッドでいちゃついているのか何しているのか、クスクス笑っているふたりの若い民兵に悩まされずに――あるいはふたりを殺さずに――すんだ。とにかく、暗くてふたりが何をしているのか見えず、心底よかったと思う。いずれにせよ、わたし以外に前哨地での服務を命じられた者たちは、喜んで日中の任務についていた。たとえそれで、焼けつくように熱い太陽の下に座って、開けたオリーヴの缶に群がるスズメバチや、陣地の外の糞の山にたかる蠅を追いはらう羽目になってもだ。じつはわれわれの防空壕陣地には、寝室として使える小さな部屋があるだけで、トイレは陣地の盛り土の

南レバノン軍のM113に乗り、ヒズボラの支配地域との境界に沿って移動中のマグレイディー。左でいっしょに写っているのは、SLAの司令官サード・ハッダード。（写真：デイヴ・マグレイディー）

すぐ外側に、ＩＤＦの空になった金属製の弾薬箱をならべて作り、そこで大便をしていたのである。

水は皆無に等しく、あったとしても非常に汚かった。だから、持参しないかぎりはそれしかなかった。夕方になると民兵がプラスティック容器に入れて食料をもってくることがあり、われわれ全員、容器から手づかみで食べた。もってこないときは、ＩＤＦ糧食の缶詰と袋とチューブのほか、オレンジかバナナが一箱あった。もっとも、果物は当然ながらどれにも虫がたかっていた。

ＡＰＣに乗って前哨地へ向かうのは、神経をかなりすり減らす仕事だった。夜間だと、反政府ゲリラがわれわれに知られぬよう動きまわり、わずか二本のわだちしかない道路に地雷を仕かけることがあった。わたしが到着する一週間前にも、民兵二名が地雷の上を通過して死亡している。そのとき空いた穴の一部は、当時もまだ確認できたし、その近くにはタイヤの一部と、血痕がついた衣服のきれ端が散見された。わたしのＡＰＣの運転手ジョージとその相棒は、わたしを前哨地まで乗せていくときは、何度も車を止めては前方の地中になにか障害物がないかを確認していた。

一度の任務で二週間を前哨地三〇一か三〇二ですごすのがふつうだった。三〇一には、頭のおかしな赤毛のレバノン人がいた。戦車の上にいる仲間ふたりの頭上すれすれに五〇口径弾を数発撃ったのだ。ふたりが早朝ふざけて谷底に向かって銃を撃ち、そのせいで眠りをさまたげられて激怒したのである。わたしの前哨地にも、おとらず頭のおかしなレバノン人がいた。あるときわたしが、左の方の七〇メートルほど離れたところを、年老いたアラブ人がひとり、杖をつきながらゆっくりと坂を上っていると指摘した。すると件のレバノン人は、いつの間にやらブローニングを旋回させると、その老人に向かって、始終笑い声を上げて「パレスチナ人め、パレスチナ人め」と叫びながらくりかえし発砲したのである。老人は視界から消え、わたしは彼が被弾していなければよいがと思った……たぶん、下のリタニ川で一日釣りをして家へ帰るところだったのだろう。

数日後、前哨地で見張りに立っているときに予期せぬ訪問者があった。わたしは男がひとり、白い小さな布をふりながら、こちらへ向かって歩いて来るのを目のすみでとらえた。これは、なにかもっと大きなものから注意をそらすためかもしれなかったので、わたしは、いつもと変わったところがないか、あたりをすばやく見まわした。しかし、すべてはいつもどおりだ。どんどん近づいてくるので、わたしはライフルの照準を彼に合わせたまま、手ぶりで彼に、両手を上げながらこちらへ来るよう合図した。このときは、わたしとモハンマドしかおらず、ほかの連中は日中マルジャヨウンに戻っていた。これは規律違反ではなく、事前に許可を得ていて、暗くなる前に戻ってくると約束すれば、ふだんから認められていた。わたしは盛り土の縁から動かず、下のシャーマン戦車の近くに立っていたモハンマドに、五〇口径重機関銃につけと合図した。何時間も経過したかに思われた後、ようやく男はわれわれのところまで来たが、話を聞くと、彼はシリア人で、われわれに投降したいのだという。そんな簡単な話だったのか？　わたしは、銃の清掃用の布を見つけると、それで男を後ろ手にしばり、戦車の影までつれてくると、目隠しのため頭を布で包んだ。モハンマドが無線をとりあげてハッダード少佐をよび出すと、少佐は一時間以内に到着した。このシリア人と短時間ながら友好的な会話をかわした後、彼はハッダードのジープに乗せられて去っていった。だが、その前に少佐はわれわれふたりをほめてくれた。たぶん、われわれが任務中に寝ていなかったことに満足したのだろう。こうした遠くの前哨地では退屈が大敵であるため、居眠りは、とくに日中には非常によくあることだった。

前にも書いたとおり、わたしは夜勤のほうが好きだった。その晩は、勤務時間を等分して全員が三時間ずつ見張りに立つことになっていた。わたしの見張り時間がもうすぐ終わろうかという午前二時ごろ、遠くの丘の向こう側から、歌声か叫び声のようなものがさかんに聞こえてきた。何が起きているのかさっぱりわからず、わたしは念のため、トニーを起こすことにした。トニーは、この前哨地の指揮官で、英語を話し、ハッダード少佐のところに来る前は、レバノン陸軍の一員としてベイルート周辺で勤務していた男だ。彼は、ほかの全員を起こして射撃位置につかせろと返事した。これは正しい対応だった。数分後、ＲＰＧ弾がわれわれの頭上を通り越し、背後の岩にあたって爆発した。わたしは、相手が何を標的として発射しているのか見当がつかなかった。向こうから見えるのは、七五ミリ戦車砲の砲身ぐらいのものだからだ。とにかくわれわれは、あらゆるものを四方八方に向けて撃った。国連の前哨地の頭上を越えて、下は谷底から、上はわれわれの司令部のあるマルジャヨウンまで、いたるところに銃弾を撃ちこんだのだ。わたしも、五〇口径弾が岩に跳ね返って宙を飛び、曳光弾で周辺一帯に火がつくのを目撃した。

さて翌日、ハッダード少佐から命令が下り、いもしない敵に向けて弾薬をむだにするのはやめろと命じられた。どうやら、われわれのせいでIDFが動転し、マルジャヨウンの古い兵舎の隣にあった、防備を厳しく固めた建物から、完全なパニック状態か作戦モードになって出てきたらしい。

この一件が、次の話につながってくる。ある晩、ティムとわたしは兵舎へ戻る途中、銃弾をさんざん撃ちこんだ例の建物の前を通りかかった。武器は何ひとつもっておらず、道の真ん中をおしゃべりしながら歩いていた。すると突然、銃に弾をこめるボルトの音が一斉に聞こえてきたのだ。ティムは恐怖の表情を浮かべ、「どうしよう?」と言う。

わたしはすぐに返事した。「何もせずに、ただ歩きつづけろ。あいつらは挑発しているんだ」

この子どもじみた挑発行為から、わたしは彼らが、自分たちが優位に立っていると思ったときにはどれほど下劣になれるかを、はっきりと知った。のちにわたしは、われわれのAPCに乗ってわたしの前哨地に来た連中と同様のいざこざを経験している。赤いブーツをはいたIDFの精鋭部隊ゴラニ旅団の空挺将校数名が、一帯を視察するため抜き打ちでやってきた。そのうちのひとりが突然、わたしがアメリカ人であることに気づいた。彼の口からまっさきに出た言葉は、こうだ。「この仕事でどれだけもらっているんだ?」

わたしはすぐに反撃した。「ここにいるほかの者たちと同じですよ。もしかすると、少ないくらいでしょう」。これは事実だった。とにかく、このふたつの出来事だけで、わたしは身の危険をかえりみずにイスラエルを守る気がなくなった。以前、ハッダード少佐にイスラエルについて聞いたとき、少佐は指で喉をかき切るしぐさをした。いまはその理由がよくわかる。

妙なことは、兵舎でも起こることがあった。ある日の午後、わたしは丸一晩と早朝をAPCで農村地帯をパトロールしてすごした後で、簡易ベッドに横になって昼寝をしていたが、そのときいきなり、近くで大きな爆発音がして目を覚ました。なにかがやってくる音は聞こえなかったので、何が起きたのか、さっぱりわからない。建物から出ると、大勢の叫び声や混乱しているようすが聞こえる。全員が右手にある小さな畑に向かっていたので、わたしもそれに続いた。すると四人の男が、年配のレバノン人男性の両手両脚をもって、まるでジャガイモ袋かなにかのような感じで車に運ぼうとしているようすが目に入った。その男性は全身血まみれで、服はいたるところに小さな穴が開いている。ふりかえって彼が運ばれてきた方向に目を向けると、煮炊き用の小さなたき火があり、その横にコーヒー・ポットが見えた。あとで聞いた話によると、男性は農作業をしていたが、休憩することにし、コーヒーをわかそうとして、たき火を燃やしはじめたのだが……その際に地雷を爆発させてしまったのである。

二日後、わたしは国境の検問所で税関職員から、例の男性は大量の輸血を受けたが、結局死んでしまったと聞かされた。いわく、「レバノン人には、前回の戦闘で地中には不発弾がたくさんあるから、畑に火をつけたり、畑のなかを歩きまわったりするなと言っているんですがね。それでも言うことを聞かず、そのあげくこれですよ」

ハッダード少佐は、わたしが神出鬼没で、いつも動きまわっていることにすぐ気がついた。わたしとここで会ったかと思えば、一時間かそこら後には数キロ離れた、まったく違う場所で会うという具合だ。そんなとき、少佐は例の驚いた表情を見せるが、すぐに大きくニッコリとほほ笑むのだった。

たびたびハッダードは、わたしの四五口径コルト・コマンダーをテル・アヴィヴの税関から出してレバノンにいる自分のところへ送らせるよう、いまも手をつくしていると言っていた。だがわたしは、もうSLAとは別れてアメリカに戻り、下調べをして別の紛争へ向かうべきときが来たと判断していた。しかしそれには、まずピストルの転送を止める必要がある。そこでわたしはメトゥラのIDF司令部へ行った。

わたしは無線室へ行き、IDFのかわいい女の子たちを説得して、税関と連絡をとるのに手を貸してもらった。それがぶじにすんで移送を止めると、すぐに廊下に出たのだが、そこでばったり、ハッダード少佐とIDFの将校たちが会議室から出てきたのに出くわした。少佐はほほえんで、やあと言うと、きびきびと歩いていった。一時間後、アラジム・ホテルのわきの通りを歩いていると、少佐が身なりのよい人物とふたりでいるのを見かけた。彼はわたしを手まねきしてよぶと、その人物ジョージ・オティスを紹介してくれた。オティスは、レバノン南部のキリスト教系ラジオ局「グッド・ホープ」のオーナーで、マルジャヨウンからくだった盆地に住んでいた。

わたしは、帰国する前にこの一帯をもう少し見たいと思っていた。それも見終わり、もうじき国境を越えようかというときに、ハッダード少佐がジープに乗って現れた。わたしを見ると、大きな笑みを顔に浮かべ、手をふって走り去った。このとき少佐が何を考えていたのかは

レバノン領内で、筆者と妻のあいだに立つイスラエル軍大佐ヨラム・ハミスラヒ。緩衝勢力としてSLAを創設し、レバノン人戦闘員を使ってレバノン南部での反乱に対抗しようというのは、彼の発案であった。（写真：筆者）

想像の域を出ない。たぶん「あの、とんでもないアメリカ人め」といったところが正解だろう。

神出鬼没という点では、ハッダード少佐もわたしと同じだった。どこに現れるか、だれにも予想がつかないのだ。ある夜遅く、われわれはAPCに乗ったまま山中に停車し、周囲を監視していたところ、いきなり少佐の運転手が目の前にジープを止めたことがある。少佐は、まず指揮官のジョーゼフにあいさつし、次いでわたしに声をかけると、ふたたび夜の闇に姿を消した。APCにいるほかの外国人には目もくれなかった。

だから、あるときハッダードがティムを冷たくあしらうのを見ても、わたしには意外でもなんでもなかった。われわれが家を訪れたとき、ティムは自分がカナダ軍の仲間といっしょに立って写っている写真を少佐に渡そうとした。ハッダード少佐は、写真をちらりと見ると、ティムにつき返し、これでティムは自尊心をいたく傷つけられた。

ハッダード少佐は、わたしがいる間にわた

しとは何枚も写真を撮った。しかも、すぐそばに立っての写真だ。ティムが同じような写真をハッダード少佐やジョーゼフと撮ろうとすると、ふたりとも後ずさりして距離を保とうとした。正直にいって、わたしはティムのことは嫌いではないが、彼は少々変人だった。ティムは、あるレバノン人青年に、おまえのもっているナイフはなまくらだろうと言ってケンカとなり、鼻を殴られたこともあった。

　わたしがレバノンを出発する前の夜、そのレバノン人がわれわれの部屋にスプレー缶をもって現れ、そのスプレーで壁中にアラビア語でなにかを書きはじめた。彼がそんなことをしたのは、まもなくわたしが出ていくので、わたしがいるうちに、一メートルほど離れた場所に立っているティムを笑い者にしたかったからに違いない。わたしが出ていった後、ティムがどんな目にあったかは、想像するよりほかにない。

　わたしが出発する一週間前に、もうひとりアメリカ人がくわわった。このアメリカ人も、レバノン人たちから、ほとんど同じようなひどい扱いを受けた。彼らは、アメリカ陸軍の退役兵である彼への反感を隠さなかった。その肩書を、わたしはもったことがなく、そのため彼らからはまったく違った見方をされ……ほとんど仲間のように思われていた。

　それはさておき、われわれがジョーゼフの家で座っていたとき、例のアメリカ人はいきなり立ち上がると、わたしのFNライフルをつかみ、ジョーゼフに向かって、立ち上がって立射姿勢をとってみろと身ぶりで命じた。それでどうなるかは、すぐに予想がついた。

　ジョーゼフは、彼をアラビア語で怒鳴りつけると、ライフルをにぎり、彼の肩にグイグイと押しつけた。怒鳴ったときのアラビア語は、たぶん「そのやり方はまちがいだったぜ、兵隊さんよぉ、さあ、これが正しいやり方だ」というようなことを言っていたのだろう。

　ティムも、ある日APCにいるレバノン人に三〇口径ブローニング機関銃の正しい装弾方法を教えようとして、似たような目にあった。完全な失敗に終わったのだ。だから、これを軍隊経験のある外国人がひとりで別の国の軍隊で勤務する際の戒めとしてほしい。そこでは試練にさらされ、屑のように扱われることになる。地元民は、この場を仕切っているのは俺たちで、おまえなど支援してくれる仲間がそばにいるから有能だとうぬぼれていられるのだと、わからせたがっている。そのことは、かつて諸君の国が彼らの国を攻撃・侵略・占領したことがあれば、なおのことあてはまる。いつまでも記憶しているので、彼らが忘れることも許すこともない。

　ＡＰＣの指揮官ジョーゼフとわたしは、ほんとうに馬が合った。彼は、わたしが持参したアメリカ軍の迷彩服を気に入っていた。自分も一セットもらえないかと何度も聞かれたため、とうとうわたしは根負けし、ＩＤＦの迷彩服を受けとった後で渡した。ただ彼は、だぶだぶの感じは好きでなかったため、服屋へもっていって仕立てなおしてもらった。一週間後、できあがった服を自慢そうに見せてくれた。ジャケットはウエストの高さまで短くなって体にぴったりとフィットしていたし、ズボンも同様だった。このとき以降、レバノン人の乗員を除いてわたしだけが、移動中に砲塔のキューポラに座ることや、五〇口径の後ろハッチに立つことを認められた。

　ときには退屈しのぎに、いっしょにレバノン人の結婚式やパーティーに出かけた。これにイスラエル軍の連絡将校が同席することもあり、その場にすぐさま登場すると、レバノン人と踊りに興じた。また、ティムとわたしが地元のレバノン人の自宅を訪れて根掘り葉掘り質問することもあったが、これはどちらかといえば尋問のようであった。また、アラックという強い酒を飲んで、少々酔っぱらい、歌を歌って太鼓をたたき、踊るだけのこともあった。

　われわれのすぐ近くの地域に住む人々は信頼できた。ベイルートのレバノン軍から脱走してきた者は、それほど信用できなかった。ある日の午後、四人の脱走兵がなんの前ぶれもなくわれわれの兵舎に現れた。四人は、ティムとわたしが部屋でのんびりしているときにやってきた。ひとりがわたしとつたない英語で会話をはじめるかたわらで、別のひとりがティムのチョコレート・バーをテーブルからくすねてポケットにしのばせた。彼は、わたしに見られていることをわかっていたが、わたしはたかがチョコレート・バーのことで大騒ぎしようとは思わなかった。そんなことをすれば、われわれふたりとも殺されかねない。

　この一件が起きたのは、わたしが記念品としてもち帰るため、この六か月間に集めたものをスーツケースにつめはじめようと思っていたころだった。わたしの手もとには、アメリカ軍の迷彩服がまだ一セットあり、これをなにかと交換したいと考えていた。わたしが話していた男は、ＩＤＦの戦車兵用オーバーオールをもっているという。わたしは、まず見てみたいと言って、彼らの小さな車の後部座席に飛びのった。続いて大柄のレバノン人がふたり乗りこみ、わたしの両側に座った。これは名案ではなかったかもしれないぞと、わたしは思った。当時は、身代金めあての誘拐がわれわれの地域に広まりはじめたばかりだった。すでに高級車がベイルートで盗まれ、ひそかに南部に運ばれて転売されるようになっていた。

いずれにせよ、当面できることは何もない。うまくいくよう祈るだけだ。われわれの車は、マルジャヨウンのはずれにある家に着いた。なかに入ると、件のレバノン人が床に置いた衣装箱からオーバーオールをひっぱり出し、ライターを取り出すと、オーバーオールが燃えないことを実演してくれた。わたしは迷彩服を彼に渡し、握手すると、ハッダード少佐が会議のため待っているので、すぐに戻らなくてはならないと告げた。これはもちろん嘘だった。

ハッダード少佐が、この地域ではだれからも非常に尊敬され、かつおそれられていることを、わたしも彼らも知っていた。だから、すぐに帰してもらえるだろうとの自信はあった。わたしは、ハッダードの家の前で降ろしてもらい、彼らがいなくなったのを確かめると、一ブロック離れた兵舎へ歩いていった。

それで思い出したが、ハッダードのジープがまぐれで被弾したことがあった。ある晩、彼の家に迫撃砲が数発撃ちこまれ、ＩＦＤの護衛たちはちりぢりに逃げた。そのうち一発が、家の向かいに路駐してあったジープを直撃し、ジープは火の玉を上げて完全に破壊された。

われわれの兵舎は、わたしがやってくる前にカチューシャ・ロケットの攻撃を受けていた。この攻撃でティムは教会に逃げこみ、のちに隅でガタガタ震えているところを発見された。

わたしが聞いた話では、このときヌエフという名の、わたしの部屋から離れた部屋で寝泊まりしている若いイスラム教徒が、ロケット攻撃が続いている最中に大笑いしながら教会の前の道路を走り抜けてきたという。彼は頭のおかしなやつだった。このときのロケットのうち、なかから電線が垂れ下がっている不発弾を見つけると、きれいに見えるよう色を塗り、自分の部屋にもち帰って、ベッドの隣の小さなテーブルに置いたのである。

わたしの向かいの部屋には若いイギリス人が二名寝ていたが、そのひとりがわたしに、ヌエフが部屋に何を隠しているか確かめる必要があると言った。ヌエフが出かけた後で、われわれが彼の部屋に入ってみると、そこには不発弾があった。わたしは「ハッダード少佐と話をしよう」と言い、実際にそうすると、少佐は人をやって回収させた。ヌエフは、不発弾がどこへ行ったのかわからず、われわれ全員は知らないふりをした。

ある日、彼が下の盆地へ前哨地勤務に出かけようとしていたので、わたしはからかうことにした。彼に、「今夜、下に着いたら、これこれの時間にこっちの方へ銃弾を二、三発撃って、おまえがいることを知らせてくれよ」と言ったのである。彼は大喜びでそうすると言った。

さて、だいたいその時間になると、たしかにパン、パン、パンという音が聞こえ、われわれが教会の前にある壁の背後で身をかがめると、曳光弾が頭上を越えていった。曳光弾は後ろの空き家や、さらに上の丘にあたった。

こんな非常識なことをやって、われわれは楽しんでいた。あるレバノン人はティムに、俺の頭に乗せた水筒をFNで撃ち落とせと命じた。おまえがやらなければ、俺がおまえを撃つとまで言った。だからティムは言われたとおりにやった。

ヌエフは、売春婦と一発やりたくて、たびたびハイファへ行っていた。ある日、わたしの耳に、大きな笑い声と、だれかが窓の外で走りまわっているようすが聞こえてきた。外を見てみると、そこにはヌエフが、パンティーを頭からかぶって勝利のダンスを踊っていた。

水はすべて、外にあるコンクリート製の大きな四角い水槽から得ていた。われわれは、これを飲み水に使ったり——そのせいでひどい腹痛にみまわれた——、体を洗うのに使ったりしていた。バケツを放りこみ、引き上げたら頭からかぶるのだ。さて、あるときだれかが水の近くに石けんを置き忘れ、それを見たヌエフは、とんでもないことをやった。水槽に飛び上ると、体を洗った後で飲み水の近くに石けんを置き忘れるのはやめてほしいと知らしめるため、なかに小便をしたのである。たしかに彼の言うとおりだ。

レバノンを離れたものの、わたしはすぐに戻りたくなった。六か月後、わたしはハッダード少佐に手紙を書いて、戻る許可を求めた。すると「君はいつまでもわれわれの仲間だから、許可を求める必要はない」との返事が来た。わたしは、飛行機代を稼いだらすぐに出発すると知らせた。

少佐の返事。「そのことなら力になれる。わたしが親友と思っている市議会議員の名前と電話番号を書いておいた。彼に連絡すれば、航空券を買ってくれるだろう。われわれ一同、君が戻ってくるのを待っている」。わたしはそのとおりにした。

彼に旅行日程を送る準備をしていた矢先、イスラエルが大規模な軍事作戦を実施してレバノン南部に侵攻したというニュースが飛びこんできた。イスラエル軍は、P

ＬＯが山中で占拠していたボーフォール城を即座に攻略し、ベイルートへ向かって北上しているという。それでこの件は終わりになり、わたしはそれ以上ハッダード少佐と連絡をとらなかった。

しかし、ティムが最後の手紙を書いてよこし、それによれば、彼らは作戦には関係せず、いまではＳＬＡは押収したＡＫ－47を、お菓子でも配るように分配しているという。ティムはハッダード少佐から推薦状をもらい、目下レバノン南部を離れて故郷カナダへ戻る準備を進めていると、手紙には書かれていた。

第7章　傭兵列伝――フィジーの戦士フレッド・マラフォノ

わたしがはじめてフレッドと会ったのは、ニール・エリスがＭｉ－24ハインドをフリータウンのルンギ国際空港に着陸させたときだった。Ｍｉ－24のサイド・ドアが開くと、すごいもじゃもじゃ頭の屈強な男が滑走路に降りてきた。「名前はフレッド」と、その男は言った。「フレッド・マラフォノだ……ようこそ、シエラレオネへ」

彼はわたしのカバンをつかむと、無造作にヘリコプターに放りこんだ。わたしのアルミニウス製カメラ・ケースには、スティール製の弾薬箱にぶつかって側面にできた大きなへこみがいまも残っている。

「乗って」と、彼は筋肉隆々の腕をふってわたしを急かした。乗ってみると、足もとには薬莢が一〇〇〇かそこら、ヘリコプターの床を埋めつくさんばかりにちらばっていた。

「それ、悪いね」と、彼はいたずらっぽく笑って言った。「ついさっき、ちょっと問題があってね……でも、対処したよ」

わたしたちがフリータウン郊外にあるコッカリル兵舎に着陸した後になって、ようやくだれかが、ことはそれほど単純でなかったと説明してくれた。ニール・エリスが攻撃ヘリを操縦して、事前に決められていた目標へ向かうと、当人いわく、熱烈な歓迎を受けた。標的のまわりを――いつもニールがやるように――大きく旋回しながら何度も攻撃を行ない、ヘリの一二・七ミリ口径ガトリング機関銃や、積んでいるロケットすべてを使って、徹底的に防備を固めた「やつら」の集結地を粉砕しようとした。

戦闘は三～四分ほどだけだったようだが、その間フレッドは汎用機関銃を思う存分撃ちまくり、もうもうと煙を上げる銃身を冷やすため一時中断したほかは、ひたすら撃ちつづけた。本人はこうした活躍を自分から話すタイプではないが、ヘリに同乗していた者たちが詳しく説明するのは止めなかった。

また、彼の友人たちに取材してわかったことだが、わたしが到着する少し前、フレッドは妻の両親がおどされているという知らせを受けとった。彼は当時、同国出身で、ずっと年下の若い女性と結婚しており、妻の家族は、この西アフリカの国の内陸にあるジャングル奥地の村に住んでいた。

彼も認めているとおり、なにか手をうつ必要があったし、必死に頼めば、友人でもある南アフリカ人パイロットに攻撃ヘリをこの地域へ飛ばしてもらい、妻の家族を救出することができたかもしれない。しかし、彼はそうするかわりに、内陸部の民兵カマジョーの一団——彼らとはすでに何度も肩をならべて戦った経験があった——を集めると、反政府軍の大軍がいるにもかかわらず、戦いながら村へと進み、妻の家族と財産をトラックに積みこむと、大急ぎで沿岸部に戻ったのである。

のちにフレッドは、これがうまくいったのは、ひとつにはだれも自分がこれほど大胆なことをやるとは思っていなかったからだと語ってくれた。本人の

フィジー人で、イギリスの精鋭部隊SASの元隊員だったフレッド・マラフォノ。写真は、お気に入りの武器を持ち、シエラレオネ空軍のMi-17に乗っているところ。（写真：「デイリー・テレグラフ」）

言い方を借りれば、彼は「便所のドアを閉めるよりも速く」村に入って出ていった。同行した民兵たちは、ひとりが軽傷を負ったほかは、死者や重傷者が出なかった。フレッドは、この救出任務で「あのクソッタレどもを大勢」殺したことを認めている。

究極の部族戦士であるカウアタ・ヴァマラシ・（フレッド・）マラフォノは、一九四〇年一二月一三日にフィジー領のロトゥマ島で生まれた。父親は、第二次世界大戦でイギリス陸軍にくわわり、ミャンマーで戦った人物だった。

だから、イギリス陸軍の徴募チームがフィジーに来たときに彼が入隊しても、友人の多くは驚かなかった。この決断についてのちに彼は、「もののはずみさ。若気のいたりってやつだね……家族にも言わなかったよ。明日イギリスへ出発すると聞かされて、はじめて両親に電話したんだが、母親に泣かれてね」と語っている。

イギリスでフレッド・マラフォノ青年は、キングズ・シュロップシャー軽歩兵連隊に入り、伍長を数年つとめた。その後、ほかの九〇名とともに特殊空挺部隊（SAS）への入隊を志願し、マラフォノをふくむわずか六名だけが、厳しい選抜訓練に合格した。ロンドンの「デイリー・テレグラフ」紙にのった死亡記事（マラフォノは二〇一三年に没した）によると、第二二SAS連隊B中隊に所属していた二一年間に、ボルネオ、アデン、オマーン、北アイルランド、およびフォークランド諸島で任務についた。

「彼のかかわった戦闘がどのようなものであったかは、SASにいた同じフィジー人タライアシ・ラバラバ軍曹の最期からうかがい知ることができる。軍曹は、一九七二年のオマーンで、SASの隊員九名が共産ゲリラ約二五〇人の攻撃を受けて命がけで戦ったミルバートの戦いで戦死している。ラバラバ軍曹は、マラフォノの結婚式で新郎の付添人をつとめた」と、「デイリー・テレグラフ」は報じている。

一九八三年、大英帝国五等勲爵士に叙されたのちに一等准尉でSASを除隊すると、イギリス特殊部隊の専門家デイヴィッド・スターリングに、アフリカでの警備の仕事にスカウトされたが、その理由はなによりも、視覚追跡の能力にすぐれていることが知れわたっていたからだった。SAS時代、彼はこの分野での第一人者と目されていた。

さらに彼は、シエラレオネ内戦が最悪だった時期に南アフリカの傭兵集団エグゼクティヴ・アウトカムズが採用した最初の「地元民」のひとりでもあった。地上部隊の指揮官に任命され、シエラレオネ陸軍で兵士の指揮・訓練をまかされたフレッド・マラフォノは、ボーの南五〇キロにあるダイヤモンドの一大採掘場ガンドルハンに──攻撃ヘリの支援を受けて──強襲攻撃を実施した。数か月後、コイドゥおよびダイヤモンド採掘場は政府側の手に戻った。

ニール・エリスには、伝説の人物フレッドとの逸話がいくつもある。彼とそのチームがのちにふりかえって最悪の体験のひとつだったと語る事件は、一九九九年一月に起こった。当時、反政府勢力が一致団結して首都フリータウンへ進軍していた。敵はすでに、フリータウン第二の空港へイスティングズから一五キロほどしか離れていないウォータールーまで到達していた。もしここを突破されたら、市街地にまで攻めこまれる可能性が一気に高くなる。

仮に敵が攻めこんできても、ほとんど抵抗できないのは明らかだった。すでに正規軍は──いつものように──むりにむりを重ねていたからだ。

実際、数日前から予断を許さぬ状況だった。戦いがどれほどギリギリだったかは、シエラレオネの隣国ギニア共和国から派遣された部隊がソ連製T-54／55の戦車中隊を展開したものの、ほぼ撃破されていたことからもわかるだろう。

ネリスは、当初からその場にとどまるのもやっとの厳しい戦いであり、両陣営とも多くの死傷者を出したと述べ、次のように回想している。

「わたしは、補給用の弾薬をギニア共和国から来た大隊に運ぶよう要請されたが、戦闘が激しいからといって断わることはできなかった。この要請は、わたしのヘリ──Mi-17ヒップ──を、だれも何も教えてくれない危険な状況へつれていくことを意味していた。それにくわえ、わたしはフランス語を話せなかったし、ギニア人も、英語を理解できず、そもそも理解しようという気もなかったようだ。今思うと、大失敗する要素しかなかった。（中略）

わたしは、反政府軍が何をしているのか状況報告を求めた。司令部が無線で返事をよこし、すべては『チャーリー・チャーリー』、つまり平穏無事だと言ってきた」

ここでネリスは不愉快そうに笑って、こうつけくわえた。「それまでの数週間の経験から、だれかが平穏無事と報告すれば、それは、戦闘から一目散に逃げ出したので心が平穏になり、報告した人間が戦闘のない地域に着いて無事だという意味だったからさ！」

通常、ネリスとそのクルーには、ベンソンという名の、英語とフランス語を話せるギニア軍の連絡将校がいて、ギニア軍が保持している陣地に航空部隊が補給をする際はつねに同乗していた。しかしその日は、いっしょに行こうというと、突然ベンソンはなんだかんだと理由をつけて任務に同行できないと訴え、しまいには歯医者に行かなくてはとさえ言いだした。「なにかあるなと思った」と、ネリスは回想している。

「それで、とにかく出撃した。同乗してもらったのはフレッドと、モハンマドという、ふだんからいっしょに出撃していた非常勤の側方銃手だった。ヒップには弾薬が最大積載量いっぱいに積まれており、わたしは、なにかがおかしいという疑念が頭から去らなかった。それでも、無事だと言われた以上それを無視するわけにもいかなかったし、それにほんとうに平穏無事かもしれなかった」

ネリスは、内陸部で活動する政府軍兵士について、攻撃を受けている最中はふだんと違ってかならずしも率直にならないことがきわめて多いことに気づいていた。「ほんとうの状況を話したがらなかったが、それは、そうすれば要求したものが手に入る確率が上がるかもしれなかったからだ」と、ネリスは説明した。「フレッドも、たぶんそういうことだろうと言っていたよ」

ネリスはもっと率直だった。彼に言わせれば、飛行任務ではほぼ毎回本物の危険にさらされており、うそをついて問題を複雑にする必要などなかった。ただし今回は、ちょっと山地を越えるだけだった。いずれにせよ、彼は問題に遭遇することなく指定された着陸地帯に到着した。着陸と離陸は、到着をだれかに気づかれる前にすませることになっており、すくなくとも、彼はそうしようと思っていた。

ウォータールーの問題は、この場所が山と山の続く間にあるため、出入りするルートがひとつにかぎられ、しかもそれが、町の真上を通過するルートだったことだ。「もし反政府勢力がその一帯にいたら――たぶんいるだろうとわれわれは思っていたが――猛烈な出迎えを受けることになるだろう」

今回の出撃には、ひとつ面白いエピソードがある。この少し前、クルーは嫌々ながら自腹を切って、新たな飛行用ヘルメットを購入した。品質のよいヘルメットだったが、それはこれがジェンテックス社の最新モデルで、同国で活動しているアメリカの民間軍事会社ＩＣＩオレゴンから入手したものだったからだ。もしこれが政府の

フレッド・マラフォノは、シエラレオネでニール・エリスと出撃するときは、ハインド攻撃ヘリ前面のバブル・キャノピーの下に座ることが多かった。ほとんどの場合、後方で汎用機関銃のひとつを担当するよう求められた。（写真：筆者蔵）

金だったら、たぶん、もっと安いモデルを買っていただろう。ネリスは、新しいヘルメットはハンバーガーの発明以来この世に登場した最高のすぐれものだが、外部の騒音、とくに近くを通りすぎる銃弾の衝撃音を弱める傾向があることに気がついた。

「至近弾の音には、非常にはっきりとした特徴がある」とネリスは言い、たとえるなら、部屋いっぱいにならんだタイピストたちが猛烈な勢いでタイプライターをたたいているような感じだと説明した。

「このときは最終進入時に銃声が聞こえたが、ジェンテックスのヘルメットが超高性能なせいで確信がもてなかった。そこでわたしはフレッドに、反政府軍が撃ってきているのかとたずねた。これはまったくバカげた質問だったが――なにしろ、連中がAKをこちらに向けて、そこいらじゅうを走りまわっているのがわれわれの目に見えたんだからね――そう聞かれてフレッドはこう答えたんだ。『いいや、ネリス、あれは無線のガリガリいう音だよ』」

あのヘリコプターには、ユーモアのセンスをもった者がすくなくともひとりはいたということだと、いまのネリスは語っている。

「三トンもの弾薬を積んでいる以上、引き返すわけにはいかなかった。だから、敵の砲火を無視して、このポンコツの車輪を地面に着かせることに集中できるかどうかが問題だった」

ネリスが語ったところによると、着陸地帯の地表は、ギニア軍の戦車が走りまわったせいで細かな砂塵に変わっており、そこへヘリコプターがホバリングしに来るため、状態はさらに悪化した。ローターが砂塵を巻き上げてブラウン・アウトを起こしたが、これは好都合でもあり不都合でもあった。ネリスは何も見えなくなったが、敵も何も見えなくなった。着陸しても、だれもクルーが荷を降ろすのを手伝いに現れなかった。

クルーのまわりでは、フレッド・マラフォノや側方銃手もふくめ、だれもが必死になって激しい銃撃戦をくりひろげたが、部隊の兵士はだれひとりとして塹壕から出

シエラレオネでの数少ない非番の日に、フリータウン近くの浜辺でくつろぐフレッド・マラフォノ。（写真：キャシー・ネル）

て助けに来ようとはしなかった。

「しばらくして兵士がふたりほどやってきて、フレッドとモハメドに手を貸したが、状況は緊迫していたよ」と、ネリスはさらに語ってくれた。

「このときも、わたしが心配だったのはRPGで撃たれるのではないかということだった。だからわたしはローターをまわしつづけ、それに砂塵は、こちらに発砲している連中からわれわれの行動を隠すのに、まさに必要なものだったのさ。そうでなければ、われわれは格好の標的になっていただろう」

荷物を降ろすのに、クルーが思っていたよりも時間が長くかかったうえに、荷物の大半が弾薬だったことが作業をさらにやっかいにしていた。当時のフレッドの言葉を借りれば、どれかひとつに曳光弾があたれば「俺たち全員、きれいさっぱりいなくなっていただろうさ」

また、ネリスいわく、「搭乗している全員が、ローターの巻き上げる細かい砂塵で何も見えなくなっていた。またわれわれは、だれかがテイル・ローターにぶつからないかと心配だった。もしそんなことが起きたら、テイル・ローターのブレードが壊れたままでは飛び立つことなどできなくなるからだ」

荷降ろしが終了すると、脱出するためネリスは、小火器による激しい弾幕をふたたび突破しなくてはならなかった。その間フレッドは、後ろの窓から自分のすべきことをやりつづけ、RPGでヘリコプターを狙っていた反政府軍兵士を射殺した。

「ちょうどホバリングからの移行中で、かなり低速で移動していた」と、ネリスは回想している。「敵がトリガーを引こうとした、まさにその瞬間に撃ち殺したんだ」。まさに間一髪であった……

第8章 ソヨ攻防戦――歴史に残る傭兵の活躍[1]

「エグゼクティヴ・アウトカムズのおかげで、これほど治安が安定した。もちろん、完璧な世界ではＥＯのような組織は必要ないだろうが、傭兵だからという理由だけで彼らが出ていかなくてはならないなどとは言いたくないものだ」

カナダ軍のイアン・ダグラス将軍。国連軍の交渉担当者

エグゼクティヴ・アウトカムズの名声が築かれた基盤は、いわゆる「ソヨ攻防戦」で生まれた。ソヨは、アンゴラ北端のコンゴ川河口に位置し、この地の石油施設をめぐって、八週間の軍事作戦が一九九三年三月上旬から四月末に実施された。

これは、反政府勢力であるアンゴラ全面独立民族同盟（ＵＮＩＴＡ）[2]との戦いだった。この戦闘では、南アフリカ人三名が命を落とし、生きのびた者も、全員が最低一度は被弾し、なかには一〇回以上撃たれた者もいた。相当数が命にかかわる重傷を負い、数名は外国の病院へ後送しなくてはならなかった。それに対して反政府軍は、野戦の最高司令官二名をふくむ数百人を失った。

こうして粘り強く頑強に戦った結果、これを見たアンゴラ政府が好感をいだいた。ほんのしばらく前まで憎き敵だった男たちの一団に感服したのである。たとえていえば、ベトナム戦争末期にアメリカのレンジャー大隊が北ベトナム政府のために戦うようなものだろう。さらに、この南アフリカ人たちは真剣そのもので、そのなかには、みずから公言する目標を達成するため重大な危険に命を投げ出す覚悟を決めている者さえいた。

ほとんどすぐにアンゴラ政府は、こうした元退役兵をさらに五〇〇名、年推定四〇〇〇万ドルで雇い入れ、こ

れによってエグゼクティヴ・アウトカムズの名が知られるようになった。

首都ルアンダで同社の代表が結んだ契約によると、その職務は、アンゴラ軍兵士五〇〇〇名に対反乱戦と在来型戦争の両方の訓練をほどこすことで、契約期間は一九九三年九月から一九九六年一月までであった。同時にアンゴラは、膨大な数の主力戦車T-54/55と最新のBMP-2歩兵戦闘車一〇〇台を、ソ連から購入した。

こうした活動を支援する航空戦力には、ジェット戦闘爆撃機のMiG-23とスホーイ、地上支援機のピラタスPC-7とPC-9（翼下ロケット弾ポッドを装備）、および攻撃ヘリコプターのMi-24ハインドと、多目的輸送ヘリのヒップなどがあった。こうした航空機は、すべてアンゴラ空軍の紋章をつけて飛んだ。

プレトリアの小さな警備会社で、それまで軍事活動の実績など何もなかったEOがアンゴラに到着したのは、偶然にも、アンゴラ政府に対する国際的な武器禁輸措置が解除されたのと同じ時期だった。同社はアンゴラのほぼ全土で次々と軍事活動を展開し、最終的には、スイスで教育を受け、毛沢東主義を奉じるジョナス・サヴィンビを交渉の席に着かせることに貢献した。

しかし、それが実現する道を開いたのがソヨだった。この、アンゴラで主要な石油施設のひとつがある場所——アフリカ最大の川の河口南岸にちょこんと位置する町——を舞台に、四〇人の部隊が（たいていはその半数以下の人数で）、一〇〇〇人を超す圧倒的に優勢なUNITAのゲリラ部隊を相手に一連の戦闘をくりひろげた。この戦いが、打ちつづくUNITAとの内戦でアンゴラ軍が

反政府ゲリラの指導者ジョナス・サヴィンビ。反政府勢力UNITAを指揮した人物で、歴史的なソヨの戦いでは、南アフリカ人傭兵たちの敵のうち最大勢力を率いていた。（写真：筆者蔵）

エグゼクティヴ・アウトカムズがアンゴラに到着する以前も、多くの傭兵部隊が活動しており、そのひとつでFNLAと関係をもっていたシパ・エスクアドロンに、筆者は取材のため戦闘員として参加した。写真は、筆者がノヴァ・リスボン（独立後にウアンボと改称）を拠点に活動していたときに撮影した1枚。

過去に実施した軍事行動と決定的に異なっていたのは、EOの戦闘員のほぼ全員が、南アフリカ国防軍（SADF）の精鋭特殊部隊の元メンバーだったことだった。

奇襲を仕かけるべくMi-8ヘリコプターでソヨへ空輸されると、この少人数ながら「きわめて有能な従業員」――これは、同社がのちに用いた表現だ――は、石油施設およびそれを守る軍事基地を保持し、最終的には隣接するクワンダ港を奪取するため、長期にわたって戦った。反政府軍が撃ちこんでくる、ありとあらゆる兵器に南アフリカ人傭兵たちが対抗するなか、厳しい任務は、忍耐力と勇気と機転と戦術が徹底的に試される場に変わっていった。

連日連夜――とりわけ夜に――UNITAは不正規部隊を数百人に分け、交替させながら四回またときには六回、続けて送りこんできた。

指揮官が吹く笛に音に合わせて、敵は「アヴァンテ！　アヴァンテ！（前進！　前進！）」と叫びながら襲来し、戦闘は一～二時間続いた。この部隊が引き揚げると、しばらくして次の部隊がやってくる。ゲリラ部隊の攻撃は、まず探りを入れると、砲弾とロケット弾と迫撃砲弾を撃ちこみ、それからふつうは数にまかせて守備隊におしよせ、ときにはＥＯの防衛境界線まで数メートルに肉薄することもあったが、エグゼクティヴ・アウトカムズの小部隊はもちこたえた。偵察連隊の元少佐ラフラス・ルーティンは、のちにこうコメントしている。「われわれはすべてを抑えこむことができたが、実際のところは、ギリギリだった……勝敗が逆になってもおかしくなかった……」

さらに事態をむずかしくしたのは、南アフリカ人の防衛境界線を突破しようと攻めよせるＵＮＩＴＡの正規兵の多くが、もともとサヴィンビ自身の大胆不敵な特殊部隊「グルーポス・デ・バテ」（攻撃集団）に所属していたことだ。しかも、この実戦経験豊富な精鋭部隊は、何年も前からアンゴラ陸軍と戦っていた上、そもそも南アフリカ政府がアンゴラ政府とまだ戦争状態にあった時期に、南アフリカ軍の反乱戦の専門家から訓練を受けた者たちだった。

アンゴラ陸軍（ＦＡＡ[3]）が支援を申し出た（ＥＯの防衛力を強化するため戦車を一両、上陸させた）ものの、政府軍兵士の多くは訓練というものをまったく受けていなかった。じつは、すべ

UNITAは、マルクス主義を奉じるMPLA政権の軍事行動に対抗するため、アメリカからジープ搭載型無反動砲など多種多様な武器を供給されていた。（写真提供、デイヴィッド・マネル）

てが終わった後で明らかになるのだが、この若い兵士たちのほとんどが、ルアンダの街角で誘拐同然に集められ、軍服を着せられて手にAKを押しつけられた者たちだった。その後すぐさま無造作に前線へ送り出されたのである。UNITAが攻めてくる気配が見えると、彼らの多くはジャングルへ逃げこみ、なかには途中で軍服を脱ぎ、武器をすてる者さえいた。彼らが基地へ戻ってくるのは、ジャングルをただよう香りから食事の準備が進んでいるとわかったときだけだった。

将校たちは、そうした兵士が見つかりしだい、射殺していた――こうして処刑されたFAAの兵士は五〇人ほどおり、その大半は司令官であるペペ・デ・カストロ大佐みずから手をくだしていた（ただし大佐本人は、そのとき以外は実戦の場に姿を現すことはなかった）――が、施設を守る南アフリカ人傭兵たちは、かなり初期の段階から、むりやりつれてこられた兵士は例外なく援軍どころか邪魔にしかならないと考えていた。

さて、戦闘が終わって――石油施設が政府の手に戻り――南アフリカ人傭兵が撤退すると、エグゼクティヴ・アウトカムズはアンゴラ政府と正式な契約を結び、続く二年間、さらに多くの戦闘を実施した。これには、カフンフォにあるアンゴラのダイヤモンド採掘場（世界最大級のダイヤモンド管状鉱脈で、本書の後の章であらためて扱う）の奪還や、ザイール（現コンゴ民主共和国）に隣接する国境地域の主要拠点の多くからサヴィンビとその指揮系統を排除する作戦などがふくまれていた。

そのどの活動でも、このタフで勇猛果敢な南アフリカ人傭兵集団の評判がゆらぐことはほとんどなかったが、この戦争での実際の目的について彼らのあいだで意見の衝突が起こることは何度かあった。契約書にサインした者の多くが、アンゴラに到着したとたんに自分たちを待ち受けていた戦闘がどれだけ激しいものなのか、まったくわかっていなかった。

実のところ、絆がさらに強くなったのは、アンゴラでの活動がなかばに差しかかったころ、EOの経営陣に、内戦が続くシエラレオネ政府から接触があり、エスカレートする反乱が急速に手に負えなくなってきているので、アンゴラと同様のことをしてほしいと依頼されてからであった。

「約二五〇〇万ドル」の契約金で合意すると、約二〇〇人がフリータウンへ、今回も急遽、派遣された。こうして同社の人員は――今回は自前の武器とヘリコプターを使って――フォディ・サンコーの反政府勢力RUFを、どこで遭遇しようと屈服させる仕事にとりかかった。

こうした展開をだれもが喜んでいるわけではなかった。デイヴィッド・シェアラーが、証拠にもとづいて傭兵の利用拡大を予見した著書『民間軍と軍事介入 *Private Armies and Military Intervention*』のなかで述べていることだが、エグゼクティヴ・アウトカムズが当時かなり公然と拡大させていた活動を批判する人々の多くにとって、南アフリカの「雇われ兵」組織は、傭兵活動の容認できない側面を体現する存在だった(4)。

しかし、シェアラーも指摘しているように、EOはリベラル派から非難されている間も、活動を続けた数年間に「おもに軍事訓練に焦点をあて、とくに特殊部隊と隠密戦を重視して訓練を実施することで、海外投資をよぶのに必要な平和と安定を生む環境を創造」できることを実証してみせた。シェアラーは、同社が「平和維持(説得)業務にも自社の役割を」見出し、「顧客のニーズに適した装備を販売する準備も整えていた」と推測している。

EOが宣伝文句で自社を「堅実な成功の歴史」をもつ会社だと表現したのは、理由のないことではなかった。興味深いことに、歴史が証明しているとおり、この南アフリカの非在来型の組織が西アフリカでなしとげたことを基盤として、民間軍事会社(PMC)の多くがイラクで、そしてそのすぐ後にはアフガニスタンで、ビジネスをはじめることになるのである。

エグゼクティヴ・アウトカムズは、そもそも事業をはじめた当初は、本社のあるプレトリアで民間警備業務を行なう、ごく一般的な会社だった。創設者のエーベン・バーロウは、もともとSADF工兵隊の工兵で、工兵隊では地雷や高度な爆弾を用いた戦闘の訓練を受けた。その後、アンゴラ戦争で非在来型戦争の専門知識を活用して大いに奮闘した部隊のひとつ第三二大隊へ配属になった。

大隊は、将校は白人だったが、隊員のほとんどは、不満をいだいて亡命してきたアンゴラ人で、彼らはマルクス主義を奉じるMPLA(アンゴラ解放人民運動)との長期にわたる内戦のすえ、現在のナミビア(かつての国際連盟委任統治領南西アフリカ)へのがれてきた者たちだった。

二一年続いていた南アフリカの国境戦争が一九八〇年代末に終わりを迎えると、バーロウは南アフリカ国防軍の秘密部隊である市民協力局(CCB)で詳細不明の仕事をするようになった。この秘密部隊を除隊してから、パートナーたちとともにエグゼクティヴ・アウトカムズを設立し、ネルソン・マンデラが大統領に当選してから犯罪が頻発していた南アフリカで、個人の警護や企業の警備など通常の警備業務を行なう企業として活動を開始した。バーロウの在職中にEOは、鉱山事業を行なう複合企業アングロ・アメリカン・コーポレーションなど、大口の顧客を獲得することに成功した。

次に起きたことは、EO初期の関係者の一部からは、計画していたことではなく、偶然の出来事だと考えられている。

CCBに在職中、バーロウは、イギリスの情報機関にかなりよく知られるようになり、彼の方でもイギリス諜報機関の活動員数人と親しくなった。彼がアパルトヘイト時代の秘密部隊で担っていた役割は、当時CCBがたずさわっていた秘密活動で利用するためのダミー会社を国内外で設立することだった。また、こうした会社の秘密の銀行口座を管理するのも担当しており、そうした会社の一部は、南アフリカの制裁破りに関係していた。当時はアパルトヘイトのため、国連が南アフリカに武器の禁輸を科していたのである。

EOが一企業として南アフリカで知られるようになっていたころ、アンゴラは深刻な軍事的問題をかかえていた。サヴィンビのゲリラ部隊が国内に影響力を拡大させていたのである。この時点ですでにUNITAは主要都市を除いて国内全土を支配していた。残すは、大都市ルアンダとロビトを囲む堅固な防衛線を突破するだけだったが、それをすべて変えることになるのが、ゲリラ部隊のソヨ強襲だった。

ソヨは、アンゴラ最大の石油輸出施設ではなかったが、当時アンゴラで営業していた多くの石油会社にとってはきわめて重要な資産だった。そうした石油会社には、たとえばベルギーのフィナ、フランスのエルフ、アメリカの石油最大手のひとつテキサコなどがあり、そのすべてが——アンゴラ国営石油会社ソナンゴルもふくめ——ソヨを海外業務の物流拠点として利用していた。さらに、レンジャー・オイルとヘリテージ・オイルの合弁企業レンジャー・オイル・ウェスト・アフリカ（ROWAL）もあった。反政府軍がソヨを占拠していたため、同地からの石油輸出はすべてストップしていた。そのためアンゴラ政府は経済的にも厳しい状況にあった。

ゲリラ側の手に落ちたもののなかに、ROWALが試験していた回転ブイの試作品があった。きわめて複雑かつ「数百万ドル」相当という高価な品だったため、所有者は取り返したいと思った。そこでROWALの取締役たちは、何人もの仲介者を通じて、パリに駐在するUNITAの代表と正式に連絡をとり、ブイを返却してくれるようサヴィンビから許可をもらえないかと依頼した。

アフリカからほとんど即座に返ってきた返事は、断固たる「ノー」だった。恰幅のいい指導者サヴィンビは、敵の収支の帳尻を合わせる手助けをする気など毛頭なく、そのように伝えた。彼はブイをもっており、手もとに置きつづけるつもりだというのが、返事の要点だった。

ここで登場するのがトニー・バッキンガムだ。彼はSAS隊員から石油業界へ転職した人物で、ロンドンのヘリテージ・オイル・アンド・ガスとつながりをもっていた。ルーティンによると、EOでバーロウのパートナーだったバッキンガム——ふたりとも、この種のビジネスには抜け目がなかった——は、イギリスには国会議員もふくめて人脈が非常に広かった（し、いまも広い）。つまり、彼はUNITAに勝利する方法を思いついたのである。

そのころすでにバッキンガムは、ルアンダでアンゴラ人と接触しており、ソナンゴルの社長ジョアキン・ダヴィッドに近づいて、ブイをとりもどすためひと肌脱ごうともちかけていた。ダヴィッドは、自分には軍関係の事柄を認可する権限がないと答え、アンゴラの大統領エドゥアルド・ドス・サントスと個人的に話してみてはどうかと提案すると、バッキンガムはさっそく会いに行った。このイギリス人が、過去にこの国で何度も取引を成功させていたとはいえ、人と会うのが嫌いなことで有名なドス・サントスと面会できた——しかも、いきなり訪ねていってだ——ということからも、その影響力と粘り強さがよくわかる。

軍事顧問団も同席の場で、大統領はバッキンガムの話に耳を傾けた。彼の話は、ソヨのUNITA部隊に反撃をくわえて石油ターミナルを奪い返す可能性を中心に展開した。これがうまくいけば、双方の目的が達成されるはずだとバッキンガムは言う。つまり、彼はブイをとりもどし、アンゴラ政府はソヨでふたたび優位に立てるというわけだ。バッキンガムには、予備調査の準備資金として一〇〇万ドルが即座にあたえられた。

ロンドンに戻るとバッキンガムは、SASの旧友数名と連絡をとり、施設奪回をめざす作戦を実施する手伝いをしてくれれば大金を稼げるともちかけた。作戦については、短期間で簡単にすみ、たぶん週末で終わるだろうと言った。さらに、アンゴラ大統領が施設の守備は手薄だと語ったことも打ち明けていた。

しかしSASの旧友たちは、すぐに断わってきた。その計画はバカげているというのだ。この冒険的な作戦がひき起こす事態について十分に検討し、その地域に詳しい人物に話を聞いた結果、彼らは、その計画は実行不可能であるばかりか、自殺行為に等しいと判断した。その詳しい理由として、作戦地域は一方が大西洋に面し、そのすぐ横をアフリカ第二位の大河コンゴ川が流れているのだから、近づくことさえむずかしいだろうと説明した。それにくわえて、水域以外はいたるところに林冠が三層になった三段林のジャングルがある。この一帯は、道をはずれて動きまわるのさえむずかしい。草の丈は二メートル以上あり、いたるところに沼地があるからだ。

だから、万が一失敗した場合、脱出するのは、不可能ではないにしても（イギリス人が好む言い方を借りれば）あてにはできないと、友人たちは主張した。ＥＯは、残念ながら後になって、この最初の調査をした人物がだれであれ、その人物は完璧に正しかったと思い知ることになる。

アンゴラでの活動範囲を定めると、バッキンガムは古くからの知りあいラーニー・ケラーに話をするため、飛行機で南アフリカへ向かった。ケラーはアパルトヘイト時代のＳＡＤＦ大佐で、当時はエロプトロ社とともに暗視装置の開発にたずさわっていた。このケラーを通じて、エーベン・バーロウのＥＯがこの件に関与することになった。このころバッキンガムは、もうひとりの軍出身の友人で元イギリス陸軍大尉のサイモン・マンとも手を組んでいた。ちなみに、このサイモン・マンは、二〇〇四年なかばに赤道ギニアでクーデター未遂を起こし、同志の傭兵六〇数名とともにジンバブエのチクルビ刑務所に投獄された人物である。

一九九三年二月中旬の数日間、プレトリアの南に隣接する大都市センチュリオンにあるラーニー・ケラーの自宅が、エグゼクティヴ・アウトカムズの新たな「作戦センター」になった。

偵察（レキ）連隊の元隊員で、のちにソヨで班長をつとめることになるハリー・カールスが語るところによると、「水曜日にエーベンから電話があり、友人を何人かつれてきてくれないかと頼まれました。わたしは四人つれていき、その後で五人目がくわわりました」。この五人の「小隊長」に、徴募・訓練・計画を担当する契約が提示された。全員が仕事を承諾した。その五人とは、元偵察連隊の少佐ブクス・ボイス、バーロウの第三二大隊時代の旧友ハリー・フェレイラ、第三二大隊でバーロウと同僚だった元ローデシア人のフィル・スミス、レキの元少佐ラフラス・ルーティン、そして、バーロウの工兵

シパ・エスクアドロンの指導者ダニエル・シペンダは、かつてはMPLAの上級指揮官であり、配下の兵士たちは親西側のFNLAと手を組んでいた。のちにこの部隊は南へ逃亡し、ヤン・ブレイテンバッハ大佐を隊長として新設された第32大隊の中核となった。（写真：筆者）

時代からの友人マウリッツ・ル・ルーだった。

最初の四人は、各人がかつて軍隊で経験を積んだ友人を三〇名ずつ集めてくるようにと指示され、ル・ルーはSADFの工兵を一二名つれてくることになった。

この時点で五人には、この先に待ち受けているのは楽な仕事ではないと警告を受けた。戦闘が少なからず予想されると告げられたのである。それどころかバーロウは、「かなりの戦闘をすることになるし、それも激戦になるだろう」と示唆した。

ル・ルーには、徴募以外にも爆薬の調達、それもできればC－4を大量に確保する任務もまかされた。アンゴラ政府が提供する爆薬はすべて時代遅れのTNTだったからだ。彼には、「橋梁の爆破」のほか、地雷の敷設を行なう可能性もあると告げられた。爆薬訓練も、ル・ルーの仕事とされた。

合計で約八〇人が採用面接を受けた。「そもそも、われわれがどこで何をしなくてはならないのかをだれもはっきり言わなかったので、不安に思った者もいました。具体的な仕事内容は目的地に着いてはじめて教えてもらうことになっていましたから。ただ、当初からはっきり言われていたのは、決して楽な仕事ではないということでした」と、ハリー・カールスは語っている。

当初ＥＯ内に階級はなく、人員はＳＡＤＦ時代についていた地位にしたがっておおまかに区別されていた。バーロウがチーム・リーダーを指名し、最初のころは部下が自分たちの班長を選ぶことが認められていた。全員に、メンバーの家族に対する死亡給付金はいっさいないと言い渡されていた。また、医療保険もまったくなかったという(5)。

この傭兵部隊の集合地として指定された主要基地は、ルアンダから南へ車で数時間のところにあるアンゴラ陸軍のレド岬訓練基地だった。隊員のひとりは、「われわれは小隊が来るものと思って待っていたのに、レド岬にやってきたのは小班ばかりだった」と語っている。それでも週末までには隊員がほぼ全員集まり、一同には、エーベンらがアンゴラ政府から、ソヨに同行するＦＡＡは「準備万端整って」おり、ソヨで遭遇すると予想される敵は、三八口径スペシャル弾リヴォルヴァーで武装したＵＮＩＴＡの警官九名だけだとの確実な言質を得たと伝えられた。

作戦の戦術面での計画は、ラフラス・ルーティン（数年後にブラックウォーターの創設者エリック・プリンスとともにソマリアで活動する人物）とローデシア出身の歴戦の兵士フィル・スミス、および班長のひとりにまかされた。

全体を統括するアンゴラ軍指揮官ペペ・デ・カストロ大佐――ちなみに、のちにＥＯがカフンフォのダイヤモンド採掘場へ攻撃を実施するとき、その指揮をとった人物――と連絡をとるのは、本来ラフラス・ルーティンの仕事ではなかったが、事態の進展にともない、彼が連絡将校の役割を果たすようになった。これについては、ルーティンが特殊部隊で長年戦闘を経験していたこともあって、だれもが好都合だと思っていた。

政府が提供した兵器には、ＡＫライフル、ＲＰＫ軽機関銃、ＰＫＭ軽機関銃、ＲＰＤ軽機関銃、ドラグノフ・スナイパー・ライフルなどがあった。訓練では、旧ソ連製の六〇ミリ口径および八二ミリ口径の迫撃砲を使った練習のほか、班単位での攻撃、敵との接触、手榴弾の使用法についての最新訓練が予定されていた。

三月三日、旧キューバ軍基地で準備が完了すると、部隊全員は装備をすべてもって、コンゴ川の北岸にあるアンゴラ領の飛び地カビンダへ飛行機アントノフ-24で向かった。途中、ソヨ上空を通過すると、機内の面々は最終目的地を一目見ようと窓に殺到した。眼下の景色はよく見えた。計画では、今夜はカビンダ基地に一泊し、翌日に攻撃をはじめることになっていた。

同じころ、アンゴラ海軍が運用する大型の自航運搬船が二隻、北へ向けてレド岬を出発しようとしていた。各運搬船には、アンゴラ軍の兵士五〇〇名のほか、重火器や弾薬など兵器類が積まれていた。また、T54／55戦車が、各船に二両ずつ、計四両、積載されていた。ところが、レド岬から出航する時点になって一隻が故障し、動かなくなった運搬船に乗っていた者たちは、装備をすべてもってもう一隻にのり移らなくてはならなくなった。ただし戦車は、当然ながらそのままにされた。

しかし、これによって、一隻のみになった運搬船の到着予定時刻が遅れることになった。積み荷が増えたため数ノットの速度しか出せず、ソヨ沖へは一日遅れて到着する見こみだった。

これほどの小部隊でソヨを奪取するのは、なみはずれてむずかしい決断だった。たしかに、EOが地上で何が待ち受けているのかを事前に知っていたら、この仕事は検討の対象にすらならなかっただろう。知ってのとおり、ソヨと、これに隣接するクワンダ港を奪回するため、彼らは長く厳しい戦いを強いられた。しかものちには、ゲリラ兵が浸透していた周辺地域の大半も掃討しなくてはならなくなる。しかし、まず手はじめに主要な軍事基地を押さえる必要があり、それはケフィケナに二基ある巨大な石油貯蔵タンクの南に位置していた。しかも、これに輪をかけて事態をむずかしくしていたのが、施設全体がアフリカで最大級の原生林に囲まれていたことで、たしかに「三段林は壮観」だったが、これにより戦闘がきわめて困難になることがあった。

通常であれば、防備を固める兵力数百の敵部隊を、一か月以上かけて強化した陣地から排除しようとするのなら、旅団規模の部隊が必要になる。装甲部隊や近接航空支援も、作戦を支えるのに必要だろう。実際、アンゴラ政府はそのすべてを約束していたが、その約束は結局ほとんど守られなかった。アンゴラ空軍のハインド攻撃ヘリが一機、ときどき大急ぎで通過したが、たいてい高度一五〇〇メートル以上を飛んでおり、それではなんの役にも立たなかった。

当初アンゴラ側と議論したとき、バーロウはくわだてを成功させるのに不可欠と思われる条件をいくつか提示した。その第一は、アンゴラ政府に作戦の報酬を前払いしてほしいというものだった。ほかに、作戦が続く間は、アンゴラ陸軍であれ同国の政治家であれ、EOには干渉しないという条件もあった。同じ条件は、マルクス主義政体をとる同国の特徴である政治委員と政党職員にも求めた。アンゴラ政府は、バーロウが求めた点はどれにもまったく異議を唱えなかった。

そういうわけで、三月四日にはソヨを攻撃するかわりに、三名からなる偵察チームを派遣してソヨ周辺に潜入させた。このときまでEO部隊は、アンゴラ陸軍が提供する情報に頼るしかなかったが、その情報は大ざっぱであることがすぐ明らかになった。大半は曖昧で、例外なくまた聞きか、また聞きのまた聞きの情報だった。しかも、たいてい完全にまちがっていた。

「FAAは、町の位置座標さえ教えられなかったんですよ」と、隊員のひとりは回想している。部隊は作戦の遅れに感謝した。目標地域を間近で偵察できたのにくわえ、援軍と弾薬を積んだ補給物資運搬船がまだ到着していなかったからだ。積んである補給品は、戦闘の初期段階では決定的に重要な物資になるはずだ。むしろ、それがなければEO部隊はほぼまちがいなく撃破されていただろう。

このころまでに、EOの部隊とFAAのあいだで合同の計画会議が何度か開かれていた。その結果、二台の戦車は一〇〇〇人のアンゴラ軍兵士と弾薬および食料とともに、ただちに援護にまわることに決まった。南アフリカ人傭兵らが最初に行くことになっていたので――FAAの部隊は海から上陸する予定だったのに対し――先陣の四〇名全員が北から空路、Mi–17ヘリコプター三機に分乗して進軍することになった。

最後の会議のときに、一部の者から問題がひとつ指摘された。徴募担当者たちは出発前に、現地に医療支援チームが来ることになっていると言っていたが、その医療チームが到着していないことに懸念が示されたのである。EOは、滑走路近くに野戦病院を設置し、医師としてはじめてSADFで特殊部隊の隊員に認められたフランシス・スミスを待機させると約束していた。しかし、すぐに判明するのだが、スミスは数週間たってもやってこず、到着したのは死傷者が増えはじめて隊員たちが激しく催促してからのことだった。川の向こうで戦う者たちに、この事実は伏せられ、そのことが後々、重大な結果をまねくことになる。

部隊はひるむことなく、三月五日早朝ついに出発し、コンゴ川上空の全行程を、水面から一メートルあるかないかの高さで飛んだ。チーム・リーダーたちは、夜明け前に部隊を着陸させたいと思っていたが、アンゴラ軍兵士のなかに夜間飛行のできる者はいなかった。それで夜明けに出発したのである。

部隊は三班で構成され、うち一二名からなる支援部隊ふたつは西と東に展開されたが、一四名の突撃部隊——これには、ハリー・フェレイラ、ルーティン、フィル・スミス、ル・ルーらがいた——は、進んだものの、アンゴラ軍のヘリ・パイロットに、石油貯蔵タンクの手前約一・五キロの海岸で降ろされた。当初の計画ではタンクの背後に直接着陸するはずだったが、アンゴラ人パイロットは川の対岸に着くと問題が起こる可能性に気づき、すっかり理性を失って震えだし、それ以上進もうとはしなかった。

これで攻撃部隊はただちにいくつもの問題をかかえることになったが、とりわけ、荷物が予備の弾薬と水・食料で非常に重いのは大問題だった。まさかこれほどの長距離を、下草が密生し、場所によっては深さが数十センチもある沼地や泥の多い場所を徒歩で移動する羽目になるとは、予想さえしていなかった。

解決策としては、重い荷物をすてていくしかなかったが、これは最善策とはいえなかった。しかし、ラフラス・ルーティンものちに認めているように、選択の余地はなかった。最初にすてたのは、六〇ミリ口径パトモー迫撃砲とその砲弾だった。彼らには知る由もなかったが、これは大まちがいだった。ケフィケナで彼らを待っていたのは、三〇〇人以上のUNITA部隊だったからだ。

EOの最初の目標は、ハリー・カールスの説明によると、ケフィケナ基地にあるUNITAの居住区だったという。「しかし、かなり遠くに着陸したため、当初の偵察チームと接触するのにしばらく時間がかかったのです。われわれを先導するのが彼らの役目でした」と、カールスは語った。「また事前にわれわれは、支援部隊であるチーム1が、着陸地帯の西で早期の警戒信号を出すことに決めていました。チーム3は、東に陣取りました。われわれの部隊が、最初に突撃することになっていました」

最初に前進したEOチームは、即座に敵から銃撃を受けるどころか、逆にUNITAのゲリラ兵の不意をつくことになった。反政府ゲリラが大勢、目標としていた施設の正面ゲートに集まっており、自分たちの地域へめずらしくヘリコプターが飛来したことに興味津々のようだ

「カラン大佐」（カメラに背中を向けている人物）は、内戦初期にアンゴラで戦うため雇われた傭兵のひとりだった。本名をコスタス・ゲオルギウというキプロス出身者で、イギリス陸軍で勤務したが、伍長までしか昇進できなかった。彼はのちに部下を何人も射殺し、最後にはアンゴラ政府に捕らえられて処刑された。（写真：筆者蔵）

ったが、「しかし、巨体貯蔵タンクの横をひそかに移動していたのに、彼らはわれわれに気づきもしませんでした。われわれは銃撃を開始し、二〇分で陣地を制圧して敵を施設から追い出し、彼らはジャングルへ一目散に逃げていきました」

さらにカールスは語る。「敵は急いで出ていったので、ラジオはつけっぱなしでした。現金や服や武器があたりにちらばっていましたよ。完全な奇襲で、当然ながらわれわれは大満足でした」

また南アフリカ人傭兵たちは、守備隊がAKを、施設を囲む鋼鉄製フェンスに針金でしっかり固定していたことに驚いた。「そのため、われわれが攻撃したとき、連中はすべて置いていったのです。きっと、兵士が銃をもって脱走するのを防ぐ措置だったのでしょう」。それでも、基地からの攻撃は依然として激しく、しばし相談したうえで、マウリッツ・ル・ルーが着陸地帯に引き返して迫撃砲をとってくることになった。彼が戻ってきてからは迫撃砲が威力を発揮し、ケフィケナに残る守備隊をようやく壊滅させることができた。

このころ、道路を西へ数百メートル行った地点にいた支援部隊が、グリーンのルノーを待ち伏せ攻撃して運転手を殺害した。なかを見てみると、車内にはアンゴラの紙幣が山積みになっていて、その高さは約一メートルあり、アンゴラの通貨で数百万クワンザあった。エグゼクティヴ・アウトカムズは、敵大隊の一か月分の給料を強奪したのだ！

それから先は、順調とは行かなかった。奇襲がおさまると、UNITAは約三〇〇メートル離れた場所から別のチームに銃撃をくわえたが、激しい応射のすえ、敵部隊は撃退された。しかし、それも長くは続かなかった。すぐさまUNITAは部隊を再編成して反撃を開始し、EOはまったく前進できなくなった。

カールスは語る。「さらに悪いことに、増援部隊と戦車を乗せた運搬船が、予定どおりに到着しなかったのです。六時間遅れており、われわれは確保したものを保持するため必死に戦わなくてはなりませんでした。ようやく着いたものの、海軍部隊は一斉射撃にあい、UNITA部隊は――一帯を見渡せる高台に陣取っていたので――無反動ライフルやRPG、迫撃砲、軽機関銃に重機関銃で、銃弾や砲弾の雨を降らせたのです」。そのころ南アフリカ人傭兵部隊は、弾薬が底をつきかけていた。

ついに正午ごろになって、政府軍の分遣隊三〇〇名がようやく到着した。彼らが陸揚げした迫撃砲で、事態はすぐに改善した。南アフリカ人傭兵らの指示を受けて、このアンゴラ軍兵士たちは外側の防御陣地に広がったが、そのうちの何人かは、まるで散歩に出た小学生のように、あてもなく無防備に歩きまわり、自分たちがどんな危険と向きあっているのか、まるでわかっていないことがすぐ明らかになった。

問題はこれだけですまなかった。やむことのない銃撃のせいで、運搬船の船長が、船を浜辺に着ける際、固定用の錨を下ろすのを忘れてしまったのである。そのため船は浜辺に対して横向きになってしまった。兵士たちはなんとか上陸できたものの、まずいことに、戦車を上陸させることはできなかった。

うるさい音を出しながら煙を吐き出す怪物T-54のうち、一台はようやく四日目に船から出されたが、敵の注意をかなり引きつけてしまっていた——しかも乗員が、どうしようもないほど無能だった——せいで、ソヨの戦いの勝敗には、ほとんど影響をあたえなかった。ただし、のちにEOが隣の町を奪取する際には活躍した。もう一台の戦車は、結局、柔らかい海砂に砲塔まで埋もれてしまい、いまもそこに埋まったままだ。

FAA（アンゴラ陸軍）の援軍は、いろいろと欠点はあったものの、そのおかげでUNITAの反撃は数時間やんだ。二度目の攻撃は、数百人のUNITA兵が小隊規模に別れて前進してきてはじまった。カールスによると、これはきわめて固い決意で実施されたらしく、はるか後方から迫撃砲とロケット弾による支援も受けていたという。守備側は、攻めよせる敵が、それまでと違って一糸乱れぬ規律の高さをもっていることにすぐ気がついた。じつは、この兵士たちはサヴィンビの特殊部隊グルーポス・デ・バテであり、自分が何をすべきか理解している者たちだった。

マウリッツ・ル・ルーは語る。「彼らはまっすぐわれわれに向かってきましたが、そこでやっかいになったのが、深さ三〇～四〇センチの防油溝の存在でした。もともとは、石油貯蔵タンクから石油がもれた場合に被害の拡大を防ぐために作られたもので、施設全体をぐるりととり囲んでいました。

反政府軍兵士が防油溝に飛びこむと、防油溝はわれわれの陣地よりもはるかに下にあったせいで、われわれから彼らは見えなくなるし、彼らからもわれわれが見えなくなりました。それでも、実際にはわれわれの防衛線より一五メートルか二〇メートル下にすぎなかったので、彼らが互いにかわす話し声は聞こえました」。そうした事態になっても、侵入者たちはひるむことなく下から手榴弾を次々と投げこみ、ル・ルーによると、このときから負傷者が出はじめた。

「もちろんわれわれは反撃しましたが、敵に比べて少数でしたからね」とカールスは語り、戦闘が九〇分ほど続くと、UNITAは撤退したという。このとき、部隊にひとりしかいない衛生兵「ボシー」・ボスマンが負傷した。次々と撃ちこまれる迫撃砲弾からのがれようとして、防油溝に頭から飛びこんだのである。わざと防油溝に飛びこんだのではない。草むらに身を投げ出したつもりだったのであり、そうかんちがいするほど下草は密生していたのである。幸いにもボスマンは、敵に捕まる前に溝からはい上がった。

ル・ルーによると、このころには一部の隊員が、自分たちはバッキンガムにだまされていたことに気がついた。「われわれがとんでもない状況にあることはまちがいありませんでした。こちらは人数が非常に少なく、敵はものすごく多い。味方であるアンゴラ軍兵士はほとんど役に立たず。連絡に使えるのは、小さな携帯型無線機だけ。レド岬で聞いていた、リヴォルヴァーをもった九人の警官はいったいどこにいるんだと、みんなで言っていましたよ。

なによりも深刻だったのは、カビンダの支援基地で待っている連中に、現場ではわれわれの周囲の状況がどうなっているのかを伝える方法がまったくなかったことです。部隊に支給された無線機は通信距離が短く、川向こうの本部と連絡をとるのは不可能でした。

そのため、最悪の事態が起きた場合に至急増援を頼むことも、負傷者の後送を依頼することも、どう考えても不可能でした。それに、石油掘削施設のひとつに『心臓切開手術もできる』診療所を設置するといわれていましたが、そんなものはどこにもありません。翌日に負傷者を川の対岸に運びましたが、そこにすら医者は待機していなかったのです」

ル・ルーは、自分たち南アフリカ人は、安全などほとんどかえりみないイギリス人上司たちに「利用された」のだと、はっきり言っている。彼は苦々しげに、こう語っている。「もし戦闘員がイギリス人だったら、やつらはこんなこと絶対にしませんよ……そんなことは許されなかったでしょうね」

その後しばらくして真に本格的な戦闘がはじまり、ゲリラ部隊がケフィケナの南と東に向いた攻撃側の防衛陣地を突破した。これにより、第一陣に続いてやってきたEO部隊の一部が影響を受け、攻撃にさらされながら心もとない防備でなんとかしなくてはならなかった。

班長たちは、現時点で直面している最大の問題は、施設の大半を囲む群葉だと思っていた。ル・ルーの回想によると、一帯は周囲にうっそうと茂るジャングルが広がっており、開けた射界を確保するなど問題外だった。場所によってはジャングルが陣地の頭上にまで伸びており、下草の一五メートル先がようやく見える程度だった。UNITAは、この利点を容赦なく活用した。

彼によれば、ソヨの戦いは一貫して近接戦闘作戦だった。隊員のひとりは、こう語っている。「反政府軍兵士は、夜間にわれわれの陣地の間近まで来て攻撃を仕かけた。また、手榴弾を投げこむこともあった。それから大声でわれわれを挑発するんだ。われわれの仲間に、おまえらはもうじき死ぬんだというように」

別の隊員は、反政府軍の兵士が恐怖心を表に出さないことが何度もあったと回想している。「彼らの忍耐力には、われわれ一同驚きました。それに、戦術も見事でした」と、その隊員は語ってくれた。

そのころ、ジェフ・ランズバーグという隊員が足を負傷し、仲間が掩蔽壕までひきずってこなくてはならなかった。このチームは、ハリー・カールス指揮する小分隊とともに、敵の大砲のひとつ――D-30――に近づこうとしていたが、その試みは結局断念された。彼らは、敵からまる見えだっただけでなく、主力部隊からかなり孤立していた。カールスが当時をふりかえって認めているとおり、続行するのは正気の沙汰ではなかった。

彼の話は続く。「日が落ちて最初の夜が急速に近づいてくると、全三班はなんらかの手順を定めようとして部隊を再編成しました。夜襲があることはわかっていました。それがUNITAのやり方だったからです。しかし、このころになると、EOの隊員のなかに、自分たちは手に負えない状況にまきこまれているのではないかとの不安を口にする者が出てきました。はっきり言うと、負傷者のことを心配しているのであり、たしかにそのとおりでした。われわれは、到着してからずっとそのことを考えていました。

ほかにも、この仕事を引き受けたとき、これほどの戦闘があるとは聞かされていなかったと主張する者も出てきました。戦闘ではなく訓練だと思っていたと言う者も、少数ながらいました。こうした連中は、心の底から動揺していました。

班長であるわれわれは、最善の策は日中に占拠した施設に沿って防衛線を張ることだと確信していました。夜の九時まで――全員がだいたい五メートルから一〇メートル間隔で自分用の各個掩体を掘りました。ほかの場所には、制圧すべき広い空き地があり、われわれは、そのために政府軍の大部隊が展開され、攻撃命令を待っているのだと思っていました」

真夜中にUNITAが到着し、二時間以上続く最大規模の攻撃を開始した。全軍が待機していたため、EOの指揮官たちは陣地を守りとおせると確信していた。しかし、味方であるアンゴラ陸軍に射撃命令を出してもなんの反応もなく、しばらくして南アフリカ人傭兵たちは、自力でなんとかしなくてはならないことに気がついた。政府軍兵士は全員が闇にまぎれて消え失せていたのである。

何人かの隊員ものちに述べているが、こうした事態が起こることは予想しておくべきだった。FAAの兵士に、AKの弾倉を複数支給されている者がほとんどいなかったからだ。FAAの華々しい将校たちは、最初の銃声が聞こえたとたん、ほぼ全員が後ろに向かって大急ぎで駆けていった。

この攻撃中、ハリー・フェレイラが腕にけがをして、南アフリカ人として三人目の負傷者となった。そのすぐ後に、テンス・クルーガーが手榴弾の破片を頭に受けたが、ふたりとも重傷ではなかった。しかし、クルーガーを負傷させた手榴弾がわずか数メートル先から投げこまれたことからも、両軍がどれほど接近していたかがよくわかった。このころになると、三人の班長全員が、もっと強力に反撃しないと、UNITAには十分な兵力と無尽蔵とも思える補給物資があるのだから、防衛線はいずれ破られると確信していた。

この攻撃の激しさを、さらに物語るエピソードがある。敵からの銃撃が非常に激しかったため、背嚢を各個掩体に入れておかなかった者は、その頭上で背嚢が、置いておいた場所で撃たれてズタズタになってしまったという。

夜が明けると、すぐに政府軍の防衛態勢を再編成する仕事にとりかかった。日の出の時点で、政府軍は当初の八分の一がかろうじてその場に残っていたが、予備の弾薬と水の配給をはじめると、ほかの政府軍兵士たちが申し訳なさそうな態度でコソコソと歩いてきて合流した。もともとカビンダを出発する前の打ちあわせで、補給物資を積んだヘリコプターを二日目に派遣する手はずになっており、実際にやってきたヘリの姿は、その時点で作戦中もっとも嬉しい光景だった。彼らはこの機会を利用して負傷者を後送した。

そのころには、UNITAも守備隊に向けて重迫撃砲を発射しはじめたが……ほとんどが遠くに着弾したため、効果はあまりなかった。その後はずっと、大砲で砲弾を四発か五発、一斉に砲撃した。日が暮れると前夜の一幕がくりかえされたが、今回は守備につくFAA部隊は前日に比べて多少は反撃した。彼ら全員、南アフリカ人の陣地が制圧されたら、次は自分たちが殺される番だということを自覚していた。

EOの隊員のなかからしだいに不満がもれはじめた。傭兵の半数以上が、撤退したがっていた。こんなことのために雇われたわけではないと、彼らは主張した。さらに、全員が歩兵としての訓練を受けているわけではなく、事態は悪くなる一方だと訴えた。ある経験豊富な戦闘員の言葉を借りれば、「彼らは、高額な報酬のため懸命に働かなくてはならないことに腹をたてていたのであり、しかもその報酬は、歩合報奨金が次々と提示された結果、かなりの額に達していた」

同じころ、政府軍の方でも事態は悪化していた。南アフリカ人傭兵ができる範囲で助力していたが、アンゴラ軍の兵士たちは、長時間続く攻撃に耐えることがまったくできなかった。FAAの兵士のなかには、動転する者もいれば、列を乱して逃げ出す者もいた。言葉も問題で、EOにはアンゴラ人も一目置くほどポルトガル語を上手に話せる者が四名いたが、それでも問題解決にはいたらなかった。

その夜も前夜と似たりよったりだった。EOの将校たちは、基地を囲む防油溝にUNITAを近づけないよう、防衛線を約三〇〇メートル前方へ延ばし、そこにFAAの大部隊を配置したが、真夜中ごろに攻撃がはじまると、南アフリカ人傭兵たちはまたもや自力で戦うしかなかった。アンゴラ人兵士はまたもや全員逃げたのである。

エグゼクティヴ・アウトカムズの傭兵たちが関与した最初の戦闘は、二日続けての激戦となったが、それも、もしも事態がこのまま進めば最後になると思われた。いまこそ戦況を逆転させるべきであり、そうなれば南アフリカ人傭兵は、かつての敵と肩をならべて戦いながら、その本領を発揮できるはずだ。しかし、状況はよくなるどころか、悪化していくことになる……。

三月七日（日曜日）は、エグゼクティヴ・アウトカムズが――アンゴラ陸軍（FAA）の指揮官とともに――立てた計画では、ジョナス・サヴィンビの反政府勢力UNITAに対して早朝に強襲をかける予定になっていた。ところがなんと、作戦三日目のためのアンゴラ軍兵士は、ひとりも現れなかったのだ。そのかわり、残っている兵士たち――当初一〇〇〇人いたのが、いまは一〇〇人程度になっていた――が正午前にぶらぶらと宿営地に入ってきた。マウリッツ・ル・ルーが言うように、これは大惨事だった。

しぶるアンゴラ兵たちを、正面に沿って延ばした防衛線に広く配置し、各自に掩体を掘らせた後は、UNITAの次の攻撃を待つ以外にやることはなくなった。そして、攻撃がはじまるのに長くはかからなかった。

ハリー・カールスの目には、防衛線をいつまでも守りつづけることなどできないのは明白だった。アンゴラ兵たちは、熟練のゲリラ兵に立ち向かうだけの粘り強さも動機ももちあわせていなかった。そこで、仲間七人をよび集め、一台しかないT54／55に前進を命じると、FA

ソヨの戦いの後、エグゼクティヴ・アウトカムズが旧SADFから採用した黒人傭兵のひとり。こうした者たちの大半は意欲の高い優秀な兵士で、シエラレオネでは傭兵として多くの戦闘に参加することになる。(写真：筆者)

Aの将兵のなかに入っていき、ほぼ一〇メートルおきにひとりずつ配置してアンゴラ兵とともに戦わせることにした。すぐさまカールスたちは、この動揺している兵士たちをなんとか手順に従わせ、弾倉を交換するタイミングを調整してそれなりに効果的な抵抗ができるよう励ました。つまりは、攻撃を受けながら新兵に基本的な軍事訓練をほどこそうとしていたのである。

彼が当時をふりかえって語ってくれたところによれば、南アフリカ人の小グループが彼らのあいだに入ったことで、事態は一変したという。「突然、われわれが大声で命令を出し、模範を示して、正確に反撃すると、効果が出はじめました。われわれは彼らに、同じようにすればいいんだと励ましたのです。それで結局、まさにそのとおりになりました。気がつくとUNITAは逃げ出しており、われわれは防衛線をさらに押し広げることができました」。一方、戦車は動くものをなにからなにまで嬉々として吹き飛ばし、その後の戦闘では頼りになる拠点となった。

その後、さらにEOの隊員たちが前線へ進みはじめ、その間にほかの者たちは食事の準備にとりかかった。それまでにル・ルーは、二〇〇リットルのドラム缶を数本、半分に切ってきれいに洗い、米を炊くため水をわかすのに利用した。

「われわれは、弾薬を渡しながら炊いた米の大きな塊を配りました。それから予備の弾倉も、一部のアフリカ人兵士にはどうしても必要だったので渡しました。彼らの多くは、いまになっても最初に支給された一個しかもっていませんでしたが、状況を考えれば、そんなのは非常識ですよ」と、ル・ルーは語っていた。

さらに少々おかしかったのは、「米を炊きはじめたら、FAAの兵士たちが続々とジャングルから出てきたんですよ」とル・ルーはつけくわえた。あるときなど、集まってくる落後兵があまりに多く、ル・ルーは、近くにバスが止まって一斉に降りて来たんじゃないかと思ったほどだった。

「食べていいのは、ここにとどまって戦う者だけだと告げ、それでたぶん兵力は倍になったと思います」

第三夜となるその日の晩は、この作戦ではじめて静かな夜になりそうだったと、カールスは回想している。

ヘリコプターが川の対岸から負傷者を運んでくると、カビンダで待機している者のあいだですぐに衝撃が走った。トニー・バッキンガムは愕然とした。傷が感染創になっている者がいたからだ。それなのに、まだ医師がいないのだ！

そうした状況がしばらく続いたのち、ようやく四日後に一部の負傷者は空路、南のウィントフックへ移送されたが、そのころにはジェフ・ランズバーグ――戦闘の初日に負傷した男――の化膿した足は、湿度がほぼ年中通じてつねに九九パーセントである気候のせいで腐敗しはじめていた。彼をふくむ数名が運びこまれたナミビアの病院には、彼はアンゴラで地雷除去の活動をしている南アフリカ人グループの一員だと伝えた。今思えば、ランズバーグは壊疽にならずにすんで幸運だった。

この大失態――しかも、日に日に深刻度を増していた――を見ていてすぐに明らかになったのは、カビンダにいる、いわゆる統制グループは、コンゴ川河口の向こう岸で何が起きているのか、ほとんどわかっていなかったということだ。実際、通信は確立されておらず、往復するヘリコプターのパイロットを通じて伝言をやりとりするしかなかったため、知る方法がなかったのだ。これも、サイモン・マンの数ある失敗のひとつだ。全員が状況を認識できるよう高性能の通信機器を買うべきだったのに、そもそもそれを許可しなかったのは、ほかならぬこの男だったからだ。

一方、ラーニー・ケラーとブクス・ボイスは、負傷者から話を聞いて動揺した。まず、この小部隊が戦う相手の敵の多さに驚いた。アンゴラ政府からは、楽勝だろうと聞かされていた。そのこと自体、平均的な南アフリカ人がサヴィンビの特殊部隊についてほとんど何も知らなかったことを如実に示していた。バッキンガムでさえ困惑し、衛星電話を使ってSASの知人たちに電話し、パラシュート降下をやってくれないかとあらためて依頼した。引き受けてくれれば、多額の報酬も渡そうと言った。しかし引き受け手はいなかった。

一方ソヨでは、Mi–17が飛来するたびにホッと一息つけるとはいえ、EOの隊員たちの状況は悪化の一途をたどっていた。ここに来てからほぼたえまなく攻撃を受けていたため、このときにはもうチームの約半数が撤退したがっていた。

そのため三日目の朝には、班長たちは――独断で判断できる自立的な役目を担わされていたので――造反分子をかかえつづけるよりはと考えて決断をくだした。撤退したい者には、一刻の猶予もなしに撤退させることにしたのである。彼らは、不満分子が助けではなくさまたげになっているという点で意見が一致した。さらに、部隊内部での否定的な雰囲気がほかの者たちの戦闘能力に影響をあたえはじめていることも感じとっていた。それになにより、ほとんど協力しないくせに、貴重な食料と弾薬と水を消費していた。

ラフラス・ルーティンはアンゴラ軍の隊長に、出ていきたいと思う者のため空輸の手配を依頼し、この腰抜けたちは日暮れまでにレド岬に戻った。このためバッキンガムは、EO部隊がソヨを三〇日間保持できたら三〇〇〇ドルの特別ボーナスを出そうと言った。一方、現地にいるEOはこれで二〇人以下に減り、以前にまして決意を固めた敵とひき続き向きあうことになった。

しかし、傭兵部隊には依然として有利な点がいくつかあり、そのひとつは空にあった。EOは、作戦を通じてすぐれた支援をしてくれる資産を有していた。それは「ゴースト・ライダー」こと、一行を最初にレド岬まで運んできた双発のセスナ機で、現在はカビンダに配置されていた。その任務は、敵部隊の位置を偵察し、可能であれば迫撃砲チームに射程などの偵察情報を伝えることだった。

本作戦で最大の戦闘は、四日目の明け方にはじまった。

夜のあいだ、マウリッツ・ル・ルーら見張りに立っていたEO隊員たちは、陣地のまわりの草むらから、カサカサという音が尋常でないほど多く聞こえる気がしたが、日中の戦闘で疲れきっていたため、風のせいだと考えた。戦闘がはじまってはじめて、彼らはUNITAが数時間をかけて、次の猛攻撃のため部隊を配置していたことに気がついた。

非常に統制がとれていたと、ル・ルーは数年後にわたしに語ってくれた。「彼らは静かに、かつ、みごとに所定の場所に移動しました。だれひとりとして、金属どうしのぶつかる音で自分の居場所をばらすようなことはしませんでしたからね。ささやき声さえ聞こえませんでした……あの連中は、しっかり訓練を受けていて……彼らは万事心得ていたのです」

EOの将校たちは、何が起ころうとも、部隊を分散させている全長四〇〇メートルほどの最前線を守りきれると確信していた。また、こうした場合にそなえて昨夜のうちに大量の弾薬を分配していた。これで攻撃されても弾薬がたりなくなることはないだろうと判断していた。そして、まさにそのとおりになった。

傭兵のひとりJJ・デ・ベーアは、見張りのために起こされると、各個掩体の端に立ち上がった。起き抜けの無意識の動作で、彼は両手を高く上げて伸びをした。すると、八〇〇メートルの範囲内にある敵のPKMとRP

DとRPGロケット弾とRPKが、ほとんどすべていっせいに火ぶたを開いた。彼は何も考えずに膝を曲げると直立姿勢で各個掩体に飛びこんだ。彼の記憶によると、このときソヨではじめて小銃擲弾で攻撃されたという。

激戦は、延々と広がるキャッサヴァ畑の縁で三時間ほど続いたが、ほぼ三〇分おきに攻撃は若干弱まり、そのすきに両陣営とも現状確認を行なった。UNITAは、この合間を使って死傷者を回収したが、それはじつに見事な手際だった。

傭兵のひとりオーストイゼンが、RPGを発射した反動で照準器に顔面を直撃された。照準器の縁は重い鋼鉄製だったので、深い切り傷ができた。実際、いまも彼に会うと傷跡が残っていて、どれほどの重傷だったかがよくわかる。彼の目がくらみ、痛みでもがき苦しんでいるのを見て、班長のひとりルルフ・ファン・ヘールデンは、各個掩体から出て彼の気を鎮めてやった。それから自分の小さな掩体に戻ってみると、数分前まで自分が横になっていた場所で小銃擲弾が爆発した跡が残っていた。

この戦闘では接近戦が数多く発生し、そのため守備側の塹壕線の周囲や上にある木々は葉がほとんどすべて撃ち落とされた。旧南西アフリカの準軍事組織クーフトの一員だったルイス・エンゲルブレヒトは、PKMを使っていたが、突然フルオートで連射できなくなった。撃鉄を起こして一発撃ち、それからまた撃鉄を起こさなくてはならなくなったのだ。しばらくそうやって撃っていたが、やがて、AK弾が一発、PKMのガス・シリンダーにきっちりおさまっているのに気がついた。銃弾は、PKMのブローバック・システムを作動させる予備銃身の真下に入りこんでいた。もし三センチほど上下左右のどちらかにずれていたら、銃弾は顔面に直撃していたことだろう。じつに幸運な男だ!

このころ奇行に走る者が出てきたと、カールスは語っている。少数ながら、明らかな砲弾ショックの症状を示す者がいたのである。

そうした者たちは、両目が左右に激しく動き、なかには言動のおかしな者も数名いたが、自分から殺されに行くようなことはしなかった。やむことのない消耗戦の影響を受けていたわけだが、それはFAAの兵士も同じだった。何人かは、ジャングルへ逃げこもうとして敵の自動連射に倒れた。この攻撃でアンゴラ軍兵士は計一四名が戦死、一〇〇名以上が負傷し、うち数十名は重傷だった。

さらに数時間、戦闘は続いた。それから、だれも予想していなかったのだが、攻撃は徐々に弱まっていった。

マウリッツ・ル・ルーによると、その後まったく予期せぬことが起こった。守備隊は目を疑ったが、ＵＮＩＴＡの指揮官たちは兵士を引き揚げさせ、やがて周辺一帯から完全に姿を消したのである。どうやらゲリラ部隊もかなりの被害を受けていたらしい。ちなみに後になって、敵の上級指揮官が、すぐそばで爆発した迫撃砲弾により戦死したとのうわさが伝わってきた。

状況がおちつくまで、もうしばらく時間がかかった。この激戦を生きのびたことに喜びながらも、傭兵部隊の将校たちは守備兵の状態を確認し、治療の必要がある者は撤退させた。目に見えて疲れきっている者は交代させた。しかし、そのすべてに時間がかかった。その間に、さらに弾薬が分配され、朝食の準備がはじめられた。

(1)　Al Venter, *War Dog: Fighting Other Peoples Wars* (Casemate Publishers, Philadelphia US and Newbury, England) の第一五章より抜粋。

(2)　União Nacional para a Independência Total de Angola

(3)　Forças Armadas de Angola.

(4)　David Shearer, *Private Armies and Military Intervention*: Adelphi Paper #316: International Institute for Strategic Studies/OUP, London, 1998.

(5)　死亡給付金と医療保険は、のちにＥＯの社員全員に認められるようになるが、初期のころにＥＯの新入社員が、遺族への死亡給付金がないことや、医療保険がないことを事前に知らされていたかどうかについては、意見が大きく分かれている。事実、フィル・スミスがソヨで戦死したのち、妻フィオナに給付金が支払われるには、かなりの時間と、彼の仲間数人による「少々変則的な圧力」が必要だった。スミスは——エーベン・バーロウと同じく——第三二大隊の元隊員だった。ふたりは肩をならべて戦っただけでなく、親友でもあり、家族ぐるみでつきあっていた。数百万ドルを稼ぐ組織が遺族への支援をまったく行なわないことに、ソヨで戦った者の多くが言語道断だと非難していた。

第9章 民間軍事会社は、どのように発展してきたか

民間軍事会社（ＰＭＣ）または民間警備会社――あるいは、もっと端的にいえば、傭兵――とは、要するに、「雇われ兵」を使って外国での戦争を戦わせるという、昔から続く活動を急速に拡大させている組織である。事実、「傭兵」業界は二一世紀に入ってたいへん好調で、この流れは、ｉＰｏｄにもおとらぬ最新の現象となっている。いまも地球上の紛争地域のほぼすべてで、数万人の傭兵たちが活動中だ。イラクでは、その数が一時は三万人近くに達し、同国に駐留する部隊としては、ＰＭＣの集団がアメリカ軍に次いで二番目に大きな勢力となった。

傭兵は、いうまでもなく昔から存在したが、この仕事を現代になってはじめたのは南アフリカ人である。アフリカで起きたふたつの内戦では、殺戮を終わらせるのに、南アフリカの元兵士たち――その多くは、かつて特殊部隊に所属し、アンゴラとその周辺諸国で何年も戦闘経験を積んでいた――が活躍した。

そのひとつめはアンゴラ内戦で、同国ではアンゴラ解放人民運動（ＭＰＬＡ）率いるアンゴラ政府が、スイスで教育を受け、毛沢東思想を奉じる革命家ジョナス・サヴィンビを指導者とするゲリラ組織ＵＮＩＴＡと戦っていた。戦況は、マルクス主義政権であるアンゴラ政府にとって非常に不利で、サヴィンビは、都市や町はひとつも攻略していなかったものの、国土の五分の四を掌握するまでになっていた。

エグゼクティヴ・アウトカムズの一員としてアンゴラで活動していた当時、南アフリカ人たち――全員が国境戦争で戦った経験豊富な兵士だった――は、アンゴラ陸軍の訓練で重要な役割を担った。写真は、リオ・ロンバ特殊部隊訓練キャンプでの訓練風景。この兵士たちは、のちにUNITAゲリラとの戦いで厳しい試練にさらされた。（写真：筆者）

しかも、UNITAがあたえた被害は甚大だった。サヴィンビは、アンゴラで経済的にもっとも豊かなダイヤモンド産地の一部を戦闘で確保して占拠しつづけているのみならず、アフリカ大陸でもっとも広大な産油地帯にも目を向けはじめていた。ちなみに言いそえれば、アンゴラはアメリカへの重要な原油輸出国であった。

反政府軍に次々と敗北を喫し、ソヨにある大規模石油採掘施設を失うと――その歴史の残る奪回戦については、すでに述べたとおり――、ロンドンのさる人物が、存在感を増すUNITAに対抗するには傭兵部隊を投入するのがよいのではないかと考えた。その人物とは、イギリス特殊部隊SASの元隊員トニー・バッキンガムで、彼は国際的な石油取引に深く関係していたのにくわえ、アンゴラのドス・サントス大統領の親友でもあった。

バッキンガムは、南アフリカの友人たちと連絡をとると――友人からは、一か月あれば動ける態勢の整った部隊を準備できると告げられた――空路アンゴラの首都ルアンダへ向かい、自分の考えをみずから直接アンゴラ政府に説明した。自分で手がけたことながら、これはやさしい仕事ではなかった。なにしろ、そんなことはこれまで行なわれたことがなかったからだ。

南アフリカの陸軍と空軍は、アンゴラとその同盟国であるキューバおよびソ連と、二〇年以上にわたって戦争状態にあった。ところが、その南アフリカ軍のメンバーをバッキンガムは傭兵として雇い、アンゴラで拡大を続けるUNITAの軍事的脅威に対抗させようというのだ。彼らを雇うということは、たとえていうなら、パレスチナ人がイスラエル軍特殊部隊の元隊員たちを自分たちのために雇い入れようとするようなものだった。

アンゴラの軍首脳部の大半にとって、かつての憎き敵を仲間として受け入れるなど、考えただけでも虫唾が走

リオ・ロンバ訓練キャンプで日常訓練を監督する南アフリカ軍偵察連隊の元少佐ヴァイナント・デュ・トワ。彼はEOに雇われたが、カビンダ強襲でアンゴラ陸軍の捕虜となって数年間独房に監禁されていたため、EOの傭兵部隊とともに実戦に参加することは認められなかった。（写真：筆者）

ることだった。事実、アンゴラ軍の将軍たちは多くがかつて南アフリカ軍と実際に交戦しており、この話には裏があると言う者もいた。

そうしたアンゴラの将軍たちがもち出した反論のひとつに、きわめて単純明快な主張があった。いわく、南アフリカの傭兵たちが裏でサヴィンビのために働いていないかどうかを、どうやって確かめるというのか？　この言い分は、たしかに理屈が通っていた。なんといっても傭兵は金のために戦うのであり、最高額を提示した者につくのが常道だったからだ。

しかし結局、そういうふうにはならなかった。アンゴラの軍事的膠着状態を打破するため、エグゼクティヴ・アウトカムズと名のる南アフリカの傭兵部隊が採用され、仕事にとりかかると一年以上かけてジョナス・サヴィンビのＵＮＩＴＡを徹底的に打ち負かした。彼らは、地上戦でも航空戦でもかなりの死傷者を出し、そのことが——彼らを批判していた者たちにとってさえ——傭兵たちが本気であることの十分な証拠となった。

この内戦が終わると、シエラレオネが——この国も当時は内戦状態で、革命統一戦線と名のる反政府勢力は、子どもと高齢女性の手足を切り落とす残忍な者たちだった——エグゼクティヴ・アウトカムズに救いの手を求めてきた。同社はこの求めに応じ、その具体的な活動については、本書の別の個所で詳しく述べたとおりである。

注目すべきはこの南アフリカ人傭兵部隊は、戦う場所がどこであろうと人数が比較的少なかったことで、アンゴラでは戦闘員が五〇〇人を超えることはなく、シエラレオネで活動していた人数はつねにその四分の一程度だった。これに対して、十数か国からなる国連軍の数は一万六〇〇〇人で、シエラレオネに（一日あたり約一〇〇万ドルの経費で）数年間展開されていたものの、目立った活動といえば、何度も反政府軍に包囲されては、説得されて武器をすべて引き渡したことぐらいだった。しかも、戦闘もせずにそうなることがふつうだった。さらに未確認情報ながら、南アフリカ人傭兵部隊がアフリカの両国での活動に対して受けとった金額は一億ドルに満たなかったとされている。

時代を一気にくだって二度目のイラク進攻に話を移すと、関係者は異口同音に、アフリカにおけるエグゼクティヴ・アウトカムズの成功にあやかり、同じ方法はスエズ以東の国々にもあてはまると考える者が大勢いたと語っている。同じころ、南アフリカ政府は、このきわめて有能な傭兵組織エグゼクティヴ・アウトカムズを強制的に解散させる法律を成立させていた。歴戦の兵士たちは全員が失業したため、彼らがほかに目を向けたのは当然のなりゆきだった。

やがて数十の民間軍事会社が、当時もっとも深刻な紛争だと即座にみなされていたイラクの国内紛争に直接関与するようになった。正確な記録は残っていないが、一時期、民間軍事会社と契約して、イラクでそれなりの安定を維持するため活動していたコントラクター（業務受託者）は、約半数が南アフリカ人だったと推計されている。

イラクで活動する民間軍事会社は、急成長をとげるか、すぐに名前を聞かなくなるかのいずれかだったが、比較的規模の大きなダインコープ、ブラックウォーター、MPRI、エアスキャン、ヴィネル、タイタン、クロールなど、アメリカの企業は、成果を上げるためアメリカ政府内にいる友人や知人に対してさかんにロビー活動を行なった。規模の大きな多国籍企業に買収されて消えた会社もあり、実際に変わったのは社員の着ている制服だけということもあった。

イギリス人も、少しもはばかることなくイラクの活動に打って出た。コントロール・リスクス・グル

アンゴラでのエグゼクティヴ・アウトカムズにとって、訓練をほどこしたFAAの兵士たちがアンゴラ軍の上級将校たちの前で卒業パレードを行なう日は、晴れがましい節目の日であった。写真手前のテーブルには、反政府軍の武器が陳列されている。（写真：筆者）

ープ、アーマー・グループ、グローバル・リスク・ストラテジーズなど、多くの会社がすぐに成功をおさめた。ごく初期にはイージス・ディフェンス・サーヴィセズ社が、アメリカ軍の存在を目立たなくするために選ばれたアメリカ以外の最初の企業のひとつとして、名をつらねていた。

イギリス陸軍の元中佐ティム・スパイサー——彼はフォークランド戦争に従軍した経験があった——が社長だったとき、イージス・ディフェンス・サーヴィセズは、約三億ドル相当の三か月契約を勝ちとり、主権移譲後にイラク政府の主要なプロジェクトすべてを警備するため八人編成のチームを七五隊提供することになった。これは当時、連合暫定施政当局（ＣＰＡ）が結んだなかで五番目に大きな契約だった。

同種の仕事にあたった会社のうち数社は南アフリカに起源をもち、そのひとつエリニス（南アフリカ）は、二〇〇三年八月にイラクで一億ドルの契約を獲得し、石油施設とパイプラインを守ることになった。同社の経営者はショーン・クリアリーといって、独立前のナミビアの元高官で、ＵＮＩＴＡのジョナス・サヴィンビの上級政治顧問をつとめた人物だった。ちなみにクリアリーは、エグゼクティヴ・アウトカムズをもっとも声高に批判したひとりでもあったが、ＥＯが反ＵＮＩＴＡ軍事作戦の先頭に立っていたことを考えれば、それも当然だろう。

インド洋に浮かぶ島国セーシェル諸島の会社もあった。元ＳＡＳ教官レイ・フォンセカが創設したピルグリムズ・セキュリティー社は、数多く来ていた欧米の報道機関の警備にあたった。

イラクに駐留するアメリカ軍当局は、さまざまな軍事機構の運営と維持を民間業者にますます頼るようになっていったが、その理由の一つは、こうしたＰＭＣは特定の任務を実施するスペシャリストをつれてくることが多かったからであり、また人員不足からＰＭＣに依頼することもあった。

治安維持は、バグダードなどイラクの主要都市にいる当局がたえず直面していた問題であり、ＰＭＣは、この戦争で疲弊した国の複雑な軍事状況でとくに歓迎されたわけではないが、その役割は有用かつ効果的だった。

しかし、費用も——それも膨大な額が——かかった。こうしたフリーの兵隊たちは安上がりではなかったからだ。ＣＰＡの監察官は、ある報告書のなかで、イラク復興に使われた金額のうち、一ドルあたりすくなくとも一〇セントか一五セントが治安維持のためについやされたと認めている。

しだいにPMCは、かつては軍人のみが行なっていた仕事をするようになっていった。たとえば第二次進攻の翌年、カリフォルニア州のエンジニアリング企業AECOMテクノロジー・コーポレーションは、国防総省と二二〇〇万ドルの契約を結び、駐イラク軍によるプロジェクトの計画、商品やサービスの購入、および再建契約の管理を支援することになった。

実際、当時から現在までに結ばれた契約の一覧を精査すると、数十億ドルがPMC関連事業についやされたことがわかる。

やがて、こうした会社は人員を増やす必要に迫られ、採用先をほかの大陸にも拡大させた。彼らは人材を求めて、フィリピン、インド、スリランカ、エルサルバドル、コロンビア、チリ、ナミビア、ネパール、フィジーなど、第三世界の国々に目を向けた。そのため、たとえばインドでは、金めあてでイラクへ行くため軍の部隊で隊員が全員一斉に辞職するという緊急の問題が起こった。

もうひとつの問題点は、こうした新たな戦闘員は、百年ほど前から軍の伝統が確立している国出身の職業軍人と比べて、士気が高くなく、訓練も十分でなかったことだ。こうした「確立した」国には、オーストラリア、ニュージーランド、南アフリカなどがあった。イスラエルとウクライナも、これに入れていいだろう。まもなく、第三世界の兵士たちはアメリカやイギリスの平均的な特殊部隊隊員が民間企業から得ているよりもはるかに少ない額しか支給されていないことが明らかになった。しかしこれも、大半はコストパフォーマンスの問題だった。

マイケル・グルンバーグは、エグゼクティヴ・アウトカムズが世に知られるようになる一因を作ったイギリス人のひとりで、のちにティム・スパイサーのサンドライン・インターナショナルのスポークスマンになる人物だが、筆者は彼に、傭兵活動を網羅した拙著『戦争の犬 *War Dog*』を執筆中に、たいへん協力してもらった。彼が、イラクで活動するPMCが支払った金について述べた意見は、要を得たものだ。以下、引用する。

「市場は大盤ぶるまいしている。イラクでの報酬は、現時点でわかっているなによりも高額だ。いちばん優秀な者なら、日に一二〇〇ドルを稼げる。小さい会社――たとえばワシントンのどこかのオフィスにいる三人だけで、訓練を受けた特殊部隊の元隊員二五〇名ほどと、現地の協力者四〇〇〇人を求人しているような会社――には、チャンスはない。十分な訓練を受けた元コマンドー隊員など、世界的に見てもほんのわずかしかいない。以前は日に四〇〇ドルから五〇〇ドルを稼いでいた連中が、いまではわれわれに『すまないが、イラクでなら一〇〇〇ドル稼げるんだ』と言っている」

別の消息筋によると、指揮・統制のスキルをもった元職業軍人（これには、一五～二〇年の現場経験をもつ元将校や元下士官もふくまれる）は、年一〇万ドル近くを稼いでいたという。かつてアメリカ海軍ＳＥＡＬｓに所属していた友人は、年に一二万ドル稼いでいたと語っている。別の友人は二〇万ドルだと言っていたが……それは冗談ではなかった。

こうした現代の戦争では、つねに火力で勝敗が決し、敵の火力も強大であるため、かなり短期集中の仕事ではリスクの要因が高まる。これは、たいていの場合、提示する報酬の高騰につながる。バグダードのように細心の注意を要する都市や、たえまなく戦闘が起こるファルージャで週単位の契約で働く治安要員は、報酬が一日あたり一〇〇〇ドルになることもあり、この額はアフガニスタンで任務についていた西側のヘリコプター・パイロットが稼いでいたのと同額だった。

ブラックウォーターは、不祥事を起こす前、社員はいわゆる「三日間スペシャル」の業務で一日あたり二〇〇〇ドルをもらっていたといわれていた。それに対してスティール・ファウンデーションは、「イラクで働くスペシャリスト」に一か月あたり一万ドルから二万ドルを支払っていることを公表していた。

むろん、こうした仕事を最悪の問題地域で行なうのには、莫大なリスクがともなった。

ワシントンに拠点を置く国際平和事業協会――のちに改組して国際安定化事業協会（ＩＳＯＡ）と改称――は、イラク占領初期にコントラクターのグループが受けた攻撃について報告している。数百人のイラク人民兵が、ナジャフにあるアメリカ政府の司令部を襲撃したが、このとき民兵を撃退したのはアメリカ軍ではなく、ブラックウォーター社のコマンドー隊員八名だったのである。アメリカ軍の増援部隊が到着する前にブラックウォーターは、激しい銃撃戦の最中に自社のヘリコプター数機を派遣し、社員に弾薬を再補給するとともに、負傷した海兵隊員を搬出した。

「その同じ夜、ハート・グループ、コントロール・リスクス、およびトリプル・キャノピーは、いずれも激しい戦闘にまきこまれた」

このうち、クートで起こった銃撃戦では、ウクライナ軍部隊が、それまで保持していた陣地から撤退し、CPAの行政官が数多く施設内にとり残された。三日間にわたり、トリプル・キャノピーの要員たちが、この文官たちを守るために戦った。ついには弾薬がたりなくなったため、やむなく危険を承知で陸路、クート飛行場へ撤退した。飛行場では、ケロッグ・ブラウン&ルート社が関係者全員を後送した。

「しかし、PMC要員の別のグループで、近くで労働者の警備を担当していたハート社の部隊は包囲された。付近にいた多国籍軍の部隊に見放されたため、同社の社員たちは、死んだ仲間のひとりを屋根に置いていかなくてはならなかった。死んだ社員は、四人の同僚とともに、宿舎を奪われた後も屋根の上で戦っていたのである」

その後、「フォーチュン」誌に、規模が比較的大きな民間軍事企業が契約獲得競争を開始したとたん、業界内で需要と経済性両方のあり方が変化したとする、以下のような記事が掲載された。

「彼らは、会社でもっとも優秀な者たちの多くを、傭兵がなによりまっさきに反応するもの、すなわち金で引きつけた。PSD（個人警護任務）のプロに対する標準的な報酬は、この業界に詳しい人によると、かつては一日三〇〇ドル程度だった。それが、ブラックウォーターが、ポール・ブレマー［CPA代表］の警護という同社初の大仕事のため人員の採用をはじめると、報酬は一日六〇〇ドルに跳ね上がった。グローバル・リスク社も、グルカ兵の一月あたりの報酬が八〇〇ドルからなんと二〇〇〇ドルに上がったため、グルカ兵市場を独占することはもはやできなくなった」

別の評論家によると、十分な訓練を積んだイギリスとアメリカの元特殊作戦部隊隊員は、じつは高額報酬を受けとっており、その額はおそらく一日七〇〇ドル（時給五〇ドル弱）と思われるが、チリ人、ポーランド人、フィジー人、および南アフリカ人の得ている額は、それよりかなり少ないという。それでも得られる額は相場の上昇に比例して伸び、自国の国軍で稼げる額より多い。PMCの人員を引きつけるものが何であるかは明白だと、ダンカン・ブリヴァントは語っている。彼は小規模なイギリス企業ヘンダーソン・リスクの社長で、当時約四〇名の社員をイラクで活動させていた。そのブリヴァントは、こう話している。

「この種の仕事を一年やれば、引退しても十分食べていけるぐらい稼げます。イラクはいまのところ、金鉱のような感じです。利益幅は信じられないほど高く、リスク・ファクターをはるかに上まわっています。もっとも、この調子でもう一年やろうとは思いませんね。バブルもいつかは弾けますし。でも、これが続く間はなんとしてでももうけさせてもらいますよ」

もっとも、報酬面を誇張しすぎているかもしれない。とくに、ＰＭＣのコントラクターにとってマイナス面は相当なものだからだ。具体的には、次のような点があげられる。

- ほとんどの会社は従業員を、数か月ごとに休息と休養のため定期的に無給で強制帰国させる。
- 危険はかなり大きく、仕事にはしばしばハイレベルの経験と訓練が求められる。
- 報酬が非課税の者もいるが、アメリカの法律では、アメリカ国民は年に一か月以上アメリカ国内に居住している場合、アメリカに税を納める義務がある。
- 追加保険と退職積立金は、コントラクター個人の責任で行なわなくてはならない。

そのため、ある事情通はこう語っている。「イラクで一日五〇〇ドルを稼ぐ典型的なコントラクターがいるとして、この人物が年二七〇日間働けば、年収は一三万五〇〇〇ドルになる。もし、最低課税を認めてもらうためアメリカ国外に三三〇日間とどまっていれば、収入のうち八万一〇〇〇ドルは非課税となるが、その場合でも、残額に対して連邦所得税約一万六〇〇〇ドルと自営業者税九〇〇〇ドルを納めなくてはならない。ただ、たいていは非課税措置を受けられないのがふつうだ。この種のきわめてリスクの高い仕事では、最悪の事態にそなえ、できるだけひんぱんに家族と会うことが大切だからだ。その場合、納税額は計六万二〇〇〇ドル少々となり、結果、手取りは約七万三〇〇〇ドルになる」

たしかに報酬は高額だったが、比較的貧しい国から採用される者が増え、戦争が沈静化すると、供給が需要を上まわるようになり、報酬も下がった。

そんなときアフガニスタンで「新たな」戦争が起こり、イラクのＰＭＣで活動したベテランの多くが、拠点を中央アジアへ移した。

話は変わるが、経験を積んだ民間軍事コントラクターが役割を引き受ける経緯についてとりあげた報道のなかで、ダインコープのコントラクターがイラクでの活動について語った言葉が引用されていた。その内容からは、得るところが多い。

「［警備要員は］戦術にはイラク人を怒らせるものもあることを自覚しています。車両の列が、この都市の雑然とした道路を猛スピードで強引に進んでいくときなどが、そうでしょう。交通渋滞にはまると、警備業務のコントラクターが車から飛び出し、イラク人に道を空けろと命令したり、通りの激しい交差点やラウンドアバウトで通行をすべて止めたりして、自分たちの車列を通すのですからね。その場にじっと停車していて、アサルト・ライフルや爆弾やロケット推進擲弾をもった連中の標的になるわけにはいきませんよ。

警備チームと現場に同行したことは何度もありますが、たいてい彼らは、行動が非常にプロフェッショナルで、地元住民の反感をかうことはほんとうにありません。ただ、車での移動となると話はまったく別です。地元住民のことなどおかまいなく、猛スピードで通りを走るのです。あれには驚きましたが、たぶんイラク人も同じだったと思いますね」

わたしがブラックウォーターの創業者のひとりで、海軍SEALsの元隊員ゲイリー・ジャクソンを訪ねて、彼とエリック・プリンスが建てた会社の、ノースカロライナ州モーヨックにある敷地二五平方キロメートルの本部へ行ったとき、ゲイリーはわたしに、国防総省と部隊警護のため一万人以上の兵士を訓練する三五七〇万ドルの契約を結んだところだと教えてくれた。

ゲイリー――じつはイギリス生まれ（彼の母親は当時まだ存命で、リヴァプールに住んでいた）――に本部を案内してもらったが、その施設にも、試験のためここに来ていた者たちにも、じつに感服させられた。その後、同社は数々のスキャンダルにみまわれ、エリック・プリンスはみずからの行動について釈明するよう命じられ（ただし結論は曖昧なまま）、同社は現在、社名を変更している。

最近、エリック・プリンスはエグゼクティヴ・アウトカムズの元創業者ラフラス・ルーティンと協力して、数々の警備業務の契約を獲得してソマリアのプントランドに移った。ちなみに契約には、プントランド海洋警察がパトロールで使えるよう旧南アフリカ空軍の四〇年物の攻撃ヘリ、アルーエットを購入することもふくまれていた。

これは疑う余地のないことだが、イラクには傭兵たちがいたるところからやってきていた。これには、イギリ

シエラレオネとアンゴラでの作戦で交戦中に死亡したエグゼクティヴ・アウトカムズの隊員たちを記念する御影石の石碑。死亡したのは全員が傭兵であり、この男たちがみずから正しいと信じた大義のために命を投げ出したという事実は、ほとんどかえりみられなかった。はっきりいえば、彼らは活動中に数えきれぬほどの人命を救ったのである。（写真：筆者）

スの特殊部隊SASやSBSを辞職したばかりのプロフェッショナルや、アメリカのデルタ・フォース、グリーン・ベレー、レンジャー部隊などの特殊部隊で勤務した経験のある人員のほか、需要の高いスキルをもったスペシャリスト警察官などがいた。全員が、事前に自分の能力を証明するため、在職時に行なったことについて、服務期間から、軍事訓練課程、修了したスペシャリスト訓練の種類など、すべてを詳細に説明しなくてはならなかった。実戦経験があればなおよく、条件がすべて満たされれば、その人物は採用された。

もちろん、問題点もあった。その第一は、欧米諸国の精鋭部隊の多くが優秀な隊員を何人も民間企業に奪われたことだ。また、リスクが高くなることもあり、コントラクターが敵との銃撃戦にまきこまれたとか、待ち伏せ攻撃にあって自力で脱出しなくてはならなかったなど、ときに何時間も続く戦闘の話が何年も前からいくつもとりざたされている。

さらに、保険も当初からの問題で、戦時には保険料が極端に高くなることもあった。これは、PMCの場合、掛け金を出すのが政府ではなく民間企業だからである。

イラクで活動した民間軍事会社のなかでトップクラスの成功をおさめ、その後アフガニスタンなどでも活動した企業に、南アフリカ出身の旧友マウリッツ・ル・ルーが創業し、経営していた会社があった。本職は工兵だったル・ルーは、エグゼクティヴ・アウトカムズの設立メンバーであり、その後はモブツ・セセ・セコ政権末期のコンゴ政府と契約の交渉を行なっている。

このとき、彼には心強い協力者がふたりいた。ひとりは「攻撃ヘリのエース」ことニール・エリス（コンゴ空軍を復活させるため、ソ連製の攻撃ヘリコプターを至急購入するよう提案したが、モブツ配下の将軍たちは、その多くが億万長者だったにもかかわらず、全員が財産を出しおしんだ）で、もうひとりはシエラレオネでEOと活動したルルフ・ファン・ヘールデンだった。

根っからの楽天家であるル・ルーは、会社セーフネットを設立し、四〇名の社員とともに、イラクで少しずつ事業を開始した。三年後には、社員数は四〇〇〇人を超えた。彼は、中核となるサポートはエグゼクティヴ・アウトカムズ時代の旧友から得ていたが、イラク人を雇うことをいとわず、しかもその多くは、サダム・フセインの警護隊の元メンバーだった。

彼が、イラクで活動していた民間軍事会社の大半と違っていた点はほかにもある。そのひとつは、おもな活動拠点として、多くの会社が好んだ欧米軍の管轄地区「グリーン・ゾーン」を選ばなかったことだ。かわりにルー・ルーは、バグダード郊外の離れた場所を選んだ。そこなら、いざというときは進入路の一部を封鎖して、みずから最善と思える方法で警備問題を処理できるからだった。

特筆すべきは、そこの警備は南アフリカから来た要員ではなく、現地で採用したイラク人にまかせたことだ。

こうしたほかとは異なる取り組みの結果、セーフネットは拠点を一度も攻撃されず、三〜四年後には地域内で最大のPMCのひとつになった。

もうひとつの違いは、セーフネットの社員は——アメリカの警備会社から来た要員の多くが、ランボーのように武器と弾薬ベルトをこれ見よがしに身に着けて歩きまわったのとは異なり——アラブ風の衣装を身に着けるようにしたことだ。武器は、目立たないようローブのひだに隠した。南アフリカから来た要員も、状況から必要と判断すればアラブ風の頭巾をかぶったことも役立った。さらに、利用した車もイラクの街角でふつうにみられるセダン・タイプの乗用車だった。ハマーなど目立つSUVに乗り、ルーフを開けて武器やらなにやらをつき出して走ったりすることは、絶対になかった。

マウリッツ・ル・ルーいわく、イラクでトラブルを探そうと思えば、たいてい見つかったという。「だから、うちの連中は目立たないようにしています。やることなすこと、すべてレーダーで監視されているようなものですから……」

基本的に、イラクでは待ち伏せや襲撃を受ける危険がつねにつきまとっていたため——ちなみに、アフガニスタンでも同じような状況になりつつあるようだ——、ル・ルーの活動はつねに目立たず、警備業務に際して車両で移動するときは——要注意地域であっても——一般車両の流れに容易に溶けこみ、真の目的を悟られるような手がかりをあたえることはほとんどなかった。

セーフネットに委託された最初期の仕事に、建設チームをファルージャへ送り迎えするという任務があった。これはすなわち、週六日、紛争の絶えない地域を抜けて学校や保健施設の建設現場を車で往復することを意味していた。ファルージャの道路では待ち伏せ攻撃が日常茶飯事であり、ル・ルーの警備チームは車列の先頭と最後尾にひそかにショットガンを乗せ、各自が手に武器を携帯していたが、外からは見えないようにしていた。そのため、トラブルにあうことはほとんどなかった。

それでも二度ほど、建設チームがファルージャの中心部——道路の四方八方に高い建物がある——を抜けるときに、イスラム過激派がいちかばちかを狙って車列に待ち伏せ攻撃を仕かけてきた。二回とも、戦術的優位に立つため近隣の家の二階から高さを生かしての攻撃だった。

しかし、二〇人以上いたセーフネットの戦闘員たちはひるむことなく、車を降りると反撃して、攻撃を瞬時に終わらせた。ル・ルーがのちに語ってくれたところによると、戦闘員たちは自分たちがどれほどの損害をあたえたのかはわからなかったが、こちらは二度とも、護衛していた将校二名が負傷しただけですんだ。

ル・ルーは、もし警戒を怠っていたり準備を十分にしていなかったりしたら、事態はもっと悪くなっていたかもしれないと認めている。現実には、移動中はすべての車がつねに無線で連絡をとりあい、不審な事柄はすべて周知徹底された。彼は、こうも語っている。「この先にトラブルがあるかもしれないという徴候は、すぐにわかるようになります……地元民がこちらと目を合わせるのを避けるとか、道から人がいなくなって壁のある場所に隠れるとか、通りかかるとふだんはにこやかに手をふってくれるのに、それがないとか……」

それ以降、襲撃しようと待ち伏せする者たちは、セーフネットの車列との接触を避けるようになった。実際、彼らが車列とのあいだにとった距離は広くなかったかもしれないが、彼らがいかなる形であれ、こちらと関係をもつ気がまったくないことを示すには十分だった。

セーフネットの――一部のアメリカ人戦闘員の傍若無人な態度とは正反対の――ふつうと違うやり方がすぐれていることは、他社がこうむった犠牲者数と比較してみれば一目瞭然だろう。ブラックウォーターは、のちにアメリカ本国で取り調べの対象となり、社名の変更を余儀なくされた一連の問題に直面しはじめるまでの期間に、約三〇名の死者を出した。

それと同じ時期に、この南アフリカの会社は、要員のうちわずか二名が殺害され、ほかに一名が殺害された可能性があるのみだった。

第10章 傭兵航空団

どの戦争にも逸話はつきものだが、とりわけ傭兵にかんする逸話は多い。それはなにより、こうした「フリーランスの」戦闘員は大半がプロフェッショナルで、たいていは特殊部隊での十分な経験をもっているからである。

ここ数年に生まれた物語のいくつかは、すでに伝説になっている。たとえば、ニール・エリスがシエラレオネで一機しかないMi-24に乗り、側方銃手二名の支援だけで四か月も反政府軍と戦った話がしかり。あるいは、内戦中のアンゴラで南アフリカ人の操縦士たちがロシア語の操縦マニュアルを翻訳したものを転用してMiG-23とスホーイ爆撃機を飛ばした話も、またしかり。

戦争で疲弊したアンゴラについては驚くべき逸話がいくつかあるが、そのひとつに、反政府軍を攻撃するため僻地へ空輸された南アフリカ人傭兵の一団にまつわるものがある。話の舞台は、三段林のジャングルがうっそうと茂るコンゴ国境に近い地域で、乗員をふくめた約四四名が、二台のヘリコプターに半々に分乗して移動した。

任務が完了すると、部隊を回収するためヘリが要請された。最初の部隊は何事もなく撤収したが、二機目のMi-17の車輪が地面にふれたとたん、ジャングルが爆発した。敵の大軍が、回収の行なわれる場所にしのびよっていたのである。攻撃された者によると、「ヘリはほとんどいたるところから銃撃を受けていた」という。

側方銃手らは、搭乗中の者たちからPKM機関銃を使っての支援を受けたが、ヒップ（Mi-17のNATOコードネーム）はかなり被弾した。

一分少々のうちに三人が負傷したほか、燃料が、ヘリコプターのフロントガラスの内側やコクピット内部にた

世界でもっとも著名な傭兵パイロットのニール・エリス――元イギリス国防参謀総長デイヴィッド・リチャーズ将軍は、筆者への私信で彼を「偉大な人物」とよんでいた――が、シエラレオネで飛ばしていた中古の愛機 Mi-24 攻撃ヘリコプターの操縦席に座っているところ。友人から「ネリス」とよばれていた彼は、2013 年 12 月にソマリアで勤務中、自爆攻撃であやうく命を落とすところだった。（写真：筆者）

えまなく流れこんできた。給油タンクのひとつに、おそらくRPG（ロケット推進擲弾）だろうが、敵の砲弾が命中したのはまちがいなかった。

その後、騒ぎ声が——ときどき負傷者の悲鳴をまじえながら——が続くなか、コンソールにあるエンジンの油圧ランプがひとつ点滅して非常事態を告げ、パイロットは、戦うか逃げ出すか、即座に判断をくださなくてはならなくなった。

戦うという決断は——パイロットのチャーリー・テイトいわく——「あきらかにこちらが数で劣勢だったため」ありえなかった。しかし彼は、一同を乗せて飛び立っても、逃げきれるかどうか強い不安を感じていた。しかもその懸念は、ヘリコプターがほとんど言うことを聞かないことで、現実のものになろうとしていた。

一機目のヘリコプターと合流したときには、テイトの機体は燃料を大量にまきちらしながらジャングル上空をよたよたと飛行していた。一方、機内からの反撃はすべて中止されていた。このころには全員が燃料蒸気に囲まれており、射撃時の火花が引火する懸念があったからだ。実際、故障した機体の後ろには、気化した燃料の巨大な白い雲が伸びていた。

待ち伏せ攻撃を受けた場所から三キロも行かない場所で、テイトはヘリコプターを着地させた。湿地に当座の着陸地帯を見つけたが……そこはいたるところから木の切り株がいくつもつき出た場所だった。

「われわれが大急ぎでしなくてはならなかったのは、全員を降ろし、もう一機のヘリに連絡して降りてもらったら、重量オーバーの状態でふたたび離陸できるよう祈ることだけでした」と、テイトは回想している。

もうひとりのパイロットは、見事、一瞬たりとも迷いはしなかった。着陸すると全員を乗せて離陸し、そのすべてをわずか数分でやってのけた。ちなみにいえば、このMi‐17は最終的に、飛行マニュアルで許容されている定員の倍以上の兵士を乗せたことになる。

その結果、全員ぶじに脱出することができた。

ニール・エリス——彼はアフガニスタンで三年間ヘリによる支援任務を行ない、現在はソマリアで活動している——によると、Mi‐17ヒップこそ、現在第三世界の戦域で運用されているなかで、もっとも頑丈で、もっとも多目的に使えるヘリコプターだという。

エリスは、アンゴラの緊急空輸では旧式のTV2‐117エンジンを搭載した古いMi‐8Tを使用したが、その後のアフガニスタンでの日常飛行には、TV3‐1

17VMを積んだMi-8MTVの方を多く飛ばした。

「空中作戦を、それもなみはずれて厳しい状況でたびたび行なうとなれば、この重量クラスでは、これがほぼまちがいなく世界でいちばんの回転翼機だ」と彼は語り、くわえて、西側には、同じ重量クラスで同様の性能をもったヘリは一種類も存在しないとも述べている。

標準装備の燃料タンクは容量が約二六〇〇リットルであり——同機が活動する高度では燃料を一時間あたり約七〇〇リットル消費するので——アフガニスタンでの一般的な任務は三時間だ。「外気温にもよるが、四トンの荷物をヘリコプターに積み、貨物輸送時には人員を二二名、人員輸送時には二八名を運んでいる」と、彼は教えてくれた。

「通常は時速二〇〇キロで巡航飛行し、そうすることで、あの山岳地域を最大六〇〇キロ飛行しても二〇分の余裕ができた」

さらに彼によれば、アフガニスタンでは一年を通じて毎日一〇〇機以上の民間ヘリコプターが運用されており、そのすべてが中央アジアにある僻地の前哨地、兵站宿泊地、復興部隊、軍の宿営地などへ補給物資を運んでいるのだという。そうしたヘリの大半はロシア製(一部は旧ソ連製)のMi-8である。

最近では、アメリカがシコルスキーS-61、ベル214、フランス製のピューマ、および、四枚ブレードの双発中型ヘリコプターであるシコルスキーS-92を導入した。一社だけ、ツイン・ローターのボーイング・ヴァートルBV107を運用しているところがあるが、これはアフガニスタンで活動する民間軍事会社のなかでは、むしろ例外である。

これ以外にも、カンダハールには少数ながらロシア製のMi-26大型ヘリコプターがある。このヘリは、高度にもよるが、人員九〇名または貨物二〇トンを輸送できる。また、これに交じってカモフKA-32ヘリコプターも数機あり、主として、弾薬、燃料、水などを吊り下げて運ぶのに利用されている。KA-32は、時速約一八〇キロでおよそ一五〇分間飛びつづけることができる。

この地域で運用されている回転翼機は、すべてなんらかの支援任務にたずさわっており、民間業務の場合は日中に行なう。中央アジアで日没後に飛行するのは、パイロットが暗視装置を使って操縦する軍および国務省(DoS)航空団のヘリコプターだけだ。

カブール、バグラム、カンダハールにある三つのおもな作戦空軍基地——いずれも物資配給の中心地——を拠点に、およそ一〇の航空会社が活動している。弾薬・食

アンゴラで内戦が続いていた当時、サウリモ——同国東部にあるダイヤモンド採掘の中心地——は、反政府軍に対する航空作戦のかなめとなった。（写真：筆者）

料・水のほか、戦争に必要な航空機と車両の燃料も、ほとんどが毎日空輸されている。

比較的大きな会社としては、ダインコープやスプリーム・アヴィエーションがある（スプリーム・アヴィエーションは、二〇〇二年初頭以来、三大陸にまたがってNATO多国籍軍、国連、アメリカ軍などを支援する空輸業者として活動している）。

コロンビアのベルティカル・デ・アビアシオンも、アフガニスタンで活動する主要企業のひとつで、ときどきツイン・ローターのBV107を運用している。同社は、アメリカ陸軍工兵隊、アメリカ陸軍LOGCAP（兵站民間補強計画）Ⅳ、および国防総省の対麻薬テロリズム・プログラム事務局（CNTPO）の支援業務を実施している。

またDoS航空団は、ベル205、UH-1、およびリースしたMi-8の各ヘリコプターを使っている。国務省は、アフガニスタンのいわゆる麻薬撲滅プログラムにかかわっているほか、アメリカ大使館職員向けの定期航空便も運用している。ただし、定期便用のヘリは、不時着した場合の警護のため、いずれも武装した人員を乗せている。DoS航空団は、公式には民間軍事会社（PMC）とみなされていない（実際にはヘリコプターを武

アンゴラ内戦で反政府勢力UNITAと戦ったベテランの南アフリカ人傭兵のひとり「ジュバ」・ジュベールが、Mi-17ヘリコプターの操縦席に座っているところ。カフンフォのダイヤモンド採掘場に対する攻撃では、飛行中に操縦していたヘリにSAM-7が命中したが、それでも彼は機体をぶじに着陸させることができた。（写真：筆者蔵）

装しているので、ＰＭＣ同然である）が、このアメリカ政府の業務は、ヴァージニア州に本社をもつアメリカの多国籍企業ダインコープが担当している。

これ以外の会社は民間業務に厳しく限定され、パイロットは銃器の携帯を認められていない。

嫌でも目につくことだが、アフガニスタンにかぎらず第三世界の紛争地域でみられるヘリコプターは、大半がヒップで、Ｍｉ-17かＭｉ-8のいずれかである。

民間航空事業と政府からの委託事業を行なっているＩＣＩオレゴン（ちなみに、社名と違って同社の本部はテキサス州ダラスにある）も、海外での業務にヒップを使っている。同社はシエラレオネ内戦時の主要な受託企業であり、アメリカの国務省、国際開発庁、および海外災害援助室（ＯＦＤＡ）の仕事を請け負っていた。二〇〇二〜二〇〇三年にアメリカ大使館の職員をリベリアから退避させ、その後に援軍を派遣したのもＩＣＩだ。最近では、同社はアフガニスタンで活動しているほか、パキスタンで災害救助にもあたっている。

ＩＣＩのある幹部は、オフレコを条件に、自社が欧米のヘリコプターよりもヒップを好むのにはいくつか理由があり、たとえば価格が安いことや、部品が入手しやすいことがあると教えてくれた。また同社は、機体の保守

カール・アルバーツ――カメラに背を向けている人物――が、フリータウンの軍司令部で出撃前の準備を監督しているところ。この司令部を拠点に、エグゼクティヴ・アウトカムズ所属の傭兵たちは活動していた。（写真：アーサー・ウォーカー）

整備を、ロシア民間航空局が承認した整備マニュアルに一〇〇パーセントしたがって行なっている。

ロシア人パイロットを使っていることについては、この幹部は次のように断言した。「アメリカのFAA（連邦航空局）は、わたしたちが活動している地帯でN登録した民間機を飛ばすことは絶対に認めないでしょう。それにアメリカの民間人パイロットは、襲撃がはじまったらいっしょには働けませんよ。以前そんな目にあったことがあって、あの二の舞は嫌ですからね」

そう言ってから、ロシア民間航空局はRA登録されたヘリコプターを国籍の違うクルーが飛ばすことを認めないのだとつけくわえ、アメリカで登録された航空機には登録番号の前にNの字が付されるのと同じように、ロシアの登録番号にはRAが付されるのだと説明してくれた。

さらに、次の点も指摘した。「ロシアの設計哲学では、社内エンジニアを使って現場で徹底した整備をすることが可能なんです……現場にいながら、無線を部品レベルで修理することも、エンジンやメイン・ギアボックスを交換することもできるのです」

ニール・エリスは、ヒップが欧米のエアクルーにそれほど好かれていない理由として、欧米のヘリコプターは離陸準備の手順が決まっており、例外なく人間工学にも

筆者は以前、シエラレオネ東部にあるダイヤモンド取引の中心地コイドゥを見渡すエグゼクティヴ・アウトカムズの前線作戦基地ですごしたことがある。EO のヒップが２週に１度のペースで定期的に訪れ、人員や物資を運んできていた。（写真：筆者）

とづいてすんなり進められるよう定められているのに対し、ロシアのヘリはまったく逆であるからだと述べている。

「最初に作動させるふたつのブレーカーは、操縦席の後ろの両側にある。続いて、次のは左にあり、その次は真ん中で、それからまた右という具合に進んでいくんだ。こういうこともあって、西アフリカで支援任務をしていたときは、あのジャングルがうっそうと茂る国で輸送業務をするのに、あまっているアエロスパシアル・ピューマをどうしても手に入れたかったよ」。さらにこのときニールは、ロシア製のヘリよりフランス製のヘリのほうが、地面がよく見えるのだと教えてくれた。

「とくに、アフリカでものすごく高い木々にはさまれたおそろしく狭いスペースを抜けてアプローチしなければならないような、むずかしい着陸地帯へ進入するときは、こちらのほうが役立ったよ」。そう言った後で彼は、もちろんアフガニスタンでMｉ－８を飛ばすようになってからは事情が一変し、いまではMｉ－８を大いに信頼しているとつけくわえた。

元南アフリカ空軍准将で、母国の戦争で攻撃ヘリを飛ばした経験をもつ――さらに最近では、スーダン、マリ、コソヴォ、アフガニスタンで活動している――ピーター・「モンスター」・ウィルキンズは、個人的見解と断わりながら、さまざまな地域でヘリを飛ばせるかどうかは、ヘリコプターそのものもさることながら、個人的な好みにも左右されると語っている。

「ここでいう好みとは、ある機種のヘリコプターにすぐ慣れるということ……すみずみまで知りつくし、その癖もわかり、次の燃料補給所までまだ二時間飛ばなくてはならないときや攻撃を受けたときに、どのタイミングで、どんなふうに操縦すればいいかを熟知しているということです。そのため、特定の機種に乗る時間が増えれば、その分その機種が好きになり、緊急時にはその機種を選ぼうとするのです」

ウィルキンズは、第三世界や紛争地域でこの種の仕事をするのに入手できるヘリコプターを、小型・中型・大型の三つのカテゴリーに分類している。以下、ウィルキンズの説明を引用する。

小型

まず、ロビンソンのような「おもちゃ」は無視しなくてはならない。なぜなら、率直にいって、そうした機種は必要な仕事ができないからだ。わたしなら、アエロスパシアル・アルーエットⅢを選ぶが、その理由は次のとおり。

- サイズのわりにパワーがある（かなりの高高度でもパワーは落ちず、そのことは一部の先進国がいまもアルプス山脈で運用していることからも明白だ）。
- テイル・ローターのほうが、最新のフェネストロンを採用した機種（EC－120／130／135など）よりもすぐれている。フェネストロンを採用するヘリは、どれもパワーが必要な場面、つまりホバリング中にパワーを使いすぎてしまうからだ。マクドネル・ダグラス社のノーター（ノー・テイル・ローター）ヘリも同様で、「通常のテイル・ローター」ヘリほど酷使できないため、好ましくない。そもそも、エヴェレスト山に着地したのは、通常のテイル・ローターをもったエキュレイユ（AS350）だ。フェネストロンの機種では、そんなことはできなかっただろう。
- アナログ式の古い計器や電子機器を使っており、低木林が広がり砂ぼこりや雨が猛威をふるう未開な環境では、これがいちばんよく機能する。しかも、ほかに問題があっても、アルーエットは計器類の大半がなくても飛べる。それに対して、最先端の電子機器を搭載した最新鋭機は、こうした環境に一歩ふみこんだだけで動かなくなることが多い。

・作りが頑丈で、酷使でき、乱暴に扱っても平気だ（乱暴な扱いとは、敵からの攻撃のことではない。さすがに銃弾を受けても平気なヘリコプターはない）。乗りこんだ者たちが機内で蹴ったり鋼鉄製の武器をふりまわしたりしてもだいじょうぶだが、最新のヘリコプターは、こんな扱いを受けると大半がすぐ壊れてしまう。

・しかし――これは致命的な問題点なのだが――アルーエットは（ピューマAS330と同様）古く、現在では整備が非常にむずかしい。そのため、より新型のエキュレイユが、きわめて耐久性の高い機種として各地で使われているほか、これにはわずかにおよばないが、ベル407も好まれている。この両機種は、アフリカではどんなに最悪の状況でも活躍している。先ごろわたしは、二〇一三年九月にマリの首都バマコを訪問し、407を内陸部の砂漠で運用したが、文字どおり馬車馬のごとく働いてくれた。検討の対象外となる機種には、まずベル429がある。双発エンジンの軽量機だが、最新すぎて現時点では耐久性が確認・実証されていない。また、ベル・ジェットレンジャーやベル・ロングレンジャーなどは、すでに長年供用されているが、能力という点ではエキュレイユに遠くおよばない。

・ユーロコプターAS350 B2エキュレイユが、わたしが薦める究極の軽量機である（ただし、B3はよくない。液晶ディスプレイを使ったグラスコクピットであるため、アフリカやアジアおよび中東の過酷な環境では問題の発生する可能性を否定できない）。

中軽量型

これには、ベル212／412、シコルスキーS-76、ドーファン、BK-117などがふくまれる。わたしとしては、実績のあるベル212かBK-117のいずれかを選びたい。

・わたしはベル212のほうが、アルーエットと同じ理由で412よりすぐれていると思う（アナログ機器のため繊細な扱いが不要で、エンジンは馬力がやや少ないが重量出力比がよい）。その性能と実績は世界各地で実証ずみで、故障に強い。

・BK-117 C1は、同じ理由ですぐれており、高温や高地でも十分なパワーと余力をもつ。新型のBK-117 C2こと、グラスコクピットを搭載したEC-145も、性能が高く、アメリカ陸軍に採用されているが、EC-135のグラスコクピットがとりつけられているため、アフリカでは故障を起こす可能性がある。212よりすぐれている点は、最高速度が時速四〇〇キロ以上大きいことだ。ただ残念なことに、両機とも短距離ヘリコプターである。

・S-76はよいヘリコプターだが、もともとエグゼクティヴ向けで、ある地点から次の地点へ比較的リッチな気分で急行する必要のある人向けに設計されたものである。決して実用向きではなく、過酷な環境で使いつづけるのに苦労するだろう。

・AW-139をこのカテゴリーに入れたが、それは同機がベル412と比べて遜色ないからである。139は新型で、パワーと余力がはるかに多いが、やはり新型すぎて、中央アフリカやサハラ以南に地域など過酷な環境では活動しつづけることができないかもしれない。それというのも、同機はそのパワーと性能のためペルシア湾では412より好まれているが、結局は売却されてベル412に買い替えられているからだ。412は、旧式の212にない数々の特徴をそなえているため、海洋石油掘削事業にとっては理想的な機種である。

大型ヘリコプター

ここには、ふつうは「大型」と分類されないかもしれないが、実際に大型である機種もふくめており、そのなかにはチヌーク、Mi-26、シコルスキー・スカイクレーンなど、数が少なく高価な機種もある。わたしは現在、こうした機種を飛ばしているので、その体験から語らせてもらっている。ヒップ・シリーズのヘリコプターは飛ばしたことがないのでよくわからないが、わたしならピューマ／スーパーピューマのシリーズを選ぶ。

・Mi-171などの新しいバージョンは、頑丈で性能がよく、いまもアナログ計器を使っているが、値段は高くなりがちである。その点で、ピューマ・シリーズに分がある。

・ピューマは、古くて頑丈かもしれないが、保守整備がむずかしく、経費もかかる。製造元のユーロコプターは、ヒップと比較して後れをとった時期があり、競争力のある製品を作り出すのに苦労しているようだ。同社最新の高価格製品はEC175で、たしかに傑出したヘリコプターだが、価格も技術も高く、アフリカのような場所（ただし海上を除く）では競合製品に対抗できない。スーパーピューマ（AS332シリーズ）と、その発展型であるEC225（これもスーパーピユーマだが、性能はよい）は売れ行き好調だったが、ソヴィエト崩壊後に安いＭｉｌが「自由世界」に流れこんできたことで売り上げは落ちた。そのため、南アフリカ製を手本にしてオリックス・ヘリコプターを「再発明」しなくてはならず、これが現在の３３２Ｃ１スーパーピューマだ。すばらしい機種で、スーパーピューマに分類されているが、全長が若干短く、重量もやや軽く、それでいてパワーは同じなので性能は上だ。最新型は３３２Ｃ１ｅ（ｅは電子工学〔electronic〕のｅ）で、２２５のグラスコクピットを採用している。南アフリカのダーバンに本社のある会社スターライト・アヴィエーションが最初の購入者で、マルセイユ近郊のマリニャーヌにあるユーロコプターの工場で製造された最初の二台を購入し、オプションでさらに二台購入した。３３２Ｃ１ｅは、現在２２５より安価な買い得品であり、荷物の吊り下げ能力も約四四〇〇キログラムと高く、実用機として市場でかなりのシェアを占めるも

エグゼクティヴ・アウトカムズのMi-17の前でAKを手に立つアンゴラ人の側方銃手。両隣は、南アフリカ人パイロットのカール・アルバーツ（左）と、サウリモ基地の司令官ヘニー・ブラーウ。ブラーウは、もともと南アフリカの国境戦争でレキの一員として抜群の軍功をあげた人物である。（写真：筆者蔵）

のと思われる。海上輸送には向かない（これは225との競合を避けるためである）が、陸上でなら、パワフルで高性能のヘリコプターを必要とする人々にとっては非常に使い勝手がいいだろう。

• 要するに、ピューマ自体はかなり旧式だが、その後継機種はインパクトをあたえそうである。さらにピューマ・シリーズは、操縦特性のおかげで非常に飛ばしやすい。機動性もヒップ・シリーズより高い。

• 最後に、かなり旧式ながら正真正銘の名機についてふれなくてはなるまい。それは、かのシコルスキーS-61だ。高度一〇〇〇メートルでの海上移動・戦闘用に作られたもの（その点はフランス製のシュペル・フルロンと同じ）だが、アメリカの会社（ペンシルヴェニア州のカーソン・ヘリコプターズ）が、プラスティック製のブレードとグラスコクピットを導入するなど、何度か改造を行なっている。関係者は異口同音に、こうした機種は、文字どおり高温・高地のアフガニスタンで驚異的な働きを見せていると語っている。わたし自身、アフガニスタン東部にある前線作戦基地シャンクを拠点に、この旧式のS-61で出撃していたが、この地は標高が二〇〇〇メートル近くあった。新たな性能のおかげで輸送能力が数トン増えたので、実際に最大総重量を増やすにはFAAによる再認可が必要（しかもこれには時間と経費が膨大にかかる）とはいえ、これによりパイロットは、広くて快適な高性能のヘリコプターを使って、かつてない優位に立つことができる。

第11章 傭兵列伝——ヘリコプター・パイロット、アーサー・ウォーカー

［シエラレオネで無辜の市民の虐殺を終わらせたことは］十分な装備と戦意をもった約三〇〇名の［PMCの］兵士がなしとげた仕事だった……

エド・ロイス、アメリカ下院アフリカ小委員会元委員長

わたしは二〇年以上にわたって何人もの傭兵たちとすごしてきたが、その多くに共通するのは、のん気で飄々とした態度だ。攻撃から帰ってきても——激しい銃撃を受けたかもしれないのに——、行動や口ぶりからは、まるでビーチを散歩してきたかのように見えることもあった。

なかでもアーサー・ウォーカー——アンゴラ内戦では攻撃ヘリを操縦し、その後は世界のさまざまな紛争地で活動した——は、敵から弾倉が空になるまで銃撃を受けたとしても、決してあわてることのない男だ。しかも、南アフリカ空軍に在職中、戦闘での勇敢な行動にあたえられる最高レベルの勲章をふたつ受章している。どちらのときも、彼はアルーエット攻撃ヘリを操縦していた。興味深いことに、アーサーは受勲に「ふさわしい」負傷はしていない。「多少のすり傷や引っかき傷はあったが、とりたてて言うほどのものじゃなかった」とは、本人の弁である。

もうひとつ最近の逸話を紹介しよう。アーサーは、「出張中」でないときは、南アフリカの主要都市のひとつプレトリアで家族と暮らしている。ある日の午後、いつもどおり一〇代の娘を学校へ迎えに行き、自宅ガレージの前に車を止めた、ちょうどそのとき、いきなり二台の車に囲まれた。

次の瞬間、ショットガンをもった男が三人出てきて、

彼の車を囲んだ。そのひとりが助手席のドアを開けて娘を道路へひきずり出し、頭に銃口をあてた。この一件を語ってくれたとき、アーサーはこう強調した。「忘れないでほしいのは、南アフリカは殺人事件の発生率が世界でいちばん高い国のひとつで、カージャックは交通事故なみに日常茶飯事だということです……なんといっても、ここはアフリカなんだから!」

アーサーは反射的に動いた。すぐに運転席から降りると拳銃を引き抜き、すべての動きがとまったときには、娘を押さえつけている男にしっかりと照準を合わせていた。

のちに彼はこう語っている。「正直言って、あれが起きたときは人生最大の危機を迎えていたと思う……最終的な決断をくだすのに、たぶん三秒くらいしかなかっただろう……」

そう言うと、当時を思い出して感きわまったのだろう、アーサーはしばらく口をつぐんだ。

「それで、わたしは唯一残された行動をとった。襲撃者は三人だったが、それ以外の連中にいつ撃たれるかわからなかったからね。わたしは銃を車の屋根に置くと、冷静にこう言ったんだ。『いいか、おちついてよく聞け!俺の車がほしいのなら、もっていけ』」。そう言うと車の反対側へ走っていき、娘を襲撃者の手から引き離した。

「連中は一秒もむだにしなかったよ。襲撃者のうち、ふたりはわたしの車に飛びのった。わたしには車のエンジンを切る余裕などなかったからね。残るひとりは、襲ってきたときの車に戻ると、走り去った。それからすぐに、その後をわたしの車が追いかけていったのさ。

襲撃の件は警察に通報したが、この国では、そんなのはまったくのむだだ……書きとめもしなかったし、その後の捜査なんてするわけはないさ……」

このプレトリアでの襲撃事件には、別な意味でアーサーらしくない点がある。なぜなら、アーサーがほかの同業者ときわだって違っているのは、ひとたび攻撃ヘリの操縦桿をにぎれば、「仕事を完了させる」のを何ものにも決して邪魔させないことだからだ。

この態度をよく示しているのが、ソマリア沖で貨物船から乗員二二名を救出した作戦だ。この船はパナマ船籍の貨物船アイスバーグ1で、ソマリア沖で海賊に襲撃され、乗員全員が三年にわたって人質になっていた。乗員のなかには、拘束されている間に死亡した者や、ソマリア人警備員から暴行や拷問を受けた者もいた。アイスバーグ1の機関長は、「聞く耳をもたない」からという理

アーサー・ウォーカーは、エグゼクティヴ・アウトカムズに傭兵飛行士としてくわわる以前は、南アフリカ空軍で最高の勲章を授与された兵士だった。21年続いた国境戦争では、名誉十字章金章（アメリカの議会名誉勲章に相当する南アフリカの勲章）が6つしか授与されなかったが、そのうちの2つをアーサーは受章している。写真は、プレトリア近郊の空軍基地で中隊の賞を手にしているところ。（写真：筆者蔵）

由で両耳を切り落とされ、逃げ出せないようバールで脚の骨を折られた。

傭兵地上部隊の指揮官で、最終的に海賊たちを投降させたルルフ・ファン・ヘールデンと緊密に連携しながら、アーサーは、戦闘効果を最大限に上げるためソ連時代のPKM機関銃を左側のドアにすえつけた攻撃ヘリで、ソマリア人海賊を強襲した。その間、機体にはかなりの数の穴が開いた。

重火器――ソ連製の滑腔式八二ミリB-10無反動砲や、携帯用のRPG-7など――も投入して、戦闘は一二日間続いたが、ようやく海賊たちは携帯電話を使ってリーダーたちに、イエメンの外交ルートをとおして停戦交渉をするよう求めた。プントランド政府は、人質解放の見返りとして、拘束している海賊たちの釈放を認めた。

これが、政府に所属しない軍事集団が海上で捕らわれたままの人質グループを救出した最初の事例となった。

またアーサーはアンゴラ南部で、「国境戦争」の全期間を通じてもっとも激しい銃撃戦のひとつに参加している。

それがクアマトの戦いだ。筆者も、ピューマ・ヘリコプターでパラバットたち――南アフリカで使われる、精鋭部隊であるパラシュート大隊の隊員をさす言葉――の一団とともに降下して、その場に居あわせていた。筆者が編入されたチャーリー中隊は――ほかの数個中隊とともに――敵の地上陣地を一掃する任務をあたえられており、アーサー・ウォーカーの仕事は、攻撃ヘリを使って地上部隊の「上空掩護」をすることだった。

しかし、有名な格言「どんな戦闘計画も、敵と接触するまでの命」の言葉どおり、一九八一年のクアマトの戦いでは、予期せぬことが次々と南アフリカ軍を襲った。当初の計画では、無人となった村を前線兵站基地として使いながら、地域作戦を実施し、ゲリラの駐屯地を、西部司令部と思われていた場所もふくめ、探し出して破壊することになっていた。

一月一五日の午後、アルーエット六機とピューマ四機が、翌朝に開始する作戦の準備のため、一〇〇キロ飛行してアンゴラ国境の北三〇キロメートルの地点に到着した。現場にはパラバットのほか、南アフリカ国防軍でどの部隊よりも敵に多くの損害をあたえている精鋭部隊、第三二大隊の兵士たちもいた。彼らがチャーリー中隊とともに、防衛境界線の確保や周辺地域の確認にあたっていたとき……「接敵！」との声が走った。偵察部隊のひとつが、それまで知られておらず、その存在さえまったく予想していなかったアンゴラ軍の拠点を、この戦いの名前の由来となった村の北数キロの地点で見つけたのである。

時間は薄暮の直前であり、アーサーいわく、「この基地があることすら知らなかった。われわれのどの地図にもたしかにのっていなかったから、まちがいなく、われわれの情報は根本的に不足していたのだ」。接敵の連絡に続いて、偵察隊員二名が負傷し、一名が戦死したとの報告が入った。ヘリコプターによる救出が要請された。

「マイク・マギー大尉とわたしは、二〇ミリ攻撃ヘリ二機に乗りこむと、(すでにクアマトに来ていた)ピューマが着陸して負傷者を後送できるよう着陸地帯の確保に向かったんだ。ところが驚いたことに、マイクとわたしは猛烈な対空砲火を受けてね、RPG-7さえ飛んで来たんだよ」とウォーカー。

砂地とわずかな草におおわれた空き地には、ソ連式のジグザグの塹壕が教範どおりに掘られており、八二ミリ迫撃砲の

アーサー・ウォーカーは、のちにソマリアで数年間、傭兵として攻撃ヘリコプターを操縦し、かつてブラックウォーターを設立したエリック・プリンスが創設・所有する部隊のために働いた。写真で彼と写っている機体は、ソマリアでの活動で使った旧式のアルーエットⅢ攻撃ヘリ。(写真：ルルフ・ファン・ヘールデン)

砲床や発射陣地がいくつも見えた。遮蔽用の畝や盛り土のほか、地下掩蔽壕もあった。

複雑な通路網が地域全体に広がっていて、アンゴラ人が行き来しており、だからこそ、この拠点が事前に空から発見できなかったとは、まったく意外であった。ふつうはこの国のこの地域に点在する茨の木は、見通しのよい射界を作るためか、あるいは薪とするためか、大半が切り倒され、ところどころに小さな藪が残るだけだった。

「地上にいるわれわれの部隊が、居場所を示すため黄色い煙を出したので、マイクとわたしは対空射撃を制圧してピューマが近づけるよう、攻撃を開始しました。すでに暗くなりはじめていたので、空いっぱいに曳光弾が飛んで……まあ、地上から見ている連中にとっては壮観だったでしょうね」

この、それまで知られていなかった基地周辺の塹壕にいる推計一二〇～一五〇人のアンゴラ兵は、重武装しており、有効弾を毎分三〇〇発撃てる一四・五ミリの二連装対空機関砲ZPU-2を三つ設置していた。これに対して攻撃ヘリ・アルーエットは、横向きに設置した二〇ミリ機関砲が一台ずつしかなく、これで正確に射撃するには、低高度で比較的ゆっくりと旋廻しなくてはならなかった。

「ヘリコプターが狙われているときは砲口炎が見え、それから曳光が続きます。まるで映画のように、スローモーションで向かってきたかと思うと、いきなりシューッと音を立てて頭上を飛び去っていくんです。もちろん、われわれも反撃しましたよ。『曳光をたどって』砲口炎に向けて撃つんです。日中なら、これでうまくいくんですがね。

わたしの機関士兼銃手はダニー・ブリンク軍曹で、彼は弾薬がなくなるまで対空砲を攻撃しましたよ」（攻撃ヘリが一度に携行する弾数は、通常一五〇発）

ウォーカーの話は続く。「わたしは旋回飛行をやめるとマイクをよび出し、これから弾薬の補給に戻ると告げました……もちろんわれわれは、まだ勝負をあきらめてはいなかったのです。

突然マイクが無線で、激しい銃撃を受けて墜落しそうだと言ってきました。われわれは旋回中、地上約一五〇メートルの高度で飛んでいました。この状況で攻撃を受けたら、すぐに高度を下げるのが最善なのです」。しかし、急降下するあいだにマギーは方向感覚を失ったに違いない。おそらくそのためだろう、彼は地面に向かっていった。

「暗闇のせいでわたしは彼が見えなかった」とアーサ

ーは語る。「それで、彼を探すために戻り、ライトをすべて点灯させて、わたしをめざして飛んでこいと彼に伝えました。ところがどっこい、そのせいですぐさまわたしのヘリコプターは、いきなり四方八方から攻撃の的になってしまいました。でも、そのすきにマイクは正気をとりもどし、わたしが彼を安全な場所までエスコートしました」

二機の攻撃ヘリは引き返しながらも、敵の砲手が照準を合わせられないよう、急に曲がったり高度を変えたりするなど、しっかりとした回避行動をとらなくてはならなかった。

「マイクを先導して基地に戻ってくると、われわれは着陸してエンジンを止めました。弾薬と燃料の補給も必要でしたが、それよりなにより、全体の状況を再確認したかったんです。

戻るのは無意味だと、すぐわかりましたよ。攻撃ヘリ四機を暗闇のなかで旋回飛行させることなどできません。それに、南アフリカ軍の負傷兵がいる場所は敵に近すぎ、敵戦線からわずか二〇〇メートルそこそこしかなかったのです」

初日の交戦が終わるまでに、攻撃部隊のうち五名が負傷し、チャーリー中隊の隊員二名が死亡した。その全員を、夜を徹して徒歩でクアマト村まで後送させなくてはならなかった。

こうしたことが進行する一方、アーサーいわく「われわれは、あそこに何があるのか、まだ理解していませんでした。攻撃したのが、さほど重要でないゲリラ駐屯地ではなく、戦略的にきわめて重要なアンゴラ軍の基地であることをわかっていなかったのです」

その晩、南アフリカ軍は夜明けとともに敵の陣地を攻撃することに決めた。そして、この早朝の攻撃のときに、次の予期せぬ大きな事態が待っていた。それまでの経験から考えると、まちがいなく敵は夜のあいだに基地から撤退しているものと思われた。しかし、今回はそうではなかった……

南アフリカ軍の攻撃部隊が夜明けに到着したとき、アンゴラ軍の基地では守備隊が待ちかまえており、戦闘が数時間続いたのち、ようやく敵の陣地はすべて制圧された。死傷者はさらに増え、かくいう筆者も、乱戦のなか、左耳の聴覚を完全に失ってしまった。

この攻撃の全容は、「チャーリー中隊とともにアンゴラへ」という題で、アル・フェンターと仲間たち著『戦争の物語 *War Stories*』の第一章にまとめられている。同書は、二〇一〇年にプレトリアのプロテア・ブックスから出版された。

第12章 「オペレーション・インポッシブル」――アフリカでの脱出行

わたしがジム・マグワイア――彼は、イギリス海兵隊とローデシアの特殊空挺部隊に勤務した経験の持ち主だった――とはじめて会うことになったのは、さる怪しげな人物からの、たっての願いによるものだった。それにしても、南アフリカには、どうしてこうも怪しげな連中が多いのだろう。彼らは決まって魅力的で、学歴が高く博識だ。その一方、たいてい無一文で、合法と違法の境目をいつもうろうろしていた。

このときジムを紹介してくれた男は、南アメリカの精鋭部隊の元隊員にまんまとなりすましていた人物だった。自慢の策略を駆使して、南アフリカのエリート戦闘部隊のどこにも所属していたことなどないのに、南アフリカ特殊部隊同盟の議長に選出されたのである。どうやったのかはだれにもわからず、一部の元隊員たちはいまも悔やみに悔やんでいる。

当時、ケープタウンの郊外に位置し、南半球でももっとも豪華――かつ、もっとも生活費が高額――な住宅地コンスタンシアに住んでいた彼は、マーク・サッチャーとサイモン・マンがケープタウンで暮らしていたとき、このふたりの人物にとりいった。

ロンドンの社交界に詳しくない読者のため説明しておくと、このサッチャーは、元イギリス首相マーガレット・サッチャーの息子である。彼は、赤道ギニアでのクーデター未遂に関与したため禁固刑を言い渡されたが、多額の罰金を支払って収監をまぬがれていた。一方、マン――イギリスで有名な醸造会社の御曹司で、かつては南アフリカの傭兵会社エグゼクティヴ・アウトカムズと関係をもっていた——は、サッチャーほど幸運には恵まれなかった。彼は、まさに現場にいるところを捕まったのである。

マンは、数十名の仲間とともに、ジンバブエの首都ハラレを経由して赤道ギニアへ向かう飛行機に乗っていた。飛行機がハラレに着陸して停止したとたん、ジンバブエの治安警察が乗りこんできて、彼ら全員を逮捕した。マンらは当初、ハラレには「反乱」に必要な武器をすべて積みこむために立ちよるのだと告げられていた。

そこで質問したい。あんたら、いったいどこまでバカなんだ？

まともな頭をもった人間なら、アフリカ大陸でもっとも猜疑心が強いに違いない国で謀略の準備をしようなどとは、考えるはずがない。それとも、計画を立てた者たちはロバート・ムガベが、同じく常軌を逸した黒人大統領の政権を白人の戦場稼ぎどもの一団が転覆させるのを手伝ってくれるとでも、本気で思っていたのだろうか？

とにかく、ハリウッドの著名な映画プロデューサーには、うってつけの話だろう。わが友ジョン・ミリアス君、聞いているかね？

この陰謀の中心にいた人物の名は伏せなくてはならないが、それは、あの見下げはてた父親にべったりの息子のことを思えばこそだ。ただ、当時その人物とかかわっていた者なら、全員がだれのことを言っているのかわかるだろう。じつはわたしは、マーク・サッチャーが刑務所から釈放された日にＣＮＮインターナショナルのために行なったインタビューで、その人物を名ざししている。彼からは法的措置をとるとおどされたが、その後はなんの音沙汰もなかった。

彼がほどこした仕上げとは、サッチャーとマンの両氏が有数の産油国である赤道ギニアを傭兵部隊で侵略するためのインフラ整備を手助けしたことだった。

この人物がかかわったほかの事柄の大半と同じく、この違法行為も失敗した。そのため、アフリカでのこの不愉快な陰謀にかかわった南アフリカ人の元兵士も、ほぼ全員が監獄行きとなった。ジンバブエで刑期をつとめた者もいたが、赤道ギニアのマラボ島にある有名なブラック・ビーチ刑務所に送られた者もおり、そこでは逮捕者の一部がのちに死亡している。マンは、ハラレのチクルビ刑務所で刑期をすごしたのち、赤道ギニアに身柄を引き渡された。国民が注目するなか、彼は政府転覆をはかったとして裁判にかけられた。本書執筆の時点で、彼はいまもブラック・ビーチ刑務所に収容されており、聞くところによると、ここに比べればチクルビは、まるで田舎のヒルトン・ホテルのようだとのことである。

一九七〇年代と一九八〇年代、南アフリカの戦争には、こうしたフリーの兵士が大勢集まり、そのほとんど全員が、報酬めあての傭兵とみなされていた。

そのなかには、熱心な元職業軍人の一団もいた。大半は特殊部隊の元隊員で、イギリスやアメリカの部隊での実務経験をもつ者が多かった。

たとえば、やがて傑作『卑劣な兵士ではなく *No Mean Soldier*』（オライオン・パブリッシング、ロンドン）を執筆したピーター・マカリースや、ベトナム戦争に従軍した元アメリカ軍人で、のちにアンゴラ国境付近で南アフリカの精鋭部隊、第三二大隊で将校として活躍して有名になったクリス・クレイなどがいる。とくにクレイはローデシアの戦争にも参加し、わたしが最後に彼と話したときは、コートジヴォワールのために働いていた。

彼らの物語は、どれも夢中になるほど面白い。彼らは多くが、秘密裏の越境攻撃にかかわっていた。ジョン・ル・カレなどが喜びそうな欺瞞が満載の謀略もあった。裏切りが中心的な役割を担うこともあり、この軍事的・政治的動乱に飲みこまれた者の多くは、やがて命を落とした。

あるとき、そうした作戦のひとつが、あやうくふたりの中心人物の死であっけなく終わってしまいそうになったことがある。一九八八年に南アフリカから実施された作戦で、指揮は二名のイギリス人、サミー・ビーアンとジム・マグワイアがとった。ふたりともイギリス陸軍特殊部隊の元隊員で、のちにローデシアの戦争で戦った。その後はアンゴラで南アフリカ国防軍（ＳＡＤＦ）の、やはり精鋭部隊に所属して活動した。

ふたりが、この危険な作戦に関与したのは、まだ南アフリカにいたときだった。作戦は、ひとりが逃走し、もうひとりは、北朝鮮の訓練を受けたジンバブエの治安部隊に捕まって拷問を受け、終わった。ふたりは追跡者からのがれようとして、一度、夜間にザンベジ川を渡った。しかし、その後さらなる試練が待っていた……

逃走中にサミー・ビーアンは捕まり、サイモン・マンが数年をすごした鉄壁の警備を誇るチクルビ刑務所で一〇年の刑期をつとめた。

事の顛末を最初に教えてくれたのは、ジム・マグワイアだった。彼によると、この作戦の目的は、ジンバブエの警備が厳重な刑務所に捕らえられている元ローデシアSAS隊員の一団を救出する方法を見つけ出すことだった。どうすればこの任務を達成できるのか、彼には皆目見当がつかなかったが、プレトリアにいる人間は実行可能と思ったようだ。

それがだれであれ、その人物はこの作戦を冷静に「オペレーション・インポッシブル（不可能な作戦）」と命名したが、この作戦名そのものが、すべてを物語っているといっていいだろう。

当時チクルビ刑務所に収容されていたなかに――あきらかに救出作戦の対象とおぼしき人物として――ケヴィン・ウッズがいた。一九八〇年代に、アパルトヘイト時代の南アフリカ政府と、ムガベ大統領率いるジンバブエの中央情報機構の二重スパイとして活動していた人物だ。なんらかの事情で秘密をもらしてしまったため、ウッズは最終的に二〇年間収監され、そのうち五年は死刑囚監房ですごした。二〇〇六年、大統領による恩赦を受けて釈放され、その後ウッズは、監獄でのおそろしい日々の経験について本を執筆している。

ジム・マグワイアとサム・ビーアンが具体的にどうやって計画を実行しようと思っていたのかは、よくわからない。ただ同僚たちとは、刑務所を強襲し、脱出支援のためヘリコプター部隊を派遣してもらうかもしれないと話していた。

彼らの通常とは異なる軍事行動の話をいくつか聞くうちに明らかになったのは、この二名が非常にプロフェッショナルだったことだ。両名とも経験豊富な特殊部隊の隊員で、戦争にも三つか四つの大陸で数回、通常の任務で従軍していた。ふたりがプレトリアから、その時点では地味と考えられていた任務に向けて出発したときには、ジンバブエとボツワナもふくめ、この地域の国々すべての軍事的・政治的特徴にすっかり精通していた。

南アフリカ軍の作戦立案者たちは、「オペレーション・インポッシブル」が成功すれば、南アフリカとジンバブエの関係にかなりの衝撃をあたえることになるだろうと思っていた。失敗しても、この隠密作戦は知らなかったと簡単に否認することができる。そして、実際に彼らは否認した。その結果、経験豊かな隊員二名が危険にさらされることになったが、この災厄時にふたりの安否を眠れないほど気に病む者は、ほとんどいなかった。

チーム・リーダーのサミー・ビーアンは、イギリスのパラシュート連隊で九年間軍務についていた。その間に、北アイルランドへ四回行き、ベルリンで二年ほどすごし、さらに二年間は香港に移って、香港と中国の国境で国内治安の任務を担当した。その後ビーアンは、模範役務証書をもらってパラシュート連隊を除隊した。

その後はローデシアへ行き、二年ほどローデシア軽歩兵連隊に勤務してから、ローデシアのSASへ転属になった。SASでは、隣接するボツワナ、モザンビーク、ザンビアの三か国への秘密の潜入任務などにたずさわった。

しばらくのあいだビーアンは、同じくイギリス人で、ロン・リード＝デイリー中佐率いるサルー斥候隊と密接に協力していたローデシア公安部のマック・マギネス警視正と行動をともにしていた。マギネスは、思いもよらない場所から情報を探し出すのがお手のもので、同斥候隊の情報収集を担当していた。また、旧ローデシアのビンドゥラ基地から国内向けのさまざまな隠密作戦も実施していた。

ジンバブエが独立すると、ビーアンは新たに成立したムガベ政権の下で暮らすのではなく、南アフリカへ向かうことを選んだ。それまでの数年間、就任したばかりのロバート・ムガベ大統領の殺害をもくろんでいたため、いまさらムガベのために働くのは道理に合わないと感じたのである。プレトリアにおちつくと、ビーアンはSADFにくわわり、情報参謀長（CSI）の下で役割をあたえられた。

彼は、ジム・マグワイアと実施した作戦の結果については いまも多くを語っていないが、明らかなのは、南アフリカでは物事が思いどおりに進まなかったということだ。結局彼はジンバブエに戻り、刷新されたジンバブエ国民軍にくわわったが、それを聞いても同僚の多くは驚かなかった。一部には、彼はSADFの潜入スパイだったと言う者もいる。

真相はどうあれ、これもうまくはいかず、つねに自信満々のビーアンは、しばらくして南アフリカに戻ってきた。南アフリカ陸軍にいる彼の旧友のひとりに、ジェームズ（ジム）・マグワイアがいた。ローデシアにいたころは何年も密接に協力して活動していた間柄だ。ふたりは共通する趣味や関心事が多く、たとえば、妻が許してくれるかぎりは何度もビールを飲めるだけ飲むのが好きだった。要は、ふたりともイギリス人で、どちらもイギリスの精鋭部隊で勤務した経験をもち、長年アフリカ中部で彼らが「土人」とよんだ者たちを相手に戦ってきた者どうしであった。

ビーアンと同じく、マグワイアの経歴も見事なものだ。彼はすべて合わせると、二〇年にわたり三つの国で九つの異なる精鋭戦闘連隊に勤務した。その後は民間軍事コントラクターとして、長年スエズ以東で活動しており、イラクでも長期にわたって働いている。

一九七二年からジム・マグワイアはイギリス海兵隊コマンドー部隊で働き、北アイルランドにも三度派遣された。一九七四年のキプロス紛争にも従軍したほか、超過酷なイギリス海兵隊コマンドー選抜訓練や、イギリス軍の空挺部隊員養成課程も修了している。

マグワイアの話。「わたしは一九七七年にローデシアへ行って、ローデシア特殊空挺部隊にくわわり、選抜試験と訓練課程、それと降下課程を修了し、SAS隊員としてすごしました。

それからサルー斥候隊へ転属となり、選抜訓練を修了して、しばらくは斥候隊でおもに国境作戦と越境作戦に従事しました。その後、特殊部隊の『A』中隊——攻勢作戦を実施する専門部隊ですが——ここに配属されました」

しかし、ちょうどそのころローデシアそのものが存在しなくなった。ほぼ一夜にして、紛争の影から新国家としてジンバブエが登場したのである。しかも、この国はイギリス政府から承認され、その直後には国連にも加盟した。

マグワイアは、長い目で見れば、この新興のアフリカ国家にいても望みはほとんどないと考え、まもなくビーアンを追ってプレトリアへ移った。やはりSADFにくわわると、彼もローデシアの特殊部隊の同僚数名とともに一時期CSIの下に配属された。

「CSIから、第三二大隊の偵察部隊へ転属になりました」と、マグワイア。「そこで選抜訓練を修了して数々の作戦に参加しましたが、ときにはアンゴラへ深く潜入することもありました」。同じころ同部隊に所属していた人間には、クリス・クレイや、のちに著名な傭兵会社エグゼクティヴ・アウトカムズの創設者となるエーベン・バーロウなどがいた。

あらゆる軍隊で一、二を争う厳しい選抜過程をみごと修了した後の次のステップは、第一偵察連隊——通称レキ——への異動で、彼はここで数年をすごした。一九八七年末には、第五レキ連隊へ転属になった。

アンゴラ兵と戦うのは面白い仕事だったと、ジム・マグワイアは回想している。レキに配属されていた時期、その戦いのほとんどは敵戦線の向こうで行なわれた。

任務の大半は情報収集だった。ときには部隊に任務として、アンゴラ解放人民軍（FAPLA）の通信線の破壊、地雷の埋設、空爆または長距離砲の砲撃で特定の標的を狙う遠隔攻撃の準備などが命じられることもあった。長距離砲の砲撃は時間がかかったが、南アフリカのG‐5一五五ミリ長距離砲の砲手たちは優秀だった。ほとんどの場合は標定手が標的の近くで、たいていは戦場を見渡せる木に登って指示を出しているとはいえ、彼らはつねに三発か四発以内で標的に命中させていた。

ビーアンと同じくマグワイアも、アンゴラ・キューバ連合軍をクイト・クアナヴァレから排除しようとする試みの中心人物のひとりだった。これは、なかば在来的な大規模戦闘で、およそ一年続いた。最終的にクイトの橋頭保は、アンゴラ南東部全域における戦争の焦点となった。

一九八八年初めの時点で、マグワイアがなんらかの紛争にかかわるようになって一六年がすぎており、しかもその大半を外国の地ですごしていた。この年、南アフリカ、ソ連、ソ連政府の意向を受けたキューバ軍事顧問団、および旧宗主国のポルトガルが力を合わせて、アンゴラ内戦をなんとしてでも終わらせようとする努力がはじまった。同様のことはすでに何度も試みられてきたが、今度は頭の固いソ連政府でさえ、この内戦に勝ち負けがつきそうにないことをわかっていた。かくして、和平へ向けたアメリカによる一連の一致した努力が実を結んだ。

ソ連は前年、一部の歴史家が「クイトの戦い」とよぶ戦闘で大打撃を受けていたため（ソ連とキューバと東ドイツの将校が指揮するアンゴラ軍三個旅団が、八か月におよぶ戦闘で壊走した）、ソ連政府は内戦終結を受け入れる気になったようだ。

ソ連にとって、アンゴラ軍は頭痛の種になっていた。アンゴラ政府は、必要な物資はすべてソ連から入手していたが、率直にいってアンゴラ陸軍は、戦争はおろか小規模な戦闘すらまともに戦うことができなかった。東欧ブロックの戦略家の目には、アフリカは突然、共産党政治局にとってどうでもよいものになった。急遽アフガニスタンがリストの上位に昇ると、ソ連経済の停滞も手伝って、アンゴラへの支援は中止せざるをえなくなった。

同じころ、戦線のこちら側では特殊部隊の隊員たち——ビーアンとマグワイアもふくむ——が、別の作戦のため待機していた。これに、旧ローデシアと南アフリカの兵士たちをジンバブエの刑務所から脱出させる作戦もふくまれていた。

当初の計画では、マグワイアとビーアンは観光客をよそおってジンバブエに入ることになっていた。直接「ムガベ・ランド」に入国すると人目を引くため、それを避けるためジンバブエの南西にある隣国ボツワナを経由していくことにした。入国したら、今後のために偵察を開始する予定だった。

ジム・マグワイアとサミー・ビーアンは、ボツワナの首都ハボローネにある同国最大の空港になにくわぬ顔で到着した。事前の手はずでは、連絡係が空港ターミナルの外で二人を待っており、車のカギをもってくることになっていた。カギを受けとったら、ザンベジ川とジンバブエをめざして北に向かう予定だった。

マグワイアの回想によると、ボツワナに到着したとたん、それまで実施したなかでもっとも困難な隠密作戦のひとつとなる今回も、作戦の第一段階でいつも感じるように緊張したという。

「われわれが避けたかったのは、われわれに質問したり、あるいは、こちらのほうがまずいのですが、われわれの正体に気づいたりするかもしれない人々と話をしなくてはならない状況におちいることでした。

ボツワナは――人口からいえば――小さな国です。しかし、だれとばったり出会うかわかりません。ローデシア時代の旧友かもしれないし、故国にいたころから知っている人かもしれない。少しでも疑われたら、一巻の終

大河ザンベジ川とその支流には、何万頭ものカバが生息している。ジム・マグワイアとサミー・ビーアンは、追跡者を避けるため、この大河を必死になって二度も泳いで渡ったが、そのときもカバがいることに気づいたに違いない。（写真：キャロライン・キャステル）

わりです」と、彼はいつものおちついた態度で平然と言った。

ふたりはその晩、計画どおりジンバブエ国境に近いホテルですごし、そのまま翌日の夕方になるのを待って行動を開始した。

「計画では、日が暮れる直前に国境の検問所に到着して越境することになっていました。そのほうが、問題が起こった場合に脱出計画を実行するのが楽だからで……日中よりも夜のほうがいいのです。

ところが、われわれはアイルランド人のヒッチハイカー二名と出くわしました。わたしたちが税関に着いたとき、すでにそこにいたのです。われわれはボツワナの税関職員に、同じ方向に行くのだから、このふたりを最寄りのホテルまで車に乗せていってくれないかと頼まれました」

マグワイアの話は続く。「サムと、新たに旅の仲間となったアイルランド人ふたりは、手続きをすべて順調に終え、なんの問題もありませんでした。しかし、われわれの入国を担当する税関職員が、車両の入国に必要な書類がないことに気づいたのです。

しかし、問題ありませんでした。別の職員が、わたしが彼の同僚を車に乗せて最寄りの税関へ行き、必要な書類をもらって帰ってくれれば、それでいいと言ったのです。われわれは、言われたとおりにしました。親切にふるまえば、われわれの車を調べられなくてすむかもしれないと思ったからです。

わたしが予想していなかったのは、別の個所にある国境の検問所を通過するとき、勤務中で検問所のデスクにいた警官の目の前に、おそろしいことに、わたしの正面向きの顔写真と人相書があったことです。警官のひじの下にあるのが見えたのですが、この段階では、彼はそれがわたしの写真だとはまだ気づいていませんでした。そのときは、信じられないほど運が悪いと思わざるをえませんでした。わたしは警官のデスクの前に立っていましたが、そこからは、わたしの『指名手配のビラ』の下にまだ一～二ページあるのが見えました。たぶんビーアンの特徴をすべて記した書類だったのでしょう。

一瞬、わたしはショックのあまり反応できませんでした。だれかが密告したに違いない。こいつらはわれわれを待っていたのです」。ここで警官も気づいたようだと、マグワイアは言った。

「彼はあらためてわたしを見ると、行動を起こす前にもう一度デスクのビラに目をやりました。ほとんど本能的な動きでした。それから大声で同僚をよび、銃をもってこいと命じたのです」

数秒後、マグワイアは制服を着た警官たちに完全にとり囲まれた。その後の反応から、警官隊が大喜びしているのは明らかだった。なにしろ自分たちの手で南アフリカのスパイを捕まえたのだ。一同の喜びは、いっしょに来た税関職員から、自分たちがやってきた検問所でもうひとり国境を越えるのを待っている者がいると告げられると、さらに大きくなった。

マグワイアは、このころにはもう考えをすばやくまとめていたという。隣の部屋では警官が無線を使ってジンバブエの警官に「捕まえました！　捕まえました！　すぐ来てください！」と言っているのが聞こえる。さらに通信が数回、今度はザンビア南部の町リヴィングストンにいるジンバブエの中央情報機構（ＣＩＯ）チームのメンバーに向けて行なわれたのも聞こえた。

その間、ボツワナ警察の一団が、サムと観光客を捕まえに最初の検問所へ向かった。四人の旅行者全員が拘束され、マグワイアとビーアンが北上するのに使った車の後部座席につめこまれた。警察車両に前後をはさまれたまま、一行は地元の警察署に連行され、その後さらにジンバブエとの無線交信が続いた。

「ジンバブエの連中がボツワナ警察に、われわれが脱走しようとしても、すでに人員を現地に派遣したと言っているのが聞こえました。そのころボツワナ当局はわれわれの車を調べはじめ、ドアパネルの内側に装備が隠してあるのを見つけました。

このころ、サムとわたしは目配せしていました。これ以上この辺にとどまるのは自殺行為に等しいことはわかっていたし、ふたりとも教練の内容は体に染みこんでいたので、サムに何をすべきか言う必要もありませんでした。われわれは、時間をむだにしてはいけないという特殊部隊の脱出行動の基本原則に立ち返ることにしたわけです。行動を起こすべきときでした。

わたしたちのまわりには、税関職員や警官が大勢いましたが、すぐそばにいる者たちは武装していませんでした。次の瞬間、われわれは彼らを殴って倒し、あらかじめしっかりと見ておいた警察署を囲む高い防護フェンスに向かって走り出しました。税関職員と警官が追いかけてきて、フェンスをのりこえようとするわれわれの脚をつかみました。

しかし、われわれを止めることはできませんでした。当時は体調が絶好調で、サミーはおそろしく頑丈でした。それに、わたしは知ってのとおり、窮地にうまく対処できる人間です。われわれは撃たれませんでしたが、それはおそらく、あまりにも多くの警官が殺到していたからでしょう。

フェンスをのりこえ、外にある真っ暗な林へ逃げこむと、暗闇に姿を隠し、彼らと距離をとりました」

この時点でビーアンはマグワイアに向かって、足首を痛めたと言った。どうやら飛び降りたときにやったらしい。重傷だと彼は言った。「骨を折ったか、靭帯を断裂したのでしょう。つまり、ほとんど歩けないということです」と、マグワイアは説明してくれた。

税関職員や警官など、動ける者が総出で追跡してくるなか、ふたりの男はザンベジ川の方へ向かって全力で進みつづけた。ビーアンは、道中ずっと足をひどくひきずっていた。わずか数百メートルだったが、つらい道行きであり、マグワイアは、ずっとビーアンを支えなくてはならなかったと回想している。

川岸に出ると希望が一気に高まり、マグワイアは仮設桟橋につないであったスピードボードにかけよった。ビーアンも、すぐそのあとに続き、税関の監視艇とおぼしきボートに乗りこむと、時速数キロで流れる川に押し出した。これで移動手段は手に入ったが、ここでマグワイアはキーがないことに気がついた。ボートをスタートさせることができないのだ。

「そこでわれわれはそのまま流れを下ると、町のほとんど全員が川岸にならんで叫び声を上げはじめました。流血の事態を察して、興奮で手足を激しく動かす野次馬たちです。この時点ではじめて、何発もの銃弾が深まる闇を裂いて撃ちこまれてきました。

このままとどまっていられないのは明らかでした。それに、急いで逃走したくても流れのスピードよりも速く移動はできません。それにくわえ、まだ空は明るかったためわれわれの影がはっきりと浮かび上がり、そのためわれわれを乱射してくる者たちはわれわれのいる方向がおおよそわかったのです。この瞬間、われわれは泳ぐ決断をくだしました。

ひどい決断でした。銃弾がボートのまわりに音を立てて落ちていました。このままここにいれば、いずれは撃たれるでしょう。それに、われわれのおちいった窮地がもたらした予期せぬ事態に向きあう覚悟は、もう決めていました。目の前の川は流れが速いうえに、ワニとカバがいることで知られていました。それでもわれわれはとにかく川に飛びこみました。

川を渡って北のザンビア側の岸に着いたときには、もう暗くなっていました」

ジム・マグワイアは、アフリカ有数の大河で、あの地点では川幅が優に八〇〇メートルかそれ以上ある川を泳いで渡るのに、どれくらいの時間がかかったか、よくわからないという。泳ぐのはたいへんで、水中にいる間ずっとサーチライトが川を照らして捜索を続けていたが、それでもともかく対岸にたどり着いた。

マグワイアは語る。「ザンビア領に入ってからは、移動するのが楽になるどころか、むしろたいへんになりました。川岸には、土手から川まで一〇〇メートルほどにわたって葦がびっしりと密集して生えていたのです。パンガ［大鉈］でもあれば楽だったのですが、使えるのは自分たちの両手しかない。とにかく、そのころにはふたりとも首まで泥につかっていました。

それはつまり、とにかく前進するには目の前の葦を倒して足場を作らなくてはならないということでした。一〇センチほど進んでは、びっしりと生える葦の上に体をのせ、それを何度もくりかえしたのです。

水中にはまわりにいろいろな生き物がいたでしょうが、そんなことを考える余裕も気力もありませんでした。とにかく重労働で、しかも時間もかかるのです。ワニがいたのは確かで——この川には上流にも下流にもワニがいて、なかにはほんとうに大きなヤツもいましたが——かまってなどいられませんでした。

同じころ、対岸では人の動きが活発になっていました。懐中電灯をもった連中が川岸の縁に沿って行き来し、それからすぐに、照明灯を積んだ高速艇が何隻かくわわりました。だれも彼もがわれわれを探しに出ていたのです。

われわれはようやく固い地面にたどり着くと、しばらく休息をとりました。これですくなくともザンビアには入ったわけです。正直いうと、だれも待ち伏せしていないのを知って、われわれは心底安心しましたよ。北と南では、連絡がまだそれほど緊密ではなかったのでしょう。

わたしは少しばかりサムの足首を見てみました。葦のなかを抜ける間に、かなり悪化したようです。しかし、水辺のすぐ近くにこのままとどまっているわけにはいきませんでした。身を隠すものがまるでないからです、それに、ジンバブエ側はザンビアの民兵か軍隊に知らせたでしょうから、彼らがとり逃がした白人ふたり組を探しにすぐやってくるはずです。実際、しばらくするとライトがこちらに向かってくるのが見えました。

その後すぐ、川岸に沿っていくつもたき火が燃やされるのが見え、人々が叫びながら動きまわっているようすが聞こえてきました。この新たな捜索者の一団が、しだいに近づいてきます。捜索者が一定の地域をひとつひとつ丹念に調べていく漸進的なやり方で、時間はかかりますが、じわじわと近づいてくるのです。

われわれの選択肢はかぎられていたので、また川に戻るよりほかにないだろうと決断しました」

ビーアンの足首に負担をかけない程度に急いでザンビア側の川岸を下りると、葦の茂みのなかに、現地でマコロとよばれる、丸太を掘っただけの原始的なカヌーが、カバの通った跡のような場所に隠されているのを見つけた。

「われわれはマコロを川まで運んで乗りこみました。ところが、一〇メートルほど進んだところで沈みはじめたのです。ふたりとも、沈むとは思ってもいませんでした。そこでふたたび泳ぎはじめました」。すでにかなりの時間がすぎていたが、代替策を検討する余裕はなかった。

ジンバブエ側の川岸に戻るのに、かなりの時間がかかった。マグワイアの回想によると、永遠にたどり着かないような気がしたし、今度はまわりの水の動きからワニとカバがいることに気づいたという。さらに、おおいに労力を使って長時間にわたって逃げつづけていたため、ふたりとも疲労困憊していた。よいことといえば、ボツワナ側の川岸を行く捜索隊の大半がはるか下流へ移動したことくらいだった。

「長いこと泳いでザンベジ川を渡りきったころには、ほんとうにへとへとになっていました。水中にいたままだと溺れてしまうと思っていたから浮いていられたようなものです。流れも助けにはなりませんでした。とにかく急で、まわりではいつも渦をまいていました。

ようやく乾いた地面にたどり着きました。川から出て茂みに向かうころには、夜がしらじらと明けはじめていました」

ビーアンが足首を包帯で固定しようとしている間に、マグワイアは住民が起き出す前に状況を把握しようとしはじめた。

現在地をできるだけ早く確認する必要があったが、状況はよくわからなかった。すぐにはっきりしたのは、川の流れでふたりはだいぶ下流まで流されたということだった。だから当面の問題は、自分たちは流されてジンバブエに入ったのか、それともまだボツワナにいるのか、さっぱりわからないことだった。

「隠れ場所に戻ってみると、サムの足首は悪化していました。クリケットのボールくらいに腫れ上がり、さんざん酷使したため、もはや立つことさえままならなかったのです。

それでも、あたりを少し見てまわった結果、われわれがたしかに川のボツワナ側に戻ったことを確認しました。実際、前夜に通ろうと思っていた道路からたいして離れていませんでした。ざっと計算してみたところ、前日に泊まったホテルから七〜八キロほどだったに違いありません。

それで決断しました、まずサムは、動けないのでいまいる隠れ場所にとどまることにします。わたしは、ホテルに戻って連絡係に電話し、作戦が失敗したと伝えます。もちろん、連絡は危険のないよう暗号で行ないます。さらに、この機会を利用して、われわれがこの苦境から抜け出すため、どんな手はずを整えられるかを確認することにしました……金はあるし、連絡できる相手もいるし、連中は、おそらく数百人を動員して全力で探しまわったのでしょうが、われわれを捕まえることはできませんでした。実をいえば、われわれはかなり楽観的になっていました」と、マグワイアは語っている。

「サムは、わたしが茂みを抜けてホテルへ向かっているあいだ、隠れ場所に残っていました。サムもわたしも、脱出用キットをベルトになかに縫いこんであり、現金もふたり合わせて二〇〇〇イギリス・ポンドほどもっていました。ホテルに着くと、わたしはロビーの電話から所定の人物に電話し、作戦が失敗したことを知らせる所定のフレーズを告げました。これをしなくてはならなかったのは、そうすることで、ほかの場所で活動しているほかのチーム・メンバーに警告を出して所定の行動をとれるようにするためです。わたしが失敗したとすれば、ほかのメンバーも失敗すると思ったからで、のちに判明したとおり、その考えは正解でした。

さらにわたしは連絡係に、われわれは身動きがとれず、サムは重傷を負っていると告げました。慎重に、当然の警戒心をいだいて、わたしは彼に、これからどうすべきかたずね、さらに、われわれが彼から見てボツワナの反対側にいることをふまえ、手を貸してもらえる場所にいるのかとたずねました。それに対して彼からは、きわめて露骨に、自分でなんとかするようにと告げられました。

話を終えるとわたしはホテルを出ましたが、その間、少しばかり時間をさいて、できるだけ身づくろいをしました。なにしろ、泥のなかを進んで葦のベッドに横になり、川を泳いで渡った後ですから、ホテルに着いたときにはひどく汚いありさまで、まだ早い時間だったとはいえ、ホテルのスタッフからは奇妙な目で見られました。

ホテルの玄関から出ようとしたとき、顔見知りに出く

ふたりが敵の手から脱走した町カズングラは、ザンベジ川の渡河地点で、ボツワナ、ザンビア、ジンバブエのアフリカ３か国が国境を接しており、日中は渡し船がひっきりなしに往来する、活気に満ちた小さな河川港である。ザンベジ川は、場所によっては川幅が400メートルあり、日中に泳いで渡るのは、それが１回きりだとしても、そうとうたいへんなことだろう。それを彼らは２度、しかも夜に行なった。（写真：筆者）

わしました。数日前の夜に会った地元の猟鳥獣保護隊員のひとりが、ロビーに入ってきたのです。彼は、動物見物用のランドローバーから降りてきたところでした。わたしを見かけると、ひどいありさまに二度見してから、『やあ』と声をかけました。それから冗談交じりに『こりゃあ、まるで川で泳いできたばかりみたいだな』と言ったのです。いちかばちか、わたしは、まさにそのとおりなんだと答えました。そして、ザンビアでエメラルドを密輸しているところを見つかって、ザンビア警察に追われていたのだと説明しました。もっともらしい話なので、彼はニコッと笑い、逃げられてまったく運がよかったよと言ってくれました」

それからジム・マグワイアは、この保護隊員に、ちょっとひと儲けしたくないかとたずねた。車でいっしょにサムのいる場所まで行ってつれて帰ってきてくれれば、五〇〇〇ポンドを現金でわたそうともちかけたのである。隊員は一瞬もためらうことなく同意し、ふたりは彼のランドローバーに乗って出発した。

車で川に戻る途中、ボツワナ国防軍（ＢＤＦ）の兵士を乗せた車の列が、ランドローバーとすれ違って反対方向へ向かっていった。ジンバブエ側がＢＤＦに通報したに違いなく、マグワイアは新たな同行者に何も言わなかったが、この地域一帯の治安部隊が動員されているのは明らかだった。すぐにパトロール隊と捜索隊を出し、道路を封鎖するものと思われた。幸い、隊員のランドローバーはこの地域ではだれもがよく知っているらしく、ふたりが止められることはなかった。

「それでわれわれはサムのいる場所の近くへ行き、道路が封鎖されておらず、近くにパトロールもいないことを確認してからわたしは車を降りてサムのもとへ行き、手を貸しながらいっしょに道路に戻ってきました。

ここでサムとわたしは、歩きながらちょっと意見を交換しました。新たな治安対策がもうすぐ実施される以上、国境を越えて南西アフリカへ入ることは、BDFが警戒しているから、たぶんむりなことはわかっていました。希望をもてそうなのは、いまいるこの場所からできるだけ急いで、できるだけ遠くへ行くことくらいでした。それができなければ、まちがいなく捕まってしまうでしょう。ホテルへ戻るのも危険でした。観光客の立ちよりそうなところはすべて監視され、われわれが前日の夕方に国境の検問所で見たのと同じ写真がおそらく配布されることでしょう。

武器は車に隠してありましたが、いまではもう使いようがありません。それに、サムが負傷していなければ、事情は違ったかもしれません。彼が足をけがしなければ、たぶん陸路で移動しようと考えたでしょう。武器はなく、ひとりはけがをしており、ふたりともすっかり衰弱している状態では——しかも、見知らぬ環境で日中に移動することを考えれば——陸路を行くのは、リスクをおかしてまでやるべきことではありませんでした。

残された頼みの綱は、新たに友人となった保護隊員だけでしたが、それでも時間が問題でした。いきなり軍がこれだけ活動を開始すれば、いずれは彼も、なにかが起きていると気づくはずです。そこでわたしは彼に、このあたりに飛行機をチャーターできそうな航空会社がないかとたずねました。われわれはこの一帯から立ち去る必要があるのだと説明し、ザンビア側がわれわれについてなんらかの発表をするらしいからだと補足しました。

彼の返事に、わたしたちは驚きました。『ああ、近くの農場にいる友人が軽飛行機をもっているよ。値段が折りあえば、たぶん喜んでハボローネまで飛行機に乗せてくれるだろう』と言うのです。それでわれわれは車で彼の友人の農場まで行き、ちょっと交渉した結果、一〇〇〇イギリス・ポンドでわれわれは、日の暮れないうちにボツワナの首都へ行けることになりました。

ハボローネに着くと、すぐ飛行機から降り、よそ見をせずに、そのままターミナル・ビルから出ました。最初に見かけたタクシーに乗って町はずれにあるホテルへ行き、部屋をふたつとりました。一方サムは、何か所かに忙しく電話をかけました。われわれには、現状がどれだけひどく、なんらかの指示があるのかどうか確かめる必要があったのです。

返事は率直なものでした。状況は悪いと、サムは告げられたそうです。その場にとどまって、現状がおちつくまでホテルで身を隠していてもよいし、何なら南アフリカ国境へ向かってもいい。どちらにするかはわれわれが選んでいい。ただし、だれも迎えには来ない。そう言われて、しばらくしてからサムとわたしは現状について話しあいましたが、われわれがにっちもさっちもいかなくなっているのはまちがいありませんでした。それに、わたしはザンベジ川でパスポートを失くしてしまい、有効な身分証明書を何ひとつもたずにボツワナにいるわけです。しかも、ハボローネに来るのに脱出用の資金をほとんど使いはたしていました。

ふたりとも、まったくの窮地に立たされていることで意見は一致しました。車もなければ服もなく、車をレンタルできるだけの金もなく、ホテルに二泊か三泊できるだけの現金しかありません。さらに問題なのは、ボツワナ警察がわたしの写真をもっていることでした。写真は、いずれ国中に配られるでしょうから、だれかがホテルにやってきて、このイギリス人二名を見なかったかと質問するのは、もはや時間の問題でした……」

最終的に二名の逃走者は、ホテルにとどまって身を隠すのはリスクが大きすぎると判断した。南アフリカ国境へ向けて脱出するが、すべて徒歩で移動し、しかも主要な幹線道路は避けることにした。

移動距離は三〇キロ程度だろうと予想した。道路を標点つまり目印として利用するが、実際には林のなかを歩き、道路にはときどき接近して方向が合っているかを確かめるだけにする。確認したら、また林に戻る。この行動パターンに、ふたりはすぐに慣れていった。

移動の半分くらいまでは順調だったが、サムの足首のためペースはゆっくりだった。マグワイアは出発したときから、この相棒が激しい痛みに苦しんでいることがわかった。しかも、林のなかのでこぼこした地面を歩き、フェンスをのりこえ、排水溝ややぶを苦労して進んだことで、足首の状態は悪化していた。あるときなど、小さなサッカーボールくらいに腫れているのではないかと思ったほどだ。とうとう、中間地点近くでビーアンは、これ以上はむりだと言った。「ふだんなら、ものすごくタフなのですが、もう限界だったのでしょう」と、マグワイアは説明した。

ふたりはしばし足を止め、どうすべきかを考えた。ビーアンは、道路沿いのもっと平らな場所を進めば、少しは楽になるかもしれないと提案した。車の来る音が聞こえたら、茂みに飛びこめばいいと言う。

「わたしは、そのアイディアは気に入らず、そう言いました。道路が封鎖されていないか心配だとサムに告げたのです」

ボツワナ北部からハボローネへ向かう飛行機のなかで、ビーアンはパイロットと猟鳥獣保護隊員――彼もフライトに同行していた――に、ハボローネと南アフリカを結ぶ幹線道路が封鎖されているか知っていますかとたずねた。ふたりはエメラルド密輸の作り話をまだよそおっており、ザンビア人とボツワナ人はぐるになっているから、これほど遠く離れた南部でも、まだ探しているかもしれないと言った。パイロットと隊員はだいじょうぶだと言い、そのルートを以前に通った経験から――ふたりはひんぱんに旅行していた――道路の封鎖はないとうけあってくれた。しかしマグワイアは、のちに語っているように、いちかばちかの勝負に出る気はまだなかった。

「ここで、サムとわたしは意見が分かれました。彼は、林のなかを歩きつづけるのは肉体的にむりだと言います。道路わきを進みたいと言うのです。わたしは、ならそうすればいいときっぱり言いました。わたしは林を進みつづけるつもりでした。

それでわれわれは別れました。サムは道路の方へ行き、わたしは林に戻りはじめました。ほんとうに残念だったのは、彼がそこから一〇〇メートルも進まないうちに、BDFの道路封鎖に引っかかってしまったことです。三人の警備兵が道路わきの茂みから出てきて、FNライフルを彼に向け、すると彼は大声でわたしに助けを求めました。わたしは自分が正しいと思うことをやろうと考え、彼を助けるため道路に駆け出しました。

サムは、三名のボツワナ兵にライフルを向けられた状態でそこにいました。警備兵のひとりがわたしに近づいてきて、FNを鼻先につきつけました。

われわれが何者で、ここで何をしているのかというのが、最初の質問でした。その問いかけに、われわれはイギリス人観光客で、車が五キロほど後ろで故障したため、歩いて助けを求めに行く途中だと説明しました。偶然みなさんに会えてほんとうによかったとも言いました。

しかし、警備隊長はしばらくわれわれの姿を上から下までじっくり見ると、ジンバブエの国境警察官のように、君たちは南アフリカのスパイだなと言いました。『君たちを逮捕する』とわれわれに告げたのです。

ところが意外なことに、ボツワナ兵のうちふたりが、道路封鎖の主要陣地に戻っていくではありませんか。どうやら無線で、われわれを捕まえたことを報告するようです。その結果、われわれふたりを監視するのはボツワナ兵ひとりだけとなりました。

われわれは互いに目配せすると、わたしは息をひそめて、走って逃げようと言いました。林に戻るべきだと思ったのですが、サムは返事をしませんでした」

ちょうどそのとき、車が近づいてきてスピードを落とした。マグワイアは、車は止まると思ったが、止まらなかった。近くに来たとき、彼はすぐさま車の前をまわって反対側に移った。これで、彼と兵士のあいだに車が入る形になった。しかしビーアンはついてこず、車はふたたび動き出した。彼は前もってビーアンに、「走れ！」と叫んだら全力で逃げるようにと告げてあった。

マグワイアの話。「このときわたしは『走れ！』と叫び、林へ向かって一気に走っていきました。とにかく全力で走ったので、兵士が発砲したのかどうかも覚えていません。ただ覚えているのは、サムがその場にとどまって拘束されたことだけです」

ジム・マグワイアは、その後も脱出の努力を続け、ついにはぶじに国境を越えて南アフリカへ戻ることができた。以来彼は、民間軍事活動員として長年スエズ以東の国々などで治安・警部業務にあたっている。

サム・ビーアンは正式に逮捕され、ジンバブエ当局に引き渡された。マグワイアらがのちに知ったことだが、当局者はまず、彼にひげはどうしたのかとたずねた。それから、シャツの袖をまくってタトゥーを見せるようにと命じた。

マグワイアの話。「サムは、ひげを生やしたことがありませんでした。しかし、わたしはつねづね生やしていました。それにサムはタトゥーもしていませんが、わたしは大きなタトゥーを、左右の腕にひとつずつ入れています。

どうやら彼らがさがしていたのはわたしだったのです。実際、道路封鎖で捕まえたのはわたしだと思っていたようです。裏切り者は、わたしの写真と詳細な人相書を渡していただけでなく、大量の個人情報も伝えていたのです。

このことは後で知ったのですが、ボツワナ当局はわれわれが同国に潜入する前日にふたりの人物を逮捕していました。彼らは、南アフリカ軍兵士だとして捕まったのです。これを受けて、ボツワナ国防軍と内務当局すべてが厳戒態勢を敷いていました。

本来なら、作戦は中止すべきでした。しかし、プレトリアにいるチームの中心人物が集まって状況を検討した結果、救出のチャンスは二度とめぐってこないだろうという点で意見が一致し、いちかばちか決行することに決まったそうです。チクルビ刑務所には友人や同僚がおり、その全員が元隊員で助けを必要としていたのですから。

内部に裏切り者がいたというのは、じつに苦い経験でした」

ジム・マグワイアの話は続く。「ずっと後になってわかったことですが、サムはジンバブエ側に拘束されると、ひどい拷問を受けたそうです。その仕打ちは、かなり長期にわたって続きました。しかも、ボツワナの治安部隊と、われわれの到着をすでに待っていたジンバブエのCIO部隊との合同チームによる拷問だったのです。

じつは、拷問にくわわったジンバブエCIOの局員のひとりが、ボツワナの首都ハボローネで、サムとわたしがジンバブエに潜入しようとした前の晩に泊まったのと同じホテルに滞在していたのです。じつはボツワナ政府はサムを殺すことに決めていて――麻袋で水責めにするつもりだったのですが――CIOから、のちに尋問するので生かしておくようにと指示されたのです。

殴られて拷問されても、サムは口を割りませんでした。ジンバブエにいる友人や同僚など知人を危険にさらすようなまねはまったくしなかったのです。その気になれば、いとも簡単にやれたでしょう。なにしろ彼は、全員の名前と居場所、さまざまな集合地点、今後の計画、移動手段の手配方法などを知っていましたから。しかし彼は、全員が脱出するのに十分な時間を稼いでくれたのです。

その後、警備の厳重な刑務所で一〇年の懲役刑を受けました。かなり重い判決にくわえて、かなり長い刑期を科せられたのは、ほかでもない、ジンバブエ政府が求めていた情報を提供するのをこばんだからでした」

ジム・マグワイアの脱出行は、南アフリカ国防軍の歴史でもっとも時間を要した脱出行動とされている。作戦を「密告」した人物――核心部にいた潜入スパイ――は、家族への配慮から、名前は今後も伏せられ、GBというイニシャルだけが明かされている。GBは、この事件の少し後にイラクで治安活動中に殺害された。元同僚のあいだでは、彼がこの行為におよんだのはもっぱら報酬めあてだったとのことで意見が一致している。残念ながら、そのせいで隊員数名が命を失い、何十人もがチクルビ刑務所に収容された。ＧＢが密告したせいでムガベ大統領の治安部隊に拘束された者の多くが、おそろしい拷問を受けたという……

第13章 イラクでの雇われ兵

元警官のラヴェットを見て、わたしは、彼の心は、カギをかけた戸棚が自制心という天使たちに守られていくつもならんでいるようだと説明するのがいちばんよいのではないかと思った。アメリカのアーカンソー州で聞いた話では、彼は人生の大半を覆面警官として働いていたといい、もともとまじめな警官だったが、その後に傭兵になった。バグダードに来る前はバルカン半島のコソヴォにいて、首都プリシュティナを出てすぐの小さな町フェルジの郊外で一五〇人の傭兵たちと活動していた。

本稿執筆時点で、グレゴリー（グレッグ）・ラヴェットはアフガニスタンにいるが、それまでは二〇〇三年一二月以降、断続的にイラクにいて、その後にタリバーンとの戦いに関与するようになった。

彼は、数十億ドル規模の治安業務を行なうアメリカの巨大複合企業で働きはじめ、当初は爆発物探知犬を使って爆発物、いわゆるＩＥＤ（簡易爆発物）を探し出す仕事をしていた。その後、幹部たちが「要人警護」とよびたがる仕事をまかされた。「民間事業者の警護のほか、ときには外国の外交官の護衛もしました」と彼は説明してくれた。

日常業務のひとつに、バグダードのグリーンゾーン（国際ゾーン）と国際空港とを結ぶ有名な幹線道路ルート・アイリッシュを通って人々を送迎する仕事があった。この送迎がたびたび注目されたのは、移動途中に死者が出ていたからだった。

「わたしたちの大半は、元警官か、元アメリカ海兵隊員でした。そもそも、道路を時速一六〇キロで行ったり来たりする人を護衛するのに、法執行官の一団ほど適任な者はいないでしょう？」。その言葉どおり、彼がいっ

2004年、バグダードのバンディット・アイランドでのK–9任務。(写真:グレッグ・ラヴェット)

しょに働いた人々は、移動中は何に目を配るべきで、威嚇的な運転をしてきた相手にどう対応すべきか、よくわかっていた。

「それに、渋滞から抜け出すのも、かなりうまいですよ。それより大切なのは、自分たちで決断をくだす方法を教えられていることです。海兵隊員には、警官とよく似たところがあります。彼らも独立心の強い連中で、いざとなったら決断をくだすのをおそれません。上官の許可がなくてはトイレにも行けないような軍人とは、わけが違うのです」

警備会社のほぼすべてが特殊部隊の元隊員を雇用し、イラクとアフガニスタンで活動させていると、ラヴェットは考えている。「ですが、こうした元隊員は、戦闘員としては優秀なのですが、道路を車で進むことについては、たいてい何ひとつわかっていません。一方わたしたち警官は、それで飯を食っていて、運転技術と小火器の訓練を受けていました」

特殊部隊の隊員は、全員とはいわないが、大半が訓練しかしたことがなく、なかには軍歴を通じて一度も出動したことのない者もいる。湾岸戦争やアフガニスタン戦争まで、彼らには活躍の場がほとんどなかった。実際に敵国へ派遣されて銃撃を受けたのは、ごく少数のかぎられた一団にすぎなかった。大半は、撃ち返してくる者と銃火を交えたことがなかったのである。

アメリカ本土に駐留する特殊部隊では、隊員の多くは、隊員であることを示す「記章」をもらえる期間しか在籍していなかったと、ラヴェットは語っている。記章をもらったら、除隊して別のことをはじめるのだ。「そのくせ聞いてみると、そろいもそろって、自分は特殊部隊出身だと言うんですからね」

優秀な元隊員もおり、そうした者たちは、優秀な戦闘グループやすぐれた警備チームになっている。しかし、警官でもそうだが、どうしてここに来ているんだと思うような人物もいる。つまり、優秀な者とそうでない者とがおり、たいていは両者が集まって玉石混淆の状態を作っている。

九死に一生を得たことは、イラクでは何回かあったと、ラヴェットは語っている。イラクに来て一週間ばかりのころで——二〇〇四年一月上旬のことだった——、自宅に電話するため列にならんで待っているときだった。

「ボブ・ホープ食堂の近くに三〇人ほどいましたが、そこへ敵が迫撃砲を撃ちこんできたのです。一発目は、わたしたちのいる場所の真向かいの非常に大きな泥の山に落ちました。場所がもう三〇センチどちらかの方向にずれていたら、アスファルト舗装した駐車場に落ちて、かなりの死傷者が出たと思います。でも、そうならなかった。泥を髪の毛からふり落とすだけですみましたよ。

それから、よく晴れた五月のある日、わたしたちはルート・アイリッシュを通って、バグダード国際空港のあるBIAP地区へ向かっていました。わたしたちの約一・五キロ先には、ブラックウォーター社の連中が同じ方向へ向かっていたのですが、その彼らが待ち伏せ攻撃にあったのです。車に乗っていた者はみな死亡しました……四人全員がです。これにより、おそらくそれが目的だったのでしょう、その時点で大渋滞が起こり、道路の両側には十分に武装した敵が何人も現れました。わたしたちは、戦いながらこの混乱を突破しなくてはなりませんでしたが、もしわたしたちのほうが一分先に到着していたら、殺されていたのはまちがいなくわたしたちだったでしょう」

もうひとつは、同年の四月九日……二〇〇三年にバグダードが陥落して一年後のことだ。ラヴェットは語る。

「わたしたちはグリーン・ゾーンにいて、このときも空港へ向かうことになっていました。第一二検問所から出る予定でしたが、ＥＯＤ〔爆発物処理〕班が不審車両の点検をしていたので、ゲートは封鎖されていました。そこでしばらく待ったのですが、結局、この任務はキャンセルにして、ベースキャンプのある北隣りの町タジに戻ることにしました。

ベースキャンプに戻ると、車両部隊がいくつか待ち伏せにあって人質がとられたと聞かされました。もし当初の計画どおりBIAPへ向かっていたら、途中で奇襲にやられていたでしょう」

使われていた車両についてのラヴェットの意見は、興味深い。彼によると、ほとんどの警備会社は、シボレーのサバーバンかタホを好んでいたそうだ。どちらの車種も、モデルによるが六人乗りか八人乗りで、車内はかなり広々としている。「わたしたちは、ふだんタホZ71を使っていました。この種の仕事用に作られた四輪駆動車ではいちばん頑丈ですからね。

道路を行くときは、ふつうは三台で隊列を作りました。一台ずつに、運転手と副運転手が乗り、二列目のシートには射撃手がひとりかふたり、後部座席に尾部銃手が、それぞれ座りました。重要人物——つまり、わたしたちが警護する人——は、たいてい真ん中の車に乗ってもらいます。幹線道路でこうした車両部隊の後ろを走ると、じつに見ものですよ」

イラクでPMC（民間軍事コントラクター）が使用するおもな武器は、AK-47ライフルだ。彼いわく、「信頼できるうえに、国内で簡単に入手できるのです。

それに対してわたしたちの尾部銃手は、ベルト給弾式のPKMやRPK（どちらもAKと同じ銃弾を使うマシンガン）のような武器を好んでいました。ですがわたしたちは、三〇口径のブローニング・ピストルをひとつもっていて、撃ったときに、とても安心感のある音が出ました。自由の銃声というんでしょうかね……」

ラヴェットの考えによれば、今日のイラクや、規模はやや小さいがアフガニスタンなど第三世界の派遣地域で起きていることは、民間軍事会社とコントラクターが、アメリカ人であれイギリス人であれ南アフリカ人であれ、どっとおしよせたことが直接の原因だという。バグダードの情報筋によると、そうした民間事業者がイラク全土で約五万人活動しているそうだが、ラヴェットは、現実的に考えれば実際は三万人程度だろうと推測しているが、それでもまだ多いという。

「こうした個人のひとりひとりに多額の金がかかり、その大半を負担しているのはアメリカの納税者なのです」と述べている。

わたしがはじめてグレッグ・ラヴェットと会ったのは、彼が二〇〇四年の夏にバグダードから戻ったときで、以来わたしたちは連絡をとりつづけている。

わたしは、息子のルークをつれて、彼を探しにアーカンソー州北西部にある小さな町へ来ていたが、いるはずなのに彼は一向に見つからなかった。長年、覆面警官として働いていたため、知らない人間が質問してまわると警戒するのだ。ようやく彼と電話で話すことに成功し、一週間後にニューオーリンズで会う約束をした。

この出会いがあったため、ラヴェットは当時わたしが取材中だった、撃たれて生還した警官を扱った拙著『警官——死をまぬがれた者たち』に大きくとりあげられている[1]。学校のパトロール業務をしていたときのこと、彼は教師を殺そうとしていた一二歳の少年を捕まえた。ところが、その少年はラヴェットに向けて二〇口径のショットガンを発砲し、弾が五発命中した。この元警官も述べているように、ふつうなら命中するはずはないが、命中したのだ。少年は父親とたびたび狩猟に出かけており、ショットガンの扱いに慣れていたのである。

アラブ世界での戦争に対するラヴェットの見解は衝撃的なものだが、それは彼が先入観をもたずに状況をありのままに見ているからだろう。その意味で、彼はきわめて現実主義者である。しかも彼はこの仕事が好きで、とくに不満もないのだが、業界の欠点については歯に衣着せずに批判している。以下、彼の発言を引用する。

「ここイラクで状況が『文明化』しはじめている現在、民間軍事会社はおおまかにいって、ふたつの種類に分かれるようです。わたしたちには、従う義務のある一定の規則があり、わたしたちの活動は数多くの組織から入念に監視されているうえに、そうした組織の多くはわたしたちフリーランサーの評判を落とそうと躍起になっています。その結果、わたしたちの仕事にいちばん厳しく目を光らせているのは、わたしたち自身の上司その人なのです。一線を越えたら、すぐ次の飛行機で本国へ帰されてしまいます。

イラクにもアフガニスタンにも、トリプル・キャノピーや、MPRI、アーマー・ホールディングズといった『急成長中の』会社がいます。どれも、というか、ほとんどどれも、評判のよい会社です。要人警護から大使の護衛まで、なんでもやります。多くの会社は警備犬部隊、通称K-9《ケイナイン》部隊をもっています。大使館や公邸での警備業務を行なう会社もあります。料金ははっきり言って高いですが、こうした人々は専門の訓練を受けている

グレッグ・ラヴェット。2014 年初頭のアフガニスタンで、民間軍事コントラクターとして警備犬部隊で活動していたときの 1 枚。（写真：グレッグ・ラヴェット）

ので仕事の能力は高いですよ。

こうした会社はふつう、いわゆる『その他の政府機関』から仕事を依頼されますが、それ以外にも、予算の制約をかならずしも受けないアメリカ国務省やアメリカ国防総省など大きな組織からも依頼を受けて、補給物資の輸送や民間人の護衛などの『地味な』仕事をしています。

たしかに、重要な大口の契約をとってくる政治的影響力をもった会社も多くあります。ハリバートンや、いまは社名を変えましたが、昔のブラックウォーターがそうですね。そうした会社はここに長期間滞在していて、この種の不安定な政治的・軍事的環境で、いってみれば、金を払っただけのことをしてもらっているのです」

ラヴェットも説明しているが、イラクで活動する民間軍事会社の大多数は、アメリカが支援する「イラク復興」計画になんらかの形でかかわっている。彼らは、建設作業員を護衛したり、関係するエンジニアを警備したり、作業員を送迎する輸送車両部隊を運用したりなど、各種の補助的な活動を行なっている。

たとえば、施設やインフラの再建・改築の契約を受けた建設会社は、作業員の身の安全を確保しなくてはならない。実際に支払われた額の例として、バグダードのアメリカ大使館で働くスポークスパーソンのグレッグ・ニヴァラが明かしてくれたところによると、イラク南部のムサンナー県で巨大な墓地から死体を掘り出す契約には九〇〇万ドルの予算がついていたが、そのうち二〇〇万ドルが、地中から死体を掘り出す作業員を警護するため警備会社に支払われている。予算総額の約四分の一だ。警護がなければ、この事業は不可能だっ

ブラッド・モノーア。2004年、イラクのタジにて。典型的なアメリカ人PMC。（写真：グレッグ・ラヴェット）

たと、ニヴァラは語っている。

しかし、ラヴェットも指摘しているとおり、すべての民間企業にとって重要なのは利益であり、それは裏を返せば利益以外のもの、つまり、多岐にわたる治安業務の専門用語で言うところの「許容損害」が発生するということだ。具体的にいえば、装備や人員に損失が出ても、それは減価償却扱いとなり、会社は全額を取引で得られる売上から差し引けばよいということである。

マイナス面として彼があげたのは、建設会社や警備会社の一部に「詐欺まがい」の会社があることだ。こうした「ほかの」組織のなかには、イラクへやってきて国防総省と契約を結んでいるところもある。あるいは、国務省の警備業務を獲得しているかもしれないが、いずれにせよ、そうした会社は契約を確実に手に入れるため、どの会社よりも低い価格で入札しなくてはならず、その額は他社より数百万ドルも少ないことも多い。一方、彼らは自分たちがこの国で活動するのはせいぜい一年か、長くても二年にすぎないことを、よく承知している。そこで、契約金をもらったらすぐに姿を消すのである。とくにこの業界では、契約金のかなりの部分を前払いでもらうため、こうしたことが可能なのだ。しかも、実際に業務を行なう前に、たっぷりと準備期間があたえられるのがふつうなのである。

つまり、こうした会社には、業務に着手すらしないところもあれば、最終的には——曲がりなりにも——はじめるが、契約に見あう業務を提供できないところもある。要はこうした会社が、実際に仕事をしているわたしたちの評判を落としているのである。

「わたしの個人的な経験からいって、こうした無責任な会社は、お飾りとして警備責任者を雇います。たいていは、特殊部隊での立派な経歴と、軍人としてのさまざまな能力をかねそなえた、経験豊富な信頼できる人物を警備責任者として雇うようですね。そうした人物は、初めのうちは自分が利用されていることに気づいていませんが、やがて会社から、警備要員の採用だけでなく、その訓練まで丸投げにされてしまうのです。しかも、こうした採用や訓練を、もともと軍隊での経験がほとんどなく、たいていは第三世界の国々から来た人々を相手にする場合は、かならずしも容易ではないのです。

また、『有能な射撃手』に対する現在のレートは——平均で——一日に五〇〇アメリカ・ドルから一〇〇〇アメリカ・ドルが相場で、かなりの大金です。

ところがわたしは、『第三国国民』——頭文字をとってTCN——とよばれる人々を射撃手として日給わずか五〇ドルで雇っている会社をいくつか知っています。しかも、そうした会社は検問所での警備業務にはもっと安い報酬しか払っていないのです。それでいて彼らは、どうしていわゆる『悪党』――つまりアル・カーイダやスンニ派の戦闘員――が、警備がふだんから厳重な地域に入りこんで騒ぎを起こすことができるのだろうかと不思議がっているのですからね。しかも、入りこまれたため多くの人が命を奪われているのです」

ラヴェットによると、TCNは大半がインド、フィリピン、ネパールなどの出身だが、現在は中南米からの採用候補者も増えている。

こうした人々のほとんどは働き者だと、ラヴェットは認めている。家族への仕送りのために働いているのだ。しかし結局のところ、大部分は自動小銃を使う業務につくべき者たちではない。戦闘経験は皆無に等しく、たとえ待ち伏せ攻撃の真っただ中にあっても、きっと自分が待ち伏せ攻撃を受けているとはわからないような人々だからだ。

ラヴェットは語る。「わたしがよく知るK-9会社のひとつは、クライアントに犬一頭につき一日二〇〇〇ドルを請求していました。それに三〇日をかければ、一頭あたり月に六万ドルかそこらになります。それでいて、ハンドラーには月たった五〇〇〇ドルしか払わず、ごく基本的な設備と装備しか提供しないので、利ざやは膨大な額になります。その会社は、犬のハンドラーを三〇人から四〇人登録して、大儲けしていたわけです」

そしてここでも、それがすべてアメリカの納税者の金で公然と行なわれていたと、彼は力説している。

またラヴェットは、現状について次のように指摘している。イラク占領の初期に到着した有能で評判のよい警備会社の多くは、自分たちにとってたいへん都合がよい確実な活動拠点を築いた。こうした会社は、建設会社や運送会社が活動する際の手助けとなり、その見返りとして、そうした業務の資金を手にした。

しかし、だれもが知るように、政府の契約はほとんどの場合一年しか続かず、イラクでの活動にたずさわるすべての会社と同じく、一年ごとに入札をくりかえさなくてはならない。だからこうした警備会社が、すでに基盤を比較的しっかりと固めて事業を順調に進めていた以上、彼らが欧米の経済システムの発想に従い、利益を拡大する方法を考えようとしたのはむりからぬことであった。

一方で、こうした会社は仕事が確かだった。なかにはとびぬけてすぐれた会社もあった。もちろん時間がたてば、だれもがミスのひとつやふたつは犯すものだが、全体としては非常に順調だった。しかも、当然というべきか、有能な警備会社は警護も確実だったため、敵対的な活動や被害は最小限に抑えられ、やがて――内戦の周辺地域では問題が数多く起きていたものの――治安はかなり改善されたように思われた。

そのためクライエントたちは、もはや以前と同じ厳重な警備は不要ではないかと思うようになった。そこで、業務や警備のコストをカットして経費を節減しようと考えたのだが、当然ながら、これはバカげた考えだ。「事故にあっていないから自動車保険を解約しようというようなものですからね」。その後、事態は急速に展開していった。

まず、もっとも危険な時期に最初に地ならしをしてくれた警備会社に対抗して、初めから破格の安値を提示する警備会社が多数現れた。そうした新規参入社は、射撃手や警備員に日給五〇ドル（あるいはそれ以下）しか払わず、好意的に見ても「超一流とはいえない」住居を提供した。天才科学者でなくても、これでどうなるかくらいわかろうというものだ。

同時に、アメリカでは多くの人が自国の若者の帰国を望むとともに、こうした補助的だが重要な警備業務に数十億ドルをついやすことに疑問をいだくようになっていたため、アメリカ政府は、とにかく支出を削減すると同時に兵隊の数を減らす方法を見つけなくてはならなくなった。

その当然の結果として、落札先は、もっとも有能な会社や個人ではなく、もっとも安上がりの、あるいは政治家が好んで使う表現を借りればもっとも「費用対効果の高い」ものになった。じつにバカげた話である。

グレッグ・ラヴェットが、二〇〇五年一二月にアメリカに帰国するに先立ってバグダードから送ってきたメールに記したコメントからは、得るところが大きい。結論からいえば、全体的な治安状況は、彼がこの地に来た二〇〇三年よりはるかに悪くなっているというものだ。「しかも、改善の見こみは当分ない」とも記していた。

「わたしたちは、内戦がほとんどあらゆるものにおよんでいるという事実を直視するべきであり、自分で自分をだましてはいけません。これは内戦です。暴動ではないのです。だれだって、アメリカが悪者に見えそうな材料がないか探しているメディアに、こんなことは言いたくありません。すくなくともいまは。

かつてわたしは、バグダードの空港地区にあるここから、ルート・アイリッシュを通ってグリーン・ゾーンへみずから車を運転していました。以前は何度もそうしていました。当然リスクはありますが、それが仕事でした……手当もついていました。それがいまでは、同じルート・アイリッシュが、世界でもっとも危険な道路といわれているのですからね。

奇妙なことに、ここではみな、ちょっとしたデジャヴュを体験しています。わたしたちがかつてベトナムで体験したのと同じ問題をかかえているのです。敵はたいへん活発に活動しています。居場所はもちろん、方法や戦術を、ほとんど毎日のように変えています。熱烈な支持者がいるので、戦闘員として採用する人材には事欠かず、だからこれほど多くの自爆攻撃を受けているのです。こうした人々は、とてつもないリスクを背負いながら、多大な損害をあたえることができるのです。

わたしたちの方では、経験が非常に豊富で、きわめて有能な人々が、内戦に対処するため派遣されてきています。戦況を逆転させてくれるものと期待されている人々です。ところが、彼らは小声で、自分の仕事をさせてもらえないともらしています。自分の任務を最後までやれない不満を口にする者もいます。しかし、それを声高に言うことはありません。そんなことをしても出世の役に立たないからです。

ほかに、残念ながら、見かけだけは優秀そうな者もいて、そうした連中は実際に優秀でなくても、そう見えればいいのだと考えています。ただ正直いって、国をあげて戦争をしているいま、『わたしたち』はだれともいがみあいたくはありません。現在わたしは、郵便物輸送車の警護にたずさわっています……ただし、『出世競争』を勝ち上った結果、しばらく前からはデスクワークを担当しています。それでもときどき、新鮮な空気を吸うため鉄条網の外へこっそり出かけてはいます。

二〇〇三年以来、わたしたちの活動で九人が亡くなりました。全員、敵との戦闘で死亡しました。もちろん、このほかにも負傷者がたくさん出ています」

話を少し戻すと、グレッグ・ラヴェットは、二〇〇三年八月から一二月までの約五か月をコソヴォですごした。その後に縁があって二〇〇三年の年末にイラクへ転勤となり、何度か休暇で帰国したのを除いて二〇〇七年四月まで同国に滞在し、その後はアメリカへ半永久的に戻り、かつての警察に復職した。

「当初は、アーカンソー州の北西部から、あの美しいバグダードの中心街へ行くことになるなど、夢にも思っていませんでした。いまふりかえると、この件については選択の余地はなかったのだと思います。もし戦争の神がそこへ行くよう決めたのであれば、それを変えることはできないでしょう。

コソヴォでは、キャンプ・ボンドスティールの基地警備業務につきました。じつに新鮮な体験で、これから先に起こることを予感させるものでした。

コソヴォには、治安業務にあたる人間には二種類いました。おおまかにいえば、元軍人と、法執行機関で働いた経験のある者です。現地に着いたとたん、わたしたちは制服と部屋と、ベッドの割りあてと、膨大な訓練予定表を渡されました。

わたしは、二週間の訓練を終えてから立哨など正規の業務につきました。ですがわたしの場合、それははじまらないうちにあやうく終わりそうになりました。二日目に基地警備の規約について訓練を受けていたとき、教官が休憩を命じました。わたしはクラスの仲間とともに外に出て、立ったまま何人かとおしゃべりをしていました。

すると、いつのまにか、『ブラック・ハット』とよばれていた教官のうち、ひとり――名前はイシャン・リチャーズです――が、わたしの目の前に立っていたのです。彼の鼻とわたしの鼻は一センチも離れていなかったと思います。イシャンは海兵隊の元DIつまり教練指導官で、いわゆる『ひとたび海兵隊員になったならば、いつも海兵隊員だ』というタイプの男でした。

イシャンは、これ以上ないというような厳しい口調で、わたしのカバーはどこにあるのか言えと命じました。カバーとは、この業界で防弾チョッキのことをさします。

わたしは考えるまもなく答えました。『なかです』。べつに彼とケンカしようとしたわけではありませんよ。それからいろいろあって、以来わたしはカバーを着用せずに外へ出ることはなくなりました。ついでにいえば、イシャンとわたしはやがて親友となり、わたしがイラクへ移るときは彼を誘うことができ、やがてまたいっしょに働くようになりました」

ラヴェットは、コソヴォでの治安状況をそれほど厳しいとは見ていなかった。しかしほどなくして、バルカン半島は彼が求めていた場所ではなかったことに気がついた。緊張は数か月後にやってきた。

「警備業務はどこに行っても変わらないと、わたしは思っていました。わたしたちのプロジェクト・マネジャーはデルタ・フォースの元隊員でした（というか、自分でよくそう言っていました）。基地へ入ってくる者全員に対するセキュリティーは万全で、ボディーチェックを受けないのは司令官とその参謀だけで、それ以外は全員がゲートで止められていました。

さて、わたしはよく言うのですが、警官として何年も犯罪者を相手にしていると、彼らのやり方、つまり、どう行動してどう考えるかがわかるようになります。基地に来る民間人労働者は全員がアルバニア人かセルビア人で、車は到着時にチェックされます。歩いてくる者も同じで、全員が基地に入るときにボディーチェックを受けます。あらためて言います……基地に入るときは、です。

当時わたしは、基地防衛作戦センター、略してBDOCで働いていました。あるときプロジェクト・マネジャーと話していたとき、どうして基地から出ていくときにはチェックをしないのかとたずねました。

すると、彼は怪訝そうな表情を浮かべました。まるで、とてつもなくバカげたことを聞かれたような顔です。『いったい、どうしてそんなことをしなくてはいけないんだ？　まったくもって物資と人員のむだじゃないか』というのが答えでした。わたしの反応は、まかりまちがえば帰国させられかねないもので、それまでの経験から、こういうときは顔を下げて口を閉じるものだとわかっていてもよかろうにと思いますよ。

とにかく、わたしはマネジャーに、コソヴォ警察とUNMIK警察（コソヴォ警察を訓練する任務を負ったアメリカ警察）は強制捜査を行なっており、その過程でアメリカ軍が支給した衣類と装備など、さまざまな官給品を大量に押収していると説明しました。コソヴォにアメリカ軍の基地はふたつしかなく、この基地か、向こうの基地のどちらかから流出したに違いないと言いました。

するとわたしは、彼のオフィスによばれ、今言ったことはすべて口外するなと言われました。そして、そんな『たわ言』をいったいどこで耳にしたのだと聞かれました。

警官のあいだではだれもが知っていますと答えました。それどころか、食堂での会話の種になっているとさえ告げました。マネジャーは頑固で、口を閉じて『うわさ』を広めるな、黙って仕事に戻れと言われました。これでわたしは、このプロジェクト・マネジャーは実際に有能でなくても見かけだけ優秀そうに見えればいいと思うバカ者だと判断しました。それで、別な仕事場を探しはじめたのです。

そのすぐ後にわたしは、爆発物探知犬のハンドラーを探していたK－9会社に採用されることになり、面白そうな仕事だと思いました。それで契約することにしました。わたしのもとに、コソヴォからヨルダンの首都アンマンへ向かう飛行機のファーストクラスの航空券とともに、明確な指示が送られてきました。いわく、そこまで来たら、空港からタクシーに乗ってモーテルへ行きチェックインしろとのことです。ずいぶん率直だと思いましたね。ヨルダンからバグダードへはどうやって行くのか質問するべきだったのでしょうが、質問しなくて正解でした。答えを聞いていたら、きっと怖くなってチビっていたでしょうからね。

万事順調に進みましたが、それも飛行機がヨルダンに着陸しようとしたときまででした。濃霧のため空港が閉鎖されていて、わたしたちは、重武装した兵士が地上でわたしたちを待っている別の空港をめざすことになりました。

きっと心配そうな顔をしていたのでしょう、隣に座っていたアラブ人が流暢な英語で話しかけてきて、中東の文化と習慣について二分間の集中レッスンをしてくれました。現金を靴のなかに隠し、五〇ドルほどを財布に入れておけというのです。これは、彼いわく『入国税』のためで、ターミナル・ビルに入るとすぐに役人から求められるのだそうです。

もちろん、パスポートに入国スタンプさえ押してもら

ビル・ベル。イラクでK−9任務に従事していたアメリカ人コントラクターのひとり。（写真：グレッグ・ラヴェット）

えるのなら、お金を払うのに否やはありません。

それから彼に、わたしが泊まることになっているホテルへの行き方を教えてほしいと頼みました。すると、タクシーを捕まえてあげようと言われ、彼が運転手に正しい方向を指示してくれました。おかげでわたしは数時間後にようやくホテルに着くことができました。降りた後で、運転手がホテルのスタッフと、だれがタクシー料金を払うのかでもめていましたが、警備会社が支払うことになっていました。

チェックインの後、わたしは食事と睡眠をとるように言われ、今夜出発するので準備しておくようにと指示されました。アンマンを午前二時ごろに出る予定で、夜明けにはイラク国境に到着する計画でした。

問題ないだろうと、わたしは思いました。アンマンから国境まで軍とともに自動車で行くのだろうと、そう思いこんでいました。

定刻になると、わたしはカバンをもって外に出ましたが、そこにはヨルダン人のタクシーが三台待機していました。どれもスペア・タイヤをロープで屋根にくくりつけ、いっしょに燃料缶を六つか八つ積んでいます。これだけでも、ちょっと違うと感づいてもよさそうなものでしたが、次の瞬間、わたしはほかのアメリカ人二名といっしょに後部座席に座り、この小さな車両部隊はイラクへ向けて出発しました。たぶん、国境の検問所で軍と落ちあい、そこから護衛がつくのだろうと、思っていました。

三台のタクシーは、明るくなりはじめたころ国境に到着し、歩いて検問所へ行くと、わたしたちアメリカ人は全員、武器は手にもち、弾薬はかつぐなりひきずるなりしてもてるだけもつようにと言われました。その後でわたしたちは、彼らのひとりが『砂漠でのダッシュ』とよぶものを経験することになりました」

三台の車は全速力で飛ばし、何があっても停車しなかった。ラヴェットも回想しているが、これはある意味、「地獄のドライブ」のミニチュア版で、どこで待ち伏せ攻撃にあってもおかしくなかった。

「そのころになると、わたしを怒鳴りつけていた旧友でDIのイシャンや、コソヴォでの温かいベッドが、本気で恋しくなってきました。結局、バグダードまでの移動で事故は起こらず、すぐに新たなわが家に到着しました」

彼が説明するとおり、K-9の任務は、たいがい仕事が多いが、楽しみもある。彼の任務は、バグダード空港と隣接する検問所の監視だった。

「ですが、鉄条網の外で軍隊が行なう任務や、ほかの基地での任務もまかされました。軍隊といっしょにパトロールすることもひんぱんにありましたが、それは本来の契約から少々はずれることでした」

K-9のハンドラー部隊で一緒だった同僚に、ベトナム戦争に従軍した元兵士ビル・ベルという人物がおり、ラヴェットの回想によると、彼は非常に不愛想だが頭がよかった。「ビルはわたしの恩師であり、生き残るための貴重な教訓をいくつか教えてくれました。それに、捜査で押収した武器のまとめ方といったコツもいくつか見せてくれました。

バグダード空港にいる軍隊は、小火器をどんどん押収していましたが、それをどうにかする気はありませんでした。そこでビルとわたしは、すぐさま自動火器を多数こっそり確保し、掃除したうえでほかのアメリカ人コントラクターに転売したのです。結構な臨時収入になりましたし、役にも立ちました。射撃手が、問題にひとつふたつ出くわしたとき必要となる優秀な武器をもって待機しているのは、やはりいいことですからね。

ところがそのころ、その民間軍事会社もバカなことをやりはじめました。重役たちが毎月、わたしたちの報酬からさらに金を『差し引く』方法を考えるようになったのです。そこで、報酬面で会社としっくりいかなくなりはじめると、すぐにわたしはほかでPMCの仕事を探しはじめました。

以前、北にある町タジで任務についていたとき、要人警護で評判の高い警備会社と仕事をしたことがありました。その会社は、民間業者や外国の外交官を護衛する射撃手と運転手を追加募集していました。いろいろな人間が集まっている会社でしたが、一目見ただけで、ここの人たちが厳格で自分たちの仕事に精通していることがわかりました。むしろ、このほんとうにプロフェッショナルな活動員たちに自分がついていけるかのほうが心配でしたよ。

それでタジへ移ったのですが、とてもよかったです。プロジェクト・マネジャーは、たんに『パット』とよばれていた人でしたが、わたしが着くと出迎えてくれて、次の報酬分として一〇〇ドル紙幣のピン札を四枚、前金としてわたすと、なにか食べたら武器の手入れをしておくようにと言ってくれました。

わたしたちの小グループは、アルファ、ベータ、チャーリー、デルタの四チームに分かれていました。デルタ・チームは精鋭とみなされていて、わたしは射撃手兼運転手としてチャーリーに配属され、チーム・リーダーはヒースという名の元海兵隊員でした。ここでも大多数は警官か海兵隊員でした。
　ある日の午後、わたしたちはバグダード空港へ向かっていて、わたしが先頭車両を運転していました。わたしたちは楽しい気分で進んでいたのですが、突然ヒースがわたしの方を向いて、こう言ったのです。『ラヴェット、まわりを見てみろ』
　そもそも運転手は、よそ見をしないものです。そのかわり、道路に意識を集中させます。周囲の確認は射撃手が行ない、ハンドルをにぎっている者は目を前方の道路にしっかりと向けているのです。そうでしょう！　それなのに、ヒースがそんなことを言うのは妙です。わたしは、何も見えませんというと、彼は大声でこう言ったのです。『そうなんだ！　まわりには人っ子ひとりいない……道路にまったく人気がないんだ』
　たしかにそうだと、言われてはじめて気がつきました。道路には車が一台もなく、見える範囲に民間人はひとりもいません。そして、実際にその場に行って経験した者であればわかるでしょうが、民間人が賢明にも通りから姿を消したら、それはまずまちがいなくなにかとんでもないことがもうじき起こるのだと考えなくてはならないのです。

　しかし、何も起こりませんでした。やがて自動車がふたたび現れ、何もかもがふだんどおりに戻って……いったい敵さんは何を計画していて、どうしてそれを実行しなかったのかと思いましたよ。こちらは、実行されていたら大敗北まちがいなしでしたからね。

　要人警護チームのメンバーとして、わたしたちはたびたび「斥候」を事前に派遣してエンジニアたちが働いている現場を確認しました。市内で現地の風景に溶けこめるよう、地元の車も何台か使っていましたし、後ろに羊や山羊をのせる荷台のある小型トラックさえもっていました。ふざけ半分に、山羊を一頭か二頭乗せて偵察のためバグダードを走ったこともありましたよ。

　さて、ある日の午後、わたしは偵察任務のためビリー、チャック、デイヴィッドを乗せて、地元の車のように見える「ポンコツ」を一台運転していました。全員アラブ人風の服装をしていましたが、それは腰から上だけで、横の座席にはたくさんの小火器を積んでいました。

　バグダードへ行ったことのある者ならだれもが知っていることですが、あそこを自動車で走るのは一苦労です。場所によっては、ラッシュアワー時のダラス中心街のようですが、信号機など交通整理をするものが何もないのです。その日は運転中に、地元民がふたり乗った車が隣に来たのに気づきました。とくに怪しいところはなかったのですが、ふと屋根に積んでいる荷物を見て驚きました。ロープで結わえてあったのは、数門の迫撃砲だったのです。

その後に話しあった結果、同僚たちとわたしは、これは迫撃砲を使って各地で発電所を爆破している連中だと判断しました。しかもその発電所は、わたしたちが護衛しているエンジニアが働いていた発電所でした。

さてどうするか？　この場で撃つわけにはいきません……まわりの注目を集めてしまいます。

するとビリーが、手榴弾を車に投げこめば、爆発しても自動車爆弾のように見えるんじゃないかと言いました。名案です！　そこで、車が少ないときでもたいへんなのに、交通量が多いなか、この車と並走することにしました。

ところが、曲がったところで突然渋滞にまきこまれてしまい、直進することしかできなくなったのです。しかも次の交差点では、『悪党』がさらにふたり、完全武装して車の検問をするそぶりをしていました。まっとうな内戦はどれもそうですが、善玉と悪者をはっきりと区別することなどできないのです。

はっきり言って、わたしたちは困った状況におちいりました。道路の封鎖は、私服のイラク警察が行なうことがよくあります。でも、前方のふたりはじつはテロリストなのかもしれません。しかし、すでにわたしたちは、彼らに説明の機会をあたえないことにしようと決めていました。少しずつ前進する間にわたしたちは計画を立てました。じつに簡単な計画です。業界用語で言う『運まかせに乱射』することにしたのです。

選択の余地が少なかったのは確かですが、仮に車が渋滞から抜け出せなくても、地元住民から一台『拝借』できることはよくわかっていました。検問まであと車が三台か四台のとき、イラク警察の車両が停車して、さらに二名が降りてきました。相手にする武装者がいきなり四人に増えたのですが、ここでも天が味方してくれたようです。短いやりとりの後、四人全員が車に乗りこんで交差点を開放し、わたしたちはキャンプに戻ることができました。

いい話だと思っていましたが、帰ってからハリスに、ズバリこう聞かれました。『もしその車がほんとうに迫撃弾やロケット弾を積んでいて、君たちやほかの人たちが距離を十分とる前に爆発したら、どうなっていただろうね？』」

「楽しかったときも、いずれは終わりを迎えるものです。数か月後、わたしと同僚たちは全員、働いていた警備会社から、国務省との契約は更新しないつもりだと告げられました。それでわたしはふたたび職探しをはじめました。

そんなとき、わたしはイラクで最大の警備会社ハリバートンと手を組むことになり、その後はずっといい勉強をさせてもらいました。

キャンプ・ヴィクトリーに到着すると、何人かの元同僚の出迎えを受けました。空港で知人ふたり――ケンとロビン――に車に乗せられ、キャンプを見に行くと、現地マネジャーであるレイのところへつれていかれました。レイは、現役時代は特殊部隊の少佐だった人物です。ちなみに彼の上司のダンは、海軍ＳＥＡＬｓの元隊員でした。

わたしたち全員が互いに慣れるまで少し時間がかかりました――向こうは元軍人ですが、わたしは元警官でしたから――が、仕事をはじめて各自の長所や発揮できる基本的資質がわかるようになると、すぐにわたしたちはきわめて有能な活動部隊に変わりました。さまざまな問題や個人的な衝突は別として、新たな職場はやがて両者のよいところを合わせもつものになったのです。

わたしはまもなく郵便物輸送車両の警備に配属されましたが、これには軍の専門護衛隊などほかの作戦部隊が同行することもあり、その大半はアメリカ陸軍の州兵か予備役の部隊でした。それまでわたしは州兵や予備役兵と仕事をした経験がほとんどなく、彼ら平均的な『週末の戦士』に対する見方は大きく偏っていました。こうした人々がイラクで現場勤務していて、ときにはほかの兵士たちと同様、死傷者が出ていたにもかかわらず、です。

実際、わたしはこれ以上ないといっていいほど誤解していました。護衛隊のひとつは担当将校つまり（ファウラー中尉の好む言い方をすれば）ＯＩＣが女性でした。途方もなく魅力的で、平時なら相手にしやすいのでしょうが、こちらが彼女の部下をひとり痛めつけているとか、あるいは困らせてやりたいと頭のなかで考えていると思ったら、すぐさまこちらのケツに銃弾をぶちこむような、そんな女性でした。

その日の終わりには、わたしが関係した州兵と予備役の部隊はこのあたりで最高の部隊であることがわかりました。ひと押しがひとつきや突破になってもうまく対応し、戦いになってもおそれない。つまり、彼らは士気の高い部隊で十分な訓練も受けており、この人々と出会い、いっしょに働いたことをわたしは誇りに思っています。わたしが郵便物の警備を担当していた時期に、軍人と民間人運転手があわせて九人、亡くなりました。

それからしばらくして、ケンとレイとロビンが三人とも別のキャンプへ異動になりました。次にわたしが会った上司は、マイクという名の、特殊部隊の元衛生兵でした。

当初わたしは、彼の肩書は医官だと思っていたので、どう接すればいいかわかりませんでした。しかし、第一印象はあてにならないものです。マイクは規則をよく知っており、全員に規則に従うことを求めていましたが、わたしたち法執行機関の人間とすごした経験がなく、彼の方もわたしとどう接すればよいのかわからなかったのです。しばらくやりとりがあった後、マイクとわたしはとても仲よくなり、すぐに互いを信頼するようになりました。彼からは、企業警備の内幕や軍との関係について、ほかの全隊員を合わせたよりも多くを教えてもらいました」

ときに戦争は奇妙な仲間を生み出すことがあると、グレッグ・ラヴェットはメールに書いている。

「ある晩、マイクとわたしは特別捜査部（ＯＳＩ）のキャンプへバーベキューに行きました。そこにはお偉方からそうでない者まで来ていて、だれもが民間人の服装をしていました。通訳のひとりでアラブ人の通称『トニー』としゃべっていたとき、グリルのそばに、同じくアラブ人の男性が三人立っているのに気がつきました。とくにおかしなところはないのですが、キャンプから来た者たちでないのはわかりました。それに、ほかの者たちと話をしようとしていません。

わたしはトニーに、あれはだれだいとたずねました。トニーはまわりをこっそり見まわすと、指を唇にあて、小声でこう答えました。『シーッ……あの三人は、バグダードでいちばんのイラン人コックなんです』

彼らが何を『作り上げた』のかについては、それ以上質問しませんでした」

「三年以上、太陽の下で楽しくすごした後、わたしは、どれくらいの期間になるかはわかりませんが、国へ戻るときが来たようだと決断しました。市民生活に適応するのに苦労するだろうとは思っていましたが、いまそれを体験してみて、これが正規軍の戦闘部隊だったら、イラクやアフガニスタンから戻ってきたとき、どんなことになるのか、想像することしかできません。

ですがひとつ、これだけは断言できます。戦闘中の連中は、自分たちはお国のために戦っているわけでも、なにかの大義のために戦っているわけでもないと、いつもわたしに言っていました。そうではなく、いまも地球上の知らないどこかで戦闘状態にある者たちは、自分のすぐ隣にいる人間のために戦っているのです。

ただそれだけのことなのです……」

(1)　Al J. Venter, *Cops: Cheating Death*; Lyons Press, New Haven, Conn., 2007.

第14章 エグゼクティヴ・アウトカムズは、どのように戦争を遂行したか

「かかわった人数は少なかったが――エグゼクティヴ・アウトカムズは、アンゴラでは五〇〇名を超えることはなく、通常はそれより少なかったが、それに比べてアンゴラ軍は一〇万人以上を展開していた――、政府軍の勝利を確実にするうえで決定的な役割を果たしたと広く考えられており……」

イギリス政府緑書「民間軍事会社――規制に対する選択肢 Private Military Companies: Options for Regulation」、二〇〇二年二月一二日

エグゼクティヴ・アウトカムズのソヨ攻防戦は、のちに、規律のとれた戦争の犬の一団が「第三世界」の局地的な紛争で何をなしとげられるかを示す代名詞となった。また、遠く離れた地で活動するかもしれないほかのPMCにとっては、キプリングがブール戦争について言った「際限ない教訓」を提供してくれる事例でもあった。

「ソヨ攻防戦」はこのように高く評価され、さらにEOはシエラレオネの反政府勢力RUFを首都フリータウンの周辺から追い落とすことにも成功しているが、その過程で多くの命が――その大半は敵の命だが――失われているにもかかわらず、このふたつの出来事は出版物であまりとりあげられてこなかった。同社がアフリカ各地で実施した活動について現在までに出版されたものは、断片的か不正確で、ひどい場合はほかから剽窃したものさえある。

エグゼクティヴ・アウトカムズがアンゴラでの活動中に実証したのは、明確な指揮系統に、戦闘員の的確な選抜と、模範的な兵士にみられる規律と、ふつうの人々にはあまり見られないレベルの献身を結びつければ、営利企業でも過酷な状況ですぐれた成果をおさめることが可能だということだった。

わたしは、イギリスのジェーンズ・インフォメーション・グループのために書いた記事で、もうひとつの現実を明らかにした。それは、通常と異なる紛争では、通常と異なる解決法が求められるということだ。この南アフリカ人グループは、未開の地で数十年間戦闘を行ない、一九六〇年代から一九七〇年代にアフリカから宗主国が引き上げて以来ずっと閉ざされてきたドアを、こじ開けたのである[1]。一部にはソヨを、あらゆる傭兵集団が戦ったなかでまちがいなくもっとも過酷な戦闘だったと考える者もいる。

その後にEOがシエラレオネで参加した戦闘も、これに匹敵するかもしれないが、フリータウン郊外のジャングルや、コノ地区のダイヤモンド採掘場へ向かう道路でこの傭兵集団に立ち向かった反政府軍の能力は、アンゴラでサヴィンビが投入した部隊の足もとにもおよばなかった。

ソヨを保持した六〇日間に戦闘が一〇回以上行なわれながらも、会社の人員の損耗率がきわめて低かったことを考えれば、ジャングル中の孤立した石油施設で起きたことから、彼らが屈強であり、攻撃を受けたときに高いレベルのプロフェッショナリズムが示されたことがわかる。たしかにEOは、従来の軍隊の枠外で成果をおさめたことについて、同社に反感をもつ者たちがいだきかねない疑惑をすべて払拭してきた。それでもまちがいなく、EOを批判する者は、アンゴラだけでなく、イギリスやアメリカ、さらには南アフリカにも数多く存在した。

視野を広げて見てみると、エグゼクティヴ・アウトカムズの成功の一部は、内実を知る者の話によれば、ダンカン・ライカールト——同社創設時の指揮グループの上級メンバー——がEOの「互いに関連しあう四つの行動規範」と名づけたものから生まれたようだ。

この規則は——非公式なものだが、その後にアンゴラとシエラレオネで行なわれた大規模な作戦を通じて厳格に守られた——わたしが一九九五年にアンゴラのEO陣地を二度訪問したとき、さかんに議論されていた。さらに、これを基盤として経営陣により中核的価値観の多くが定められた。そうしたことから、自身も特殊部隊の元隊員だったライカールトは[2]、この規範は犯すべからざ

傭兵集団エグゼクティヴ・アウトカムズで働いていた２名の野戦指揮官トップ、ダンカン・ライカールト（左）と、その親友ヘニー・ブラーウ。ルアンダのかつては美しかった海岸地区で撮影した１枚。（写真：筆者）

るものだと強調した。だれであれＥＯのメンバーがこれを無視すれば命の保証はなかった。

手短にいうと、この基本的な規範は、地上作戦すべてに対して航空支援を実施すること、現場では個人の的確な決断力と基本的な常識に頼ること、そして最後に、兵站を確保することなどで構成される。ＥＯの隊員の大半は、すでに自国で長期にわたり激しい対ゲリラ戦を経験していた――特殊部隊での実戦経験をもつ者も多かった――ため、こうした規範をむやみに厳しいと思うことはなかった。

興味深いのは、結局ＥＯの下で実践されたことの多くは、戦闘中に人命が失われるのを防ぐとともに、業務を効率的に行なう必要から決められたということだ。これをもっとも端的に表しているのが、アンゴラのリオ・ロンバ特殊部隊訓練キャンプ（レド岬から南へ車で一時間ほどの場所）で隊員たちに支給されたＴシャツに書かれていた、粗野だが強烈なモットーだろう。背中に蛍光色の太字で一〇センチ幅にデカデカと書かれていたその言葉とは、「Fit in or Fuck off（規則を守れないなら出ていけ）」であった。

ＥＯの四つの基本の第一――地上作戦は、近接航空支援なしに実施してはならない――は、政府軍のヒップやハインドがつねにあったアンゴラでは、規定どおりに実践された。このロシア製の回転翼機は、同社が派遣されたどの戦闘でも大々的に活用された。その一部は、アンゴラ空軍のパイロットが操縦した。それ以外はＥＯで働く南アフリカ人が操縦したが、内戦が進展するにつれ、同社自身が航空作戦でますます主導的な役割を果たすようになっていった。

それに対してシエラレオネでは、事情が違っていた。この西アフリカの小国には自前の戦闘パイロットがいなかったため、当初はＥＯが、政府軍が唯一保有するＭｉ－24攻撃ヘリを活用した（ヒップが到着するのは後になってからだ）。ＥＯには、首都フリータウンに到着してから取り組まなくてはならない大きな障害があった。すでに現地に来ていたロシア人パイロットを、彼らが政府と直接契約をとりかわしていたため、使わなくてはならなかったのである。

柔軟な対応ができるなど、より効率的なシステムを作るために、エグゼクティヴ・アウトカムズはこの攻撃ヘリを自分たちの統制下におさめる方法を見つけなくてはならなかった。これが簡単なことではなかった。ロシア人への月給の支払いが、ほぼ突然停止されると――当然ながら――ロシア人たちは抗議した。自分たちはきちんと仕事をしているというのが言い分だったが、実際はそうではなかった。彼らの考える上空掩護とは、しばらく前のソヨでのように、地上一五〇〇メートルあたりをホバリングすることだった。それに対して南アフリカ人の攻撃ヘリ・パイロットは、ときには一五メートルですら高すぎると考えていた。

バーロウの資金面での助言者マイケル・グルンバーグによると、この問題は、ＥＯがフリータウンを守るためパイロットと部品と軍需品を確保する供給システムを整え、それによって増した影響力を駆使することで解決された。こうして同社が主導権をにぎり、ロシア人はやっかいばらいとなったが、出ていく前にハインドの電子部品を破壊していった。ちなみに、因果応報というべきか、このロシア人パイロットのひとりはのちに死体で発見された。ただし別の情報源によると、彼は傭兵活動ではなく、ダイヤモンドとロシア・マフィアとの関係で死んだのだという。

さらに、戦闘員どうしでかなり深刻な言語の壁があったことも、ＥＯの主張を後押しした。旧ソ連のパイロットが攻撃ヘリを飛ばしていたため、ＥＯの地上部隊は航

アンゴラ陸軍部隊の訓練終了時に、みずから鍛えた部隊から敬礼を受けるヘニー・ブラーウ。隣では、共産主義を象徴する「ハンマーと鎌」に似たデザインのアンゴラ国旗がはためいている。ちなみに以前ブラーウは、世界でも屈指の特殊部隊に10年間所属し、キューバの支援を受けたルアンダの政府を転覆しようとしていた。（写真：ヘニー・ブラーウ）

空支援してくれているはずの者たちと正確なやりとりをすることができなかった。同社がシエラレオネの指導者ヴァレンタイン・ストラッサーに説明したように、「銃撃を受けているときに通訳を使っている時間の余裕はない」のである。ストラッサーは、ふだんはコカインで頭がボーとしていて、まわりで何が起きているのかあまり理解できずにいたが、このメッセージはしっかりと伝わったようだ。

　やがてEOは、独自のMi-17を投入した。ヒップ二台をアンゴラで国連から購入し、（国連の白い外装のまま）アフリカをなかば縦断飛行させてもちこんだのである。ただし、移送中に通過したナイジェリアでは、パイロットが南アフリカ人だったため、外装の効果もなく、両機は一時「拘束」された。

　EOの規範の第二は、決断力と常識に重きを置いているが、このふたつは、第三世界の軍隊の大半ではかならずしも重視されているとはいえない。EOの指揮統制方法は、目標を達成するために、果敢に、ときにはみずからの判断で行動することを奨励していた。アンゴラで同じくEOの戦闘指揮官だったヘニー・ブラーウも指摘しているが、「そうしたことは、教本ではとりあげられていないものだ」

第三の規則は規律で、これはかなり強い力で強制されている。一線を越えた者は――ただし、職務中に酔っぱらっているのでなければ、週に何回泥酔してもかまわなかった――次の飛行機で本国へ送還された。どの部隊にも、どれほど遠くにいようとも、それぞれ独自の規則があり、厳しく適用されていた。それでだれかが重要な地位から追い出されることになるとしても、手はゆるめられなかった。ここでは、酒の席での殴りあいがおもな問題だった。

EOでもっとも優秀でもっとも評価の高かった戦闘員二名が、フリータウンのバーで、アイビス・エア――バッキンガムが友人と創設した航空会社で、補給物資を運ぶのに利用されていた――のイギリス人重役ととっ組みあいをしたため解雇された。その場に居あわせた人が「闘犬のようなメンタリティー」と説明するほどの激しい暴行で、哀れな重役はあごの骨と肋骨数本を折られ、緊急便で本国へ移送された。また後には、アンゴラとシエラレオネのダイヤモンド採掘場で、数名がダイヤモンドの違法取引で解雇された。ほかにも取引にかかわった者はいたのかもしれないが、ダイヤモンドは隠すのが簡単で、犯行を立証するのがむずかしかった。

最後は兵站である。アフリカでの紛争にかんするEOの哲学でカギとなる思想は、つきつめていえば、実現するよう手配しなければ何事も実現しないということだった。当時すでに同社はしばらく前からアフリカ諸国の政府と取引をしていたが、どこへ行っても政府からの支援は例外なく不十分だった。

EOの作戦を担当していたラフラス・ルーティンは、こう語っている。「われわれが取引をした政府は、どこも約束をしてくれます。いくつも約束します。いつでも、とくに酒のボトルをまわしながら話しているときは、かならず約束してくれます。しかし、われわれには都合が悪いことに、こうした約束が守られることは、まずありません。翌朝には忘れられているのです。その結果、どこかの遠隔地へ部隊を展開しようとすると、われわれが補給手段を確保しなくてはならないのです」

現場でなにか必要になったら――歯ブラシであれ、シャムボック（鞭）であれ、トイレットペーパーであれ――ルンギ空港へ邪魔されずにアクセスすることが許可された週一便（のちには二週に一便）のボーイング（ア

フリータウンの軍司令部にいるニール・エリスのグラウンドクルーと、シエラレオネで唯一稼働していたMi-24攻撃ヘリコプター。(写真：筆者)

イビス・エア）で運んでくるしかなかった。ＥＯが入国管理や税関の手続きをしなくてもよいというのは、契約の一部でもあった。

アンゴラで対立が激化すると、同じシステムが採用され、補給物資を積んだ飛行機が一九九四年以降、週二回のペースでやってきた。

マイケル・グルンバーグは、そうした飛行機の一機目が到着するのを、ルアンダ郊外の軍用飛行場の滑走路で迎えたときのことをしっかりと覚えている。機体には、アメリカン航空のマークがまだついていた。さらに彼は、南アフリカとアンゴラ——およびその北——との定期便がはじまってから、ＥＯのパイロットが複雑な兵站機構をシエラレオネの作戦範囲に導入したことも覚えている。この機構は、必要な国際手続ともども、ロバーツ空港にいる西アフリカの航空管制官に引き渡された(3)。

基本的に、活動する軍事作戦地域のすべてでＥＯは、業務を完了させるのに必要な軍事的「腕力」の主要部分は受入国が提供するという前提で動いていた。一部例外はあったが、これには武器、弾薬、地上支援車両、ならびに、どの軍隊も提供できる基本的な軍事インフラがふくまれていた。受入国の武装兵士も、その一部だった。最終的には、それ以外に部隊を現場にとどめておくのに必要になりそうなものは、すべて同社が準備した。

そのおもな内容は、指示命令、現在の任務に必要な人員、個人装備、食料、および近接航空支援用のヘリコプターなどである。

EO部隊の移動、補充、および死傷者の移送も同社の責任だった。航空機としては、ボーイング727二機のほか、かつて第三二飛行中隊が王室専用機として運用していた旧イギリス空軍の双発ターボプロップ輸送機ホーカー・シドレー・アンドーヴァーCCマークⅡが二機、イギリスからやってきた。この二機は、負傷者を緊急度に応じてロンドンか南アフリカへ後送するのに用いられ、一機はルアンダに、もう一機はルンギに配置された。両機とも、必要な乗員全員が同社の費用でまかなわれ、二四時間いつでも離陸できるよう整備された。作戦がはじまって数週間たってようやく最初の医師がやってきたカビンダの失敗からは、大幅な前進である。

やがてアンドーヴァーは、それほど出動しなかったとはいえ、戦争で決定的な役割を果たすことになった。まず兵士たちは、仮に失敗しても、ほぼかならず会社の医師につきそわれて海外にある最高の病院へ空輸してもらえると知って安心した。ジャングルで敵と接触しても、最初の移動ではヒップを使って一時間以内に空路で病院へ向かうことができた。

慢性のマラリア患者を、コートジヴォワールの旧首都アビジャンでカナダ人が運営する熱帯熱病院へ空輸して命を救ったこともあった。医師が一命にかかわると判断してボーイングをアビジャンへ向かわせたことも、一度や二度ではなかった。

グルンバーグが述べているように、同社の活動は正当に評価しなくてはならない。人の健康や命がかかわっている場合は「コストは問題にならなかった」。

EOにはキングエア二機など、ほかにも飛行機が数台あったが、それらはたいていアンゴラかほかのアフリカ諸国で活動した。そのうち一機は、ウガンダで悪天候により墜落し、EOの重役一名が死亡した。また、会社の帳簿ではジェット機ウェストウィンドがルンギ空港に配置され、EOのメンバーが航空監視任務に利用した。

興味深いことに、こうしたさまざまなことをアフリカで実施する際、人種は基準にならなかった。アパルトヘイト（人種隔離政策）をとっていたものの、国境戦争やアンゴラで戦ったSADFの精鋭部隊は人種差別がまったくなかった。実際、部隊には黒人兵が白人兵と同数おり、ときには黒人が白人兵に命令を出す指揮官の地位につくこともあった。

大半の者は、自分の将校や下士官の長所と欠点を知り、理解していた。一〇年以上におよんだ作戦でともにすごすうちに何度も衝突してきたからだ。EOの幹部にとってなにより重要だったのは、その期間にこうした者たちはともに戦っただけでなく、ときには互いに命を救いあったことだった。

ルーティンは、会社の黒人兵を深い尊敬の目で見ていた。彼らの福利厚生の充実をみずからの個人的責務とみなし、だれかが「マイ・マンネ」（わたしの仲間たち）に横柄な態度をとることを決して許そうとしなかった。みずからもレキに所属していたころ何人もの黒人兵と仕事をし、ファーストネームでよびあう相手も多かった。

黒人兵がいなければ会社はあれほど成功できなかっただろうと、彼は述べている。彼らは強くて好感がもて、チームのだれもが長時間交戦し、そのため状況が苦しくなったときは頼りになる存在だった。

また彼は、自分が指揮したアフリカ兵ほど、どんな分隊支援火器でもみごとに使いこなせる兵士は世界のどこであろうとそうはいないとよく断言していた。これについてはある人物が、南アフリカがルアンダのマルクス主義政権と敵対していたときにFAPLA（アンゴラ解放人民軍）とFAA（アンゴラ陸軍）が南アフリカ軍に対して使っていたのと同じ武器を、いまではEOがアンゴラ政府の側について使っているのは、まったく皮肉なことだと言っている。

民間軍事会社を批判する者――これには、EOに批判の目を向ける者もふくまれる――の大多数が犯している根本的なまちがいは、この汚れ仕事をする覚悟をもった者たちを犯罪者だと決めつけていることだ。マスコミは多種多様なおよび名を使っているが、そのほとんどは好意的でないものばかりだ。なかには、「バカ」「殺人請負人」などひどい言葉でよぶ者もいる。

文明社会では、傭兵は、ろくに読み書きもできず、良心の呵責もない変質者だというのが一般的な見方だ。EOは、そうした扱いを受けてきたことをつねづね認めているが、それはこの実戦経験豊富な兵士たちの大多数がずっとそうした目にあってきたからにすぎない。

実をいうと、戦争の犬たちのなかには、先ほどあげたよび名がすべてぴったりあてはまりそうな者がいる。それに、ときおり変質者がいるのも確かで、実際にわたしはいままでにそうした者にローデシアやコンゴ、アンゴラ、ウガンダ、シエラレオネなどで会ったことがある。しかし、それをいうなら、どんな軍隊組織にも問題児はいるものだ。

視野を広げて考えると、いうまでもなく人を殺すという発想は、どこであれ文明的な人にとってはいみ嫌うべきものだ。EOは、シエラレオネでは反政府勢力のインフラを破壊し、それ以前にはアンゴラではサヴィンビを交渉の席に着かせるなど、すばらしい業績を上げてきたかもしれないが、それでもこの問題を出されれば居心地は悪い。

世の中には、傭兵は暴力をふるいたいからふるっていると思っている人がいる。しかし、傭兵たちが働いているのを間近で見てみれば、それが正しくないことがわかる。同時に、カラン「大佐」がアンゴラで容赦なく暴力をふるった件や、マイク・ホアーがみずから作戦を実施する前にコンゴで起こっていたことなど、近年の出来事から生み出された見方のせいで理想がぼやけてしまったことは認めなくてはならない。ここに、対処すべきイメージ因子があるのはまちがいない。あまりうれしい話ではない。

当初コンゴで起きたことが、おそらく問題の核であり、これに最近、アフガニスタンで反体制派を殺したとして非難されているフリーランスのアメリカ人活動員たちの所業がくわわった。各地の傭兵の評判をさらに傷つけたのが、多数の南アフリカ人の一団が、元イギリス首相の息子マーク・サッチャーとその相棒サイモン・マンの要請で二〇〇四年に赤道ギニアで政府を転覆させようとした一件だ。この大失敗に関与した者はほぼ全員が禁固刑となり、その一部は刑務所で死んでいる。

コンゴ動乱の初期に、傭兵が切り落とした黒人の首を笑いながら高々と掲げている血なまぐさい写真が報道記事にそえられて強い印象を残した。こうした戦利品を見せるむごたらしい光景は不愉快きわまりなく、一部の写真が、とくにヨーロッパで当時のニュース雑誌に掲載されたことも事態を悪化させた。

それが二一世紀に入ると、事情はほぼ一変した。今日のプロフェッショナルな傭兵は、たいていがごくふつうの者たちである。大多数は、読者の地元の警官であってもおかしくないような人々だ。現代の傭兵がほかの人々と違っているのはただひとつ、十分な経験をもった元軍

アンゴラ東部のサウリモ空軍基地の拠点で配置につくエグゼクティヴ・アウトカムズの兵士たち。UNITA の攻撃部隊がこの基地の防衛線を突破してヘリコプターを数台破壊し、基地に勤務していた者数名を殺害してからは、厳しい警備規定が課せられた。（写真：筆者）

人であることだけだ。戦闘に参加して生還した者なのである。

さらに、ほとんどの正規軍のきわめて厳しい規則に通じているだけでなく、攻撃を受けたら巧みに対処できる人々もいる。実際、人生の半分を軍隊ですごしている者は多く、彼らは、率直にいうと、そのことを大いに誇りに思っている。

シエラレオネで内戦の戦況を独力で二度も変えた男ニール・エリスが、その好例だ。たしかに彼は、傭兵と聞いて思い浮かべる典型的な人物ではないかもしれないが、それはたんに、ほとんどの空軍パイロットが飛行用のヘルメットを最後に脱いで待機室に返すのは、いまの彼より一〇歳か一五歳は若いときだからにすぎない。しかも、ネリスほど豊富な経験をもつ戦闘パイロットは、そうはいない。

エグゼクティヴ・アウトカムズはアンゴラで新たな活動を開始すると、まず首都ルアンダの東と、ルンダ・スル州のダイヤモンド採掘場の周辺に部隊を配置した。ソヨも、ふたたび平定する必要があった。

　同社は東方司令部として、当時のザイール（現在のコンゴ民主共和国）国境からそう遠くないサウリモ空港を選んだ。

　この契約は一年後に更新され、その後さらに三か月延長されたが、公式には一九九六年初めに終了した。それまでにEOは約五〇〇名を現場に派遣し、その大多数は戦闘に参加するか、FAAの訓練にあたった。南アフリカ人の傭兵パイロットも一貫して活動し、アンゴラは、自国民に支援物資を供給するにせよ、正規軍を支援するにせよ、このパイロットたちがいなければ何もできなかっただろう。

　ジョナス・サヴィンビは結局一九九四年一一月にアンゴラ政府との和

ダイヤモンド産地のアンゴラ東部にあるサウリモ空軍基地では、防衛境界線に沿った防御陣地に頑丈な旧ソ連製 BMP-2 が数台配備された。（写真：筆者）

平に署名するが、そこにいたるまでには数々の展開があった。その第一は、一九九四年二月、クアンザ・ノルテ州にある町ヌダラタンドをＦＡＡが――ＥＯの強力な支援を受けて――奪回したことだ。この小さな町は、ルアンダとマランジェのほぼ中間に位置する交通の要衝で、奪回前は、ゲリラ部隊が産油地帯である北西部へ潜入する際の拠点となっていた場所だった。

四か月後、ＥＯは――ＦＡＡの第一六旅団と合同で――三か月にわたる作戦を実施し、カフンフォのダイヤモンド採掘場を奪回した（第一七章参照）。この打撃から、ＵＮＩＴＡは立ちなおることがついにできなかった。

沖積層の採掘場は、アンゴラ北部の森林地帯をクアンザ川に沿って数キロ広がっており、当時はこの貴重な採掘場からは、反政府勢力が手にするダイヤモンドの約三分の二が供給されていた。たとえサヴィンビに戦争を続行する気が少しでもあったとしても、ここがなければ不可能だった。

最後に、同年九月にウアンボ――アンゴラ第二の都市――が、戦闘で数千人の死者を出したすえに政府軍の手に落ちると、ＵＮＩＴＡの指導者サヴィンビは和平を求めた。

傭兵部隊との契約が成立すると決まってメディアがもち出す問題が、もうひとつある。外国の政府から報酬をもらう傭兵は、はたして忠誠を守れるのかという問題だ。

フリータウンでは、ジャーナリストと傭兵が同じナイトスポットに出入りしていたため、どちらに忠誠をつくしているのかについて、やたらと口論が起こり、それがときには殴りあいに発展することもあった。記者たちもやがて気づくのだが、わざわざ居酒屋で、酒をしこたま飲んだ傭兵に、今戦っている敵にねがえる可能性はあるのかと質問するものではない。

ラフラス・ルーティンは、そのあたりの事情を、かなりうまく表現している。いわく、フリータウンでもルアンダでも政府側はＥＯが戦場で上げた成果に満足していたかもしれないが、「だからといって、われわれがまったく疑われていなかったというわけではなかった」

彼は次のように説明している。「雇い主である黒人指導者は、みな一様にわれわれを自分たちの基準で判断します。もちろん、そのためわれわれはグルになっていると思われることもしばしばです。結局われわれは取引される商品であり、だからこそ疑われるのです」

ルーティンは、彼の社員たち（と、ほかの傭兵グループ）が味方して戦った政府は、よくある表現で言えば、より高い値をつけた者に「買われた」のだと認めている。ただし、同じことは大国どうしの場でも起きており、違いは変節者がスパイとよばれることだけだと指摘している。

このため、ルーティンによると、アフリカ諸国の指導者のあいだに、こうした雇われ兵たちはもっとよい条件を提示されたらねがえるのではないかとの深刻な不安が起こることがあったという。「問題は、われわれがこの仕事をしているのは、なんらかの大義や理想のためではなく、金のためだということです」と、彼は力説した。

しかし限度もあったと、彼は断言する。金銭的な動機は、たしかにアフリカ諸国の指導者ならだれもが理解できるものだった。しかし、彼やEOの同僚たちが、いわゆる「真意」について疑惑を受けることがあったのもまた事実である。さらに彼は、こうした疑念の一部は最近の出来事に原因があることも認めている。ルーティンが指摘しているとおり、「歴史はこの世に裏切りの遺産を残した」のである。

元レキ隊員であるルーティンは、この主張を説明するため、アンゴラでの経験を例としてあげてくれた。EOは、何十年も内戦に苦しんできた国で、カギとなるいくつかの戦闘に勝利した。ソヨもそのひとつだ。しかも、その目的を達成する際にエグゼクティヴ・アウトカムズは有能な人材を何人か失っている。それなのにアンゴラ軍の上級将校のなかには、同社の忠誠心までは疑わなくとも、内戦に勝とうとするEOの活動を指揮する元SADFの将校数名の忠誠心を疑う者が、依然としていたという。

「たとえば、われわれが契約を果たす動機について疑問を呈してきます。そもそも両陣営は三〇年間戦ってきた宿敵どうしではないかと言うのです。立場を変えるのはおかしいと断言したがり、その結果、われわれは疑念という幽霊に悩まされつづけたのです」

わたしたちが話をした当時、ルーティンはこの件について、それまで一度か二度それとなく口にしたことはあったが、ここまで詳しく話そうとしてくれたことはなかった。この話題になると話は深刻になり、彼の声は陰謀を語るような緊迫感をおびた。

「請負人――PMCとも、傭兵とも、戦争の犬とも、どうよんでもらってもかまいませんが――請負人である以上、われわれの動機は、利益のために戦っているからというだけでもつねに疑われることになります。そのため、一方が提示した額に対して、もう一方がそれを上まわる額を提示することがありうるというわけです」

しかし、それはＥＯのやり方ではなかったと、ルーティンは主張した。ＥＯは、その短い活動期間を通じて、違反することの許されない厳格な行動規範を維持していた。

彼は――身だしなみがよく、ひげはきれいにそり、軍事関連についてはかなり精通していて詳しい人物である――自分自身を、会社組織に属する今日の傭兵の例としてあげた。組織のトップに立つ人間のひとりであるルーティンとなんらかの関係をもったことのある人は、だれもが彼を、傭兵のリーダーと聞いて連想する人物像とはまるで違っていることを認めざるをえなかった。

ラフラス・ルーティンは、学校を出ると陸軍に入り、南アフリカの精鋭部隊である偵察（レキ）連隊に選抜されると、一〇年以上にわたって、ひたすら戦うだけの日々をすごした。作戦によっては、アンゴラやモザンビークの奥深くへ、徒歩や車両で潜入することもあった。また、海軍の潜水艦から出撃してカヤックで上陸したり、南アフリカ空軍のＣ－１３０輸送機からＨＡＬＯ（高高度降下低高度開傘）／ＨＩＬＯ（高高度進入低高度開傘）で秘密裏に潜入降下したりすることもあった。

背が高く、がっしりとしていて、つねに笑顔を絶やさないルーティンは、はるか以前に、必要とあればどこまでも攻撃的になれる術を身につけていた。ＥＯが結成されたのは、彼がＳＡＤＦを中佐の階級で除隊してからのことだ。彼にとって――のみならず、ほかのだれにとっても――意外なことに、戦士としてのサバイバル術と、ときにはヤッピー風の洗練された空気のなかではじまる戦いとを結びつけることは、割と簡単だった。どうやら、このタフで頑強な元戦闘員は、新しいことを覚えるのも早いようだった。

非常に早い時期からエグゼクティヴ・アウトカムズは、戦争を遂行するに際しての独自の決定的な基準を設けていた。戦争ビジネスに従事する以上、同社と関係があるものはすべて、会社が掲げる中核的な価値観を厳守していた。

ＥＯはシエラレオネに、同国が直面する類の反政府活動に対する実現可能な軍事的解決策を提示したが、それはかつてアンゴラで同様の問題に対処したのとほとんど同じ方法だった。こうしたプログラムをよい結果に終わらせるため、基礎基本と、昔からの貴重な体験と、断固たる決意が組みあわされた。

ルーティンによれば、金銭的な問題が、はっきり言ってあらゆることを決める基盤になっており、彼は次のように断言している。「われわれのすることは、すべてが金にはじまり金に終わります。ですから、われわれが慈善事業をしているとは思わないほうがいいでしょう。実際、われわれは市場が払えると思う額を請求します。そして、その額を手にするため、事前の準備をするのです」

彼によると、フリータウンの人々が、同社がねがえるかもしれないと本気で考えていた時期があったという。そう思われたのは、シエラレオネでは契約の合意にもとづいて事が進むことがほとんどなかったからだった。

さらに、こうつけくわえている。「われわれが到着するまで、航空団はロシア人が運用していたのですが、彼らは何度も政府に金を強要したため、南アフリカ人も同じことをするのではないかと質問してくる者がいました。そして、この種のジレンマにぶつかったとき、こいつは俺を裏切るかもしれないと思いこまれて、ほんとうの危険が生じるのです」。アフ

アンゴラでエグゼクティヴ・アウトカムズと働いた南アフリカ人パイロットたち。後列左から、J・C・リンデ、サニー・ヤネッケ、ラウレンス・ボス（この後すぐ航空攻撃中に戦死）、アーサー・ウォーカー。前列は、ピート・ミンナールとカール・アルバーツ。（写真：アーサー・ウォーカー）

朝もやのなかで飲むモーニング・コーヒー。シエラレオネ東部コノ周辺のダイヤモンド採掘場にて。（写真：筆者）

リカではそういうものだと、彼は考えていた。

アンゴラでは、ルーティンと同僚たちは、そうした疑心暗鬼を打ち消すために、すぐさまUNITAを相手に、同国の軍事指導者たちがそれまで見たこともなかったほどの激しい戦闘をくりかえし、多くの戦死者を出した。これ以降は状況が一変し、とりわけ同社が攻撃を次々と実施して反政府軍に損害をあたえるようになると、人々の見る目は完全に変わった。とりわけ、サヴィンビのもっとも近しい将軍など、非常に経験豊富な野戦指揮官たちを殺害したのは大きかった。

ルーティンいわく、「敵が深刻な打撃を受けていることをわれわれが示せるようになったとたん、対立が解けはじめました。それに、自分のために戦ってくれている人々に死傷者が出れば、それを黙って無視するわけにもいきませんよ」。しばらく時間はかかったものの、期待されていることを行なうことで、この「悪魔のようなブール人たち」——とは、彼らがかつてアンゴラの新聞やラジオ放送でつけられたよび名だが——は、アンゴラ人に、自分たちが雇ったのは信頼できるプロフェッショナルな戦士の一団だと証明することができた。

同様の問題は、シエラレオネでもときどき起きた。ルーティンは、大統領府でストラッサー議長とはじめて会ったとき、これにみずから対処し、シエラレオネ政府を裏切れば同社が懸命に築き上げてきた信頼を取り返しのつかないほど破壊することになるのだと——腹心のひとりによると、いくらか冷静に——訴えた。さらに彼は、この若き国家元首——ストラッサーは当時まだほんの二五歳だった——に向かって、これはシエラレオネにかぎったことではなく、EOが当時交渉していた三つの大陸にある国々の政府にもあてはまるのだと説明した(4)。これはじつに的を射ており、ふだんは冗舌なストラッサーも、反論することはできなかった。

「この業界では信頼なくして仕事はできないと伝えました。われわれは山賊の一団かもしれないが、それを言うなら名誉を重んずる山賊の一団なのだとね」。シエラレオネの指導者は、この名言を喜んだようだった。

それ以上に重要なのは、同社が正当な政府にのみ業務を提供したことだと、ルーティンは説明した。どんな種類の金がテーブルに積まれようが、支配者を失脚させようとする派閥や政党には興味がなかったのである。彼が打ち明けてくれたところによると、一年前にナイジェリアの反政府グループから、一億ドルを出すので独裁者サニ・アバチャを打倒するためゲリラ部隊を訓練してほしいと連絡があった。

「アメリカ・ドルで一億あれば、いろんなことができますよ。ですが、われわれは拒絶しました。選択の余地はありません。そうしたことに手を出したが最後、国際社会に目をつけられてしまいますから」

そうした活動も国際テロリズムに分類されるかもしれないと、彼は考えていた。「そうなったら、アメリカ、イギリス、国連、戦争犯罪を裁くハーグの国際刑事裁判所、インターポールなど、大国の政府がからむ問題にまきこまれますよ。それでどうなったかって？　最終的にわれわれは、そうしたことはありえないとストラッサー議長を説得しました。彼はわれわれを信用したと思いますよ。その後は二度とわれわれの動機を疑わなくなりましたからね」

エグゼクティヴ・アウトカムズは、存続期間中、アフリカの約一〇か国で活動した。アンゴラとシエラレオネ以外では、コンゴ民主共和国、コンゴ共和国、ウガンダ、スーダン、モザンビークなどで契約を結んでいる。活動の終盤には一時期、南アフリカの農業従事者を牛泥棒から守る仕事もしたが、こちらの方はやがて顧客にとって料金が高くなりすぎた。

どこの国でも出発前に――まだ契約交渉中に――ＥＯは、自社に何が提供でき、そもそも何をなしとげようとしているのかを、非常に明確に書面で伝えていた。基本内容で合意し、契約金が決まると、ほかに何が必要か調査された。具体的には、脅威の程度、だれが何に資金を出すのか、予定表、雑費などが、これにふくまれる。

話しあいにはかならず同社のイギリス人共同経営者が出席したが、マイケル・グルンバーグの経験は、当初から頼りになった。話しあいのごく初期の段階で、資金調達、資産の配分、調達する必要のあるもの、地元部隊との連絡方法などが細かく決められた。細則には、装備や兵器システムにかんする詳細が記された。補足事項には、支援航空機、兵站、ＥＯが派遣国へも

ダーバン出身の元傭兵ピーター・ダフィーが撮影した、エグゼクティヴ・アウトカムズの幹部たちとアンゴラ軍の指揮官たちの写真。右から３番目に座っているのが、エーベン・バーロウ。

ちこむべきものなどがあった。

ほかに、警備計画、国内の移動手段、傭兵部隊が利用できる基地と空港が細かく決められた。警備区域に入るたびに許可をもらうのは現実的ではなかった。そこで同社は出入りについては包括許可を求め、アンゴラでは時間がかかったものの、最終的には要求どおり許可を得た(5)。

さらに宿泊施設の問題もあり、フリータウンやルアンダのような場所では、専属の家事スタッフがいる家具付きアパートが要求された。以上がすべて一覧表に記されると、若干の価格交渉の後、両者は契約書にサインした。

ＥＯの幹部が共通してもっていた最大の特徴は、グループとして全員が、自分たちの働く大陸についてすみずみまで知り、理解していたことだろう。ＥＯのほぼ全員が、アフリカ育ちだった。

フリータウンに到着すると、一同はこの地にたいへん親しみがもてることに気がついた。フリータウンの子どもたちは、シエラレオネの新聞がよく「南の端」とよぶ南アフリカの子どもたちとなんら変わるところがない。そのため、アンゴラやシエラレオネへ行った者は、ヨーロッパ人やアメリカ人が突然恵まれない人々に囲まれていだく誤解に悩まされずにすんだ。

こうした誤解が現に起きたのがアメリカ陸軍到着後のソマリアで、その実態はマーク・ボウデンの著書『ブラックホーク・ダウン』〔伏見威蕃訳、早川書房、二〇〇二年〕で詳細に描かれている。同書は、自分がいきなり飛びこんだ地域の人々や状況を理解していないと何が起こるのかを示す典型的な例だ。こうした状況では、ミスは命とりになる。

また、フリータウン周辺の人々は、クワズールー・ナタール州やかつてのトランスカイに住む黒人の大多数と同じく、貧しかった。シエラレオネは一九六一年にイギリスから独立したが、そのほぼ直後から国民はいく人もの独裁者に虐げられており、その点は南アフリカの黒人がアパルトヘイトで苦しんだのと共通していた。さらに、この西アフリカの人々は、彼ら元南アフリカ軍兵士たちがかつてともに働き、いっしょに戦った多くのアンゴラ人や先住のナミビア人たちと違いがほとんどなかった。

さらに、ルーティンも指摘しているように、アフリカは究極の平等主義者であり、だれにでも平等に試練をあたえる。ＥＯの隊員たちは、この地域から何が得られるか――あるいは、得られないか――言われなくても理解していた。状況が過酷なことは、その日の仕事の一部であるかのように、ごく当然とみなされていた。

具体的な例をひとつあげよう。二〇〇〇年九月下旬、イギリス陸軍少佐が、部下一〇名とともに、シエラレオネで狂信者たちが銃で支配するマグベニ村に誤って入りこんだ。もしこれがEOの作戦だったら、面倒でもその場所にだれがいて何があるのかを確認するまでは、だれも近づかなかっただろう。こうした基本的な用心は、第三世界の紛争場面では欠かせないものだ。イラクやアフガニスタンから帰還したばかりのアメリカ兵なら、きっと同意してくれるだろう。

マグベニ村事件の結果は深刻なものだった。救援部隊を派遣するのに多額の金が使われた以外にも、その後の作戦でSASの砲兵下士官が死亡したほか、イギリス兵が一〇名以上負傷し、そのうち二名は重傷だった。イギリス陸軍は、こうしたミスを今後は二度と起こさないだろう。

住民との関係も同様だ。上は社長から下は平社員まで、EOと地元住民との交流は、どんなものでも模範的でなくてはならなかった。EOの新入社員は契約時に、アフリカ人と仲よくできないのであれば、この会社に居場所はないとかならず忠告された。もちろん、アフリカ大陸の別の場所では人種間の争いがあったし、南アフリカ人は――たえずわれわれの頭の片すみに残っていることだが――人種問題の手本とはいいがたいが、EOは、社員は自分たちが接する人々に共感できなくてはならないと、つねづね強調していた。

これは、SADFの精鋭部隊に所属していた者たちにとっては、むずかしいことではなかった。彼らにとって人種は問題にならず、それは非常に厳しい人種隔離政策が南アフリカの人々を苦しめていた時代でも同様だった。そもそも、同国の特殊部隊はつねに黒人が半分以上を占めていた。実際、アンゴラ人もくわわっていた精鋭部隊の第三二大隊は八〇パーセントが黒人で、オヴァンボ族からなる第一〇一大隊は、将校全員と一部の下士官が白人であるだけだった。

一方、EOの幹部は国の指導層とすぐに親密になったが、EOの将校と受入国の将校とのあいだで社交上のつきあいはあまりなかった。EOの隊員たちが新たにやってきて、フリータウンのやや奔放なナイトスポットを見つけるやシエラレオネのバーで乱痴気騒ぎが続いたのとは、じつに対照的だった。

それに対してアンゴラ軍の上層部では、「贈り物」が大きな特徴だった。南アフリカを出発する飛行機には、おもな将軍たちへのプレゼントがかならず積みこまれていた。わたしが同行したときは、万事をとりしきる司令部の中将のもとへ、レンジローバーの新車と三万二〇〇〇ドル相当の発電機が運ばれていた。こうした贈り物は、たいてい実用品にかぎられていた。

さらに下の階級では、隊員たちは打ち解けた態度で接し、そのためルアンダでもフリータウンでも、この新参者たちはすぐに受け入れられた。わたしがルーティンといっしょにすごしていた時期、地元の人々はわたしたちの面倒をたいへんよく見てくれた。ふたりで暗くなってから――しかも護衛もなしに――市内を車で移動しても、当時は治安管理が（ネリスの言葉とは裏腹に）ほかの住民にかんするかぎりは厳格に実施されていたにもかかわらず、わたしたちにかぎっては検問で調べられることは絶対になかった。

（1）"Mercenaries Fuel Next Round in Angolan Civil War": Al J. Venter, Jane's *International Defence Review*, March 1996.

（2）ダンカン・ライカールトは、かつては第五偵察連隊第五二コマンドー部隊の部隊長で、連隊長のコリー・メールホルツの死後は第五偵察連隊の連隊長代理をつとめた。

（3）機構そのものはリベリア内戦のためギニアのコナクリに移されたが、ロバーツ空港は、国際航空業界で誤解されないよう、当初の空港名のままとされた。

（4）わたしがはじめてEOとアンゴラへ行ったころ、同社はメキシコと、同国チアパス州の反乱を平定するため部隊を派遣する契約を交渉している最中だった。この話がCIAの耳に入ったらしく、計画は中止となった。おそらく、作戦の経費を、アメリカからメキシコへの援助金という形で結局アメリカの納税者が負担することになると考えたからだろう。実際にそうなっていたら、一大スキャンダルになっていたに違いない。

（5）それにもかかわらず、わたしはEOの分遣隊とともにサウリモ空港に着陸した後、写真を撮ったためAKで顔をこづかれて逮捕された。状況は一時悪化したものの、ブラーウとライカールトが半日をついやしてわたしを助け出してくれた。それに先立ち、EOと「ニンジャ」（アンゴラ軍特殊部隊）とのあいだで衝突が起こり、二〇分間銃撃戦が続いてようやく問題は解決した。

第15章 ローデシアでの賞金稼ぎ

ローデシアは、今ではジンバブエとよばれて――本章執筆現在――変質者に支配され、国民は八年も戦争に明けくれて国土は完全に破壊されているが、かつてはほかのアフリカ諸国の多くがうらやむほどの、秩序が保たれた立派な小国だった。残念ながら、それはいまのわたしたちが「冷戦期」とよぶ時代のことで、当時は反乱が起こるといっぷう変わった者たちが戦闘にくわわろうと集まってくることが多く、そうした者にはアメリカ人が少なくなかった。

マグレイディーが、真夜中すぎにわたしを起こした。このアメリカ人は、小声でなにか言うと、川の方に首をふった。「ギュンターとギリシア人は眠っているぜ」と、彼は声を落としていった。

「あんなやつらが俺たちの背後を守っているんだからな……」

わたしはふたつの大きな岩の隣で寝袋にくるまって眠っていたが、雨が降ったので夜は多少すごしやすくなったようだった。前日は夜明けからずっと強行軍だった。徒歩で進んだ場所の多くは、茨やモーパンの木が茂る歩きにくい土地で、ところどころに露出した巨大な花崗岩があり、なかには高層ビルほどの高さのものさえあった。北部の町マウント・ダーウィンあたりでは、これは「ゴモ」とよばれていたが、おそらくいまもそうよばれているだろう。ショナ語でのよび名だからだ。

途中何度か足を止め、たいていは背中からツェツェバエを追いはらったり、ひと息ついたりした。しかし休憩時間は短く、お湯をわかして温かい飲み物を用意する暇さえなかった。飲む場合はかならずお茶だったが、これはコーヒーだとアフリカの林では香りが何キロも先まで

アメリカ人の「フリーの兵士」デイヴ・マグレイディーは、ローデシア紛争中の数年間、反政府軍兵士を捕まえる賞金稼ぎとしてすごした。(写真：筆者)

とどくためだ。当座の野営地を見つけると、携帯食器を何点か出し、来る途中で渡った数少ない小川のひとつでくんだ水を飲んだ。同行者のひとりがブッシュ・ハットを使って水の一部を濾過してみたところ、泥水のような味がしたが、砂をある程度とりのぞくことはできた。

火をたくのは危険すぎると、マグレイディーは言った。わたしも同感だったが、その理由のひとつは、数キロ手前で山羊の鳴き声が聞こえたからだった。このような僻地では、山羊が一匹でもいれば、それは人間がいるということだ。しかも、そうした者たちが、この見慣れぬ白人の四人組が自分たちの縄張りで時間をすごしていることをどう思うか、わたしたちにはまったく見当がつかなかった。なにしろわたしたちは、全員が迷彩服を着て、さまざまな武器を肩にかついでいた。遠く離れた地域によそ者がいるといううわさは、とくにアフリカのブッシュ(低木林)地帯ではすぐに広まるので、わたしたちはつねに姿を見られないようにし、開けた土地は可能なかぎり横切らないようにしていた。

家畜がいるということは、「グーク」(ゲリラの意）の野営地がある可能性もあった。そのことはマグレイディーが早い段階で指摘していたが、ほかのふたりはすでに不安そうだったので、ふたりには聞こえないように話していた。わたしたちふたりでくれぐれも注意しなくてはならないと、彼は提案した。わたしに否やはない。とくに、ゲリラ部隊と政府軍が争っている国では、こうしたことは未知の因子であるのだから、なおさらだった。

出発したとき、マグレイディーは、自分の手でひとりかふたり殺したいと思っていた……ただし、敵が先にこちらを見つけなければの話だった。

ワンキー（現ホワンゲ）の北西に位置するこの地域の反政府ゲリラは、経験豊富で手強い戦士の一団だという話を、出発前にソールズベリ（今日のハラレ）のクイル・クラブで聞いていた。ここはマタベレ族という、はるか昔に好戦的なズールー族から分かれた民族の住む地域で、そこで活動している反政府ゲリラの大多数は、恰幅のよいジョシュア・ンコモに忠誠を誓っていた。その多くは、わたしたちの情報によると、鉄のカーテンの向こう側など外国で訓練を受けていた。またわたしたちは、敵はかなりの量の武器も支給されているものと当然ながら考えていた。

わたしたち四人は通常の接敵にそなえて十分に武装していた——わたしたちには、FN-FALライフル二挺と、マグレイディーの改装したAR-15ライフル、およびわたしのルガー・ミニ14ライフルがあった（最後の二挺は二二三口径）——が、戦争地帯での賞金稼ぎ集団としては、じつは装備は適切ではなかった。たとえ手榴弾がひとつやふたつあったとしても、それだけではゲリラたちがもっている高性能な武器にはかなうはずがなかった。マグレイディーは、ときどき手渡される情報報告を事前にいくつか読んでいたが、そのどれもが、このゲリラ部隊がもっている武器は、ほとんどだれもかなわないほど非常に高性能だと強調していた。ブッシュへ強襲を仕かけた際によく回収される兵器には、大量のAKをはじめ、小火器、RPG-7（対戦車ロケット砲）、POMZ地雷などのほか、通常の対人地雷やTM-56対戦車地雷も見つかる。彼は、ローデシア正規軍の兵士から、ゲリラ兵は地雷の埋設方法にも通じていると知らされていた。

地雷はつねに悩みの種であり、そのためわたしたちはできるだけ慎重に進んだ。夜中も安心して眠れなかったが、それは出発した第一夜にマグレイディーがいつもどおり一時間ごとの見まわりをしていたとき、ギリシア人が二時間の見張りの最中、ライフルにもたれかかったまままぐっすりと眠っているのを見つけたからだった。

マグレイディーはわたしの横の暗い影のなかにいた——彼は寝袋のなかではなく、その上で横になっていた——ので、わたしは目をこらして暗がりを見つめ、彼がどうしてわたしを起こしたのか確かめようとした。ただ、それほど深刻なことではないだろうと思った。わたしもまどろんだかと思えば目を覚ますのをくりかえしていたからだ。

わたしは上体を起こして彼の方に向くとたずねた。

「なにか聞こえるのか?」

「いいや」と彼は小声で答えた。

「なにかの群れが現れたんだ……きっとヌーだと思うんだが……今いる方へ動いていった」と言って、一五〇メートルほど先を指さした。「……おそらく、ギリシア人のアフターシェーヴローションの臭いで驚いたんだろう……すぐ駆け足で去っていった。それでわたしは起き上がったんだ」とつけくわえた。

マグレイディーは、このギリシア人が好きになれなかった。一日かそこらで、この感情は相手に伝わり、以後ふたりはほとんど言葉をかわさなくなった。このヨーロッパから来た悪党は、いちいち指図されるのが気に入らず、それもあって、アメリカ人であるマグレイディーは、あいつがいないほうがうまくやれると思っていた。

ちょうどそのとき厚い雲が流れてきて、マタベレランドのこの一帯をわずかに照らしていた月を隠した。おそらくじきに雨がまた降るだろうと、マグレイディーはあらかじめわたしに話していた。もし降り出したら、わたしたちが探している連中は昨日の足跡を見つけられなくなるだろう。問題は、彼らがわたしたちの向かっている方向に足跡を残していたとしても、そのわたしたちも彼らの足跡を見つけられなくなるということだった。

荒野に出た最初の数日間は厳しかった。マグレイディーとわたしたちとの顕著な違いは、このアメリカ人が荒野を歩くのに慣れていたのに対し、わたしたちは全員が都会暮らしで、ついていくのがやっとだったことだ。しかも、彼はこうしたことをしばらく前から続けていた。何か月も前からみずから敵をしとめること、彼の言葉を借りれば、「テア[1]をひとりか、できればふたり、死んだ状態で」確保することをめざしていたのである。

この手の隠語は、ソールズベリ周辺のバーで非常によく使われていた。グークをひとり殺せば当局から一五〇ローデシア・ドルがもらえた。すくなくともポスターには、あたりさわりのない言葉で、そう書かれていた。そして、このアメリカ人は自分もその分け前にあずかろうと考えた。

マグレイディーは、これはけっこうな話のようだが、危険と隣りあわせであることもわかっていた。「彼ら」のほうが先にこちらを見つけるかもしれず、だからわたしたちを同行させることにしたのだ。しかし、ほかのふたりとの関係がうまくいかなくなりはじめると、その決断を後悔した。

「とんでもない失敗だった」と何度も、たいていは一日が終わろうとするころに、口にするようになった。「ひとりのほうがよっぽどよかった……」

彼は、ギリシア人が林のなかを音を立てずに移動できないことに、イライラしていた。しかも悪いことに、日が暮れて林が静かになろうというときでさえ、口を閉じて黙っていることができなかった。さらに、あのギュンター——マグレイディーは彼をドイツ人とよんでいた——は、小川を渡るたび水筒に水をくむのだと言って聞かなかった。

ギュンターは、名前とは違って実際はドイツ人ではなかった。南アフリカ生まれの健康マニアで、レキにいたことがあると言っていたが、わたしたちには、彼がどこの国であれ特殊部隊の超優秀なリーダーだったとは思えなかった。出発して二日目の夜、見張りの時間をなかばすぎたころ、マグレイディーは彼が月明かりのなか、体をねじって柔軟体操をしているのに気がついた。あきれた表情をしながらアメリカ人は、こいつはほんとうに南アフリカの精鋭部隊である偵察連隊に少しでも近づいたことがあるのかと、これ見よがしに口にしていた。

さらに、ギュンターが始終水が必要だと言っているのも気がかりだった。とにかく汗をかくのだ。一・五キロ歩いただけで、彼の制服はぐっしょり濡れてしまい、どう見ても正常ではなかった。ほかの三人が一日に水筒三本分から五本分の水で十分だったのに対し、彼は二〇本分も必要だった。じつは後になって、これは健康上の問題で、それが原因で軍隊での長期作戦に参加できなかったのだということを知った。ブッシュでのちょっとした探索行から数年後、ギュンターが心臓発作で亡くなったと聞かされた。それ以外は健康そのものだったので、彼の死を聞いてわたしたちは驚いた。

最初の数日はたいへんだった。ただ、時間はかかったが、わたしたちはすぐに順応し、二日目以降はマグレイディーについていけるようになった。彼と同じようにわたしたちも、紛争以外は現代社会の影響がみじんも感じられない、この奇妙で、ときに不思議なくらい静まり返る世界に、すぐ慣れていった。マグレイディーもふくめた関係者にとって、これは人間たちが相手を殺そうとして互いに探しまわる競技《ゲーム》のようなものだった。

さらにゲームというなら、わたしたちは全員チェッカー盤に囲まれ、いわゆる「やるか、やられるか」の引き分けのない勝負《ゲーム》にのぞんでいた。

参加者の動機は、たとえばミシガン州出身のデイヴ・マグレイディーのように、なんらかの大義のためという者もいたが、金めあてではじめた者もいた。アフリカ限定のこうした新手の賞金稼ぎたちにとって、これは巨額の現金を手にできるチャンスだった。しかも、すべて非課税である。

わたしたちは、第一夜の待ち伏せ場所としてグワーイ川の近くを選んだが、ここは理想的な場所ではなかった。近くを勢いよく流れる水音でわたしたちが出す物音はすべてかき消されるが、マグレイディーが指摘したとおり、もし敵がこちらへしのびよってきたら、その音も同様にかき消してしまうからだ。

川沿いの場所は、あまり人目にはつかなかったが、近くにまだ新しい足跡があり、そのことも彼には心配だった。ここへ来る前、わたしたちはもっと大きなシャンガニ川を渡っていた。川は、六週間降りつづいた大雨のせいで増水して激流となっており、手製のいかだを使って対岸へ渡るしかなかった。二〇〇リットルのドラム缶で作った、かろうじて浮いているような、大きくて扱いづらい代物で、長いポールを竿のかわりにして進めなくてはならなかった。

地元のローデシア人の農場主に川を渡してもらったが、彼が雇っている四人のアフリカ人に、流れに逆らって力いっぱい押してもらわなくてはいけなかった。

「戻ったら、銃声を等間隔に三度撃ってください。迎えに来ますから」と、農場主は言った。「人手を集めるのに四五分ほどかかりますから、あまり焦らないように」というのが、別れ際の言葉だった。

農場主は、わたしたちがたとえば反政府軍の分隊に追われて逃げている場合はどうすればいいかは、教えてくれなかった。ワニがいるから、泳いで渡るという選択肢はなかった。いや、わたしは当時この選択肢をまだ完全にはすてていなかったので、泳ぐべきではなかったというのが正しい。ワニがいるのはまちがいなかった。というのも、わたしたちが来る数日前、件の農場主の飼い犬が一頭、対岸にいるご主人様のもとへ行こうと川に飛び

「ソルジャー・オヴ・フォーチュン」誌は、ローデシア紛争中、いつも同国に駐在員を置いていた。写真中央は、創刊者のロバート・K・ブラウン大佐で、両隣は「ファット・ラルフ」・イーデンズ（左）と、アメリカ軍の元少佐で爆破の専門家「ビッグ・ジョン」・ドノヴァン。アメリカやヨーロッパからローデシアへ来る者は、小火器を持って自由に入国でき、武器の携帯に制限もなかった。（写真：筆者）

こんで泳ぎはじめ、あやうく食われそうになったからだ……。

　それからの数日、わたしたちはいくつも足跡を見つけた。そのなかには、山形が一列にならんだ模様のものがいくつかあったが、これはジンバブエ独立人民共和国軍（ZIPRA）の兵士のもので、彼らとは別にモザンビークの支援を受け、ロバート・ムガベに忠誠を誓うZANLAの兵士の足跡とは違っていた。

　ときどきマグレイディーは、足跡を見失うと自分のアサルト・ライフルを物差しがわりに地面に置いて、別方向へ向かった足跡を見つけ出した。これも、この勝負の特徴のひとつだった。こうした対反乱戦争では、必要のないかぎり直線的には歩かないものなのである。

　また、チェコ製のブーツを履いた人物が最近やってきて深いぬかるみに残した8の字形の足跡も見つけた。これもマグレイディーには懸念材料だった。チェコで訓練を受けた反政府軍兵士は、隠密行動が得意で情け容赦ないとの評判をすでに得ていたからである。マグレイディーは、雨が降ったのだから足跡はどれも一日以上は経過していないはずだと推測した。わたしたちを道案内している先住民で、モントゴメリーという立派な名前をもつガイドも、彼の意見に同意した。

わたしたちは、この広大なローデシアのブッシュでだれの姿も見かけていないが、ほかにもだれかいるのはまちがいなかった。一見すると、地域全体は戦争のせいでまったく人がいないか、ほんのわずかしか住民がいないように見える。しかし周辺には人がおり、ここは、ギリシア人は反論したがマグレイディーの考えのとおり、ローデシアのルパネ部族信託地の境界付近と考えるべきだった。そして、相手がだれでどこにいようと、彼らに見つかる前にこちらが先に見つけたいと、彼は冷静に断言した。この男のこうしたところが、わたしは好きだった。何があってもあわてず騒がず、ブッシュでは、どんなことも当然とは思いこんでいなかった。

わたしたちの小旅行が終わってからマグレイディーが述べたように、アフリカ大陸ではどこへ行っても「かならずだれかがどこかにいて、林のなかからこちらをじっと見ているもの」なのだ。

二日目の夜、わたしたちはさらに北に来ていた。日が暮れようかとするころ、太鼓の音が鳴りはじめた。わたしたちが迂回した村のひとつから聞こえてくるようだが、音は、わたしたちが当初思っていたよりも近かった。これが問題をさらに深刻にした。

ギュンターは太鼓の音が、わたしたちが彼らの領分へ入ったことをほかの村に知らせる警告なのかどうか確かめたいと言った。「その答えは、彼らが襲撃してくればわかるさ」と、マグレイディーは言い返した。

そのため、その晩はだれもぐっすりとは眠れなかった。

問題はもうひとつあった。わたしたちは全員、この紛争がそれまでよりも攻撃的な、新たな段階に突入したことに気づいていた。かつては軍隊が周囲にいる徴候が少しでもあれば、潜入者は行動を開始したものだった。しかし紛争が進むにつれて状況は変化していた。わたしたちが、ブラワヨからザンビア国境に面する町ヴィクトリア・フォールズにある検問所までを結ぶ主要道より北の、この僻地に到着したときには、賞金稼ぎに来た者が逆に追われる立場になることが増えているとのうわさだった。

マグレイディーも、一週間ほど前に、そうした反撃にあってローデシア人の仲間をひとり失っていた。不意打ちを受けたのだが、それは、敵は六人から八人ほどしかおらず、これほど小規模なゲリラ部隊がそれほど積極的に出て来るとはだれも思っていなかったからだ。マグレイディーの部隊は足跡を追跡していたが、彼らが追っていた敵は引き返してきた。そして日没時、マグレイディーら四人「スティック」（チームの意）が夜の待ち伏せのため停止したところを襲ってきたのである。

この一件を教訓として、マグレイディーはわたしたち三人に注意するよう告げ、わたしたちの相手は、もはやアマチュアの一団ではないのだと断言した。

「有能だよ、あの連中は……ブッシュに詳しく……ここは彼らの土地であり、そのほとんどすべてを知りつくしている。

地元住民を自分たちの目や耳として使い、必要なら銃口の先でちょっと強制するのもいとわない。もしそうした事態になっていたら、住民も考慮に入れざるをえないだろう」。このときばかりは、ギュンターもギリシア人も異議を唱えなかった。

そうした考えをいだきながら、わたしたちは急流の横で休み、雨に濡れたブッシュで一、二時間をすごしたが、その時間がときには夜のなかばまで続くように思われた。夜間の見張りは、ふたつのグループが二回ずつ行なった。まずマグレイディーとわたしが、日が落ちてから三時間見張りを行ない、続いてほかのふたりが見張りとなり、次はわたしたちが、というふうだ。これを夜が明けるまでくりかえし、翌晩は向こうが先に見張りをするという具合だ。ただ、ギリシア人がライフルをかかえて眠っているのを見つけてからは、わたしたちは完全に休息することはできなかった。

このままでは取り返しのつかないことになりかねないので、わたしはマグレイディーに、状況を改善するために何をする必要があるかたずねた。彼の答えは単純明快だった。「次やったらあいつを撃ち殺す」。この言葉は、見張りをしているはずの時間に眠っていたギリシア人を彼が蹴飛ばして起こしたとき、すでに告げていたことだった。

山羊がいることも問題で、そのせいでわたしたちのイライラも増した。暗闇では、山羊のしわがれた低い鳴き声は人間の咳ばらいとまちがえやすいのだ。そうした音が聞こえると、体を起こして指を銃のスライドからトリガーに移し、夜の霧にじっと目をこらして、何が来るのかを確かめた。

これ以外にも、夜になると林にいるヒヒの群れが出す叫び声に、ドキッとすることがある。ヒヒどうしでケンカしているのか、それとも豹に追われているのか？ あの大きなネコ科の動物があれだけ多くいるのだから、ヒヒも自分がここにいますよと宣伝しなくてもよさそうなものなのだが……

それが延々と続いたすえに、ようやくヒヒたちは移動してくれた。

また、一時間かそこらおきに正体不明の野生動物が、わたしたちの野営している場所から数メートル離れた川に跳びこみ、しかもたいていは大きな水音を立てるため、そのたびにわたしたちはびっくりして目を覚ました。あれはたぶんミズオオトカゲで、あの音のせいで、まだ眠っていない者も驚いてハッとなった。それから筋肉の緊張が解けるのに、一分か二分かかる。しかし、その間も神経は張りつめたままだ。

「ギターの弦のようにピンと張ったままだ」と、マグレイディーは簡潔に述べていた。

夜明けまでには全員が起きた。それまでにギュンターは、湿った寝袋をすでにバッグパックにつめて背負っていた。それからあたりをうろついて、わたしたちの準備ができるのを待った。出発してからほぼ毎朝、彼はバックパックの重さが倍になったと不平を言い、そのたびにわたしたちのどちらかが、雨のせいだと言ってやらなくてはならなかった。マグレイディーは肩をすくめ、あの男のせいでわれわれの命が危険にさらされているというようなことを、ブツブツと言った。

三日目の朝になって数分後、わたしたちは前夜に渡った仮設の橋へ向かった。細い木の幹を渡しただけの、流れの上でぐらぐらする橋だ。これをひとりずつ、ほかの三人が周囲を警戒するなか、渡った。対岸では、マグレイディーが先頭に立ち、その後ろにガイドのモントゴメリーが続いた。わたしは、写真を撮る必要があったため、最後尾を進んだ。

向こう岸に着いてすぐ、マグレイディーはぬかるみに新しい靴跡を見つけて指さした。数時間前のものらしい。モントゴメリーは頭をゆっくりと上げると、経験から身についたしぐさで周囲をうかがった。そして「何もない」と静かな声で言った。それからギリシア人の方を向くと、いっぷう変わった、たどたどしい英語で、こう言った。「彼ら、ずいぶん前、行った……」

昨夜はだれかが近づいてきた気配がなかったため、そのことにも頭を悩ませながら、わたしたちは、はるかザンベジ川まで続く、林におおわれた起伏の多い地域を延々と歩きつづけた。なんらかの理由で――それがなにかはわからないが、おかげで助かったのはまちがいない――われらが未知の「訪問者」は、最後の段になって怖気づいて渡河するのをあきらめたらしい。おそらくグークの偵察チームだろうと、マグレイディーは断定した。

なぜあきらめたのだろうか？　小休止のため足を止めたとき、わたしたちは考えた。結論は出なかったが、この一件で全員の感覚は研ぎ澄まされていた。このころには以前よりさらに慎重に移動し、伐採地に隣接する広い空き地に生い茂る背の高いネピアグラスという草のあいだを行くときは、ひとりひとりが彼らと自分たちの距離をもっととるようにしていた。待ち伏せ攻撃を受けると思っていたわけではない――それはわたしたちの仕事のはずだ――が、わたしたちが避けられないと思っている事態のことを考えれば、安否を無視していい人物は、わたしたちのなかにひとりもいなかった。

道路に出て数時間後、残りの足跡がはっきりしたように思われた。足跡は、何度か曲がりながら、平らな大地につき出ているのが遠くからも見える高い岩の集まりへと向かっていた。経験の浅いわたしの目にも、あれが目印として目立つことがわかった。

その日の正午ごろ、マグレイディーは、前方にそびえる、ほかよりひときわ大きい、露出した岩を指さした。あれは、ザンビアから入国した反政府グループの集合地点として利用されているのだと、彼は事前に教えられていた。彼が耐水性のホルダーに入れてベルトにしまいこんでいた地図には、あの岩の位置に印がつけられていた。

その日の残りの偵察では、樹木限界線のかなり内側を進んだ。偵察をすべきときは、ローデシア陸軍の友人たちが使う種類の掩蔽から実施した。さらにマグレイディーは、念には念を入れるため、ときどき道を戻って確かめようと言った。わたしたちは何度かそうしたが、何も見つけられなかった。

三日目は日没の一時間ほど前に、いつものように軽食をとるため小休止した。移動はつらく、暑さのせいでペースは遅くなっていたが、このまったく知らない土地に深く入りこんでいる以上、止まるわけにはいかなかった。

夕食はシンプルだった。わたしたちが文明社会を離れる前にブラワヨの大きなホテルの裏にあった小さな生鮮食料品店で買った、紅茶と、クーズーのビルトン(2)だ。ビルトンには、人ひとりが一〇時間歩きつづけるのに十分な栄養があった。

「わたしが運ぶ食料はこれだけです。軽いうえにタンパク質が豊富で、それになにより、日にあたっても絶対に腐りません」と、マグレイディーは言っている。

南アフリカと自宅が急にかなり遠くに感じられたが、道路をわずか九時間歩いて到着した場所が、この先八～一〇日間にわたしたちのたまり場へと変わることになった。

マグレイディーは、アメリカの中西部出身で、いまはローデシアでテロリストを探し出して殺害しようとしているが、彼にはひとついまも後悔していることがあった。母国がつい最近ベトナムでくりひろげた戦争に、ついぞ従軍しなかったことだ。従軍していたら、そこで積んだ訓練や経験により、アフリカではもっと楽にやれたはずだと思っていた。

以前これについて話しあったとき、彼は、まず基礎訓練をやり、それからは、もちろん認められればの話だが、できることなら特殊部隊の訓練を受けたかったと語っていた。

「どこかの特殊部隊でなくてはだめだったでしょうね……わたしは孤独が好きなので、あの兵隊どうしの絆といったたわごとが耐えられないのですよ。基礎基本を教えてくれたら、あとは放っておいてほしいですね」。目のせいだと、彼は説明した。視力が悪かったため、ベトナム戦争で徴兵されなかったのである。

「戦争は終わりに近づいていましたから、徴兵委員会はわたしのような者は不合格にしていたのですが……でも、それにもめげず、わたしはここでやるべきことをやっているのです……」と、彼にはめずらしく笑いながら話してくれた。この件を語る彼の態度は、ビールを注文するときのような、じつに淡々としたものであった。

この若きアメリカ人は、自分がアフリカでたずさわっている仕事になんの幻想もいだいていなかった。それに、複雑なゲリラ戦に対する経験が少ないことで困難にぶつかるかもしれないとも思わなかった。ほかならぬこの紛争に参加してすごした短い間に、彼はこの未開の地に対する理解を深めていた。一年前にはブラジルのジャングルとの違いさえわからなかっただろうし、人によっては、ここに順応するのに何十年もかかるのに、それを彼は短期間でやってのけた。

一見して、マグレイディーは新たに見つけた仕事に完璧に合っているように思われた。自分専用の小火器類と箱づめした弾薬をアフリカに持参したほか、下調べもすましており――彼は熱心な読書家だった――、かなり準備万端で到着した。仕事はきつかったが、この青年は、わたしが知るかぎりいつもあごひげを格好よく生やしており、体調は万全だった。それと、未開地で生きるサバイバル術と、グリーン・ベレー以外ではほとんど目にすることのないレベルのスタミナとを結びつけて、仕事に全力をそそいでいた。はっきり言って、彼の身体能力と、つい最近身につけたばかりのサバイバル術には、残る三人ともかなわなかった。

最初からわたしたちは、マグレイディーについて、たいていのアメリカ人が共通しておちいりがちな、敵を過小評価するという失敗を犯すタイプではないことに気づいていた。

「わたしは、自分が何と戦っているのか承知しています。また、彼らに何ができ、いままで何をしてきたかも、わかっています。なので、この争いにくわわる前に、わたしが働くことになる地域で活動している特定のグークたちについては、背景調査のためあらゆるところを調べまわります。それに、もっと広い視点から、自分が正しい主張を支援しているのだと確かめるようにしています……自分が正しいと思っていないことはできませんからね。

それから、彼らの文化を理解する努力をするようになりました。これは、たいていは不要な誤解を避けるつもりなら絶対に必要なことです。それに、ブッシュで作戦中は、わたしが第六の超警戒感覚とよぶものが作動します……おかげで、いまもぶじに生きているわけです」

彼は動機、つまりなぜここにいるのかについても、独自の哲学をもっている。それは、以下のようなものである。

「テロリスト集団は、ＺＡＮＬＡもＺＩＰＬＡも、自分たちが支持する主張に反対するかもしれない者を殺す場合は、まったく情け容赦ありません。ここで強調したいのは、『かもしれない』という部分です。なぜなら、あなたが実際に考えていることではなく、あなたが考えているかもしれないと彼らが考えている事柄のせいで、いともあっさりと殺されることがあるからです。カンボジアや、レバノンの一部で目にしてきたのと同じ全体主義、『全か無か症候群』ですよ。

あなたが彼らの味方でなければ、敵に違いないと思われます……すべてが黒か白かで、灰色はまったくないのです……」。彼は以前に、反政府軍兵士は平均して白人ひとりにつき黒人を一〇人以上の割合で殺していると聞いていた。そうした無秩序に、彼は反対していた。

「わたしは、権力を少数の白人の手にとどめておくためにローデシアに来たのではありません。ただ、独裁者が権力を掌握して、全員がみじめな生活を送らざるをえなくなるような事態にはさせたくないだけです」と、彼は言葉を続けた。

「あいつらは、村の首長を家からひきずり出して、両耳と唇など体の一部を切り落とし、妻や家族たちに、その切り落とした部分をむりやり食べさせようとしています。その後に首長を殺し、残りの家族も、たいていは同じ目に合わせます。それもただ、彼らが家族だからというだけの理由でです。

白人でも、捕まって同じように虐待され、女性はレイプされ、赤ん坊は木に吊り下げられて銃剣の的にされています。そんな連中が、どこの国であれ権力をにぎるようすを、わたしは絶対に見たくないのです……」

荒野に出てからデイヴ・マグレイディーは、ブッシュにいる間に起きたことを、ほとんど見逃さなかった。彼は、以前にサルー斥候隊の仲間から教わった、「目に見えているものの背後に目を向けるコツを覚えろ……場違いなものをすべて見つけられるようにしろ……ふつうと違ったものを探せ……」という言葉をよく口にしていた。

また、この手の仕事では、性格がいい加減で、ささいだが重要なことに注意をはらわず、必要なときに必要なことをしない者には死が待っていることも理解していた。戦いではひとつのミスも許されないのだから、それは至極当然のことだと、彼はよく言っていた。

彼も自分で認めているが、このアメリカ人が短期間にアフリカのブッシュで学んだことの多くは、試行錯誤で身につけたものだった。ときには、まかりまちがえば命を落としていたかもしれないほどの大失敗をしたこともあったという。

「しかし、わたしは多くのことを自力で学び、自力でやらなくてはなりませんでした。ほかの人から教えてもらう機会は、たいていほんの少ししかありませんからね。教えてもらえるのは、たいていは似たような仕事をしてきた人たちからです」。とりわけ冷酷と感じられたのは、彼は厳密にいえば賞金稼ぎであり、ローデシア当局からの軍事支援はいっさい期待できないことだったという。

「それはつまり、何が起きても自己責任ということです。なんらかの支援を要請することはできません。敵に遭遇しても、空爆はありません……ローデシア軽騎兵連隊も、ファイヤー・フォースも来ません……すっかり包囲されていてもです。なんにもないのです！　たしかに、連絡をとって要請することができれば、すぐ来てく

デイヴ・マグレイディーがローデシア北西部で賞金稼ぎを行なっていたころ、筆者は——友人２名とともに——「追跡」に同行しないかと誘われた。数年後に判明するのだが、じつはこの追跡中、４人は20名からなる精鋭ゲリラ部隊に足跡をたどられ、逆に追いかけられていた。川を渡って安全な場所にたどり着くのが１時間遅かったら、おそらく攻撃されていただろう。（写真：筆者）

れるでしょう。でも、無線通信機がないのに、どうやって連絡をとるというんです？

ですが、いろいろと考えると、わたしは自分がこの仕事をうまくやれていないとはかならずしも思っていません。ここの連中のなかには、わたしがこの業界にいる期間は実際よりもかなり長いと思っている者がいて、結果から判断すると、わたしはかなり成功しているのだろうと思いますね」。この点について、マグレイディーは詳しい話はしてくれず、ただ、それまでの数か月間マタベレランドでソールズベリの防衛計画者たちから「危険」と宣言されている地域のいくつかで活動していたと話すにとどめた。

ある意味、このアメリカ人はまったく有能な軍人になったといえる。彼は完璧主義者で、自分の本能と生まれながらの技能のふたつだけを頼りに生きのびていた。もし彼がアメリカにとどまり、その才能を犯罪に向けていたら——そんなことがときどき頭をよぎると白状している——、地元警察はほぼまちがいなく頭をかかえていただろう。

もうひとつマグレイディーがほかの者たちと違っていたのは、ローデシアでは戦闘員として活動していたが、この地で没した傭兵や賞金稼ぎなどの名前が数多く掲載された死亡者リストに自分の名前は決してのせるまいと決心していた点だった。

デイヴ・マグレイディーは、この国にはじめて来てからしばらくのあいだ、ローデシア保健省で働いた。

あたえられた仕事は警護係で、彼は装弾数三〇発のAR-15カービンをもち、口径が四五ACPのコルト・コマンダーをショルダー・ホルスターに入れて仕事にのぞんだ。またガーバーのマークⅡサバイバル・ナイフを、たいていベルトに下げて見せびらかしていた。のちには手榴弾を多数入手し、ベトナム戦争時代のナイロン製のベルトの、すぐ手のとどくところにいつも好んで吊るしていた。

「そのひとつは、テアがうつぶせのわたしをひっくり返して、死んでいるかどうか確かめに来たときのためにとっておくつもりだ」。もっとも、マグレイディーはつねに約九〇〇発分の弾倉を携行しており、それだけあればちょっとしたグークの部隊を撃退するのに十分だったから、そうした状況にはならないだろうと、当の本人も思っていた。

保健省での仕事とは、同省のチームが特定地域の部族信託地に入らなくてはならないとき、その護衛を行なうことだった。同省が業務を行なうには、これしか方法がなく、予防接種の実施や、コレラの発生状況、さらには、最終的には人間にも感染する炭疽病が牛のあいだで広まっていないかといったことを監視するのに、護衛は欠かせなかった。

「実際、とても面白い仕事でしたよ」と、彼は言った。「ですが、戦闘はあまりありませんでした。『グーク』たちがいたのは確かです。攻撃してくるかと思いましたが、たいして危険はありませんでしたね」。彼の説明によると、この段階で反政府軍はソフト・ターゲットを優先しており、たぶんわたしの武装を見て怖くなったのでしょうと、彼は冗談を言っていた。

地雷は、また別な問題だった。テアたちは、地雷を敷設した場所の目印として、空になった肥料袋や穀物袋を置いておき、ときには石を袋の上に重石がわりに置いておくこともあった。また、決められた方向に折った木の枝を使うこともあった。いずれも、地雷がここにあると味方の兵士にわかるよう、所定の計画にしたがって処置されていた。

「一方、わたしたちは防護車両を使っていて……危険を最小限に抑えることができましたが、いつもというわけにはいかず、地雷の爆発で依然として多くの兵士が死んでいたし……わたしがたずさわっているのと同じ仕事をしている支援の人たちも犠牲になりました」

わたしたち四人が、マグレイディーの活動している地域に到着したとき、事態はかなり大幅に変わっていた。紛争がいきなり激しくなり、この地域で活動中の反政府軍兵士は、彼らのいう「毛沢東の第二段階」［ゲリラ戦における反攻への準備段階］へ進んでいた。

ゲリラが活動する地域に住む素朴な部族民にとって、反政府軍の主張はおとぎ話と大差なかった。たしかに彼らは、ザンビアやモザンビークから来た新参者が好んで「普遍的社会主義」とよぶものを理解することはできた。ただ、月に人がいるという話をしても、結果は同じだっただろう。地元の住民は、集会に集められ、部隊の政治委員が彼らの進めている植民地闘争の本質について、ときには何時間にもわたって延々と演説するのを、辛抱強く聞いていなくてはならなかった。

もしゲリラが部族民に、治安部隊と積極的に戦い……できるだけ多くを殺して、最終的にこうした敵たちをローデシアから全員追い出す必要があると語ったら、そのほうがはるかに効果があったかもしれない。

マグレイディーの意見は率直だった。「このあたりの部族民たちは、こうしたたわ言を何ひとつ理解していないかもしれませんが、自分たちがもしこの反政府グループを助けず、食料もあたえず、女性や子どもを利用させず、牛をつれてブッシュに出たときに治安部隊がいると知らせることもしなければ、痛い目にあわされることを重々承知しているのです。あるいは、家族が痛めつけられることがわかっているのです。

基本的には強制です。それに、わたしがブッシュで活動するときは、わたしと彼ら……一対一です。あいつらを追いかけ……探し出して追いつめます。もし事態がわたしの思っていたとおりに進まない場合は、彼らにブッシュを追いまわされることもありますね」というのが彼の言葉である。

いかにも彼らしいことだが、マグレイディーはこの種の活動を、きわめて深刻な戦争ビジネスではなく、一種の競技のように考えていた。

軍隊経験をもたないアメリカの民間人デイヴィッド・G・マグレイディーがアフリカへ来ることになったのは、「ソルジャー・オヴ・フォーチュン」誌の縁によるものだった。この雑誌は、コロラド州に本社をもち、同誌のいう「現代の冒険家」向けに出版されているものだ。読者の大半は元軍人で、その多くはベトナムに一度ならず二度三度と派遣された経験をもち、外国の軍隊の下で合法的か否かをとわず戦闘に参加したいと思う者たちだった。

それ以外にも、当事者のひとりの言葉を借りれば「ただなんとなく」なにか他人と違ったことがしたいという者も少なからずおり、それで一部の熱心な者は、なじみのないベイルートやアフガニスタン、エルサルバドル、そしてもちろんローデシアといった土地へ向かったのである。

ボブ・ブラウンが出している同誌を、わたしたちは頭文字をとって「SOF」とよんでいたが、そのSOFは、ローデシア紛争を何度か記事でとりあげていた。そのころ、昔から型破りだったマグレイディーは、わたしがアフリカでのゲリラ戦について以前に書いた本を一冊手に入れた。書名は『ザンベジ突角部』(3)で、同書は本書でもいくつか紹介したポルトガルの軍事作戦のほか、ローデシアの地上戦についても数多くとりあげていた。

彼はこの本を読んで気に入ったらしく、出版社からわたしの住所を教えてもらって手紙を書いて寄こした。彼の最初の質問は、「アフリカ南部でわたしが兵士として活動に参加できそうなチャンスはないでしょうか?」というものだった。

わたしは返事のなかで、そうしたチャンスは山ほどあるが、あなたは海を越えてこの「暗黒大陸」に来なくてはならないし、それに、とにかく軍隊経験がないのだから、これがあなたのほんとうにたずさわりたいことなのかどうか、慎重に検討しなくてはならないと告げた。また、かならず十分な装備をもってくるようにと勧めた。「自分専用のキットや、役立ちそうな重火器が必要になるでしょう」というのが、わたしの最初のアドバイスだった。

それから確か二か月後に、デイヴ・マグレイディー青年はヨハネスバーグに到着し、ほかのアメリカ人傭兵三人と会った。いずれも軍隊経験豊富な者たちで、名前をドレンカウスキー、カニンガム、ボーレンといった。

デーナ・ドレンカウスキーは、元アメリカ空軍のパイロットで、東南アジアでファントムF-4やB-52爆撃機を操縦して戦闘任務を二〇〇回以上こなした経験をもち、その後は一時期リビアのカダフィ大佐の下で働いたこともある男だ(4)。それに対してトム・カニンガムとジム・ボーレンは、どちらもアメリカ陸軍特殊部隊の元隊員だ。ジムはベトナムでCIA特殊作戦部隊に所属し、トムは東南アジアでベトコンとの戦闘により片脚を失っていた。

この一団が来たので、わたしは彼らが活動できるよう手をうたなくてはならなかった。当時わたしは地元の雑誌で働いており、ローデシアに行けば、この者たちになにかが起きるかもしれないことをつきとめていたので、編集長のジャック・シェパード＝スミスに、これで記事が一本書けるかもしれないと提案した。そこで会社の車を一台借り、マグレイディーとわたしはソールズベリへ向けて出発した。ほかの三人は、すでに先発していた。

ソールズベリに着くとマグレイディーは、軍隊に入ってローデシア軽歩兵連隊に配属してもらおうとした。しかし、徴募官から断念するよう説得され、かわりに、あなたは既婚者で子どももいるうえ、戦闘技能も軍隊経験もないのだから、農村地帯の警備業務のほうがあっているのではないかと忠告された。それで、ローデシア保健省へ行くようにいわれたのである。

いまや経験豊富なアメリカ人傭兵にして賞金稼ぎであるマグレイディーは、こうしてすぐに、一九八〇年代にローデシア紛争で出会う典型的なフリーランサーになった。ローデシア正規軍に所属することはなかったが、この反乱に明けくれる国家で戦闘を十分に経験し、のちにその能力を見こまれてサード・ハッダードの南レバノン軍で仕事を得ることになった。

戦争中は計画どおりに進むものなどほとんどないが、それはローデシア紛争でも変わらなかった。そして、同国北西部の奥地でわたしたちが実施した反政府軍兵士の捜索パトロールも、同様だった。

三日目までに、捜索は魅力をすっかり失っていた。ギリシア人の言葉を借りれば、「完全に退屈なものになった。……わたしはここへ人を殺しに来たのに、やることといえば、この忌々しい田舎を歩くことだけだ。しかも、何も見つけられず、さらにまた歩くのだ」という状況だった。

雨は激しく降り、しかも、たいていはバケツをひっくり返したようなどしゃ降りで、そのことも問題を悪化させた。実際、いつまでたってもやまないのではと思うことが何度もあった。わたしたちは、いつも林の道に沿って静かに歩き、しばらく進んでからときどき休憩しては、マグレイディーがコンパスと地図を見比べる。それから出発し、数時間後に同じことをまたくりかえす。退屈きわまりないが、この種の不正規戦では、これがあたりまえなのである。

何度か、雨さえしばらくやんでくれたら形がはっきり残っていたかもしれない人間の足跡を見つけたが、その足跡をつけた人物については、何も手がかりは得られなかった！

わたしたちは、一週間は困らないだけの食料をもってきていた。ギュンターは出発前、途中で動物を撃って煮て食べればいいと言ったが、マグレイディーは却下した。「このブッシュで銃を撃てば、一〇キロ先……いや、もっと先から……聞きつけられ、われわれはやつらに追いまわされることになる」というのが、彼の意見だった。その気になればマグレイディーは、厳しい態度で思ったことをズバリと言うことができた。

さらに彼は、こうつけくわえた。「いまごろやつらは、すでにわれわれがこの地域にいることに勘づいていると思う。ただ、正確な場所は知らないだろうから、このまま行こう」。彼は、この問題をいつまでもぐずぐずと議論したりはしなかった。

一日目からわたしたちを悩ませていた最大の問題は、行軍中にギュンターとギリシア人がひっきりなしにおしゃべりするのをやめさせることだった。マグレイディーの言い分はもっともなことで、音が何キロも先までとどく奥地のブッシュ地帯では、静寂を保つことがなによりも大切だった。行軍中はそれ——つまり、会話禁止——があたりまえであり、とりわけ日没前の、だれがいるか何がいるのか皆目見当のつかない時間帯には、話をして

ローデシア紛争中のデイヴ・マグレイディーと、殺害されたゲリラ兵。（写真：筆者）

はならないものだ。彼はむりな要求をしているわけではなかったが、このふたりは従うことがまったくできなかった。つねにふたりだけでおしゃべりを続け、その内容はたいてい不平不満であった。

三日目、ギリシア人は日が暮れると、枝を何本か切って火を起こそうとした。これは、非常識であるばかりか、この状況では危険きわまりない行為であり、おぼつかない手つきで作業する彼を見て、マグレイディーは激怒した。わたしは、彼が怒るのを見たのはこのときしかない。身のほど知らずのギリシア人の喉をつかむと、こんなバカげたことを続けるのなら、おまえとは縁を切るから、ひとりで敵とわたりあえと言ったのである。これで議論は終わり、公平を期していうと、その後はだいぶおとなしくなった。

このことがあってから、マグレイディーとガイドのモントゴメリーとわたしは、ほかのふたりから風下側にたっぷり数百メートル離れた場所で眠るようになった。自分たちだけで食事の準備をし、自分たちだけで見張りに立った。あのふたりが口を閉じておけないせいで問題が起きても、それはあのふたりに処理してもらおうというのが、マグレイディーの言い分だった。

彼は、いかにもマグレイディーらしい表現で、こう言った。「そうなったら、わたしたちはそっと抜け出して、あのふたりは最初からいなかったことにしよう。そうなっても別に寂しく思いませんがね……」

五日目か六日目には、もう潮時だと思った。どうにもなりそうにないのだ。それなりの待ち伏せ攻撃をできる見こみもなく、地元住民にわたしたちがいることを気づかれることもまったくなかった。このことと、活動範囲でグークの足跡を見つけたことから考えて……このころには敵もわたしたちの足跡を見つけているに違いなかった。

ギュンターとギリシア人は、かなり厳しい行軍日程に慣れることができず、結局これが決め手になった。それにくわえ、ギュンターがどしゃ降りの最中にも水筒に水を入れたいとたえず主張したことも効いた。マグレイディーは暗くなる前に、翌朝はいかだと農場の家屋をめざすと、ほかのふたりに伝えた。彼は、わたしたちのいる場所に戻ってくると、ふたりは計画が変更になってかなり喜んでいるようで、わたしもよかったと思うと言った。

翌日の正午前に、川の向こうに懐かしい農場の家屋が見える場所まで来ると、わたしたちは銃を三回撃った。それから一時間ほどのち、わたしはシャワーを浴び、農場主のコックは昼食の用意を進めていた。ギュンターとギリシア人は、足のまめを手あてしてもらいながら、昼食のメニューはなんだろうかと言いあっていた。

一年後、わたしはこのちょっとした冒険の詳しい話を知ることになった。あるローデシア軍将校がのちにヨハネスバーグでわたしを捕まえて語ったところによると、わたしたちは運よく「攻撃されずに脱出できた」ようだ。この将校によると、わたしたちの軍事行動は非常識なだけでなく軽率きわまりないものだった。助かったのは、あの地域にいた反政府グループがおとらず間抜けだったからにすぎず……グークの部隊長は、わたしたちをどうすればいいか、まったくわからなかったのだという。

この情報を伝えてくれたローデシア人は、一時期その地域の合同作戦センター（ＪＯＣ）を指揮していた人物とワンキーでしばらく一緒だった。彼によると、軍はわたしたちが何をしようとしているのかわかっていたそうで、それどころか、わたしたちが潜入したのち、反政府軍のリーダーから部族信託地で活動中の分隊へ送られた通信を傍受していた。

彼らはザンビアにいる上官に、「治安部隊の隊員四名、うちふたりはひげを生やしており、ほかに黒人の斥候一名」からなる一団がいると、手短に報告している。

この無線通信からわかるのは、当初ゲリラ側はわたしたちを、彼らを待ち伏せ攻撃におびきよせるためローデシア陸軍によって送りこまれたのだと考えていたということだ。この地域にはほかにもローデシア治安部隊がいて、攻撃のため待機していると思いこんだのだ。この紛争では、陽動作戦と対陽動作戦がひんぱんに行なわれており、それがアフリカでのこうした対反乱作戦の根幹になっていた。

待ち伏せ攻撃については彼らの考えが正しく、それがわたしたちのそもそもの目的だった。わたしたちにとっては幸運なことに、それ以外で彼らはすべてまちがっていた。

一年後の偶然の出会いで教えてもらったところによると、わたしたちがパトロールして六日目の朝――撤収する決断をしたのと同じ日――、最初に通信を送ったＺＡＮＬＡの分隊が、ザンビアの首都ルサカから、わたしたちを排除せよとの命令を受けとった。詳細を明かしてくれた将校の話では、わたしたちがいかだに乗ったときには、敵は八〇〇メートルまで迫っていたらしい。わたしたちを追ってきた分隊は、約二〇名で、全員が十分に訓練を受け、数えきれないほど多くの武器をもっていた。

話はこれで終わりではない。この地域を管轄するローデシア軍――司令部はヴィクトリア・フォールズにあった――のトップは、わたしたちがすでに渡河して比較的安全な場所にのがれたことを知らず、わたしたちを捜索するため、ローデシア・アフリカ人ライフル連隊（RAR）の隊員からなる一個小隊をルパネ部族信託地へ派遣した。連絡をとるため偵察機を使う話も出たそうだが、木々がうっそうと茂る北西部のブッシュ地帯でうまくいったかどうかは疑わしい。

RARの兵士たちは、トラック二台で到着したが、途中ですぐに待ち伏せ攻撃にあった。しかも、二回も！ファイヤー・フォースが要請されて、ようやく苦境を脱したが、それまでに双方に死傷者が出た。

このちょっとした冒険行のせいで、わたしはふたたびローデシアに入国するのを禁じられたが、一年後にわたしは、このささいな障害をのりこえることになる。

デイヴ・マグレイディーがアフリカ南部を離れて、すでに四半世紀以上がすぎているが、そのマグレイディーに聞けばわかるとおり、紛争初期のローデシアは比較的のんびりとしていた。紛争の大半は、ゲリラ側になんらかの成果を上げられる見こみは何ひとつなく、国をのっとるなど、もってのほかだった。

また、ローデシア陸軍に入らなくてよかったとも言っていた。紛争の末期、アメリカ人傭兵の脱走率は五〇パーセントほどであった。

「当初、わたしはだれかの牧場や農園を攻撃から守る仕事をもらえるだろうと思っていました。実際、いくつかやりましたが、多くはありません。たぶん、ほとんどの農場主に、わたしが懸賞金をもらったら喜んで折半するといっても、一か月に数百ドルを払う考えがまだなかったからでしょう。ほとんどが破産しましたよ……戦争のせいでね。

わたしがほんとうに求めていたのは、テロリズムと戦う手助けができるチャンスだけでした。ひとたび敵と遭遇して、数名殺害したと登録したりすれば、あの地域の農場はもう狙いやすい標的ではないとのうわさが広まると思っていました。将来の攻撃を未然に防止できるかもしれないと思ったのです」と、彼は当時をふりかえってコメントしている。甘い考えだが、マグレイディーはいつもそうやって自分を正当化してきたのである。

とにかく、だれも彼の申し出を受けず、そのため彼は自然と保健省へ向かったのである。

一九七七年の最後の三か月にマグレイディーは、テロ活動が急激に増加していたブラワヨ近郊で、数人の農場主がもつ広大な開拓地の管理をボランティアで行なっていた。こうした農場には、放棄されたものもあれば一時的に立ち退いただけのものもあったが、多くは戦争が終わってからも、何年も手つかずのままであった。およそ八〇〇〇平方キロメートルある広大な地域に――アフリカ人労働者は数百人いたが――、白人は長年マグレイディーただひとりだけだった。

　このころ彼が書いた手紙には、次のように記されている。「この一か月、Ｂ（ブラワヨ）の北六〇キロにある農場で警備の仕事をしています。テアは大勢います。ただ、問題は昔と一緒で、ひとりも見つけられず、じつは、こちらから探しに出かけています。テアの通路と判明しているＴＴＬ［部族信託地］から伸びる道で夜に待ち伏せしたり、昼もブッシュのパトロールをしたりしています。いまのところは運に恵まれませんが……」

　反政府軍兵士がいるのはまちがいなく、マグレイディーが――すくなくともこの時点では――見つけられないだけなのだが、それはおそらく彼がひとりで活動しているからだろう。夜にひとりで待ち伏せをするときに、協力してくれる仲間はだれもいなかった。

　別の手紙には、こう書いてある。「数日前、隣人のアフリカ人現場監督の小型トラックが三人のテアに待ち伏せされました。ＡＫで武装していて、トラックに発砲して停車させました。それから乗っていた黒人をひきずり降ろすと、農場主への報復からトラックに火をつけたのです。あの連中はブッシュへ消えましたが、幸い、運転手は殺しませんでした。前の晩、連中はこの黒人の小屋を焼きはらい、兄弟たちをライフルでこづいて恐怖のどん底につき落としたのです……彼の話によると、三〇人ものテアが農場をすぐに襲撃するためシャンガニ川を渡ってくるそうです。いつ来るか楽しみです」

　マグレイディーが農場での仕事に精を出しているあいだ、戦争というドラマはほぼ毎日のように新たな展開を続けており、ときにはそれが農場の近くで起こることもあった。

　次の手紙は、こう報告している。「先週、農場と、内務省の『キープ』とが、日は別ですが、夜襲を受けました[5]。また、ワンキー狩猟公園では南アフリカ人一家の車が待ち伏せ攻撃にあいました。この一件については、もう新聞で読んでいるでしょう。

　そして二晩前、家にいるときに大きな爆発音が聞こえ……翌日に、それは陸軍の車両がＴＭ-46地雷を踏んだせいだとわかりました。兵士がひとり死亡し、ふたりが大けがです……この攻撃は、現在わたしが拠点としている場所のすぐ近くで起きました」

この一件にヒントを得て、マグレイディーはマタベレランドで農場主のため警備をすることにした。その直後にわたしは彼に手紙を書き、ギュンターとギリシア人とわたしとで一度パトロールに同行してもいいかと問いあわせた。彼が世話になっていた農場主は、自宅からさほど遠くない、水が枯れた川床で待ち伏せ攻撃にあった。息子といっしょにランドローバーで移動していたところを銃撃され、発砲してきたゲリラの数は八人か九人であった。

「父親は腕と背中を撃たれました。息子は頭を撃たれましたが、幸いかすり傷ですみました。ただ、脳震盪にはなりました。襲撃者はRPGも発射したのですが、それははずれました。

ランドローバーがまだ前進している間に、父親は転げ落ちました。砂地で横になっていると、テロリストがひとり、三〜四メートルのところまで近づいてきて、AKを撃ちはじめました……しかもフルオートです。こいつらの射撃の腕前といったら、まあひどいもんです……そのテアは、父親に一発もあてられません。そのかわり父親は、銃弾がまわりにあたるたびに砂が跳ね上げるので、砂まみれになったそうです」

マグレイディーによると、このとき農場主は二二口径の拳銃をホルスターからなんとか引き抜き、襲撃者の腹に一発撃ちこんだ。「そのグークは体を曲げると、残る仲間といっしょに立ち去りました。……翌日、農場主と息子はBSAP（イギリス南アフリカ警察）のチームと現場に戻り、血の跡を追っていくと、その先に例のテアを発見しました。仲間にとどめを刺されて死んでいました」。農場主は、テアの帽子の記章を戦利品だと言ってマグレイディーに自慢げに見せてくれたという。

マグレイディーにとって、この一件はますます残酷になっていく戦争の一部だった。彼に言わせれば、紛争はすでにやりたい放題の状態になっており、ローデシア治安部隊の側は、あまりにも「規則どおりに」戦いすぎていた。

「しかし、敵はそうではありません」と、彼は手紙に書いている。「彼らはとにかく情け容赦がなく……目標を達成するためなら、どんなことにも躊躇しませんでした」。そして、きっとだから自分はまだローデシアにいて「グーク」を探しているのだろうと、書きそえていた。

ローデシア滞在中のデイヴ・マグレイディーにどんな能力を求めるかについて、思い違いをしている者はだれひとりとしていなかった。

危険は別として、平均的な賞金稼ぎは、能力が追いかけている相手と同等か、すぐれていなくてはならず、くわえて、狡猾さと運もたっぷり必要だった。当然ながら、飛び抜けて壮健である必要もあった。ブッシュでは、仕事の大半は脚力勝負であり、いざというときは、その両脚でトラブルから脱することもできる。デイヴ・マグレイディーは、絶好調のときは、わたしが知るなかで、追跡者から逃走中に四時間か五時間走りつづけることのできる数少ない歩兵のひとりだった。

彼も語っているが、これはきわめて過酷な活動になることがあった。平均的な反政府軍兵士も体調が非常によいことをだれもが知っているからだ。また、ブッシュにいるときは食べ物をほとんど食べられなかったり、ときには何か月も野宿したり、この未開の地でひとりで生きのびたり、必要とあれば地元住民に助けを求めたりすることもあった。さらに標的となったときには、ふつうの白人なら死んでもおかしくないほどのけがを負いながら生きのびたこともたびたびあった。

あるとき、ロン・リード＝デイリーのサルー斥候隊の隊員一名が——フリーランサーとしてちょっとした賞金稼ぎをしていたとき——敵の勢力範囲の奥深くにひとりでいるところを、約一〇名の反政府軍兵士からなる分隊に発見されたことがあった。この隊員は、結局一日以上走りつづけて、なんとか敵の手をのがれることができた。体調がよかったからこそ、最後には敵をまいて逃げ延びることができたのである。

サルー斥候隊の隊員たちは、休暇中によくこうした活動をやって、特別手当をもらっていたらしい。そうしたことが認められていないほかの部隊の隊員のなかには、これを聞いて激怒する者もいた。ローデシアSASの最後から二番目の指揮官だったブライアン・ロビンソン中佐は、ピーター・ウォールズ将軍の執務室へ抗議に行ったが追い返された。斥候隊のメンバーが休暇で家にいるときにどこで何をしようが、おまえの知ったことではないと、怒れる最高司令官から一方的に告げられたと、ブライアンは何年も後にわたしに話してくれた。

マグレイディーは当局から戦術的支援を得られなかったが、地元の治安部隊から多少の情報を入手することはできた。彼の説明によると、正しい側の人々に真意を明かさずに「進入禁止」の地域に入ると、双方からターゲットにされかねない。それに、ローデシア治安部隊に殺される可能性とは別に、ローデシア軍の兵士が視界に入ってきてしまうことも多かった。

そこでひとつ疑問が浮かぶ。ローデシア軍は、これほど多くの賞金稼ぎについて、どう思っていたのだろうか？

マグレイディーは、ほとんどの軍関係者から次のように見られていたのだろうと語っている。「わたしたちは不要な存在でした。状況によっては必要とされることもあったかもしれませんが、全体として、わたしたちは協力者ではなく邪魔者とみなされていました。場違いな連中と考える人もかなりいましたが、あたらずとも遠からずでしょう……傭兵のなかには、まったく技能がたらず、あきらかに力不足な者もいましたからね」

わたし自身が見たところでは、マグレイディーのような貴重な人材も少数ながらいたが、数が少ないのは、彼が行軍で実践したのと同レベルの要求を満たすことのできる者がほんのひとにぎりしかいなかったからだ。

マグレイディーは、最後にこう言った。「この仕事の中身を軽く見ないようにしましょう。たいへんなんです。それに、ミスが何ひとつ許されないこともあります。一度のミスで死んでしまうんですから」。そして、おそらくそれが、ひと財産作ろうと思ってローデシアに来るアメリカ人が、平均で三か月しかもたない理由なのでしょうと、彼はつけくわえた。

もう少し長く頑張る者もいるが、やがて幻滅するようになり、国へ帰っていく。

その後マグレイディーは、中東で南レバノン軍との仕事を終えると、ニカラグアでしばらくすごした。

（1）ローデシア紛争中、ゲリラまたは反政府軍兵士をさす通称として、「テロリスト（terrorist）」を縮めた「テア（terr）」が使われていた。

（2）アフリカ大陸に生息する羚羊のうち、エランドに次いで二番目に大きなクーズーの肉で作った干し肉。

（3）*The Zambezi Salient*: Al J. Venter, Robert Hale, UK, 1974.

（4）*War Dog: Fighting Other Peoples Wars*. Al J. Venter, Casemate Publishers, US and UK 2006.

（5）政府が管理する「黒人保護集落」または拠点のことで、ポルトガルがアフリカでの戦争で実施したアルデアメントス制度（強制移住計画）と同様のものである。

第16章　傭兵列伝――アメリカ人プロ、グレッグ・ラヴェット

グレゴリー（グレッグ）・ラヴェットは、カメラ嫌いのいっぷう変わったプロである。マスコミが嫌いで、相手がマスコミでも遠慮なくそうはっきりと言うのだが……それも、マスコミが彼を見つけられればの話だ。

わたしは、彼にインタビューするため、はるばるミシガン州からアーカンソー州北西部にある小さな町プレーリー・グローヴへ行ったことがある。地元の警察署長――彼の元上司――や、彼がよく行く場所を知っている五、六人と話をしたが、みな異口同音に「あいつは物書きに話をするのが好きじゃないんだ」と言っていた。

それでも、はるばるここまでやってきたので、わたしは粘った。やがてなんとか電話番号はつきとめたが、そのころわたしはニューオーリンズにいた。ようやく話ができた結果、このタフで用心深い戦闘員――警察で数年働き、つい最近までイラクで戦争関連の仕事をしていた――は、ルイジアナ州まで飛行機で来てくれることになり、わたしたちは楽しい数時間をいっしょにすごすことができたばかりか、正直にいうと、話だけでなくビールも大いに楽しんだのだった……

グレッグ・ラヴェットを見て、わたしは、彼の心は、カギをかけた戸棚が自制心という天使たちに守られているつもならんでいるようだと説明するのがいちばんよいのではないかと思った。アメリカのアーカンソー州で聞いた話では、彼はもともとまじめな成功者だったという。

彼が目立たないようにしていたのは、バグダードから戻ってきたばかりで、向こうでは最初K－9（警備犬）部隊で働き、その後は、自爆犯や同じ考えをもつイスラム過激派からVIPを警護する仕事をしていたが、一週間後にはまた向こうへ行く予定だったためだと教えてくれた。バグダードの前はコソヴォにいて、首都プリシュ

グレッグ・ラヴェット。2014年初頭、アフガニスタンで民間軍事会社の任務についているところ。(写真:グレッグ・ラヴェット)

ティナに近い小さな町で約一五〇人といっしょに活動していたという。

彼がイラクの首都に到着してからはインターネットで「くだらなくない」内容のメールをもっと交換できるようになったが、彼は必要最小限のことしか言わない性格のため、中東のことだろうが、自国で麻薬王を追跡したことだろうが、何についても多くを語ろうとしなかった。

グレッグ・ラヴェットが、過去の経験を昔の思い出話と大差ないと言って話したがらないのには、ほかにも理由があった。彼は警察に就職してから大半を覆面警官として働いてきた。アメリカの片田舎に住んでいたが――もっとも、プレーリー・グローヴは、世界企業ウォルマートの本社があるベントンヴィルから三〇キロほどしか離れていない――、FBI(連邦捜査局)やDEA(麻薬取締局)などさまざまな連邦機関や、管轄を越えて重大犯罪を扱うタスク・フォースなどと協力しながら、数々の修羅場をくぐってきていた。そうしたなかには、最後に銃撃戦となったものもあった。

しかし、彼は最後まで業績を上げて犯人を逮捕していた。また、この世には根にもつ者がいるという ようなことも言っていた。彼は、自分でも認めているとおり、つねに非常に危ない橋を渡ってきたが、必要なことをしたまでであり、彼の考えでは、それで世界はより よい場所になっていた。

その反面、ラヴェットは自分がまだ生きているのは運がよかったからだと思っている。

彼は、マイケル・ニコルズという名の一二歳の少年に真正面から撃たれたことがある。二〇口径のポンプ・アクション式ショットガンでラヴェットを狙ったのだ。撃ち終わるまでに、合計五発が命中した。この少年は学校をサボっており、ラヴェットが探しに出てきたところを、ニコルズ少年は発砲したのである。

グレッグ・ラヴェットは、二二歳のとき警察に入った。それまではおもに義兄の製造会社で働きながら、苦学生としてコツコツと学業に励んでいた。

彼は少年時代をふりかえり、当時は「苦労の連続」だったと語っている。父親は車のセールスマンで、アーカンソー州の小さな田舎町で何不自由なく暮らしていたが、家計は厳しかった。ラヴェットが警察に興味をもつ最初のきっかけを作ったのは、幼なじみだった。パット・スキャッグズが数年前に警察に入っており、ラヴェットは、自分のほうが若干年上だったものの、彼を手本として見習った。また、映画「セルピコ」の影響もあった。

この映画は、彼が実情を描いていると感じた最初の警察映画だった。「映画は、重要なことは何ひとつ無視していませんでした……言葉づかいや……警察の仕事、うそ、策略、それと、警官たちの仕事の進め方。それに、実話でしたしね。セルピコは、ニューヨーク市警で実際に働いている最中に裏切りにあったのです。

非常にはっきりとしたメッセージを伝えていて、今思うと、わたしはえらく影響を受け、自分はあの警官たちと同じだと思うほどでした」

これについては、ひとつ面白い話がある。数年間、警察の職務に励み、賞もいくつか授かったのち、彼は首都ワシントンでの全米最優秀警察官賞受賞記念パーティーに招待された。そのときの来賓講演者が、だれあろう、フランク・セルピコだったのである。

彼いわく、その晩は「彼と話す一生に一度のチャンスに恵まれましたが、まったく期待どおりでした。わたしたちが話した内容については、いままでだれにも話したことがありません。理解したり気にしたりする人は、この世にごく少数しかいないと思いますからね」

本書で彼を紹介する準備としてふたたび話をしたときには、グレッグはすでに五〇歳を超えていた。彼は再婚しており――奥さんは、ニッキーという名の愛らしい女性だ――、「民間軍事」活動のチェックリストにはアフガニスタンがくわわっていた。

警察官だった人が、どのような縁で、コソヴォ、イラク、およびアフガニスタンで数年間傭兵として働くことになったのだろうか？　グレッグは、人生の転機のほぼすべてが運命だったように思うと語っている。

「運命の大激変はいくつもありましたが、そのひとつは二〇〇〇年の五月にやってきました。わたしは七年にわた

って覆面警官として働いており、頭の上から足の先まですっかり偽装して、麻薬の売人や裏社会の人間全員と行動をともにし、いわば奇妙な二重生活を送っていました。いまも、わたしの仕事上の生活と、家で実際に送っていた生活とを区別できない人がいますよ。

ですが署長は、わたしは長らくスポットライトのあたる場所にいたと判断し、目立たず、人目につかない仕事を割りあてました。署長としては、そのつもりだったのです。二四時間後、わたしは長髪にイヤリングとひげ面という格好から、髪を短く切り、アイロンをあてた制服のズボンを履いて……学校駐在警察官の職務につきました。署長

戦争の残骸は、いまもイラク各地で見られ、なかには数十年も前にさかのぼる残骸もある。写真の戦車には、多国籍軍による空爆の跡が見える。（写真：グレッグ・ラヴェット）

は、ドラッグについてのわたしの知識が学校で非常に役立ち、生徒や教師や市民団体に麻薬教育プログラムを教えることができるだろうと考えたのです。

しばらくは万事順調に進みましたが、あるとき、ひとりの生徒が中学校の校長をなんとしてでも殺してやろうと思い、弾をこめたショットガンと弾薬二五発をもって学校に戻ってこようとしたのです。わたしが道路をはさんで学校の向かいにある牧草場で、その生徒をさえぎったとき、全校生徒は学校行事で体育館に集まっていました。もし運命のいたずらでわたしが彼の前に立ちはだかっていなければ、いったいどういうことになっていたのか、考えたくもありませんが……

でも、そのことはもう十分でしょう。アル・フェンターが『警官——死をまぬがれた者たち』という本で詳しく書いていますし、わたしが言うのもなんですが、非常に読みごたえのある本ですから。

その生徒は、さえぎられるとわたしに向かって発砲しました。ショットガンからの一発目がわたしの顔にあたりました。それで死んでもおかしくないし、すくなくとも目が見えなくなるのがふつうですが、そうはなりませんでした。その後は、生徒もわたしも負傷しました。重傷でしたが、それでもわたしは発砲して、その若者が学校へ向かうのをくいとめることはできました。

その後、運命がふたたび激変しました。最後の法廷審問が終わってわずか数日後、妻が離婚したいと言い出したのです……もう、うんざりだったんでしょうね。

ふと気がつけば、わたしはたいして残っていない私物を倉庫に入れて、バルカン半島のコソヴォへ向かっていました。数か月後には、戦争がはじまったばかりのイラクへ行きました。それから四〇か月ほどたったころ、息子と電話で話をしていたとき、もう帰ってこないのかと聞かれたんです」

二〇一〇年、アメリカでふたたび秘密捜査に従事したのち、グレッグは中東に戻った。

「このときは、現地にあるアメリカの会社のため対情報活動の仕事をしていて、わたしたちの任務は、どこにでもいる汚物処理車のドライバーであれ、態度が曖昧なイラク軍の将軍であれ、地元の人々から情報を収集することでした。

部外者にとって、わたしたちのスクリーニング作業は、表面だけ見れば、ありきたりで無意味なものに思えたでしょうが、でたらめに見えても筋は通っていて、どこかのだれかがわたしたちのささいな作戦を真剣に考えた結果でした。それに、こうしたスクリーニング作業が近東諸国のほとんどで行なわれているのも、重要ですね」

海外勤務でグレッグは十分に経験を積んだが、その一部についてはのちに決して話そうとしなかった。しかし、実際に体験したなかでもとくにおそろしい出来事が、二〇一〇年夏のイラクで起こったと教えてくれた。

とても静かなうえにわかりにくく、じっと見ていて何が起きているのかを知っている者でなければ、決して気づかなかったでしょうと、彼はふりかえっている。しかも、それは銃撃戦でもロケット攻撃でもなかったという。

グレッグは語る。「地元のイラク人がひとり、イラク空軍の下士官兵だと名のって投降してきました。それまでも五～六回尋問を受けていましたが、毎回シロと判断されていました。ですが、幸いわたしには、麻薬・組織犯罪取締班にいたころに一、二度尋問をした経験があり、相手の表情を読んで、裏に何があるかを知る方法を心得ていました。

わたしが最初に気づいたのは、話し方です。彼は教養があり、背筋を伸ばして座り、話すときはこちらの目を見て話しました。この人物についての下調べはすべてすましてあり、表面上は、おかしなところはないようでした。ですが、わたしの勘がなにかおかしいと告げていました。ただ、それがなにかはわかりませんでした。

わたしは基本的な質問をすべてぶつけましたが、彼は沈着冷静でした。でも、田舎の警官がよく言うじゃありませんか、すべてがうまくいかなければ、とにかく座ってむだ話をしてみろと……

そこで続く三〇分間、わたしは雑談をしました。天気のことや家族のこと、休暇のことなどです……

この休暇ですが、これは情報活動では注目の話題に思えないかもしれませんが、この男が、休暇では家族をつれてイエメンへ行ったと言ったとき、頭のなかでベルが一斉に鳴り出しました……

まず、ただの下士官兵が家族づれでイラクを出国する許可を得るのは、フセイン政権下では至難の業でした。不可能といっていいでしょう。もちろん、彼の正体がわたしたちに信じさせたがっている人物と違っているなら、話は別です。

しばらく時間はかかりましたが、もう少し探った結果、こいつがサダム・フセイン配下の情報将校で、しかもかなり高位の人物だと判断することができました。二〇〇三年のイラク戦争以前、彼はフセインのため潜在スパイの組織を作るべくイエメンへ派遣されていたのです。それがはっきりすると、わたしたちは彼を丁重に護衛して次のレベルの情報将校へ引き渡しましたが、それから数時間後、外国風のアクセントで話す男がふたり、黒塗りしたSUVでやってきて、この人物を頭にフードをかぶせて後部座席に座らせると、どこかへ走り去りました。

わたしは、それを見てこう思いましたよ……いったい何があって、あのふたりは何者なんだ、とね」

グレッグも言っているが、この世には答えを知らないほうがいい質問もあるのだ。

最後に連絡をとったのは二〇一三年の一〇月で、このときグレッグは、もうすぐ飛行機でアフガニスタンへ戻ると言っていた。戻って爆発物探知犬と働くことにしたそうだ。

「WPS（ワールド・プロテクション・サーヴィス）の外交官チームに配属される予定です」と、eメールに書かれていた。

「危険と隣りあわせの人生は最高……見える景色はもっと最高」と、そのメールには記されていた。

左上：当初、南アフリカ人の傭兵パイロットは、アンゴラ空軍の最新鋭ジェット戦闘機や爆撃機——たとえばルアンダ空港に駐機された写真（上）の軍用機など——を飛ばすことは禁じられていたが、やがてすべての軍用機を—— Mig-23 やスホーイのほか、ヘリコプターである Mi-17 や Mi-24 も——操縦するようになった。（写真：筆者蔵） 一方、ウガンダの対ゲリラ戦争に参加した傭兵は少なかったが、彼らはおもに同国の小規模な空軍で活動しており、写真のような骸骨のならぶショッキングな光景に出くわすことはなかった。ちなみに、こうした光景はイディ・アミンがやむなく亡命するまでウガンダ国内のいたるところで見られた。（写真：筆者） 左下：CIA は、亡命キューバ人パイロットをマイアミの街角で雇い、コンゴで地上支援航空機を操縦させた。（写真：リーフ・ヘルシュトレーム・コレクションの好意による）

U.S. AIR FORCE
MATS
G 067

CIA が支援していた 1960 年代コンゴの対ゲリラ戦争で撮影した写真から。この戦争には、多数の傭兵が参加していた。左上の写真は、タンガニーカ湖を補給ルートとして使っていた敵の船舶にロケット攻撃を仕かけているところ。右上は、アメリカ空軍の輸送機から、アメリカがベトナムで使用した高速艇を降ろしているところ。こうしたボートは、アフリカ各地の大きな湖で反政府軍との戦いに使われた。（写真：リーフ・ヘルシュトレーム・コレクションの好意による）

上：傭兵が長年かかわっていた中央アフリカの訓練場（写真：筆者蔵）。　下：シエラレオネ内戦で撮影した２枚。首都フリータウンから東へ続く道路、通称「待ち伏せ小路」。切りこみ写真は、ベトナム戦争の従軍経験をもつアメリカ人ボブ・マッケンジー。反政府軍への攻撃中に殺され、拷問のすえに食べられた同国で最初の白人指揮官だった。（写真：筆者蔵）

リーフ・ヘルシュトレーム・コレクションの好意でここに掲載した写真は、コンゴで撮影したもので、国連軍と反政府軍の双方に対し、さまざまな航空機が投入されたことがわかる。いちばん下の写真は、第２次世界大戦時に活躍したトロージャン訓練機・地上支援機。同機は CIA が提供し、マイアミでスカウトされた亡命キューバ人パイロットが操縦していた。

上：コンゴで飛行任務中のデイヴ・アトキンソン。傭兵としてジンバブエのロバート・ムガベのため約２年間働き、おもに攻撃ヘリでムガベとその将軍たちのダイヤモンド鉱山を警備する任務についた。当時は状況が厳しく、政府からの指示や支援はほとんど受けられなかった。（写真：筆者）
下：アメリカでもっとも有名な傭兵のひとりマイクルは、ICI オレゴンの一員としてシエラレオネ内戦にくわわったのち、テレビの連続番組を制作した。本人は、毎日銃撃されるよりもましだと語っていた。この写真は、彼がコロンビアから戻ったのちに出てきたもの。（写真：筆者蔵）

同時代でもっとも有名な傭兵指揮官のひとりだったボブ・デナール大佐は、数多くの紛争にかかわったが、そのひとつに、エジプトのガマル・ナセル大統領がイエメンを服属させようとして派遣したエジプト陸軍との戦いがある。イギリス政府がエジプト側の動きに対抗してSAS部隊を派遣すると、隊長のジム・ジョンソン大佐は、エジプト側の拠点や空港および航空機を破壊させるためアラブ人やフランス人の傭兵を雇った。（写真は、フィオナ・キャプスティック蔵および筆者蔵） 下の写真は、リーフ・ヘルシュトレーム・コレクションの好意によるもので、デナールがコンゴで活動していた時期に撮影されたものである。

アンゴラに来た南アフリカ人傭兵たちは、反政府指導者ジョナス・サヴィンビに一時的にせよ和平を求めさせるうえで重要な役割を果たした。ブッシュでの全作戦の計画は、彼らがかかわるようになってから綿密になった。また、同国東部にあるダイヤモンド採掘場周辺の反政府軍と戦うため集められた戦車のクルーを訓練するのも、エグゼクティヴ・アウトカムズの仕事だった。（写真：筆者蔵）

上：アンゴラでダイヤモンド採掘業の町カフンフォを攻撃するに先立ち、現場で事前ブリーフィングを行なう元 SADF レキの隊長ヘニー・ブラーウ。（写真：ヘニー・ブラーウ）　下：リオ・ロンバ訓練キャンプで教官をつとめた EO のひとり、ジョニー・マース。（写真：筆者）

地上と空で活躍する南アフリカ人傭兵たち。写真の飛行機はアンゴラに展開されたピラタス PC–7 地上支援機で、翼下ロケット弾ポッドが装着されている。（写真：ワーナー・ラディック）　右は、エグゼクティヴ・アウトカムズの Mi–7 に乗る側方銃手。下は、ニール・エリスのハインドから攻撃を受けた後のシエラレオネの町ワラ・ワラ・ヒルズ。（写真：筆者）

上：アンゴラ東部で交戦の準備をする南アフリカ人傭兵たち。この後、反政府軍の戦線後方にヘリコプターで降下する。（写真：ヘニー・ブラーウ）　下：シエラレオネで、ビアイマにある反政府軍の基地を攻撃するのに、同国で１台しかないソ連製のBMP−２水陸両用歩兵戦闘車両が投入された。（写真：筆者）

シエラレオネで撮影した２枚。上：ニール・エリスの攻撃ヘリコプターの前方バブル・キャノピーの下で出撃の準備をする故フレッド・マラフォノ。（写真：筆者蔵）　下：汎用機関銃で交戦中のフランス人傭兵「クリスティアン」。（写真：筆者）

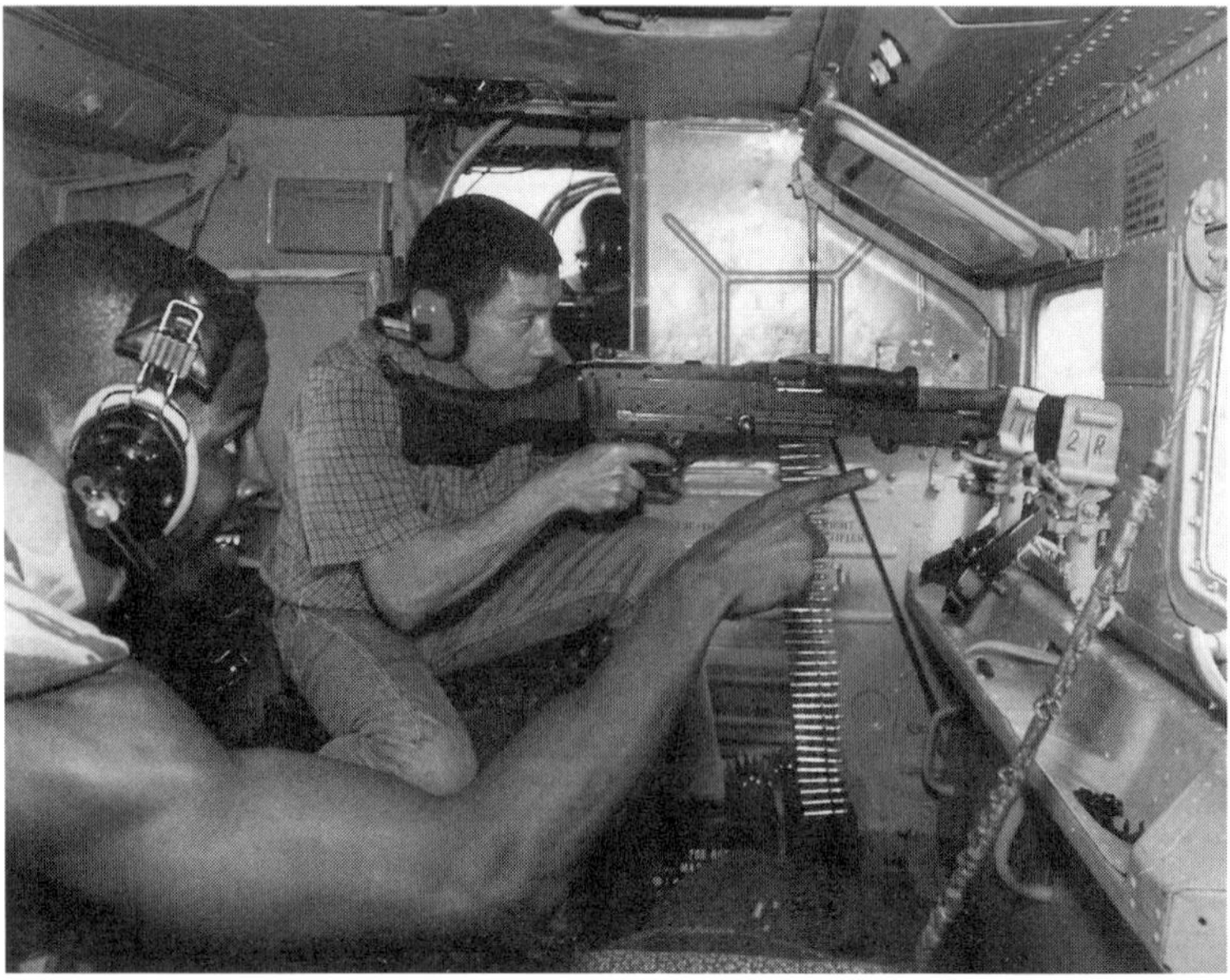

これも西アフリカでの写真。左は、ジャングルで反政府軍の陣地へ向かうわれらが戦闘グループ。右は、ハインドからロケット弾を降ろしているところ。下は、ニール・エリスの「愛機《ボキー》」である旧式のMi-17。彼と相棒のハッサン・デルバニは、これを使ってフリータウンを包囲する反政府軍陣地の向こうから避難民を何百人も救出した。（写真：筆者）

上：Mi-24の操縦席に座るニール・エリス。　下：Mi-24の離陸準備を進めるアバディーン基地のグラウンドクルー。（写真：筆者）

上：フリータウンのヘリ発着所に来た出発前のフレッド・マラフォノ。左：ビアイマ攻撃で殺害された反政府軍兵士２名。死体からは、使えるものが政府軍兵士の手ですぐにすべてはぎとられた。　左下：ルルフ・ファン・ヘールデンと多種多彩な「仲間たち」。コイドゥにて。　右下：フリータウンの司令部施設内にある小さなオフィスで、その日の戦闘準備をするニール・エリスと相棒のハッサン。（写真：筆者。ただし、ファン・ヘールデンとマラフォノの写真は筆者蔵）

上：西アフリカで傭兵として戦争を戦うのは、体力をそがれる、きつい仕事だ。この地へ戦いに来るアメリカ人は、道路が悪く、ジャングルが——ときにはこちらの地平線から反対側の地平線まで——延々と続き、むっとするような暑さと熱帯病に悩まされることから、ここはベトナムのようだと言う者が多い。　下：ルンギ国際空港。トランジットでここに立ちよると、ときに白人の傭兵がブラック・アフリカで仕事をしているようすをかいま見ることができる。上の切りこみ写真は、シエラレオネの屋外作業所でハインドのエンジンを交換しているところ。（写真：筆者）

第17章
アンゴラのダイヤモンド採掘場を反政府軍から奪う

「現在の私兵部隊は、六〇年代の戦争の犬たちとはまるで違う」
ジョン・キーガン、ロンドンの「デイリー・テレグラフ」紙の元防衛問題担当記者

アンゴラの装甲部隊、地上部隊、航空部隊のそれぞれが戦闘の準備を進めるなか、カフンフォは魔法の言葉になった。反政府軍がいずれは撃退されることを疑う者はいなかった。ひげを生やしたタフな一団が新たにやってきており、アンゴラ政府は、ソヨのときと同じく今度も彼らが勝利するものと確信していた。

数年前、反政府組織UNITAはカフンフォにある沖積層の採掘場を奪取し、以来そこからとれる宝石——政治的に正しい表現でいえば「血のダイヤモンド」——が、ジョナス・サヴィンビが戦争を続ける資金源になっていた。

しかし、作戦は一筋縄では進まなかった。延期や、出だしでのつまずき、中止などが数えきれないほど続き、しかも、そうした混乱の多くは、首都ルアンダにいる理解不能な官僚たちに原因があった。たとえばあるとき、与党MPLAの政治委員[1]の一団がサウリモにやってきた。そして、基地内をわがもの顔で歩きまわり、彼らにかかわりのないことや、今後の作戦に無関係な事柄について教えろと強要したのである。ヘニー・ブラーウが即刻ルアンダに無線で連絡し、この一団を飛行機で帰らせた。

サウリモでは、これから起こる一連の戦闘の準備段階

エグゼクティヴ・アウトカムズがアンゴラで反政府勢力と戦っていた時期、各地の飛行場の滑走路わきには、遺棄・放置された戦闘機やヘリコプターがずらりとならんでいた。写真は、サウリモ空軍基地に放置されていたソ連製のスホーイ爆撃機とMi–17攻撃ヘリ。こうした最先端の装備は、邪心をもった違法な武器商人が見たらさぞや大喜びしただろう……（写真：筆者）

にあり、通信文が無数にかわされ、反論が起こり、一度ならず議論が白熱し、ときには意味のある疑問がひとつふたつ出された。書類を完成させなければならず（しかも、同じものを計五枚作らなくてはならないこともあった）、その多くにあわせて事前ブリーフィングや打ちあわせも行なわれた。さらに、軍上層部が首都の内外でバタバタしていた。事務仕事のあまりの多さは、まるでカフカの小説かなにかのようだった。とくに、アンゴラの上級指揮官はほとんどがソヴィエト連邦で訓練を受けていたため、教科書どおりに事を進めたがったが、南アフリカ人はそうではなかった。

しかし、それははじまりにすぎなかった。兵員や装備、機械などの補給の遅れで問題はさらにひどくなり、ルアンダが国土の反対側に位置していたことも、これに拍車をかけた。

ほかにも、エグゼクティヴ・アウトカムズが取り組まなくてはならない問題は山ほどあった。参謀将校たちは自分勝手に行動しようとし、つまらない嫉妬心から口論が起こり、装備はまともに機能せず、予備の部品は到着から一時間もしないで消えてなくなったり、合わないと思ってよく見たら注文したのとは別物だったりする。しかも、兵士たちはいつも酒で酔っぱらっているか、むしろこちらのほうが多かったが、なにか体によくない煙を吸っていた。

アンゴラ軍のパイロットでさえ、南アフリカ人パイロットとともに作戦にくわわることになっていたにもかかわらず、どうしようもない連中だった。航空機が何機も事故を起こしたが、調べてみると、操縦桿をにぎっていた者が酔っぱらっていたのが原因だった。たとえば、あるパイロットはＭｉ－17ヘリを離陸させると、地上にいる者全員が呆然とするなか、サウリモ上空をさんざん蛇行飛行したあげく、ヘリをドスンと勢いよく着陸させた。ローター・ブレードが数枚折れ、着陸装置は衝撃でゆがんだ。民間人パイロットならクビになるところだが、軍のパイロットは消耗品とはみなされておらず、こうした違反行為は、たいてい無視されていた。

熱帯アフリカであるこの地の天気も、とにかく優先的に考えなくてはならないようだった。南半球は暦の上では冬だったが、ときどき嵐が――ふくれあがる黒い積乱雲とともに――襲来してたいへんなことになった。ときにはどしゃ降りで、オランダの総面積の半分ほどの沼地ができることもあった。

そして最後のひとつが、反政府軍のリーダー、ジョナス・サヴィンビだ。生涯を通じて無謀な賭けに挑んでは勝ち進んできた手強い敵で、与しやすい相手ではなかった。こうした数々の要因があいまって、何もかもがはじまる前から終わってしまいそうに思われた。

それにもかかわらず、絶望的に見えるときにはかならずだれかが、ＥＯが以前に成功したことを思い出した。ソヨとは状況が違っていたことは問題ではなく、強固なＵＮＩＴＡを撃破できることをすでに実証していたことが大事だった。ブラーウとＦＡＡ（アンゴラ陸軍）最高司令部とのあいだでいちじるしい意見の相違があったときでさえ――しかも、そうしたことは、軍事の大半についてじつに多くのアンゴラ軍の将軍たちが頑迷で譲歩しない態度をとったため、たびたび起こった――、このタフな傭兵の一団が同じことをまたやってくれるものと、当然のごとく考えられていた。

現実にはカフンフォは、同社が広大な内陸部で反政府組織ＵＮＩＴＡに対抗できるかどうかが試される重大な試練となった。関係者全員が、ダイヤモンドさえなければサヴィンビは弱体化するとわかっていた。だから、万が一にも失敗した場合の影響を、エーベン・バーロウの社員たち全員が理解していた。今後もＰＭＣが契約を結べるか否かは、この作戦の結果にかかっていた。

ヘニー・ブラーウは、わたしがこのダイヤモンド採掘の中心地に到着した直後に本作戦の一部を説明してくれた。彼はアンゴラ政府が作成した北西部の地図一式をひっぱり出した。地図の上部には大文字のボールド体で、ポルトガル語で「SECRETO」（極秘）と記されていた。

その説明によると、カフンフォが面するクワンゴ川は、コンゴ川にそそいでいた。さらに、広いマランジェ盆地の大半を流域としている。地図のあちこちには鉛筆でつるはしとシャベルを交差させた小さな印が書きこまれていた。金、ダイヤモンド、鉄鉱石、アルミニウムなどの採掘場を示す地図記号だ。ダイヤモンド管状鉱脈や沖積層のダイヤモンド採掘場は目立つよう色がつけられており、その多くがコンゴ国境や同国内へと延びている。のちにデビアス社からの情報で確認したところ、この流域全体が一部の地質学者により世界最大のダイヤモンド鉱床のひとつだとみなされているとのことであった。

ブラーウは、ニコチンが染みついた短い指で何か所かを指さした後、探していたものをようやく見つけ、アフリカーンス語で満足げに「ヤー、ヒアス・ディット！」（ああ、ここだ！）と言った。

この場所はフィリキシと言うんだと、彼は背筋を思いきり伸ばしながら説明した。そして、片手になみなみとそそいだスコッチ・ウィスキーをもち、反対の手に地図をもちながら、ふつうの地図では見つからないだろうと言った。しかし、彼も、彼と行動をともにした者たちも、このときは知る由もなかったが、その後一か月続く一連の戦闘で起きたほとんどすべての出来事は、アフリカのジャングルにある、この草ぶきの小屋が集まっただけの小さな無名の集落を中心に動くことになるのだった。

装甲部隊がようやく強力な戦闘力に変わった――その一部はルアンダからアンゴラを陸路横断して到着し、残りは東部のサウリモから来ていた――時点で、部隊は車両約一〇〇両で構成されていた。一八台のBMP－2を除いて、ほかはすべて最新の車両で、このほかに、ロシア製の架橋車両TMMなど、兵站支援や火力支援の車両が六〇台あった。

兵力については、FAAの兵士が合計で約五〇〇人おり、その多くがヴァイナント・デュ・トワの監督するリオ・ロンガ基地で訓練を受けていた。しかも彼らは、大多数が黒人であるEOの傭兵数百人の支援を受けていた。

さらに、この部隊にはカタンガ軍の正規兵一〇〇名の一団もいた。勇猛果敢な戦士である彼らは、数年前にザイールをのがれてアンゴラに亡命していた者たちだ。ほかの兵士たちより年長だったが、必要とあれば果敢に戦える兵士であることをだれもが知っていた。ブラーウは彼らのことを、フランス語を話す、かなり奇妙で怒りっぽい連中だと思っていたが、だれもが知っていたように、彼らは故国に凱旋する日にそなえてつねに準備を整えていた。

カフンフォへ向かう途中で彼らは実力を何度も証明することになるのだが、指揮官であるアンドレ大佐は、ときどき必要もないのにアンゴラ軍の将校から叱責されることがあった。ブラーウはそれを見るのがつらかった。下級将校のいる場所で叱責されることもあったからで、ブラーウであれば、そんなことは絶対にしなかった。しかし、のちに彼も認めているのだが、アンゴラ軍の倫理規定は、彼の考える規定とはまったく異なっていた。この元レキ連隊長は昔流の人間であり、公平を重んずるタイプだった。

彼ものちに語っているが、このカタンガ兵たちが戦闘経験豊富なことはまちがいなかった。彼らはこの二〇年間に、憎きモブツ政権と戦うため、アンゴラの支援を受けてザイールに三度大々的に進攻しており、前回には、かつてカタンガとよばれた地域にある銅山の町コルウェジ

滞在中に筆者は、ヘニー・ブラーウと現地のアンゴラ軍司令官に同行して、サウリモ北方の孤立した豊かなダイヤモンド産地を訪れた。そこは危険な地域で、あちこちに地雷が埋設され、待ち伏せ攻撃は日常茶飯事だった。（写真：筆者）

の奪取を試みている。彼らは二度撃退されたが、それはいずれも独裁者モブツがヨーロッパに助けを求めた後だった。二度ともフランスのパラシュート部隊と外国人部隊の連合部隊が派遣されて、事態は収拾した(2)。

カフンフォへ向かった装甲部隊は、最終的に、全世界の大陸でもっとも通行困難なブッシュ地帯のひとつを、数百キロ踏破することになった。

ブラーウは、「われわれは最初から、いままで経験したものにおとらず厳しい戦いになると思っていた」と語っている。そして、未来を予知することができない以上、UNITAがどのような手を出してくるかは想像するよりほかになかった。

結局、作戦は——一貫性を欠いたまま、さまざまな段階をへて——三か月続いたが、カコロから出発した最終段階は、わずか二五日で終わり、その期間にアンゴラ軍はブッシュを抜けるルートを文字どおり切り開かなくてはならなかった。つねに部隊は、次々と仕かけられる襲撃や待ち伏せ攻撃、迫撃砲による砲撃に悩まされ、こうした攻撃を一日平均四〜五回受けた。あるときなど、部隊へ向けて六〇ミリ口径の迫撃砲弾が、まるで爆竹かなにかのように浴びせられることもあった。サヴィンビの兵士たちは地雷も敷設していたが、攻撃側はほぼ当初から未踏の地を進んだため、UNITAの指揮官たちは機動部隊がとるルートを予想することができなかった。

この期間にヘニー・ブラーウがつけていたダーフブック(陣中日誌)を見ると、当時のようすがよくわかる。以下の引用は、進軍の最終段階である一九九四年七月二五日、カフンフォを攻略する前日のものである。

日記中の単位はすべてメートル法で、ゴシック体になっていない注(カッコ内)は、読者のため筆者がつけたものである。

八時二九分
一〇〇メートル前方から迫撃砲による砲撃。その後方にUNITA歩兵部隊の前線。BMPのキャタピラがはずれる。MiG(MiG-23)を緊急発進。

九時四〇分
上空のMiGが、われわれを囲む陣地から二三ミリ砲で激しい砲撃を受ける。密林に近い塹壕に、さらにUNITAの兵士を発見。BMPが制圧する。二五〇キロの爆弾がわれわれの背後一〇〇メートルの地点に投下される。おしい! 迫撃砲弾が来る!

一一時二六分
　部隊を前進させる。反撃のため迫撃砲と大砲を準備。UNITA、左翼に現れてこちらを攻撃。ニックが肺を負傷（おそらくニック・ヘイズのこと。この後、南アフリカの病院で死亡）。敵の戦死者約六〇人。
一二時一五分
　町に入り、さらに迫撃砲と小火器の攻撃を受ける。前途多難！
一三時二〇分
　ふたたび接敵。FAAの兵士らが、われわれの背後から敵に向かって小銃擲弾を発射し、あやうくわれわれのBMPにあたりそうになる！　ガダフィが負傷（EOの黒人隊員。この一五か月後、シエラレオネでも重傷を負う）。
一四時一〇分
　食事のため停止。運転手に、地雷を避けるため、わだちの上ではなく、その両側を進むよう指示。前に二班、さらにその先に一班。開けた場所でUNITAのパトロール隊を発見。全員殺害。
一四時五五分
　迫撃砲と小銃の攻撃を受ける。
一五時三七分
　アルベルト・フェルナンデスに到着。町を迂回。激しい攻撃。ハッチを閉める。ひたすら前進！　地雷！
一六時〇〇分
　TB（仮設基地）に入る。一泊。

　ブラーウ大佐は、さらに二点報告している。ひとつは、ピラタスPC-7ポーターによる夜間飛行だ。ラウレンス・ボスが密林を移動中のUNITAのトラックを二台、ライトを頼りに――六八ミリ・ロケット砲を使って――攻撃した。日誌の余白には「大爆発」と殴り書きされている。もうひとつは、敵が地上支援のため迫撃砲とともに自走式高射機関砲ZSU-23を投入したことである。これは数時間後に起こった。いつもどおり車両（ブラーウの言い方を借りれば「ディー・ヴァアン」）を伝統的なブール・ラーゲルつまり円陣に配置させた。これに先立ち、ブラーウは部下たちに、深さがすくなくとも六〇センチの各個掩体を掘るよう命じていたが、激しい銃撃を受けていたため、大半の者は半分ほどしか掘れなかった。
　さまざまな要素をまとめて、のちにFAAで最大の軍事作戦となる活動を組織するのは、複雑なプロセスだった。BMP-2による東部への空輸は一九九四年二月にはじまったが、それさえも、つねに後から空輸に必要なものが出てきたため、当初の予定よりも長くかかった。

もともとEOの経営陣は、兵站や整備補給などの理由から、全部隊はサウリモに集結するべきだと提案していた。しかし、これは実行不可能であることが判明し、攻撃は二方向から行なうことになった。かくして、FAAの頑丈なロシア製兵站車両ウラルが到着すると、ペペ・デ・カストロ准将が指揮する――と同時に、ルルフ・ファン・ヘールデンら傭兵部隊が監督する――戦闘部隊ブラヴォーは、四月二一日にサウリモを出発した。PC-7は、前月に到着していた。

直後に政府軍が直面した問題が、サウリモと西部を結ぶ橋の大半が破壊されていたことだった。さらに、進入路はすべてに地雷が敷設されており、そのため部隊は、まず東へ向かってから南へ折れ、それから北西に進路を変えて、戦闘部隊アルファと合流することになっているカコロの町へ向かった。

地雷は、当初の見こみ以上に深刻な問題となり、一週間でBMP-2数台が破壊された。攻撃部隊が通るかもしれないと敵が考えた道路は、一本残らず地雷が埋められ、その多くは高台からの命令で作動するタイプだった。のちに国連の専門家チームは、主要道だけでも地雷を除去するのに数年はかかり、それ以外の道路については見当もつかないと語っている[3]。

また、航空支援部隊の燃料も大きな問題となり、MiG-23（この地域に投入されたのはようやく五月なかばになってからだった）は半分が離陸できなかった。この問題は最終的に、サウリモへ定期的に飛来する輸送機のタンクからエアクルーが燃料を直接戦闘機へ入れることで、なんとか解決した。

まったく予想外だったのは、ルルフ・ファン・ヘールデンが――大規模攻勢をするか否かに関係なく――南アフリカへ戻らなくてはならないと決心したことだ。妻に子どもが生まれそうなのだという。いつも気さくなブラーウは喜んだ。レド岬ではいつもおちつかないようすで、人生で最高の瞬間のひとつになるだろうから、ぜひ立ち会いたいと思っていたのだ。ブラーウは、いざこざが起きないようつねに注意していたから、ファン・ヘールデンを出発させるため、おそらくアンゴラ側にいくばくかの金を支払ったのだろう。

前線で起こっていることについて、すでにEOの司令センターで詳しく知っていたブラーウは、六月一日に飛

シエラレオネでエグゼクティヴ・アウトカムズに勤務していた黒人兵のひとり。彼らは全員が南アフリカで白人の同僚とともに戦い、長年の戦闘で深い絆を築いてきた者たちだった。白人の将校は、民間会社に雇われると、かつての戦友をいっしょにつれてきた。（写真：筆者）

行機でサウリモに到着すると、翌日にはMi－17に乗って、チクーザにいる部隊と合流した。その後にブラーウは、デ・カストロがもっとも信頼を置く相談相手になった。実際、ほどなくしてブラーウは、前線で毎日の計画会議の大半をとりしきるようになった。

顧問であるか否かに関係なく、ブラーウはデ・カストロが問題のある決断をくだしたときには反対した。このアンゴラ軍准将は、道理の通じぬ人間で、感情のおもむくままに行動することが多かった。

作戦の第一段階——それまでにダラ、アルト・シカパ、およびククンビでUNITAと何度かこぜりあいしていた——は、当時カフンフォに通じる道路がすべて集まっていた交通の要衝カコロの奪取だった。しかし、それにはまずアルト・キロ川にTMMチームが橋を架けなくてはならなかった。TMMは、部隊に二台しか配置されていなかったため、かなり大事に使われた。もしこれがなければ、部隊は何度も足止めされ、結局は目標の近くにさえたどり着けなかったかもしれない。

さらに、南アフリカ人たちがなによりも貴重な装備と思っていたキャタピラ式ショベルローダーをめぐるトラブルもあった。あるとき、デ・カストロが監督したずさんな復旧作業であやうく廃棄されそうになったのだ。このアンゴラ軍准将は、なんの気まぐれか、この車両が自分の思いどおりに動かないからという理由ですてるべきだと判断した。すでに爆破命令を出していたところを、ブラーウが強硬に反対して、ようやくデ・カストロは思いとどまった。

廃棄しなくて幸いだった。部隊は、障害物のせいで停止を余儀なくされ、動けなくなることが何度かあった。こうしたことは、たいてい渡河時に起こり、橋が平らでなかったり、走行車両が通れるほど頑丈に作られていなかったりしたせいで、車両が川に落ちる危険があった。そんなときは、このじつに万能で頼りになる古いショベルローダーが先頭に出て、混乱を生み出している原因をとりのぞいた。

補給は、ゴーサインが出た当初から問題だった。なにからなにまで航空機で機動部隊へ運ばなくてはならず、しかも、その機動部隊が特定の時間にどこにいるのか、事前に予測することがまったくできなかった。このためEOの人員は、作戦に先立ち、アンゴラ政府との契約でイリューシン-76を操縦していた旧ソ連のパイロットたちに物資を空中投下してもらう計画を長時間かけて策定した。

「われわれは、現場に出てからはミスを犯すことはできなかった。そこで、安全な投下地帯を探すときは、たいていわれわれのパイロットと協力しながら、その場で臨機応変に対応していた。まずわれわれのパイロットが航空偵察をして、投下できそうな場所を提案する。同時に、物資を届けてくれる連中には、つねに状況に応じて柔軟に変わるわれわれの手順を徹底的に熟知してもらう。必要になりそうなものは、すべて列挙した。その上で、数ページにわたる詳細な指示書を準備し、すべてがどこに保管され、だれに言えば取り出してもらえるのかを明確にした。それから、複雑な配送準備にとりかかったが、これも調整が必要で、ルアンダのような都市でこれをやるのは悪夢のような経験だった。こうした要素をすべて考慮したうえで、われわれは投下を行なうのにある程度適した範囲を定めたのです」と、ブラーウは説明してくれた。

補給物資の投下は、高度約六〇〇〇メートルから実施され、一度のフライトで、安定のためドローグ傘（減速用パラシュート）を装着させた投下用パレットを一六個から二〇個、落とした。毎回、燃料や食料、スペア部品、医薬品など約二〇トンが自由落下し、高度約三〇〇メートルに達すると、KAP-3システムによりパラシュートが自動的に開く。いうまでもないことだが、SAM（地対空ミサイル）で狙われる危険があるので、この高度は厳密に守る必要があった。

「すべてプロらしく非常に手際よく行なわれた。ロシア人は荷物を正確に落とし、投下地帯をはずすことはなかった。実際、彼らといっしょに働くのはほんとうに楽しかったよ」と元偵察連隊のブラーウ大佐は、かつての敵について語っている。

UNITAは、この戦争にありとあらゆるものを投入しており、のちにだれかも言っているが、もしUNITAがもっと弱い敵だったら、とっくに大敗していてもおかしくなかった。UNITAの装備は、どれもFAAの使っている装備に引けをとらないばかりか、サヴィンビの戦闘員たちは――その多くがブッシュで何年も戦闘経験を積んだ優秀なスペシャリストであり――レベルがまったく違っていた。

その一方で、反政府軍部隊の多くが極度の困窮に苦しんでいるのも明らかだった。戦闘後に戦死者を見てわかったのだが、UNITAの兵士はほぼ全員が栄養不良の状態だった。また多くの場合、軍服はボロボロだった。麻布で作ったリュックサックを使い、AKの吊りひもがない者さえいた。そこで、みな粗い木の皮を処理してなめらかにして、吊りひもを自作していた。

UNITAは、チャンスと見ればいつでもどこでも攻撃を仕かけ、そのことから彼らの決意が固いだけでなく、決死の覚悟でいることは明らかだった。ブラーウによると、反政府軍兵士による被害はたしかにあったが、BMPへの影響は結局のところほとんどなかったという。

「われわれはハッチを閉めて敵の戦線をまっすぐ突破し、ときには掩体や塹壕の上を走っていった……敵の損害はかなりのものだった」と語っている。

「われわれは縦列を作ってブッシュを進み、あの迫撃砲特有の『ポン……ポン……ポン』という音が聞こえると、すぐにハッチを全部閉めて進むのだ。敵の砲弾が大きくそれることもあったが、たとえ命中しても、六〇ミリ弾ではビクともしなかった。BMPは六〇ミリ弾が命中しても耐えられる作りになっていたが、実際に命中すると、なかの者は鼓膜がやられて一週間は耳が聞こえなくなる。かわりに八一ミリ迫撃砲弾を使っていたら、事情はまったく変わってくるがね……」

ブラーウとデ・カストロが選んだカフンフォへのルートは、カコロとクワンゴを結ぶ主要道の北の、ブッシュを通る人里離れた道路だった。第二の小規模な部隊が、敵を最後までまどわしつづけるため、カコロから西へ牽制するような動きを形式的に行なった。しかもブラーウいわく、こうすればどちらかの部隊が最終的にダイヤモンド採掘場に到達できるだろうし、サヴィンビがわれわれを阻止するためどんなことを考えていようと対応できる、実践的なよい方法だった。

「実際彼らは、われわれが道路を堂々と進むものと考えていた。だからサヴィンビも、それにしたがって計画を立てた。決戦にそなえて、大量の地雷とブービートラップをカフンフォ一帯から南に運ぶよう命じたのだ。さらに重要だったのは、われわれがアフリカを横断して直線的に移動してくるとは、まったく考えていなかったことだ」

こうした移動は、この戦争ではそれまで一度も試されたことがなかったが、南アフリカ人傭兵たちはこの戦術を、それまでの数十年間にアンゴラ軍やキューバ軍に対する越境攻撃で何度も採用していた。

こうした部隊展開がもたらした直接の結果のひとつに、ブラーウの副官ダンカン・ライカールトいわく、UNITAの兵士が操作する兵器——大砲などの重火器——が例外なく正しい配置になかったことがあげられる。たいていは実際に戦闘が起こった場所から一日か二日の距離にあった。「しかも彼らは、そうした兵器を簡単に動かすことはできませんでした。道路を移動できるものはほとんどすべてわれわれのパイロットが吹き飛ばしていましたからね」

「もちろん、あのパイロットたちのおかげで大いに助かりました。ボスやパイン・ピナールたちが飛ばしたMiGとPC-7は、UNITAの町をわれわれが到着する前に爆撃してくれました。その後でわれわれが接近すると、また攻撃するのです」。この計略は、現代戦の基本原則のひとつである、制空権をにぎった前線指揮官がすべてを制するという事実をはっきりと示していた。

　もちろん、すべてが計画どおりに進んだわけではなかった。UNITAがカフンフォから排除された直後の七月一五日、いつものMi-17二機がサウリモからカフンフォに到着すると、川の対岸にいるサヴィンビの高射砲標定手を混乱させるため、偽投下を行ない、それからほんとうの着陸地帯へ向かった。そのとき、その北方上空をPC-7で旋回飛行していたラウレンス・ボスから、無線通信が入った。

「やられた」とインターコムに鋭く言うと、さらに続けて、機体から出火していると言った。コクピットのなかにも火がまわってきたから、このままでは不時着しなくてはダメだと、必死に叫んでいる。この通信を聞いている者たちがさらに心配したのは、ボスは川に沿って飛行しており、そこがUNITAの活動範囲のなかだったことだ。ウォーカーとアルバーツがヒップに乗り、もう一機にはジュベールとリンデが乗りこんだが、状況は切迫していた。

　アーサー・ウォーカーがのちに語っているように、命中したのはおそらくSAM-14だったようだ。彼は以前に何度もボスと飛行しており、いつも冗談に、俺は頭の後ろにも目があるんだと言っていた。とにかく、ボスは不要な賭けに出るようなタイプではなかったと、ウォーカーは力説していた。

　アーサー・ウォーカーの見るところ、ボスは彼がいっしょに働いたなかで最高のパイロットのひとりだった。「いいやつで、勇敢にして有能で、臨機応変の才能もあってね、べつに彼が亡くなったからそう言うわけじゃないんだが。ほんとうに、最高なやつだった。ピラタスやMiG-23を操縦しているときは、ラウレンスはいつもあらかじめ陣地を偵察して、どんな行動をとるべきか決めるんだ。彼にとっては、それが戦争だったんだ」と、旧友ウォーカーは語っている。

　その後の展開は、悲劇的な結末を迎えた。ボスは、PC-7を密林に強行着陸させた――その結果、彼の飛行機は大破した――だけでなく、偵察員のスケルコーゲルともども、残骸から脱出することに成功し、近くの道路まで出て救出されるのを待った。その間ずっと、こちらへ向かってくるヘリと連絡をとることができた。そのために、ベンディックス・キング社製の携帯型の小さな超短波無線機を使った。

　静かに手際よくラウレンス・ボスは、近づいてくるMi-17を二名の生存者の方へ誘導した。この地域は、いかにも彼らしくアフリカーンス語で「フロット・メット・ディー・ファイアント」(敵がうようよしている)と言った。ヘリの来る音が聞こえると、彼はウォーカーとアルバーツに告げたが、息がたえだえであり、どうやら不時着時に負傷したようだった。ほどなくボスは、Mi-17が見えると言った。ただ、敵も急速に近づいてきているると警告した。「猛烈に近づいている……あいつらがほんとうに迫ってきているんだ」と、彼はヘリのふたりに言った。

「勝ち目はありませんでした」と、数年後にウォーカーは打ち明けた。それでもくじけずにラウレンス・ボスは、ブッシュがかなりうっそうと茂る地域で、近づいてくるヘリコプターが着陸できる場所をなんとか見つけようとしたが、そのときにはもうUNITAの部隊にまわりを包囲されていた。

救援に向かった当時をふりかえり、ウォーカーは、いつもの側方銃手をつれてきていれば、Mi-17の装備や武装は多少ましだったのかもしれないと語っている。しかし、これは緊急事態で、命令を受けとると、彼らふたりに、手助けとしてアンゴラ人の技術者ティト・ヌネスをくわえただけで、「なんの準備もなく」離陸した。理想をいえば、捜索救助チームを同行させるべきだったが、よびよせる時間はなかった。

ウォーカーは語る。「最後の二キロは、地獄のフライトとよばれそうなものでした。かなりの低空で飛び、その全行程で攻撃を受けたのですから。敵はあらゆるものを撃ってきましました――一二・七ミリ弾や一四・五ミリ弾まで飛んできましたよ。もちろん、だれも彼もがAKをもっていて、それでも撃ってきました。そのあいだじゅう、われわれはラウレンスと話しつづけ、ふたりの姿が見えると、彼はわれわれを自分のいるほぼ真上まで誘導しました」

次に起きたことは、あまりはっきりしていない。激しい銃撃のため、アルバーツは急降下した。彼が着陸態勢に入ると、地面はいきなり渦巻く土煙におおわれた。まさか植物が密生した土地で「ブラウン・アウト」が起こるとは、まったく予期していなかった。それに、アンゴラ人技術者ヌネスが英語をほとんど理解しなかったため、彼には意図がはっきり伝わらなかった。

車輪が地面に着いたとき、三人はヘリが震えるのを感じた。砲弾が命中したのかもしれないと思った。その数秒後、ヒップは激しくゆれはじめ、それからなすすべなく一方にまわり出した。それでもとにかく着陸したので、ウォーカーはヌネスに、すぐに降りて、あのふたりを乗せるようにと急き立てた。

シエラレオネ東部のバイアマにある反政府軍基地を攻撃したときは、コブス・クラーセンスが指揮するエグゼクティヴ・アウトカムズのファイヤー・フォースに、この２台の歩兵攻撃車両が同行した。（写真：筆者）

「ほんとうにひどい状況でしたよ。そのころには、UNITA兵の分隊がいくつも道路を走ってこちらへ向かってくるのが見えたのですから」と、アルバーツは語る。「最初に近づいてきた敵兵の集団は、わたしたちが着陸した場所からわずか二〜三〇〇メートルのところにある小さな起伏を越えて駆け足で迫り、ときどき発砲しながら近づいてきました」

そのほぼ直後にヌネスがヒップに戻ってきた。あの人たちはいませんとヌネスは叫び、両手を上げて、脱出すべきだという仕草をした。さらに銃弾が音を立てて飛びすぎていく。

アルバーツは、いわれるまでもなかった。ヘリを離陸させたが、パワーを上げるとゆれはさらにひどくなり、ほんの数秒、彼もウォーカーも、この機体をほんとうに制御できるのかと不安になった。それでもアルバーツはなんとか操縦した。ウォーカーは、テイル・ローターがなくなったか、すくなくともその一部が壊れたのだろうと思った。

上昇中のわずかな時間のあいだに、ふたりのパイロットは、着陸地帯のそばでうつぶせに倒れている人物がいるのに気がついた。のちにふたりとも、あれはボスが着ていたブルーのフライング・ジャケットにちがいないと語っている。コクピットから見るかぎり、彼はテイル・ローターにぶつかったように思われた。

それからしばらく後に基地で行なわれた調査により、ボスは下降時に巻き上げられた土煙のため方向感覚を失い、歩いているうちにローターにぶつかったのだろうとの結論が出された。当時は地上での視界がほぼゼロで、ヘリも完全には静止していなかったので、その可能性は高かった。もうひとりの「スケーリース」ことスケルコーゲルについては、なんの手がかりもなかった。

ウォーカーとアルバーツがこの混乱を切りぬけて脱出するまで、一分ほどしかかからなかったが、それでも四方八方から銃弾や砲弾が飛んできた。一時は脱出するため、立ちならぶ木のてっぺんをかすめながら飛んだ。

このエピソードはおそらく全部で二分ほどだが、それでもアルバーツは機体を制御するのに苦労した。今思えば、なんとか基地に戻れたのは、彼の経験があってこそだ。一時はゆれがあまりにひどく、機体が空中分解するのではないかと思ったほどだ。最終的に、彼は町の北約五〜六キロの道路にヒップを着陸させたが、それでもそこはまだ敵戦線の後方だった。そのころには、「ジュバ」・ジュベールとJ・C・リンデが別のMi–17で旋回飛行中だった。

着陸すると、すぐにふたりの南アフリカ人は急いで損害判定を行ない、ぐずぐずしていても仕方がないと判断した。ヘリコプターはひどいありさまだったが、完全に飛べなくなったわけではない。いちかばちかやってみると、彼らはジュベールとリンデに告げたが、それでもふたりにはかなり近くにいてほしいと頼んだ。

ウォーカーの回想によると、テイル・ローターがなにかにぶつかったのはまちがいなかった。ブレードがどれもよじれ、一枚はとれかかっていた。実際、後で調べたところ、ローターそのものが故障していたことが判明した。理屈からいえば、彼らは飛べるはずがなかった。しかし、彼らは飛ぶことができ、それはすべてロシアの工学技術のおかげだった。ロシア人が作る機体は、見た目は悪いが、どんなに過酷な環境でも、たとえ故障していても動くのである。

ファン・ヘールデンの命令で、IFVであるBMP–2が二台、翌日現場へ急派された。二台は、激しく戦って現場へ向かい、しばらく捜索したのち、また戻ってこなくてはならなかった。それでも結局、何も見つからなかった。残骸は、すっかり焼け焦げていたが、木々のあいだに不時着したときのままになっていた。着陸地帯の地面には肉片や血痕があり、どうやら遺体を車でひきずったらしい。しかし、ふたりについての手がかりはなかった。

のちに傍受された無線通信で捕虜の話題が出ていたが、「スケーリース」の運命については、一言も出てこなかった。

彼がそんな目にあわなくてはならなかったというのは、じつに皮肉なことだった。それというのもスケルコーゲルは、ＥＯの非戦闘員で、サウリモに常駐する人事担当将校だったからだ。また、これは彼にとって最初の作戦飛行だった。パイロットたちがのちに語ったところによると、彼は何度かデブリーフィングに同席し、分厚い「ビン底」眼鏡で報告書をじっくり見ていたという。その後に、彼らといっしょに飛行任務に出ることを許可してほしいと頼んだのである。

「一度だけでいいから」と彼は懇願した。しかし、いつでも優先すべきことがほかにあり、それにとにかく上層部は、だれであろうと不必要なリスクはおかしてほしくなかった。あの運命の日、レド岬のダンカン・ライカールトとともに、ラウレンス・ボスは「しょうがないか」と考えた。「スケーリース」に、一生に一度の体験をさせることにしたのである。

残念ながら、それが文字どおり一生に一度の体験となった。スケルコーゲルは以前から「仲間たちとヘリに乗る」ことを強く熱望していたが、それは不幸な結果に終わった。

ボスの一件の少し前、地上では装甲部隊が大きな成果を上げていた。ブラーウ大佐は、その多くは彼が現代におけるもっともすぐれた戦闘機械のひとつと評するソ連製の水陸両用車ＢＭＰ-２のおかげだと語っている。

冷戦期の産物である、この重量一四トンの歩兵戦闘車両（ＩＦＶ）が、はじめて人々の目の前に登場したのは、一九八二年モスクワでのパレードでだった。以来、この車両は第三世界での数々の紛争で使用されてきた。本来はヨーロッパを戦場に想定して設計されたものだが、このキャタピラ式の優秀な歩兵輸送車は、特徴的なとがった先端部と、ほぼ水平のリブ付き前面装甲板をもち、アフリカの厳しい地形でも性能をつねにしっかりと発揮している。通常は乗員三名をふくめ計一〇名を輸送でき、アンゴラ軍のバージョンは三〇ミリ機関砲と七・六二ミリ連装機関銃を搭載していた。

ライカールトによると、総じてこれは強力な兵器で、ＲＰＧ徹甲ロケット弾か重迫撃砲弾でなければ深刻なダメージをあたえることはできなかった。彼の見るところ、BMPはこの任務にうってつけの車両だった。しかも、ここは未開の地だったため、キャタピラのほうが通常のタイヤ車輪よりも有利で、しかもタイヤは銃弾や迫撃砲弾の破片でパンクしやすかった。ブラーウは、最大の利点は定期的な整備がほとんど不要だったことだと言っている。「つねにグリースを塗って水とオイルを満タンにしておけば、BMP-2はなんでも期待どおりにやってくれる。長期間のアフリカ横断旅行さえもだ」

西側の部隊指揮官には、かなり後年になってからようやくソ連製の兵器の感触をつかんだ者が多いが、そうした者たちの例にもれずブラーウもこのIFVをいつも高く評価したし、のちにシエラレオネで南アフリカ人傭兵グループが同じIFVを大いに活用したときも、同様に気に入っていた。

問題は、基地を出てわずか数日で、すくなくとも三台の車両でエンジンが動かなくなったことだった。その原因は、FAAの乗員が、夜間にカバーをかけるとき、通常の整備を怠ったことにあった。車両は水やオイルがないまま走り、その結果、ブッシュを移動中に止まった場所で放棄せざるをえなくなった。それ以降、ブラーウは「諸君が整備しなかったせいでBMP-2が動かなくなったら、故障車両といっしょにその場に残れ」と厳命した。そうなったら、反政府軍に狙い撃ちにされるか捕虜になるのは必至だった。

当初の予想どおり、カフンフォへいたる最後の三〇キロは、激しく、しかもアフリカの基準でいえば典型的な地上戦の連続だった。いまやサヴィンビが必死になっているのは明らかだった。彼は戦闘部隊ブラヴォーに対して、残っていた予備兵力をすべて投入した。EOの将校のひとりによると、このブッシュの戦士たちは、自分の命などまったくかえりみずに波状攻撃を仕かけてくることもあったという。UNITAの攻撃には自殺行為に等しいものもあったが、それは「はっきり言って、ゲリラであろうとなかろうと、地上を歩く兵士や、ボディーの柔らかい車に乗っている者が装甲車両にかなうはずなどなかった」からである。

このことからよくわかるとおり、この大柄な反政府指導者——ちなみにサヴィンビは二〇〇二年の夏、彼がよく知り、おそらく以前は彼のために働いていたとおぼしき人物に裏切られて、殺された——は人々に対し、命を捧げたいという気持ちをこれほど強くいだかせることができた(4)。また、これもあってジョナス・サヴィンビは、二〇世紀後半でもっともすぐれたゲリラ指導者のひとりとみなされている。国際的に称賛され、すでに亡くなっ

政府軍が――ヘニー・ブラーウとEOの分遣隊に率いられて――南からカフンフォのダイヤモンド採掘場へ進軍していた間に、ジョナス・サヴィンビは民間飛行士の一団を使って武器弾薬や補給物資を作戦地域へ運びこんだが、その際に使用されたのは写真に見るような古い輸送機で、なかにはビアフラ戦争で使われた機体もあった。（写真：筆者蔵）

たいまも、その評価は高いままだ。アフリカにいる多くの革命家にとっては、毛沢東やヴォー・グエン・ザップとならぶ雲の上の存在である。アフリカの反政府戦争では、能力でも粘り強さでも、さらには決意の固さでも、彼に匹敵する者はひとりもいなかった。

アンゴラ政府は、この男を殺すことができなかったため、多額の金を積んで白人のグループをよび集めた。これには南アフリカ人のほか、かつて初期のころにサヴィンビのために働いていたが、これからは政府のために働こうと思ってやってきた者もいた。サヴィンビを殉教者にするのを避けようとしたものの、結局は英雄を、それも、自分たちの偶像をどうしても必要としていた大陸に生み出してしまった。その結果、サヴィンビという星は、これからも夜空に輝きつづけることだろう。

ゲリラ活動が続いていた三〇年にわたり、サヴィンビはくりかえし国際社会に――最初はポルトガルが反乱鎮圧のため集めた全勢力と戦い、その後はMPLAと戦いながら――自分は予期せぬ事態に対応する名人であることを示してみせた。

カフンフォ作戦がはじまった時点で、UNITAの上級指揮官であるボック将軍（兵站担当の参謀長）とベン・ベン将軍（作戦部長でサヴィンビの副官）は、ふた

この期間には、ロシア人「志願兵」(ロシア政府は婉曲的な表現を好んだ)が、戦争中の多くの国々に配属された。写真は、アンゴラでの航空作戦に参加したロシア人たち。(写真:筆者)

りともカフンフォの塹壕陣地から戦争を遂行していた。北部には、戦闘経験豊富なすぐれた戦術家ルザンバ将軍がいた。この三人は、もともとアパルトへイト時代の南アフリカ特別任務本部の人員から訓練を受けていた。

UNITAによる最後の抵抗は、フィリキシ村で行なわれた。この村に反政府側の大軍が、「神頼み」的な待ち伏せ攻撃をするため集まっていた。ここは、元レキ連隊のブラーウがわたしに作戦の詳細を教えてくれたときに地図上で指さしたのと同じ場所だ。ブラーウの回想によると、彼らは銃撃を受け、FAAの兵士数名が負傷した。しかし結局、大勢に影響はなかった。

UNITAの口笛が鳴り響くと――これも、南アフリカ政府の人員が教えたテクニックのひとつだった――アンゴラ軍のBMPはUNITAの戦線を一直線にめざし、抵抗をすべて蹴ちらした。それとともに敵はちりぢりになった。のちに死体を数えてみると約一〇〇体あり、これには、サヴィンビの配下でもっとも臨機応変の才に富んだ野戦指揮官のひとりアントニオ・ネヴェス大佐の死体もふくまれていた。不正規戦のエキスパートとして――FAAの上級司令官からも――認められていた人物で、反政府軍司令部にとっては大きな痛手であった。

フィリキシの戦線が突破された直後、装甲部隊は思いがけない幸運に恵まれた。ムヴカ村に向かっていたとき、ラウレンス・ボス——このときはまだ存命で、頭上で愛機PC-7に乗り、死亡する前の最後の飛行任務のひとつに出撃していた——が、北に約一五キロの密林地帯から突然、高射砲で攻撃を受けた。いままでこんなことはなかったと、ボスはのちに報告している。UNITAは弾薬をむだづかいすることなどなかったからだ。

ボスはすぐさま、あそこになにかあるに違いないと直感し、好奇心から、高度を下げて見に行った。当初は、一部がカムフラージュされた青いトラック以外、とくに何もないようだったが、やがて何本ものわだちがあるのに気がついた。詳細がブラーウに伝えられた。

翌日、ブラーウはみずから調査に出向くことに決めた。座標を教えてもらうと、BMPを二台つれて、元クーフトの正規兵ヨス・フロベラールとともにブッシュへ出撃した。このときは抵抗はなかった。その直後、一行はボスが見つけたのと同じ車両のわだちを発見した。デ・カストロに報告をすますと、ブラーウはさらに奥の、ほとんど人の住んでいない未開の地域へ入っていった。

それから徐々に事情が明らかになっていった。自分の乗ったBMPを岩だらけの場所へ進ませると、ブラーウの部下たちは、この戦争で最大規模に違いない巨大な物資集積所に行きあたった。そこは、とにかく広大だった。ブラーウによると、面積は優に四〇〇〇平方キロメートルあり、地面の上だけでなく下にも広がっていた。ここに集積された物資を集めるのに、サヴィンビは何年もかかったに違いない。すべてが陸路コンゴを通って運ばれてきたが、コンゴの道路状況を考えれば、運ぶだけでもまず不可能に近い仕事だった。カフンフォで採掘したダイヤモンド原石を資金源にしたのだろうが、この隠し場所でUNITAは数千万ドルを使ったにちがいない。

「軍隊がほしがりそうなものが、そこにはすべてあった」と、ブラーウは回想している。好奇の目から慎重に隠されていたのが、燃料を入れた数百本のドラム缶で、その量は、装甲部隊のすくなくとも六か月分に相当した。

全員になじみのTM-57地雷が数多く積み上げられていたほかに、一〇六ミリ無反動ライフル用の機材や、箱積みされたB-10やB-12の弾薬、何千とある迫撃砲弾、それに数百万発のAK弾があった。「あれだけあれば、もう一度戦争をはじめられそうだった」と、ブラーウは語っている。

この品ぞろえをしめくくるのが、一〇〇トン分の食料だ。缶詰の肉、ハム、魚、野菜などなど、すべてが缶詰で品質もよく、ヨーロッパのスーパーマーケットへ行けば見つけられそうなものばかりだった。これが、退屈した反政府軍兵士がひとり、たまたま通りかかった航空機を砲撃したせいで、いっぺんに失われたのである。

この一大事がもつほんとうの意味が明らかになったのは、その後に、この補給物資だけでサヴィンビはあと数年は戦争を続行できたかもしれないとの報告が入ってからだ。この物資が失われた理由は、ひとつに、ゲリラを率いるサヴィンビが、攻撃部隊がアンゴラでもとりわけ険しい地形を横断して陸路を移動してくるとはまったく予想していなかったからだ。まして、われわれのルートが、彼のもっとも貴重な戦略的備蓄場所がライフルの射程内に入る場所を通るとは思ってもいなかった。

サヴィンビの決意はゆるがなかったが、配下の司令官たちは違った。戦闘を続ける意志を失くした者もいたと、すべてが終わってから上級将校のひとりが語っている。

カフンフォへ迫る最終段階で、ヘニー・ブラーウは軍人としての経歴でおそらくもっとも危機一髪な状況に直面した。

「カフンフォまであと数日という日の昼下がり、わたしは部隊に停止を命じた。それまでは夜になるとUNITAの奇襲攻撃があり、ときには迫撃砲と包囲攻撃を組みあわせた非常に連携のとれた攻撃だったため、われわれはかならず車両を円形に配置して防御用の円陣《ラーゲル》を組むことにしていた。BMPは銃が外を向くように配し、そのため反撃しなくてはならない場合は、すぐに実行することができた。

われわれのまわりの林は密生しており、典型的なジャングルで、場所によっては突破することなどほぼ不可能だった。ブッシュは、われわれが車を止めたところまで迫っていた。また、当時は霧の季節でもあり、日没から一時間ほどで霧が谷間に広がり、翌日の午前なかばになるまで晴れなかった。UNITAは、われわれが停止すると迫撃砲を撃ってくることが多かったが、われわれ全員、各個掩体を掘っていたので、それほど苦にはならなかった。あるいは、そのほうがよければIFVのなかで眠ってもよかった。

翌朝、まだ夜が明けきっていないときにわたしは目覚め、いつもの見まわりをした。もしも持ち場で眠っている者がいれば、上官ではなくわたしが見つけてやったほうがよいからだ。アンゴラ軍の将校や下士官は、部下が眠っていると起こさずに射殺してしまう。われわれなら彼らの給料を減らすだけだ」

ブラーウ大佐は、通信員兼ドライバーのパウル・ディトリヒ(5)に、トイレットペーパーを一巻きもってきてくれと頼んだ。そして、それまでずっと特殊部隊で、ほかの者には絶対にやるなと言ってきたことをやった。ひとりで大便をするためブッシュへ入っていったのである。

「わたしは、ブッシュの草むらへのんびりと歩いていった。すでにディトリヒは、われわれの防衛境界線へ戻っている。しばらくして、部隊に背を向けてベルトを解いたが、ちょうどそのときわたしは横の方を向いており、すぐ目の前にはあまり注意をはらっていなかったのだが、そこへいきなり反政府軍兵士が、わずか数メートル離れたブッシュのなかから現れたのだ。

向こうもわたしを見て、わたしにおとらず驚いた。われわれは一秒ほど、じっと見つめあったよ」。武器はトイレットペーパーしかもっていなかったブラーウは、さっと横に身を投げると、いちばん近くのBMPへ全速力で走っていった。

「たぶん二〇メートルほど走ったところで、まわりで土ぼこりが舞いはじめた。敵がフルオートで発砲してきたのだ。一秒後には、夜のうちに近くにしのびよってきた反政府軍の大部隊が銃口を開き、部隊全体が攻撃にさらされた。わたしはぶじに戻ったが、正直、戻れたのはかなり運がよかったからだと思うよ」

ブラーウは、その日遅くなってから、あれは大隊規模の攻撃で、敵兵約二五〇名が参加していたと判断した。彼の部下たちは、それまで何度もしてきたように、即座に反撃することができた。彼は当時をふりかえり、助かったのはおそらくすばやく反撃したおかげだろうと語っている。

「一方、ディトリヒはわたしが大あわてで逃げてくるのを見ていなかったので、わたしは殺されたものだと考えた。最初の銃声が聞こえると、彼はわたしと別れた場所まで戻ってきたが、目に入ったのは、AKをもって撃ちまくっているUNITAの兵士だけだった。そこで即座に地面に身を伏せると、『大佐が撃たれた！　大佐は死んだ！』と叫んだのさ」

実際、ブラーウは無傷で戻ってきたわけではなかった。おそらくAKで撃たれたのだろう、腕に浅い傷を受けていた。また彼は、UNITAの攻撃は予定よりも早くはじまったのだと確信していた。

「全部隊がまだ最後の配置についていなかったのは、まずまちがいないだろう。実際、後で捕虜からそう聞いた。一部のUNITA兵士は、われわれの陣地の北にある浅い谷間に、なんらかの理由で待機していたようだ。

もし彼らも来ていたら、事情はもう少し違っていたかもしれない。発砲をはじめたときには向こうがかなり優位に立っていたからね……敵の一部はわれわれから三メートルか四メートルのところにいたわけだから」

そして「いやあ！　わたしは運がよかった」と言ってから、こうつけくわえた。「戦闘の結果が大便しようとした人間で決まったのは、あれがはじめてだったよ」

UNITAが撤退してから、ようやく彼は自分がどれほど幸運だったのかを正しく知ることができた。彼が掩蔽がわりに使ったBMPは、猛攻撃を一身に受けていた。この車両に向けて数千発が発射されていたのだ。銃撃があまりに激しかったため、二本の指を装甲のどの部分に置いても、塗装がはげたへこみにかならずふれるほどだったと、みずから説明してくれた。

「それに、われわれの陣地を囲んでいた木は、その後の一斉射撃で全部切り倒されていた。大半は、葉が完全に落ちていたよ。だが、攻撃ははじまったときと同じく突然に終わった。数分後にIFVがさらにくわわると、攻めてきた敵はすべてをすてて逃げていった」

ブラーウは、その後ヘリコプターで後送された。サウリモで腕に包帯を巻いてもらうと、日が落ちる前に自隊に戻った。

もうひとつ、同じようにありえない生還物語が、この戦争からは生まれている。その主人公は、のちにシエラレオネでネリスと戦闘飛行任務を行なうことになる「ジュバ」・ジュベールだ。カフンフォ作戦で大活躍した彼のMi-17――副操縦士はジョン・ヴィエラ――が、装甲部隊がカフンフォを占領した数日後にSAM-14の直撃を受けた。

エアクルーたちは、このダイヤモンドの町の周辺地域はミサイルなどの危険がないと保証されていたが、何度かの戦争を戦ったベテラン兵たちは警戒を完全にはゆるめないものであり、彼らもまさにそうしていた。前線へ向かう必要がある場合は、高い高度を飛んで、急速に下降する――かならずらせん状に経路をとり、ローターが許す範囲で急降下した。出ていくときも同様だ。まっすぐ上昇し、必要な高度に達したら弧を描くように去っていくのである。

カフンフォは、現在進行中のこの戦争でほかの地域が悩んでいるのと同じ問題をかかえていた。パイロットたちは、どこからだろうとカフンフォに近づいたとたん、川の対岸からUNITAの高射砲や迫撃砲が発射されることに気づいていた。反政府軍の砲手たちは滑走路に砲弾を撃ちこみ、ヒップが地上にいる間はたえず砲撃をくわえていた。その結果、その日ウォーカーは、町の南西側にある当時は使われていなかった古い滑走路に着陸することにした。

ウォーカーとアルバーツの支援のため飛行していたジュベールのヒップは、二・五トンの荷物を届け、十数人の負傷者をサウリモへ運ぶため乗せたところだった。仕事がすむと、二機のヒップは離陸した。ウォーカーがつねづね言っていたように、「こちらに砲撃してくる連中がいるときは、ぶらぶらしないほうがいい」のだ。

二機が高度二〇〇メートルほどに達したとき、地上にいる数人に、対岸から発射されたミサイルの白く輝く閃光が見えた。ＳＡＭだとだれかが叫び、噴煙を見ると、ミサイルが旋廻中のヘリへとまっすぐ向かっているのは明らかだった。

最初に気づいたのはウォーカーだったが、あまりにも急で、回避行動をとる暇もなかった。ミサイルはマッハ二の速度で目の前をかすめると、ジュベールの方へ向かい、機体右側のエンジンの真上にある排気管に命中した。ウォーカーは、頭の上で巨大な爆発音がしたことを覚えている。

のちにこの事故について語ったとき、パイロットは両名とも、すぐに墜落しなかったソ連製ヘリの頑丈さをほめちぎった。つねづねウォーカーは、西側のヘリであれほどひどい目にあっても耐え、なおかつまだ飛べる機体はないという意見を唱えている。

ふたたび滑走路に、ゆれてはいても安全に着陸すると、クルーは被害を確認した。ローター・ブレードのひとつで部品が計五個、吹き飛ばされてなくなっていた。主桁は、ほんの数ミリの差で爆発の被害をまぬかれていた。もしＭｉ‐17に五枚あるブレードのうち一本でも折れていたら、ギアボックスはバラバラとなり、ヘリは墜落していただろう。まさにそのとおりのことが、すでにアンゴラ空軍のＭｉ‐17で起きており、その数はジュベールの事故が起きた時点で一五機に達していた。しかも悪いことに、そのなかに生存者はひとりもいなかった。

その後の六か月でアンゴラ空軍のヒップがさらに三台、三発のＳＡＭで破壊されたが、生きて脱出できたクルーはいなかった。

面白いことに、南アフリカ人傭兵がアンゴラ北部でＭｉ‐17を操縦していた期間、三つのヘリコプター・チームはいずれも、すくなくとも一度は地上からの砲撃で不時着した後、ほかのクルーに救出されていた。そのため彼らはふだんから、二機で出撃すべきだと主張していた。同じ方針は、のちにシエラレオネでも採用された。

しかし、ニール・エリスは違った。彼はほぼ二年のあいだ、シエラレオネの空中戦を、ほとんどひとりで戦った。しかも、たいていは副操縦士さえいなかった（第一章～第七章、参照）。

(1) アンゴラは、ポルトガルが一九七〇年代なかばにアフリカを去ったほぼ直後から、ソヴィエト式のコミンテルン国家の路線にしたがって統治されてきた。その多くは、ポルトガルの最後の軍政長官で、共産主義者としても知られていた「赤い提督」ことロザ・コウティーニョ海軍中将の在職中に導入された。じつにとんでもないものを、このみじめな国に残したものである。彼の本性がついに暴露されたとき、あるアンゴラ人政治家は「彼の家と、子どもたち全員に呪いあれ！」と言ったと伝えられている。

(2) 二度とも、窮地に追いこまれたモブツ・セセ・セコの要請で派遣された。

(3) "Angola: New Mines, What Ban?" *Bulletin of the Atomic Scientists*, Al J. Venter, Volume 55 #03, May/June 1999, pp 13/15.

(4) 二〇〇二年二月にサヴィンビが（アンゴラ政府の報告書によれば、「特殊部隊」の分隊によってブッシュで罠にかけられた後に）死んでから、だれのしわざなのかについて憶測が飛びかった。あらゆる証拠が、彼が裏切られたことを示している。いくつかのグループが犯人としてとりざたされ、たとえばイスラエル人、元ポルトガル軍の関係者、さらに、可能性はもっとも低いが、北朝鮮義勇軍の分隊（北朝鮮は、一九七〇年代から一九八〇年代にMPLAが南アフリカと敵対していた時期に、MPLAを支援していた）などの名があがっている。サヴィンビが殺された当時、筆者は南アフリカにおり、信頼できる消息筋から、南アフリカ人のグループ――全員がNIA（国家情報局）および軍情報部と密接なつながりをもつ元軍特殊部隊の人間だった――が関与したのだと知らされた。ちなみにサヴィンビは、よく知る人物との会合におびき出され、一九発撃たれた。

(5) ディトリヒは、この二か月後にサウリモ近郊で奇怪な事故により死亡することになる。BMP-2の運転席に座り、ラウシモ川を渡ってサウリモのすぐ東へ向かっていたとき、橋からはずれて水中へ上下逆さまに落ちたのである。同僚たちの努力にもかかわらず、車をひき起こす前にパウルは亡くなってしまった。彼の死は、同社の業務中に死亡したほかの十数名とともに、プレトリア郊外のラスラウ通りにある家の敷地内に立つ御影石の礎石にきざまれていまに伝えられている。

第18章 アフリカ大陸における傭兵の今後の役割

傭兵は、不快な言葉だ。どこにでもいるタフでたくましい人物と思われることはほとんどなく、情け容赦なく暴力をふるい、無関係な人を殺しまくるというイメージがもたれている。しかし、これを軍隊の招集と同じと見る者もいる。アフリカでは、こうした雇われ兵たちと、彼らが運用する攻撃ヘリが、無数の命を救う手助けをしただけでなく、現代史の流れも変えた。そしていまもひとにぎりの傭兵たちが、ソマリアを拠点にインド洋での海賊対策に従事している。

もうひとつの例がシエラレオネで、同国では——一九九〇年代の内戦中に——たった一機のＭｉ－24攻撃ヘリが、首都フリータウンに迫る反政府軍を二度にわたって撃退した。その後、南アフリカ人傭兵パイロットのニール・エリスはイギリス軍——当時はデイヴィッド・リチャーズ准将（現デイヴィッド・リチャーズ大将。先ごろ国防参謀総長の座をしりぞいた人物である）が指揮していた——に連絡をとり、内戦の形勢を逆転させた。

それ以前にも、南アフリカ人の傭兵部隊が、アンゴラ空軍のＭｉＧ－23のほか、Ｍｉ－24攻撃ヘリやＭｉ－17を運用し、戦乱に疲弊していた同国で三〇年続いた内戦を終結させている。

マリも同様だが、ここではいまも、アル・カーイダに絶対的な忠誠を誓う——リビアから密輸した多種多様な最新兵器でしっかりと武装した——頑強な勢力との戦いが続いている。サハラ地域では、こうしたイスラム過激派はＡＱＩＭ（マグレブのアル・カーイダ）とよばれている。

マリで現在も進む軍事作戦は、フランスとイギリスからの小規模な分遣隊が裏方として訓練と兵站を担当する

近年アフリカでは多くの都市が反乱を経験している。写真のフリータウンも、シエラレオネ内戦で同様の経験をした都市のひとつ。これ以外にも、最近ではマリのバマコや中央アフリカ共和国のバンギも反乱に苦しめられており、今後はほかの都市でも深刻な混乱が起こるのはほぼ確実と見られている。（写真：筆者）

など、ヨーロッパ諸国の部隊もかかわっているが、ひとつ皮肉なのは、この紛争は約二年前に終わらせることができたという点だ。

二〇一二年二月、かなりの規模の南アフリカ人傭兵部隊が、マリ政府を脅かしているトゥアレグ族の反乱に対抗するため、マリの元大統領と八〇〇〇万ドルの契約交渉を行なった。これには、反乱地帯で反政府勢力と戦う中規模の地上部隊のほか、航空戦力として、Mi-24攻撃ヘリコプター二機と、武装したMi-17支援ヘリコプター四台がふくまれていた。

この一件に関与した民間軍事会社（PMC）は、当初は某国から、ベトナム戦争時代のヘリコプター、ヒューイ・コブラ六機を一台一〇〇万ドルでオファーされていた。しかしかわりに、ウクライナ製のヘリコプターで行くことにした。

このヘリコプターを購入する契約は、すでにまとまっていたが、代金が相手にわたる直前になって、アマドゥ・サノゴ大尉という、マリ国軍で反体制派グループを率いていた、あまり目立たぬ無名の将校が首都バマコで反乱を起こして政府を転覆させた。

それとほぼ同時に、ＡＱＩＭがマリ国軍を敗走させ、同国北部を掌握した。

奇妙なことに、アフリカの数か国が軍事支援を申し出たにもかかわらず、サノゴ政権はその申し出をすべて拒否し、これが新たな問題をひき起こした。また当初はトゥアレグ族の反乱鎮圧にフランスが介入することにも反対したが、西側諸国からマリ国軍の「グレードアップ」のため約一〇億ドルの軍事支援が提示されると、サノゴは──自分で自分を「解放者」ド・ゴール将軍になぞらえるのが好きだった──態度を軟化させた。支援総額の約五分の一が直接サノゴ大尉の管理下に入ることになっていたのだから、それも当然だろう。

サハラ砂漠の端に位置する同国では、報道こそあまりされていないが、さまざまなことが起きており、たとえばフランス空軍は攻撃ヘリを大々的に投入して、イスラム過激派アンサル・ディーンを、それまで同組織が占拠していた町や村から排除している。そうした町のほとんどは、荒涼とした北部にある辺境のイフォラ山地に位置している。もちろん、だからといってＡＱＩＭの全勢力が特定の地域からいなくなったわけではない。二〇一二年九月、マリ国軍兵士に食料を配送中だったアメリカのＣ−１３０輸送機が、前線作戦基地に着陸しようとしたところを、反政府軍の機関銃で銃撃を受けた。ただし負傷者は出ず、輸送機はぶじにマリの首都バマコへ戻った。

南アフリカからの最新の報道によると、フランスの主力部隊がマリから撤退した後、西欧の数か国は、マリの治安状況が安定ししだい、自国の部隊に代えて民間軍事会社すなわち傭兵を用いることをふたたび検討しているという。

マリでの反乱は、めずらしいものでもなんでもない。本章執筆時点で、ゲリラ戦はアフリカの一〇か国以上でいまも進行中である。そのほとんどすべてで問題の中心となっているのが、鉱物資源や原油、金、宝石、ボーキサイト、アルミニウム、プラチナ、熱帯硬材、食料資源など、さまざまな産物の開発だ。

なかでもとりわけ貴重なのが、コロンバイト＝タンタライト、略してコルタンだ。これは、タールのような黒い鉱物で、携帯電話やｉＰａｄなど、さまざまな小型電子機器に欠かせない素材だ。コルタンは、コンゴで大量に見つかっていて、世界の総埋蔵量の八〇パーセントを占めており、残る二〇パーセントのほとんどはロシアに埋まっている。

中央アフリカ共和国も事情は同じで、もともとチャドとスーダンで生まれた反政府軍が二〇一二年後半に侵攻してきた。同国北部のブリア周辺にあるダイヤモンド採掘場を奪取すると、このよせ集めとはいえ十分な装備をもった非正規部隊は——スーダン、エジプト、ナイジェリア、チャドの各国出身の傭兵のほか、最近ではウガンダの反政府勢力「神の抵抗軍」の支援を受けている——政府軍を壊滅させた。興味深いことに、中央アフリカで起きたこの反乱は、同じく資源の豊富なコンゴ東部で最近起きた紛争を、ほぼ模倣したものである。

ほかにも、ソマリアの一部やケニア国境地帯では紛争が続いているし、スーダンと南スーダンも不安定なままだ。くわえて、コートジヴォワールは北部と西部でいまにも内戦が勃発しそうな状態だし、チャドは事実上統治不可能な状態にあり、旧ポルトガル植民地のギニアビサウは、一九七五年の独立から数えて何度目になるかもわからぬ軍事クーデターを切りぬけたばかりである。

これに先立ち、西アフリカのモーリタニアは、ＡＱＩＭの指導者ティイーブ・ウルド・シディ・アリを軍が実施した襲撃で殺害したと発表した。アルジェリア生まれのアリは、モーリタニアの首都ヌアクショットで爆破テロ未遂を起こして指名手配されていた。また、アリは二〇〇八年のイスラエル大使館襲撃事件の首謀者としても知られ、周辺地域でさらなる暴力事件を計画していた。

ナイジェリアも、イスラム原理主義組織から攻撃を受けており、そのたえまなく続く残虐ぶりは、同時代のアフリカで見られないほどひどいものだ。この反乱の規模は、アメリカ国務省により低レベルのゲリラ戦争と分類されており、すでにイギリスにも、二〇一二年五月にウリッジでイギリス兵一名が殺害されるという形で飛び火している。殺害犯はナイジェリア出身の狂信者で、同国のイスラム原理主義組織ボコ・ハラム（ＡＱＩＭやアル・カーイダとも関係している組織）にスカウトされた者だった。

ナイジェリアの反乱レベルは深刻で、しかもエスカレートしている。数万の人々が——ムスリムもキリスト教徒も——大虐殺で命を失っているが、その対立の焦点となっているのは、おもに宗教の違いと、同国の石油をめぐる利権だ。それというのも現在ナイジェリアは、アメリカが必要とする原油の約四分の一を供給しているからである。オサマ・ビン・ラディンは、この二年前に殺害される以前、ナイジェリアの石油がアメリカに輸出されるのをやめさせると宣言している。これについては、彼やほかの反体制派は、ある程度成功している。

"MERCENARIES? I ASKED FOR MISSIONARIES!"

マイク・ホアー大佐とその一味が実施した傭兵によるセーシェル侵攻が失敗した後で、ダーバンの新聞に掲載された漫画。左すみに、この絵をピーター・ダフィーに捧げると記されている。ダフィーは、コンゴでホアーと働いたことのある男で、その後、残りの陰謀者たちともども、島国の正統政府を転覆させようとした罪で南アフリカの刑務所に収容された。

　こうしたなか、アメリカ、イギリス、フランス、ロシア、中国の各国政府は、こうした軍事紛争の脅威が広がる可能性を認識している。とりわけ、アフリカで好景気が続き、外国人投資家がこの大陸に、かつてない規模で資金を投じているのだから、当然といえよう。

　一方、多額の投資とともに、反乱や混乱の範囲も、一九七〇年代や一九八〇年代以来アフリカでは見られなかったほど拡大している。

　軍事支援や技術支援、訓練用の施設や指導員を提供すること以外に、大国がアフリカ大陸でこの種の混乱に対抗するためにできることはほとんどない。マリの場合を除き、こうした国々はいずれも、自国の軍隊を派遣して、打ちつづく混乱に一定の秩序を押しつけることに本気で取り組む気などない。遺体袋がイラクやアフガニスタンから故国へ運ばれてくるおそろしい映像は、西側諸国の政治家の記憶にいまも鮮烈に残っている。

Stewardess and her mercenary hijacker swop memories

YOGIN DEVAN

Not in her wildest dreams did Air India first class cabin stewardess, Ulka Kothare, believe she would one day sip French champagne in the warm Durban sun with her former hijacker.

But this week when she came face to face with Durban photographer Peter Duffy, she recalled he was one of the "most friendly hijackers" among the mercenaries aboard the hijacked Air India flight from Seychelles to Durban in November 1981.

Mr Duffy served 21 months of a five-year sentence for his part in the hijacking.

Over lunch this week, Mr Duffy and Ms Kothare — she arrived in Durban on a scheduled Air India flight this time — exchanged their own experiences of the hijacked flight more than 12 years ago.

Duffy was among 45 mercenaries under the command of Colonel Mike Hoare who had landed at Mahe Airport on the Seychelles to seize control of the island.

Captain Umesh Saxena who was at the controls of the Air India plane happened to be at the right time at the right place as far as the hijackers were concerned.

When the coup went all wrong the mercenaries used the Air India plane to escape.

Ms Kothare reminded Mr Duffy how she and her colleagues had been "initially scared" when the plane was hijacked. However, after a while the mercenaries' relaxed manner had set them at ease.

She also related how some "thirsty" mercenaries offered to pay for alcoholic beverages with their travellers' cheques.

"We could not accept the travellers' cheques and gave them the drinks without charge. We were scared if we refused them drinks, they would become agitated."

She also recalled how she and her colleagues attended to the shoulder gunshot wound of one of the mercenaries, Charles Dukes.

Mr Duffy told the smiling stewardess he looked forward to a "re-union party" with the crew in Bombay with Captain Saxena as the chief guest.

HIJACKER AND HIJACKED: Peter Duffy and cabin stewardess Ulka Kothare recall their experiences.
Picture: Grant Erskine

失敗に終わった傭兵によるセーシェル侵攻にかんする写真から。左上から、ハイジャック機のパイロット、南アフリカ人傭兵たちがダーバンに戻るためハイジャックしたエア・インディアのボーイング機、ピーター・ダフィーとハイジャック機のフライト・アテンダント。（写真：ピーター・ダフィー蔵）

以上をまとめて考えれば、ウィリアム・ショークロスが「世界秩序を回復させたいが、そのために自国の軍隊を危険にさらす気はないというのなら、民間治安部隊の活用を検討するべきだ」と断言したときに訴えたかったことは、じつにもっともだと思う。

『われわれを悪から解放する *Deliver Us From Evil*』の著者でもある彼は、これに続けて、もし南アフリカ人傭兵たちが一九九六年にシエラレオネから追い出されずに、最初に意図していた仕事をすることが認められて

短命に終わった西アフリカのビアフラ共和国は、現代のアフリカで自国の兵士に傭兵を使った最初の国のひとつだった。そうした傭兵のなかには、コンゴ民主共和国で戦った経験をもつ者もいた。フランス人の傭兵ロベール・デナールの指揮する部隊は、ある晩、ジャングルの滑走路に着陸すると、きっちり 24 時間後に立ち去ったが、それはビアフラ戦争が、彼らがそれまで経験してきたどの戦いよりも残酷だったからだった。南アフリカ政府の要請を受けて、南アフリカ軍のヤン・ブレイテンバッハ大佐とその部下たちも参戦し、ガボン経由で、孤立無援の包囲された国へ入った。（写真：筆者蔵）

いたら、「いまも多くの子どもたちは手足を切られずにすんだだろう」とも言っている。

実際、「USニューズ&ワールド・レポート」誌はこのことを正しく理解していたようで、一九九六年一二月三〇日に次のように述べている。「気骨のある平和維持部隊がほしいって？　それなら世界で最優秀の傭兵を雇いなさい」

アフリカで暴力のレベルが上がっているのはまちがいない。コンゴ民主共和国など一部地域の脅威要因は、一部の産品の市場価格に波及効果をおよぼすほど深刻なものとなっている。

国際社会は、こうした問題を認識しており、アメリカの対テロ担当官も、過激思想を生み出す温床がますます危険度を高めている現状にかなり注目している。元近東担当国務次官補のデイヴィッド・ウェルチは、アメリカ下院外交委員会で、「この地域にアル・カーイダがいることで生じる脅威は重大で、非常に危険であり、いくつかの事件をひき起こす可能性がある」と語っている。別のインタビューで、何人かのアメリカ政府高官は、北アフリカの貧困地域であるサハラ砂漠と、

シンバ族の反乱が最高潮に達していたころ、コンゴ北東部のスタンリーヴィルへ向かう傭兵の「機動部隊」。この救援部隊は、のちに反政府勢力に捕まっていた捕虜数百名を救い出すことになるが、装甲車両はほとんどなく、何度も待ち伏せ攻撃を受けた。（写真：リーフ・ヘルシュトレームの好意による）

西アフリカのサハラ以南に位置するサヘル――あるいは、ソマリアの乾燥地域（写真）――は、ジハード（聖戦）を訴える新たな世代の「自由の闘士」にとって豊かな「餌場」となった。もし早い段階で対応できていれば、プロである民間軍事コントラクターの小集団が、こうした動きをすばやくくいとめていたことだろう。実際、シエラレオネとアンゴラでは、南アフリカ人傭兵によって実現していた。すでに先例はあったのだ。（写真：筆者）

その南に位置する草原地帯サヘルの最新情勢について話している。この広大な地域で暴力がエスカレートする可能性があるというのが、一致した見方だ。

ムアンマル・カダフィを倒すためリビアへ送られた最新の軍事装備――SAM地対空ミサイル（MANPADS）や、四連装機関砲をそなえた自走砲ZSU23／24のようなロシア政府が保有する最先端の発射装置など――の多くが、ほかのアフリカ諸国へ革命を輸出する者たちの手にわたっていることは、いわずと知れた事実である。

一方、アフリカ連合（AU）は、この流れをくいとめるためできることはやろうとしているが、手段（および、使える資金と、訓練を受けた兵士を派遣する能力）はかぎられている。たとえば、最近コンゴ民主共和国に派遣されたアフリカ諸国の兵士の大多数は、まともな訓練を受けていないか、数万の民間人が亡命を余儀なくされる危機をまのあたりにして、ほぼ完全にやる気を失うかの、どちらかだった。AUは、ソマリアについてはかなりうまく対応したが、アフリカのその他の国では、成績はかんばしくない。

中央アフリカ共和国の場合も同様で、近隣諸国のひとつガボンが――もっとも親密な同盟国のひとつが首都を反政府勢力に制圧されそうだと知って――支援のために提供したのは、わずか一二〇名の兵士だけだった。

要は、どの対反乱作戦においても、「暴力のエスカレート」の危険を認識することが欠かせない。第二次世界大戦以降、身をもって学んできた歴史の教訓とは、反乱を「引き延ばす」と、その結果たいてい反乱鎮圧の努力はほとんどすべてが失敗に帰すということだ。こうしたことが、コンゴやナイジェリア、エリトリア、スーダンなど、反乱に直面する数多くのアフリカ諸国で起きてきたことを、わたしたちはこの目で見てきた。

そしてもちろん、アフガニスタンでもそうだった……

それにもかかわらず、現在アフリカでおもに反欧米を掲げて活動しているゲリラ・グループが目下アフリカで進めている軍事活動の一部に対しては、実行可能でやりやすい対抗策がある。こうしたグループは多種多様な人間の集まりであり、物事の進め方も、出身の国や民族も、じつに千差万別だ。

たとえばマリでは、戦闘員は、サウジアラビアやエジプト、ナイジェリアなど多くの国から集まっており、アフガニスタン人も数名いる。興味深いことに、未確認ながら、反政府軍兵士のなかにチェチェンからの「志願兵」が数名いたとの報告もある。彼らに共通している点はただひとつ、全員が預言者ムハンマドの熱心な信奉者だということだ。

欧米の戦略家たちは、だれもが口をそろえて、アフリカでの戦争の多くは、フリーのプロ兵士が操縦する攻撃ヘリコプターを使えば、すぐに終わらせることができた（し、そうすべきだった）と主張している。イギリスの軍事史家ジョン・キーガンは、二〇一二年に亡くなる前にわたしとの会話のなかで、装備も士気も訓練も十分な傭兵部隊がとくに第三世界の紛争で発揮できる潜在力を、西側諸国がもっと積極的に評価しなかったのは残念だと語っていた。

彼によれば、攻撃ヘリコプターは、情け容赦ない野蛮な大虐殺をくいとめる最善の手段だという。さらに彼は、こうした脅威に対抗するのに雇われ兵を利用すべきだと熱心に訴え、人々は忘れているようだが、「ハルツームの悲劇で有名な」チャールズ・ゴードン将軍は中東で傭兵として働いていたのだと指摘している。

「しかも傭兵の仕事は、中国の皇帝やエジプト国王の命を受けて行なっていたのです」とキーガンは言う。

もっと最近の例をあげたのが、先ごろイギリス国防参謀総長の座をしりぞいたデイヴィッド・リチャーズ将軍で、将軍は筆者への私信のなかで、シエラレオネで彼の指揮下で戦った南アフリカ人の攻撃ヘリ・パイロット、ニール・エリスの果たした役割は称賛に値すると明言している。彼は簡潔にこう記している。「ニール・エリスは偉大な人物だ。わたしや、シエラレオネにいる者全員が、彼にはたいへん感謝している」

リチャーズ将軍が世界でもっとも有名な傭兵飛行士について率直に意見を述べた理由は、エリスがたったひとりで——数か月ものあいだ——政府軍が唯一保有する旧式のMi-24攻撃ヘリコプターを使って反政府軍を動揺させつづけることができたからだった。彼はこれを、イギリス陸軍とイギリス海軍が介入して戦争を終わらせるまで続けた。

傭兵部隊に支払う額は安くはないが、国際連合がこれまで関与してきた軍事作戦のほぼすべてで資金を浪費してきたことを考えれば、比較にもならない。

シエラレオネでは、傭兵集団エグゼクティヴ・アウトカムズは、反政府勢力の革命統一戦線（RUF）を交渉の席に着かせるため、約三〇〇〇万ドルの報酬を受けとり、しかもそれを、RUFのテロ作戦に対する激しい軍事作戦を開始してから六か月か七か月でなしとげた。

これに対して、国連がこの遠く離れた西アフリカの国で最初の六か月間に投じた予算は——国連の部隊が直面した治安問題は、南アメリカ人の傭兵たちが取り組んだのとまったく同じだったにもかかわらず——二億五〇〇〇万ドルを超えていた。一日あたり一五〇万ドルの計算だ！

明らかな違いはもうひとつあった。エグゼクティヴ・アウトカムズが現場に派遣する兵士の数は、一〇〇人を超えることはめったになく、運用するヘリコプターも、多くて三台だった。一方、国連がシエラレオネに派遣した部隊は、一時期、一六か国からの合計一万六〇〇〇人に達していた……

ここで疑問が浮かぶ。アフリカでヘリコプターによる攻撃部隊を、ある程度の支援部隊も入れて組織するのに、どれくらいの経費がかかるのだろうか？

ニール・エリスによると、中央アフリカ共和国やマリのような国が現在直面している反乱に投入するのであれば、ロシア製のMi-24が三機か四機あれば、どんな攻

ゲリラが使う兵器の大半は、東ヨーロッパ製のものだ。いずれも比較的安価で、入手しやすく信頼性も高いため、こうした傾向はしばらく続くものと思われる。写真は、そうした兵器のひとつドラグノフ・スナイパー・ライフルをかまえるソマリア人。（写真：アーサー・ウォーカー）

撃任務でも十分すぎるくらいだという。くわえて、兵站支援と部隊輸送用にMi−17が二機ほど必要になる。

エリスも言っているが、アフリカ諸国には、中規模であれ小規模であれヘリコプター部隊をそなえていない国はほとんどない。「これを所定の目的のため使えばいいし、それがむりなら、適切な最終使用者証明書を出してヘリコプターを合法的に取得すればいい」と彼は言う。

ただし、正式な書類がなければ「そうした兵器を入手するのは不可能に近い」と、エリスはつけくわえている。

攻撃ヘリは——どのような目的で使うにせよ——決して安価ではなく、しかも、ここ数年は価格が急騰している。五、六年前には、中古だが使用に耐えるMi−8ヒップを六〇〇万ドルほどで買えた。それがいまでは、品質の高いロシア製Mi−8を——わずかばかりの予備部品こみで——買うとなった

南アフリカ人の経験豊富な戦闘員ルルフ・ファン・ヘールデンは、何度か事態を動かす手助けをしてきた。消息を最後に聞いたときには、コンゴで治安業務についていた。その前は、写真のようにソマリアのプントランドで対テロ部隊を指揮していた。この時期に、貨物船を乗っとられて３年間も人質になっていた20名以上の乗員を海賊たちから解放する救出作戦が実施された。（写真：ルルフ・ファン・ヘールデン）

ら、約一〇〇〇万ドルかかる。現在、その大半はウクライナから購入されている。完全に稼働するＭｉ－24（ハインド）攻撃ヘリは、これより安いが、予備部品の値段は――どの部分でも――驚くほど高い。

くわえて、エアクルーの経費もかかる。最近マリで反乱が起きたとき、傭兵仲間のあいだでは、フリーランスの攻撃ヘリ・パイロットには日給一五〇〇ドルが提示され、副操縦士にはそれよりわずかに少ない額がオファーされているらしいとのうわさが広まった。ソマリアでは、プントランド海洋警察（ＰＭＰＦ）――現在「アフリカの角」の沖合で海賊の取り締まりをしている組織――の購入したアルーエットⅢを操縦する唯一のパイロットであるニール・エリスが、アフガニスタンで高給を得ているアメリカ人ヘリコプター・パイロットとほぼ同じ額を稼いでいる。

アフリカの角で、エリスは警察組織のために働き、一機しかないアルーエット攻撃ヘリに、装備されたＲＰＤ機関銃を操作す

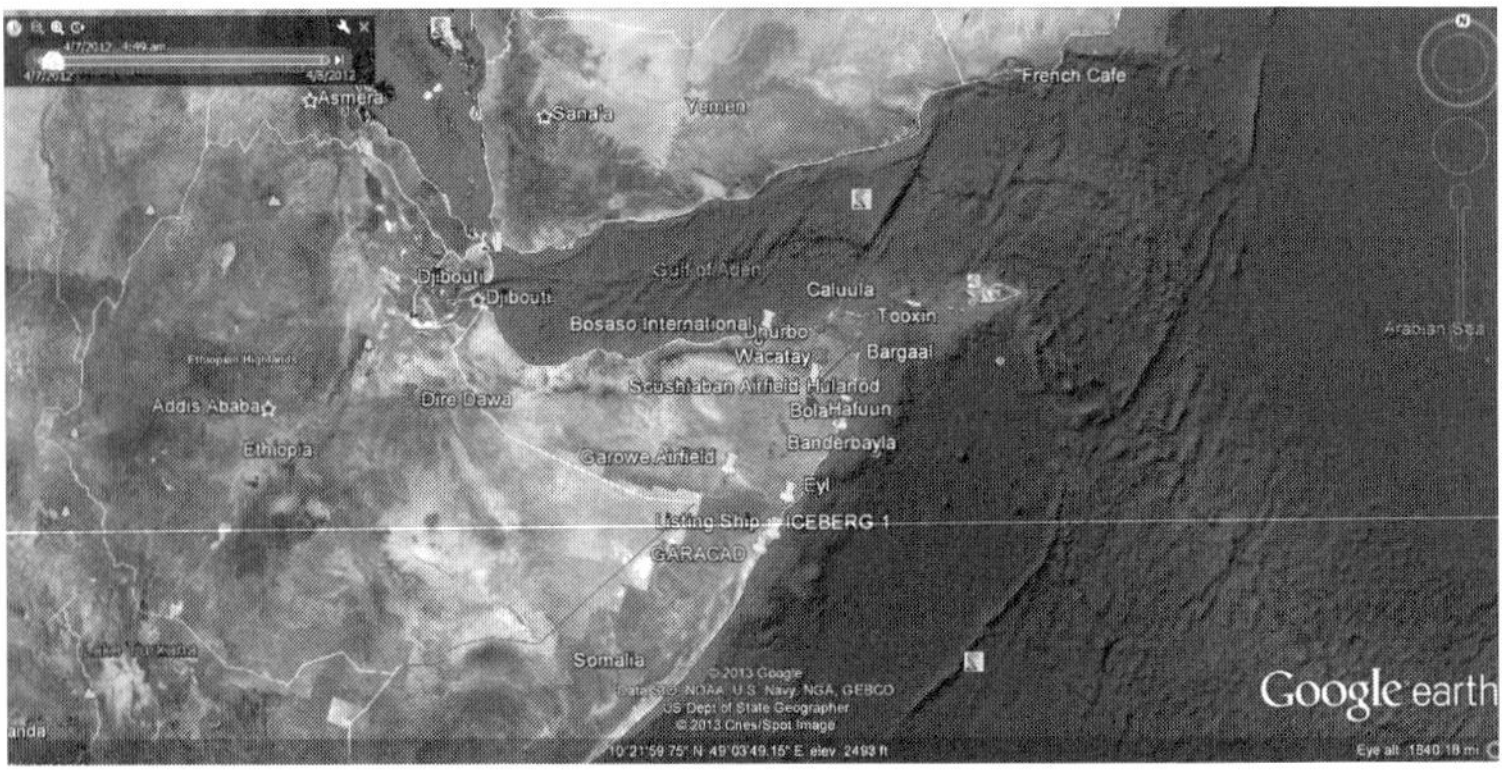

混迷をきわめるソマリアに拠点を置く傭兵パイロットたちの、同国北東部における活動範囲を示したグーグル・アースの写真。海賊対策でもっとも成果を上げている活動は、モガディシュの政府から独立を宣言してプントランドと名のっている地域を拠点に実施されている。プントランド海洋警察――もともと CIA の支援と資金で結成された組織――は、プントランドの北海岸にあるボサソに主要基地がある。写真には、ソマリア人海賊にハイジャックされ、20 人以上が 3 年にわたって人質になった貨物船アイスランド 1 の位置も記されている。

る銃手一名を乗せて、同機をひとりで飛ばしている。

こうした航空機を整備するのにグラウンドクルーは不可欠だが、反乱に直面するアフリカの貧困国にとっては、その経費が重くのしかかることもある。ソマリアのケースでは、エリスのアルーエットは定期的にアメリカへ移送されて点検修理を受けている。

シエラレオネで作戦に参加していたときは、エチオピア人の技術者集団がおり、その多くはロシアかアメリカで訓練を受けていた。エリスは、わたしがいっしょに西アフリカを飛行していたとき、「この連中は本物のプロで、機械が順調に作動するよう、戦場まで同行してくれることも多い」と言っていた。彼は、六機編制のヘリ部隊の場合、ヘリコプターを飛ばせるようにしておくためにはエンジニアが最低でも一二人は必要だと考えている。

これに、旅費、欧米式の快適な住居と食事、および、まにあわせでもかまわないので適切な医療支援をくわえると、経費は大きくふくれあがるだろう。傭兵の飛行部隊は、捜索および救助活動はほとんど行なわず、不時着した場合は――シエラレオネではそういうことがあったが――自力でなんとかしなくてはならない。

くわえて、エグゼクティヴ・アウトカムズがアンゴラとシエラレオネで行なったように、エアクルーは小型固定翼機を索敵や兵站のために利用することが多く、とりわけ「危険」地域が作戦の主要基地から離れている場合は、そうである。

「フリーランスの飛行士」がたずさわって成功した最近の著名な事例として、ソマリア沖で海賊に襲撃され、三年にわたり船内に拘束されていたパナマ船籍の貨物船アイスバーグ1の乗員二二名を救出した作戦があげられる。

拘束中に乗員数名が死亡し、それ以外の者も、襲撃してきたソマリア人から暴行や拷問を受けた。アイスバーグ1の機関長は、「聞く耳をもたない」からという理由で両耳を切り落とされ、「逃げ出せないよう」バールで脚の骨を折られた。

もともとソマリアの一部だった（が、中央政府が数年前に崩壊してからは独自の道を歩むことにした）半自治組織プントランド政府は、乗員たちの苦境を知ると、海賊側と交渉しようとした。しかし、そのたびに拘束中の乗員を解放してほしいという申し入れは拒絶された。

ついに二〇一二年一二月、プントランド海洋警察（PMPF）に雇用された南アフリカ人傭兵の小部隊が、人質の救出にのりだした。プントランドからの派遣部隊を

傭兵の作戦を成功させるのに、洗練された武器や最先端の兵器は必要ない。ソマリアでは、プントランド海洋警察が40年物の古いアルーエット・ヘリコプターを南アフリカ人から購入し、紅海に隣接する海域での海賊対策に数年間利用した。（写真：筆者蔵）

資金に余裕のある場合は、優秀な兵器をすぐにも購入することができる。写真は、そうした兵器のひとつであるイタリア製のアグスタ攻撃ヘリ。このヘリコプターは、アフリカの何か所かで反乱鎮圧に投入されて成果を上げている。（写真：筆者）

ふくむ約二〇名の地上部隊が、エグゼクティヴ・アウトカムズの元社員で実戦経験豊富なルドルフ（ルルフ）・ファン・ヘールデンに率いられて攻撃を開始した。この攻撃を支援するため、ソ連時代のPKM機関銃を左側のドアにすえつけたアルーエットⅢ攻撃ヘリコプター一機が出撃し、上空掩護を行なった。

重火器も――ソ連製の滑腔式八二ミリB-10無反動砲や、携帯用のRPG-7などを――投入して、戦闘は一二日間続いたが、ようやく海賊たちは携帯電話を使ってリーダーたちに、イエメンの外交ルートをとおして停戦交渉をするよう求めた。プントランド政府は、人質解放の見返りとして、拘束している海賊たちの釈放を認めた。

これが、政府に所属しない軍事集団が海上で捕らわれたままの人質グループを救出した最初の事例となった。

こうした展開が、全体の状況にさらに深刻な脅威をもたらすことになった。アル・カーイダの関連組織アル・シャバーブの勢力が（アフリカ連合の派遣部隊による地上攻撃の結果）ソマリア南部の潜伏場所から駆逐されたため、プントランドでは現在、イスラム組織によるテロ活動が急増している。独自の情報源によると、現在プントランドにはアル・シャバーブのゲリラ戦士が推定三〇〇名おり、そのなかにはエジプト人ジハード主義者が数多くふくまれているという。

アメリカ政府は、こうした状況に気づいている。バンクロフト・グローバル・ディヴェロップメントという、国連とアメリカ国務省が出資し、ワシントンとモガディシュに本部を置く軍事訓練会社が、爆弾処理や狙撃訓練から警察の装備にいたるまで、さまざまな軍事業務を幅広く提供していた。バンクロフト社がプントランドから撤退すると、アル・シャバーブのテロ・グループが、紅海へとつながるこの地域に移動してきた。同時に、アメリカの別の企業がプントランドで治安活動を実施する仕事を課せられ、事実、海賊への攻撃は同社が中心となって実施されている。

PMPFの装備は、決して多くはない。バンクロフト社がモガディシュへ撤退する前、改良型のMi‐17を二機、発注していたが、注文は保留となり、結局、納入されなかった。

PMPFは、当初はバンクロフト社が配置する一二〇名の外国人戦闘員の支援を受けていたが、この部隊が国連からの圧力を受けて二〇一二年六月に解散してからは、そうした支援を欠いている。当時これに関与していたのが、元アメリカ海軍SEALsの隊員で、ブラックウォーター・インターナショナルの創設者兼オーナーのエリック・プリンスであり、彼はプントランドでの作戦を実施するため、南アフリカ特殊部隊の元隊員で最初にエグゼクティヴ・アウトカムズを創設したラフラス・ルーティンと提携していた。現在は、約二〇人の民間軍事コントラクターが残り、全員がPMPF航空部隊の下部組織に組みこまれている。

部隊の航空基地があるボサソは、隣国ジブチの東約六〇〇キロメートルにある同国北部の小さな町で、基地にはいまも輸送機アントノフ‐26が一機あり、ロシア人クルーが交替で運用している。同機は、補給物資の輸送や隊員の交替のほか、遠隔地で作戦中のPMPF部隊に燃料と装備を投下するのにも使われている。たとえば、燃料を入れた二〇〇リットルのドラム缶を、ゾディアックRHIB（硬式ゴムボート）三隻に投下することがある。このボートは、四〇〇馬力のボルボ社製ツイン・スクリュー・エンジンを船内に搭載した高速艇で、船首に一二・七ミリ口径のDShK重機関銃を設置しており、PMPFが対海賊作戦に投入している。また、必要とあればアルーエット・ヘリコプターのためジェット燃料JetA-1をパラシュートで投下することもある。

さらにPMPFには、ボサソの本部基地に、新品の農薬散布用航空機エアーズ・ターボ・スラッシュが三機あり、各機とも、毎分四〇〇〇発を発射できる四連装ミニガンと、アメリカから支給された翼下の空対地ロケット弾で武装している。

近接航空支援用に改造され、「ヴィジランテ」(自警団員)というニックネームをあたえられているが、もともと同機は、アメリカ国務省の要請で、コロンビアで麻薬撲滅用に農薬を散布するため開発されたものだ。この飛行機が、PMPFの貧弱な航空能力を補強する便利な装備であることはまちがいない。

もうひとつ、ボサソ基地で定期的に現れる航空部隊が、改良した二五〇〇馬力のエンジンを搭載した軍用のMi-17一機だ。カメラをもった者は近づくことが許されず、クルー――ちなみにパイロットのひとりは女性――は、プントランド政府の高級将校を除き、PMPFの関係者と接触することがない。

面白いのは、この二機のMi-17は西側の航空電子機器を搭載できるよう、すっかり改装されていることで、一説によると、ロシア製のヘリコプターでは、これがはじめてのケースだという。後部に本来あった観音開きのクラムシェル・ドアもとりはずされて、もともとフランス製のヘリコプター、シュペル・フルロンの特徴だったものと非常によく似たカーゴ・ランプ(傾斜路)がとりつけられているが、これはおそらく、自動火器を搭載して後部から撃てるようにするためだろう。一機のMi-17は、射撃練習用に、PMPFのヘリコプターが使うのと同じ、ボサソから少し離れたところにある射撃場を利用している。

重大なのは、最近アル・シャバーブの大きな下部組織がボサソ近郊で発見され、基地がここ数か月ですくなくとも一度は攻撃を受けていることだ。

プントランドでアル・シャバーブの戦闘員が増えていることがはっきりしたのは、その数週間前のことだ。地元住民から、イエメンから来たとおぼしきアラブ風のダウ船が、北海岸にある潟のひとつに入り、荷物を降ろしたとの通報があったのだ。荷物は大急ぎで埋められ、不審に思った住民が近づこうとすると、船は逃げるように去っていった。

翌日、PMPFのヘリコプター一機と地上部隊による捜索が行なわれ、隠されていた武器が見つかったが、荷物は一部だけが降ろされたにすぎないことは明白だった。荷物の中身は、RPG-7用の榴弾二二〇発（ただし発射装置はなし）、TNT爆薬四〇キロ、最新のテクノロジーを組みこんだ電気雷管二〇〇本、導火線が四巻、および、袋に入っていて肥料とかんちがいしそうな硝酸アンモニウムが二〇キロだった。

さらに、B-9砲の弾薬も大量に見つかったが砲身はなく（B-9とは、ソ連製の火器で、B-10無反動砲よりも若干小さい）、ほかにAKやPKMの弾薬および手榴弾が入った箱も発見された。

もうひとつ二〇一二年中にあった出来事は、ウガンダ軍が、アル・カーイダの支援を受けたアル・シャバーブのテロ活動に対抗するべくソマ

アフリカ——および第三世界の多く——では、いまなおロシア製のMi-24（ハインド）攻撃ヘリが、反乱に苦しむ国家が保有するなかで、もっとも有効な対反乱兵器のひとつとみなされている。使える状態のもので1台約600万ドルするが、欧米の攻撃ヘリよりも比較的安く、頑丈で信頼性が高く、手入れも簡単だ。写真のハインドは、経験豊富な傭兵飛行士ニール・エリスが操縦しているもので、シエラレオネで反政府軍の進撃を阻止するため大活躍した。（写真：筆者）

リアを舞台に治安作戦を実施するにあたり、作戦に投入するのに必要な中規模のヘリコプター攻撃部隊に装備を提供する業務をアメリカの民間軍事会社（ＰＭＣ）が請け負ったことだ。この治安作戦は、プントランドの作戦とは関係なかったが、間接的に連携して治安問題に取り組むことになった。

アトランタに本社を置くアメリカ企業ゾーン４インターナショナルは、ウガンダ人民防衛軍（ＵＰＤＦ）に対し、同国が参加するソマリアでのＡＭＩＳＯＭ（アフリカ連合ソマリア・ミッション）支援用にＭｉ－24Ｖ（ハインド）三機の買受け特約つき賃貸借の提案（詳細は以下に別記）を行なった。提案内容には、ＡＣＭＩ（航空機、クルー、整備、保険）の賃貸借と飛行・任務支援サービスについて複数のオプションもふくまれていた。ヘリコプターは、その後すぐに届けられた。

同社は声明のなかで、ウガンダは国連がアフリカの角で実施するソマリアの治安維持活動に大きく貢献しており、よって提案の目的は、ＵＰＤＦがＡＮＩＳＯＭと国連にあたえることのできる「比類なき軍事能力」をＵＰＤＦに提供することにあり、それによってミッションの実効性を高め、アフリカ連合（ＡＵ）の地上部隊がソマリアでさらされている直接の脅威を軽減できるものと考えていると述べている。この提案は、のちに国連によって承認された。

Ｍｉ－24Ｖヘリコプターは、多目的用に改造されることになり、アル・カーイダと関係する敵部隊への攻撃、部隊の警護、負傷者の後送、兵員の輸送、緊急空輸、航空監視、情報収集などの任務が実施できるようになった。

さらにゾーン４インターナショナルは飛行・任務支援サービスも行ない、これには、英語が話せる経験豊富なクルーの提供、現地での整備、作戦支援などがふくまれていた（ただし、これだけに限定されるものではなかった）。くわえて、ＵＰＤＦからの要請により、同社は航空部隊の展開・維持に必要な、あらゆる任務支援能力も喜んで提供し、たとえば前線作戦基地（ＦＯＢ）の建設、停止中および移動中の部隊の警護、任務に毎日二四時間体制で待機できるようにするための兵站整備なども実施した。

Ｍｉ－24Ｖ　仕様

乗員三名、乗客八名（または、負傷者後送用ストレッチャー四台）

推進装置：クリーモフＴＶ３－１１７ＶＭターボシャフ

ト・エンジン二基
最高速度：時速三三五キロメートル
実用上昇限度：四五〇〇メートル
航続距離：五〇〇キロメートル
自重：八三四〇キログラム
最大離陸重量：一万一五〇〇キログラム

利用可能な装備（弾薬類を除く）

YaKB一二・七ミリ四砲身機関銃（ガトリング式）
一二・七ミリ×一〇七ミリ弾使用NSV重機関銃
S-5無誘導ロケット弾用五七ミリ口径UB-32発射ポッド
オプションとして、ガーミンGPS-155XLやALFA-2031暗視ゴーグル（NVG）などの航空電子機器および装備

同社は、Mi-24Vヘリコプターを五機入手できるといい、五機とも新品同様で、九〇日以内に運用可能だと語った。ヘリコプターはすべて一九八六年製で、戦闘に投入されたことは一度もない。すでにスタッフの検査を受け、申し分のない状態であると判定された。任務への準備が整った五機は——輸出入手続きをへて——三か月以内に届けることができた。

作戦構想

同社のオファーは、自立した作戦構想（COO）の性格をもち、以下の内容がふくまれていた。

- 動員
- 戦域への展開
- 戦域における作戦の管理・統制
- 戦域における補給
- 資産所有権の移譲

提供業務

一日二四時間、週七日、昼か夜かをとわず航空作戦を求めに応じて実施し、AMISOM部隊の派遣と回収、乗客の輸送、貨物の輸送、要請にもとづく空路による負傷者後送（MEDEVAC）、捜索および救助、および偵察飛行をふくむが、これらに限定されない各種の任務を実施する。

固定翼機

CASA212多目的・偵察機一機
CASA212のACMI賃貸借には、前方監視赤外

線カメラと暗視光学装置が付属する。

主要な任務：航空機ならびに兵員に、しのびよる敵対的な脅威に対する前方監視能力を提供する。

AMISOMの要請による追加任務には、以下のものがふくまれるが、これに限定されるものではない。

・AMISOM部隊のための前方監視および上空からの情報収集
・負傷者後送
・部隊および物資の輸送
・空中投下作戦

クルー

同社は、英語が話せる経験豊かなクルーとして、Mi-24V一台につき、回転翼機の飛行時間が五〇〇時間以上の機長（PIC）、パイロット、兵装システム士官、および三名の航空機関士を厳選することになった。クルーは、ゾーン4インターナショナルによる審査を受け、ソマリアへの派遣に先立ち、飛行にかんする再訓練と地上作戦訓練を受ける。くわえてクルーは、セルビアにある同社の戦術訓練センターでのハイリスク高度オペレーター訓練にも参加する。その内容は、医療救命訓練、戦術ピストル訓練、脱出および逃避訓練などである。

Mi-24Vのため提案された乗員の詳細：パイロット四名、兵装システム士官四名、航空機関士兼衛生兵三名、地上機関士二名、計一三名。

整備および予備部品

Mi-24Vがついにウガンダのエンテベ空港に配送された際、予備部品や工具類をふくむ戦闘用品も同時に届けられた。これには、予備のTV3-117エンジン、メイン・ローターおよびテイル・ローターのブレード、部品、ガソリン・オイル・潤滑油、航空電子機器などがふくまれていた。現場で実施する整備には、（求められた場合）以下のものがふくまれる予定だった。

・毎日の点検
・三〇〇時間点検
・五〇〇時間点検
・エンジンおよびAPU（補助動力源）の交換
・軽度の整備
・機体の修繕

保険

すべての航空機は、機体保険、第三者賠償責任保険、戦争保険、および乗員保険に加入登録していた。

作戦スタッフ——前線

ゾーン4は、危険度の高い地域での軍事ヘリコプター作戦の経験をもつ計画担当者（PM）を指名したいと申し出た。この地位は現場の役職で、作戦および装備を直接監督する権限をもつとされた。くわえてPMは、UPFとAMISOM部隊の連絡係をつとめ、AMISOMの任務と交戦規定（ROE）を完全に理解する。また、彼の補佐役として、十分な軍隊経験をもつ作戦専門員を配置する。

作戦スタッフ——後方

管理および兵站の調整支援は、ケニアのナイロビとアメリカのジョージア州アトランタにある同社のオフィスで実施する予定。

作戦基地

主要作戦基地は、モガディシュ空港に隣接する特定の座標に建設しておくものとされた。

この前線司令部は、地盤のしっかりした場所に建て、回転翼機と固定翼機の使用に適した一二〇〇メートル×三〇メートルの滑走路と、七〇メートル×七〇メートルの駐機場を整備し、その所在地は［削除］とする。作戦基地は、最大三〇名まで宿泊できるようにし、プレハブ住宅、飲料水、配管、電気、環境制御ユニット、食事施設、洗面所、エプロン用照明台、臨時滑走路用照明設備、最大九〇〇メートルの防衛境界線（箱状の金網に土を入れて作る）、照明用スポットライトつきの監視塔などを設置する。

費用

Mi-24Vの一飛行時間あたりの価格は、七五〇〇アメリカ・ドルであり、CASA212は一飛行時間あたり二〇〇〇ドルとされていた。

毎月の最低保証時間（MGH）と契約期間

Mi-24Vヘリコプター一機あたりの最低保証時間は、毎月五〇飛行時間に設定されていた。CASA212では、契約で六〇時間とされ、全航空機の契約期間は二四か月であった。

- Mi-24V三機のCMI買受け特約つき賃貸借の月あたり支払額：一機につき、五〇飛行時間（MGH）×一飛行時間あたりの料金七五〇〇ドル＝合計三七万五〇〇〇ドル。三機合計、一一二万五〇〇〇ドル
- CASA212のCMI買受け特約つき賃貸借の月あ

たり支払額：一二万〇〇〇〇ドル

航空業務の月あたり支払額の合計：一二四万五〇〇〇ドル

二四か月分の航空／長距離輸送業務の費用総額：二九八八万〇〇〇〇ドル

航空作戦基地の建設費：二〇〇万〇〇〇〇〇ドル

二四か月の費用総額：三一八八万〇〇〇〇ドル

（注）ウガンダ政府は、ゾーン4インターナショナルが提案した人員派遣については、自国のエアクルーを使いたいと主張して利用しなかった。その結果、Mi-24は二〇一二年にモガディシュへ向かう途中、三機ともケニアで墜落した。

第19章 傭兵列伝――攻撃ヘリのエース、ニール・エリス

攻撃ヘリのエース、ニール・エリス――仲間内では通称ネリス――は、傑出したヘリコプター戦闘パイロットであるだけでなく、非常に頼りがいのある友人でもある。

わたしは、南アフリカのいわゆる「国境戦争」中や、その後に彼がシエラレオネで反政府軍を撃退すべく戦っていたとき、彼が出撃するのに何度も同行した。どちらの戦いでも彼は大いに成功をおさめ、そのため二〇一〇年、当時イギリスの参謀総長で、のちに国防参謀総長となるデイヴィッド・リチャーズ将軍は、わたしとの手紙のやりとりのなかで、次のように書いている。「ニール・エリスは偉大な人物だ。わたしや、シエラレオネにいる者全員が、彼にはたいへん感謝している」

これは、欧米の国防部門の現役トップが戦争中に傭兵パイロットが果たした役割に謝意を表した近年で最初の事例だ。

ほかにもエリスを高く評価する人は多く、彼をリーダーとして――それもしばしば、近年アフガニスタンで見られたような非常に厳しい状況下での指導者として――、また味方として、さらには親友として、尊敬している。

『攻撃ヘリのエース *Gunship Ace*』は、ニールがアフガニスタンで飛行任務についていた時期にわたしが書いた彼の伝記だ。その後、彼はソマリアへ移って攻撃ヘリを飛ばしている。

副操縦士のひとりマイク・フォスターは、二〇一一年の夏ニールに同行してアフガニスタンのカブールから離陸した後の出来事を、次のように記している。このときのヘリコプターは機体記号ZS-RIXのロシア製ヒップで、目的地として、遠隔地にあって毎日のように攻撃

In Appreciation of Outstanding Performance

N. Ellis

For your teamwork and outstanding contribution
to our efforts in Sierra Leone and the
evacuation of the U.S. Embassy, Monrovia, Liberia.

October 9th, 1998

リベリアでの大規模人質救出作戦が、ニール・エリスの「愛機《ボギー》」――何度も銃撃を受けてボコボコになったMi-17で、このときは反政府軍から人々を救い出すのを支援した――も参加して成功裏に終わったのち、この南アフリカ人飛行士はアメリカ国務省から当然ながら謝辞を受けた。このように「ネリス」は、知られてこそいないが、きわめて不安定な地域にいくらかの安定をもたらすという、いわゆる傭兵からはふつう連想できない活動を何度も実施している。

にさらされていた前哨地ホースト・サレルノをめざしていた。

「このネリスという男はタフなやつで、六一歳になったいまもヘリコプターによる支援任務を行ない、引退するなど一言も口にせず、約四〇年間にわたって一〇を超える戦争で戦闘を続けてきた。驚くのは、彼は負傷したことがなく、かすり傷さえ負ったことがない。ネリスは、食い扶持を稼がなくてはいけないから、いまさらやめるわけにはいかないよと言っている……かなり多くの人々が彼を頼りにしている。

風変わりで好感がもてるニールは、生きる伝説のようになっている。彼は父親であり、根っからの軍人であり、厳しい状況に置かれたときには決して容赦しない傭兵であり、同僚たちには、彼ほど幸運でない者からカモにされるほどの正直者である。それに、自分も問題を山ほどかかえているのに、それでいて他人の悩みにも敏感だ。

ときに頑固で、おもしろく、それでいて、とくに自分の飛ばしているヘリについては作業が自分のやり方に従っていないと激怒する。そのやり方とは、いわく『サバイバル、ストレート、シンプル』だ。これに続けて『きちんとやっていれば、問題がいちばん起きてほしくないときに問題は起こらないものだ』と説明し、この一文が彼の生涯を通じてのモットーだった。

こうしたことはどれも、わたしがここ二年か三年で知るようになった、いかにもニール・エリスらしい特徴である。

彼は背が低く、ややずんぐりとした体型だが、とても自信に満ちあふれ、洞察力が鋭く、すぐれたリーダーシップを生み出す気迫の持ち主だった。こうしたことは、おそらくどれも二五年ほど前に南アフリカ空軍（SAAF）で大佐になるまでに身につけたのだろう。

ニール・エリスは、ほかにも少なからず賞賛を受けているが、自分の口からは語ろうとしない。たとえば、イギリスの陸海軍とともにシエラレオネで反政府軍を相手にジャングルで戦ったことなども、そのひとつだ。このときイギリス軍は近年ではじめて、名の知れた傭兵と密接に連携したのである。その前は、サンドライン社のティム・スパイサー大佐のところで働いており、スパイサーから高く評価されていたようだ。ほかにもあるが、彼に聞いても、はぐらかされるだけだ。

ニールは、人の話をよく聞くという才能にも恵まれている。彼と会って不愉快な思いにさせられたことなど一度もなく、それは彼がほんとうに忙しく、わたしが仕事の邪魔をしたり、貴重な休息時間に押しかけたりしたと

民間軍事コントラクターとしてアフガニスタンで支援任務を遂行していた当時、ニール・エリスはつねにアメリカ軍と協力し、アメリカ軍のヘリが同じ遠隔地の発着所を使うことも多かった。（写真：ニール・エリス）

UNITED STATES ARMY

きも変わらない。そもそも彼は、夜の一〇時までデスクに座って翌日の飛行計画を練っていることもたびたびなので、暇な時間などあまりないのに、それでも嫌な顔ひとつしないで対応してくれる。

アフガニスタンでは、パイロットが何十人もいる部隊を率いているが、いつ訪ねていっても歓迎され、しっかりと話を聞いてくれる。言うことなしではないか。

わたしはニールと同じ時期にSAAFにいたが、彼のほうがはるかに年上だったため、つきあいはほとんどなかった。ほんとうに知るようになるのは、カブールに派遣されてからのことだ。アフガニスタンは——われわれふたりとも同じ感想をいだいたが——コントラストが同居する国だ。荒涼とした土地もあれば絶景もあり、不毛の地もあれば緑の大地もあり、うだるような暑さのなかでも高地に目をやれば雪が積もっており、それが、われわれパイロット全員が目にする姿だ。そしてここが、わたしが彼をほんとうに理解するようになった国でもあった。

テキサス州とほぼ同じ面積のアフガニスタンは、大きな道路がまったくといっていいほどない。わずかに通っている幹線道路は、タリバーンが監視を強め、地雷を敷設している。そのため多国籍軍は、部隊や補給物資の移動をヘリコプターにますます頼らざるをえなくなっている。実際、遠隔地にある軍事基地や前哨地は——山間部にあるものを中心に——ヘリでなければ到達できないところが多い。

われわれは、Mi-8ヘリコプターの南アフリカ人パイロットの第一陣としてアフガニスタンに到着したが、ニールは、中央アジアにあるこの新たな広大な国に、はた目から見てもわかるほどの熱意をもってやってきた。Mi-24攻撃ヘリコプターを飛ばしていたのが、これからは遅くて鈍いMi-8の操縦席に座ることになるのだから、じつに大きな変化であった。

慣れるのはたいへんだったと思う。ヒップは、こうした環境ではお世辞にも攻撃兵器とはいえないからだ。

彼は飛行スタイルも変えた。最近では、ヒップをもっと防御的アプローチで操縦している——たいてい高度を上げて飛び、かつてアフリカや、バルカン半島でボスニアのムスリムのためヘリを飛ばしていたときにように、低空で攻撃的に飛ぶことはなくなった。彼にとっては少々退屈なのではないかと思わずにはいられない。

そう思うことが、ここ数か月で何度かあった。たとえば、ある日、われわれがヒンドゥークシ山脈の西端を飛んでいたとき、ネリスは、おやっという顔つきをして身をのりだした。ヘルメットの片側をひっぱり、そちら側

シエラレオネ内戦では、ニール・エリスは反政府軍との戦争に大きなインパクトをあたえた。勝敗のかなめは首都フリータウンで、彼は首都上空に何度も出撃して信頼を集めた。（写真：筆者）

の頭を窓の方へ向ける。そして、満面の笑みを浮かべると、銃撃を受けているぞと嬉しそうに叫んだのである。

それから、騒がず静かにヘルメットをきちんとかぶりなおすと、操縦席の背にもたれ、昔を懐かしむような表情で、数秒前までやっていたことを、そのまま続けたのだった。

ニール・エリスと飛ぶことには利点がある。長時間飛行の場合、彼は途中で休憩すべきだと言う。それはつまり、たいてい再発進準備地点にある食事施設に立ちよるということだ。さらにいえば、おいしい食事やごちそうにありつけるということである。すばらしい！　それはクルーの絆を深めるのに大いに役立つことで、いつも楽しみにしている。

彼とカブールへ行くのも楽しみにしている。彼は、ほしいものがあれば、それを買う。ただそれだけだ。アフガニスタンでは、市場で値引き交渉するのが地元住民の習い性になっている。

昔から、言い値の半分に値切って云々という話があるが、ネリスにそんなむだなことをしている時間はない。彼は言われた額の金を支払い、決して異を唱えない。『ほしいのなら、ぐずぐずせずに買え』ということだ。この人物は、基本的にこうやって人生を歩んできたのだろう……すべき仕事があったら、それをすぐに実行するのだ。

時と場合によっては有能な戦闘員となれる彼が、もしシエラレオネの首都フリータウンに迫る反政府軍を――ひとり夜間に中古のMi-24に乗って二度も――撃破していなかったら、わが国政府の代表者たちは、国連などの国際機関でいまもフォディ・サンコー配下の野蛮人たちと同席していることだろう」

このところニール・エリスは、ソマリアの一部で、南のモガディシュにある中央政府からの独立を宣言しているプントランドにオフィスをかまえている。

この国のほかの地域と同じく、ここも半砂漠地帯で、道路はほとんどなく、地元住民が「空港」とよぶ(事故にそなえて航空管制や消火設備はある)仮設滑走路が数本あるだけで、ほかにはまったく何もない。常設基地をボサソという町に置いているが、ちょっと近くへ出かけるだけでもAKで武装した兵士六人に警護してもらう必要があるという。

エリスが来るまでプントランドで唯一のヘリ・パイロットだったアーサー・ウォーカー(ちなみに、ここで両名が操縦したヘリは、プントランドに一台しかなく、以前アンゴラで戦闘に参加していた四〇年物のフランス製攻撃ヘリ・アルーエットだった)は、自分の司令部から十数キロほど離れたところにアル・カーイダの基地があったと言っている。

「あそこにあることはだれもが知っていたが、破壊するためなにかをしようという気のある者はひとりもいなかった」と、語っている。

一九九〇年代初めにアメリカ主導で実施された国連の「希望回復作戦」が終わると、ソマリアでは数年間、とくに目立ったことはなかった。

ところが、一九九八年にケニアとタンザニアでアメリカ大使館を爆破されると、アメリカ政府は、実行犯の一部がソマリアと強いつながりをもっていることに気がついた。アル・カーイダがアフリカの角に移ってきて、かなりの勢力となっていたのである。

ネリスも、アフリカの角――と一部の有識者がよぶソマリア――が、「統治不可能」「だれにも制御できない」など、さまざまなよばれ方をしてきたことを認めてい

ニール・エリス。（写真：筆者）

る。

　また、ソマリアの大部分が、イランのイスラム法学者が非常に穏健に見えるほど過激なイスラム主義者の一団によって支配されていることも理解している。専門家のあいだでは、彼らは「新ジハード主義者」とよばれている。関係者はひとり残らず熱心な宗教的狂信者で、男全員——なぜなら女性は組織に入るのを許されないから——自分たちはアラーに誠実に仕えていると思っている。

　今日のソマリアのようすを知りたいのなら、マーク・ボウデンの著書『ブラックホーク・ダウン』が、一九九三年当時の同国の姿をもっとも正確に描いている。その後、事態はさらに悪化し、最近ソマリアを訪れた者ならだれもが口をそろえて、いつどこで銃撃がはじまってもおかしくないと言うだろう。

　ソマリア人——ソマリアでいっしょにすごした者の一部は、彼らを見くだして「ガリガリ人《スキニー》」とよんでいた——は、勇敢さを競っても絶対に一等にはならなかっただろう。大半は暗くなるのを待って相手を攻撃しようとする。真っ向からの対決は、彼らが多数で、われわれが少人数である場合にかぎられた。

すでに一九九〇年代から明らかになってきていたことだが、アメリカ政府高官は、アフリカがテロリズムの潜在的温床になったと思いはじめていた。事実、二一世紀初頭にアメリカ政府は、アフリカがすでに重要な中間準備地域となり、国際的テロリストを訓練するのに理想的な場所であり、アメリカの国益をターゲットにするのに非常に好都合な場所になったことに気づいている。

最近ニール・エリスは、飛行時間の大半を海賊の捜索にあてている。プントランド沖で見つけると――実際、五隻のアラブ風ダウ船を発見したことがある――ボサソの当局に連絡して支援を要請し、ダウ船を最寄りの港へ向かわせる。

「その職務を実施中に銃撃されることはないのかい?」わたしは、彼がイギリスにいるわたしを訪ねてきたとき、聞いてみた。六か月間働いて最初の休暇であり、彼には休暇が必要だった。

彼の答えは素っ気なかったが、顔には笑みが浮かんでいた。「バカなこと聞くなよ、アル……」

第20章 フリーランスのパイロット、アフガニスタンでヘリによる支援任務を行なう

「アフガニスタンでロシア製のMi–8ヘリコプターを飛ばした最初の六か月間で、世界のほかの国々で仕事をしていた三六年間より多くの『異常接近』を経験したよ」
ニール・エリス、民間軍事コントラクターとしてアフガニスタンにはじめて派遣された後で。

アフガニスタンでの戦争は、欧米が過去一五〇年間に戦ってきた、ほかのどの戦争とも違っている。それは言葉で表現できそうにない文明と文明の衝突であり、イデオロギーとイデオロギーの衝突である。

今日のアフガニスタンで起きていることは、ほぼすべての点で、イラク戦争やベトナム戦争、朝鮮戦争、第二次世界大戦のほか、アジアやアフリカ、中南米、中東、および西部太平洋地域で起きた一〇〇を超える紛争で起きたこととは、まったく異なる軍事的シナリオを進んでいる。最近同国を訪れた人物が言ったように、この国には、大急ぎで一四世紀に向かおうとしている地域がまだあるのだ……

かつてウィンストン・チャーチルは若いころ、アフガニスタンは紛争をまねきかねない国だと言ったことがある。しかも、紛争にいったんまきこまれると、そこから抜け出すのは至難の業になると警告している。まさしくそうした状況が、二〇一〇年代に入ってこの国を襲っている。ニール・エリスは、十数の戦争への従軍経験をもつベテラン兵で、たとえばローデシア、旧南西アフリカ（現ナミビア）、アンゴラ、コンゴ民主共和国、西アフリ

カのリベリアとシエラレオネ――およびバルカン半島（ここではセルビア人と戦うムスリム民兵のため飛行任務を実施した）――での紛争で活躍してきたが、その彼は近年、アフガニスタンでロシア製ヘリコプターに乗って支援任務を行なっている。彼によれば、この混乱続きで分裂した国で働くのは、いままで経験した何ものとも違っているという。さらに、「つらいこと」ばかりではないとはいうものの、どこかほかの場所へ行きたいと思う瞬間も何度かあったと語っている。

　アフガニスタンの首都のはずれにあるカブール国際空港を拠点に、元南アフリカ空軍大佐のエリスは、USAID（アメリカ国際開発庁）と契約を結んだ大手民間航空会社と手を組んで活動している。一時期アフガニスタンには、同社のために働くパイロットが五〇人以上いた。

　それでは、ニール・エリスに語っていただこう。

　わたしは現時点で、アフガニスタン南部で任務中に飛行中のエンジン・トラブルにみまわれたことは一度しかない。トラブルが起きたのはパキスタン国境にかなり近い場所で、わたしは、たぶんぞっとするような経験になるだろうと思った。しかし現実には、ぞっとするだけではおさまらなかった。

　当時、われわれが通過していた一帯は、人が住むのに適さない場所だった。谷や切り立った断崖がほぼいたるところにあり、緊急着陸できそうな平地はほとんどなかった。しかも、どの地域が敵対的で、どの地域がそうでないかはわからない。とにかく、ブリーフィングで耳にタコができるほど聞かされていたとおり、こうした地域を完全に「計器のみ《ブラインド》」で飛ぶやつはいない。

　さしせまったトラブルの最初の兆候に気づいたのは、標高三〇〇〇メートル強の山脈を越えたときだった。山は、予想どおりほぼ垂直に切り立っており、地形をざっと調べた結果、着陸場所に適していると少しでも思えるような場所はまったくないことがわかり、それもあってわたしは比較的過酷な地域の上空を飛びつづけることにした。この戦争に対するわたしの考えでは、反政府軍はふつうもっと人が住んでいて、たいていそれほど険しくない山道が通じている地域で活動するのを好むと思っていた。

　しかし、Mi‐8MTVはとても強力なヘリコプターであり、エンジンがひとつだけでもみごとに飛べることが判明した。そこでわれわれは荷物を全部乗せたまま、高度約二四〇〇メートル上空を、地上とのあいだに十分な間隔を維持しながら、エンジンひとつで水平飛行を安

アフガニスタン――危険で天気は変わりやすく、まったく油断のならない土地――は、ニール・エリスがきつい3年間をすごした厳しい活動の場だった。この期間中、彼のチームはカブール郊外で自動車を使った自爆テロにあい、一度にメンバーを8人も失った。（写真：ニール・エリス）

定して続けることができた。どこの峡谷がタリバーンの強力な支配下にあるかを、われわれは十二分に承知していた。

のちに調べた結果、エンジン故障の原因はFCUつまり燃料制御装置の可動部品が破損したためであることが判明した。この部品が、時間とともに摩耗して、要は鉄の削りくずのようになった。これがやがてヘリコプターの燃料フィルターをふさぎ、燃料の供給不足をひき起こしていたのである。もしこれがふたつのエンジンで同時に起きていたら、われわれは墜落していただろう。

われわれが異常に気づいたのは、不調なエンジンが突然まったく使いものにならなくなり、パワーが落ちたときだった。しかも、原因がよくわからなかったため、とにかくそちらのエンジンを切って、残るぶじなエンジンだけで飛行を続けることにした。そうすることで、故障したエンジンの不具合がひどくなるのを防いだ。

ようやくなんとかアサダバードに着陸すると、無線で新たなFCUを要請した。交換部品が到着すると、航空機関士がさっそくとりつけ、われわれはカブールに戻ることができた。

興味深いことに、ロシア人はMi-8MTVヘリコプターを、アフガニスタンでの作戦用にTB3-117VMエンジンに合うよう開発していた。異論はあろうが、これは同じ重量クラスのなかでは、しばしばなみはずれて過酷な状況で実施される高高度作戦で使うには世界でいまなおもっとも適した回転翼機だ。はっきり言って、欧米のヘリコプターのうち同じ重量カテゴリーでこれほどの性能を出せる機種はない。

旧式のTBV2-117エンジンを搭載した古いMi-8Tも数機あるが、夏のあいだは性能が大幅に落ちる。暑い日には、燃料を満タンにしていないときでさえ、積載重量はわずか五〇〇キログラムに制限されることもある。

わたしは、カンダハールの北東一三〇キロに位置する標高一六〇〇メートルの小さな駐屯地カラートで、Mi-8Tが離陸するようすを見たことがある。カラートという場所は、夏の盛りには周囲の気温があっというまにセ氏三〇度台なかばから後半に上がり、ときには四〇度を超えることさえある。このときもわたしは、ヘリが離陸時に事故を起こすのではないかと、かたずをのんで見守ることが何度かあった。パイロットが出力を上げると、ローターのコーニング角が小さくなり——極端に小さくなり——、メイン・ローターの回転落ちを防ぐためエンジンの回転数が限界まで上がっていく音がはっきりと聞こえた。

パイロットはヘリを徐々に地面から——一度に五〇センチほどずつ——浮かせてゆっくりと動かしはじめ、ようやく着陸地帯の端まで到達した。そこでヘリの機首を下げてスピードを上げるのだ。

アフガニスタンでは戦争が拡大の一途をたどっており、タリバーンはヘリコプターであろうが固定翼機であろうが、撃墜するためならなんでもやるつもりでいる。それでもたいていＭｉ‐８は、課せられた任務を果たしている。

しかし、戦争中はよくあることだが、ある戦術は別の戦術にとって代わられるものだ。最近、反政府勢力はカブール東方の丘陵地帯に陣取り、航空機を撃墜するチャンスを待つようになった。すでに二〇一〇年七月の時点で、ＲＰＧロケット弾や小火器による一斉射撃が数回、滑走路への最終進入に向かう民間機に対して行なわれている。幸い、射撃がお粗末だったため銃弾はすべてはずれたが、これは運がよかっただけだとパイロット自身も認めている。

タリバーンが勢力を増している——しかも、進行中の紛争を継続させるのに必要な新兵や軍需物資には事欠かない——現在、彼らの活動はさらに大胆になってきている。航空機が撃ち落とされる可能性は、もはや時間の問題にすぎない。

そのため懸念されているのが、もし反政府勢力がＭＡＮＰＡＤＳ（携帯式地対空ミサイル）やＳＡＭを入手したらどうなるかということだ。もしそんなことになったら、状況は一変し、この展開に対抗できるようだれもが飛行テクニックを変更しなくてはならないだろう。

さらに言及すべきは、最近の報道によると、反政府勢力は地対空ミサイルをもっているだけでなく、多国籍軍の航空機に対してすでに使っているらしいことだ。二〇〇七年には熱追尾式ミサイルでＮＡＴＯの輸送ヘリコプターが撃墜され、アメリカ兵五名とイギリス兵一名およびカナダ兵一名が死亡している[1]。撃墜されたのはアメリカ製のチヌークで、ヘルマンド川の近くで離陸直後に、左側のエンジンを攻撃された。二〇〇七年五月の報告には、その衝撃で「爆発炎上すると同時にヘリコプターの尾翼が跳ね上がり、その直後に機首が地面につっこんだため、生存者は一名もいなかった」と記されている。

こうした事例は、その後はほとんど起きておらず、今後も二度と起きないことを祈るしかない。それというのも民間用のＭｉ‐８は、ミサイルの自動追尾に対抗できるエンジン排気サプレッサーや赤外線放出弾発射装置をそなえていないからだ。ヘリコプターの排気は量が多く、赤外線（ＩＲ）追尾ミサイルを確実に引きつけてしまうため、とりわけ地対空ミサイルの餌食になりやすい。さらに、新世代のＳＡＭの一部はコントラスト追尾式であり、そのため排気サプレッサーなどのＩＲ抑止装置や低赤外線反射塗料もあまり役に立たなくなると思われる。

これは新しい話ではない。記録にも残っていることだが、ソ連のアフガニスタン侵攻後、現地の反政府勢力ムジャヒディン（イスラム戦士）に携帯式のスティンガー・ミサイルを最初にあたえたのは、アメリカであった。しかも使い方まで教え、その結果、ムジャヒディンはスティンガーを使いこなし、のちにソヴィエト連邦崩壊の一因となる戦争でヘリコプターやジェット機を何百台も撃ち落とした。

ソヴィエト軍の侵攻中、反政府勢力はあらゆるチャンスを使って航空機を――固定翼機だろうとヘリコプターだろうと――攻撃し、そのときはかならずといっていいほど丘陵か山から狙った。こうした攻撃は、通常「放浪的待ち伏せ攻撃（nomadic ambush）」とよばれ、アメリカ陸軍大佐レスター・グラウは、自著『熊、山を越える』の第五章でこれをかなり詳細に扱っている[2]。

ミサイルについては、わたし独自の見解がある。新聞では、タリバーンにＳＡＭを使う者がいると報じられているが、航空機に対して使用したという具体的な証拠はなかった。わたしの知るかぎり、被弾したヘリコプターは、ＲＰＧを使うタリバーンから砲撃されている。われわれは、ムジャヒディンはＳＡＭをもっていないと確信して、高高度――地上から約四五〇メートルの高さ――を飛行している。

ただ、彼らが地対空ミサイルを入手したという確かな証拠が見つかったら、それもすべて変わるだろう。そうなったら戦術を変えて、できるだけ低く飛ばなくてはならないが……そうなったら、小火器の脅威ゾーンに入ることになる。

アフガニスタンの現代史に詳しい人――あるいは、ここ数年に同国を訪ねたことがある人――はすぐに気づくことだが、今日のアフガニスタン・ゲリラが採用している戦術の多くは、もともと一九八〇年代にタリバーンがソヴィエト軍に対して使っていたものだ。反政府勢力が民間航空機を標的にする事例も無数にある。最近では、パキスタンのある民間警備グループに所属するヘリが、パキスタンの

ダーバンにあるスターライト・ヘリ社の作戦担当マネジャー、ピーター・「モンスター」・ウィルキンズは、近年アフガン空域を何度か飛行している。切りこみ写真は、カブール空港でエアクルーに提供された宿泊施設。（写真：ピーター・ウィルキンズ）

北部国境地帯に隣接する激戦地帯ホースト地区の渓谷を飛行中、激しい砲撃を受けている。

　このパイロットは、山のせいで目的地までの直線ルートをとることができなかった。理想をいえば、つらなる尾根を越えるべきであったが、彼のヘリには山が高すぎた。結果、彼は山頂より低い迂回ルートを飛ぶほかなく、最近戦闘のあった渓谷をいくつか通過することになったのである。

　彼が通過した空域のひとつは山頂の真下にあり、眼下の渓谷を通り抜けるため花崗岩の山肌からわずか九〇メートルのところを飛ばなくてはならなかった。タリバーンは、以前ヘリがこのルートを通ったことを見ていたらしく、こうした迂回戦術を自分たちに有利なように利用した。その結果、ヘリコプターは何度か銃撃を受けたばかりか、乗客一名が負傷した。

　現在アフガニスタンで活動する数多くのパイロットのあいだでは、タリバーンはチャンスさえあれば、とくに航空機がからむ場合は短時間に部隊を招集する能力があるし、実際に招集しているというのが共通理解になっている。

だからこそわたしはできるだけ直線的な山越えのルートを使うべきだと言っているのだが……だが実をいうと、わたしは決まったルートを使うときはいつも約三キロごとに進路を変更することにしている。

わたし以外のパイロットは、軍関係者もふくめ大半が、目的の地域へ入るときには同じ飛行ルートを使う傾向があり、それではいずれ撃墜されることになるはずだ。

だから、パイロットのひとりが中央アジアにはじめてやってきてすぐ、わたしが決められたルートを避けているのを知って無謀だと非難したことがあったが、そう言われてもとくに驚かなかった。数日後、そのパイロットは飛行任務から戻ってくると、わたしがいつも避けようとしていた山間部のルートに沿って飛んでいたとき銃撃を受けたと言った。ヘリコプターで反政府部隊のいる地域を低空飛行すると、タリバーンはここぞとばかりに撃墜しようとしてくることは、パイロットであればだれもが知っている。

わたしがここへ来てすぐのころ、シャラナからカブールに戻る途中、地上約三〇〇メートル上空を飛びながらある集落を通過したとき、銃弾が至近距離をかすめていく特徴的な音が聞こえた……いわゆる「タッタッタッタッというタイプライター音」だ。銃撃は一〇秒も続かなかったが、たしかにアドレナリンがどっと出て、何年やっていても強烈な経験であることに変わりはない。銃撃はすべてそれたため被害はなかったが、そもそも動く標的を、それも空中高く飛んでいるときに撃ち落とすのは、簡単ではない。

こうした数々の経験は、われわれの仲間が最近アフガニスタンで経験した膨大な問題の一部にすぎないが、問題の一端は、きわめて重要な作戦情報が国内の航空関係者のあいだでほとんど共有されていないことにある。はっきり言って、軍はまったく何も教えてくれない。民間ヘリコプターの一機が問題に遭遇しても、その問題や、それにかかわる危険を効率よく広めてくれる中央組織がなく、それが決定的に重要な情報であっても伝わらないのだ。あのお偉方は、そうした情報を公表しないせいで活動中に命が失われるかもしれないことなど、どうでもよいと思っている。いずれはこちらまで伝わってくるのだろうが、急ぐ気配はまるでない。

たとえば、あるヘリコプターが特定の場所から銃撃されても、ほかの操縦士たちはその件についてはしばらく何も耳にしないことが多い……ほかの会社のヘリコプターが同じ場所へ向かうが、途中で何に遭遇するおそれがあるか事前に警告されていないので、彼もまたターゲットになることもしばしばだ。

はじめてアフガニスタンに到着するという忘れられない出来事も、ちょっとした経験だった。この国をはじめて目にしたのは、高度一万メートルを飛ぶパミール航空のエアバス320のなかからで、ちょうど太陽が地平線から出たころだった。

カブールへ向かう途中、眼下では何機もの航空機が行き交い、地形は容赦ないほど山ばかりだった。わたしの第一印象は、下の土地は乾燥していて人が住めないようだから、あの「丘陵」に不時着して、歩いて安全なところまで戻るような羽目だけにはなりたくないというものだった。わたしはシートにもたれかかると、ここ数週間で起きた出来事を思い出していた。

まだ南アフリカにいたとき、わたしはロシア製の支援ヘリコプターMi-8MTVタイタンを、アメリカに本社を置く会社のために飛ばす契約を結んでいた。われわれはカブール国際空港を拠点に活動し、政府機関であるUSAIDの支援任務を行なうことになっていた。

ヘリコプターは、まずケープタウンで輸送機イリューシン-76に積みこまれ、カブールへ向かった。それに先立ちわれわれは、ほかの選択肢もいくつか検討してみた。たとえば、直接ヘリコプターで南アフリカからパキスタン経由でアフガニスタンへ向かうことも考えたが、その場合はノンストップで一〇日かかる計算になる。結局ヘリは空輸し、ヘリコプターがカブールに到着するまでに技術者チームが現地入りすることに決まった。チームは、パイロットたちの到着にまにあうようヘリを組み立てることとされた。

アフガニスタンに来てすぐに気づいたことのひとつは、低地を離れたら水はほとんどないということだった。たしかに山のふもとには川があるし、冬には雪も降るだろうが、万一エアクルーが、敵の攻撃かマシン・トラブルで不時着した場合、敵からの脱出および逃避は深刻な問題になると思われた。山岳部で水を確保することは、とくに夏には大きな問題になりそうだった。

カブールへの最終進入は何事もなく終わった。空から見ると、この都市はわたしがそれまで目にしたことのなかった姿を現し、うわさに聞いた黄塵地帯がはるか地平線まで続いていた。

降下していくと、まるで砂塵の舞うおそろしい大鍋のなかに町があるように思われた。下りれば下りるほど視界は悪くなり、ほぼ何もかもが延々と続く汚れた茶色のモノクロ映像になった。印象としては、木がほとんどなく、この国のほかの地域で目にする広大な緑地などまったくないように思われた。実際、この都市の見える範囲に耕作地はまったくといっていいほどなかった。

航空機から降りてもようすは変わらなかった。まだ早朝だったにもかかわらず、暑く乾燥した空気で肺が苦しくなった。わたしはすぐに、イラクですごした時期のことを思い出し、あそこでもエアコンの効いた建物から外に出たときに同じ感覚を味わったなと思った。

カブールに降り立ってすぐに、現地担当者の出迎えを受け、金銭のやりとりをすると、われわれはカラー・ファトゥラー地区にあるわたしの新たな家へ向かった。

質素だが清潔で快適な住居におちつくと、この国での基本契約期間である今後二か月間について少し考える時間ができた。アフガニスタンでのクルーのローテーションは、一二週の国内勤務で一か月の国外休養から、六週の国内勤務で六週の国外休養まで、さまざまだ。

航空機指揮官の給与水準は、最低がアメリカ人以外の契約パイロットの日給三〇〇ドルで、最高はアメリカと契約した会社の日給一〇〇〇ドルだ。さまざまなクルーが乗りこむヘリコプターの副操縦士は、日給三〇〇ドルから五〇〇ドルで、航空機関士は最高で日給五〇〇ドルである。ロシア人クルーは、欧米のクルーよりも給与が低くなることが多かったが、その理由のひとつは、こうした仕事に応募する人数が非常に多かったからである。

それからすぐに、わたしは何人もの固定翼機パイロットに紹介された。そのほとんど全員が南アフリカ人で、ビーチクラフト1900かキングエア200を飛ばしていた。

翌日は大忙しで、ブリーフィングに参加し、守秘義務の誓約書にサインし、NOTAM（航空情報）を受けとるなど、アフガニスタンでの作戦飛行実施にかんする特殊作戦手順の説明を受けた。その後は、航空機に搭載する各種追跡装置の使い方のブリーフィングだ。飛行時に着用する標準服として、リーバイス511カーキのズボンと、特殊部隊用のカーキのシャツを渡された。作戦は軍事支援という性格上、非常に目立たないものであるため、飛行用のオーバーオールさえ着用しない。

特筆すべきは防弾ベストを支給されたことで、飛行中に着用せよということらしい。わたしは使いたくないと思っているが、それはローデシア戦争で仲間のパイロットが地上からの銃撃で不時着した際、防弾ベストを着ていたせいで死んだからである。敵の銃撃で殺されたのではなく、不時着時の衝撃で体が前方へ投げ出されたときに防弾ベストで喉をつぶされて亡くなったのだ。それでわたしは作戦飛行中に防弾ベストを着たことは一度もなく、その理由はきわめて単純だ。

長年、戦場でヘリコプターのパイロットをつとめてきたが、その間、機体に何度も銃撃を受けてきた。たいてい敵は、ヘリコプターの横か下から攻撃してくる。しかし、防弾ベストは横も下も防護してはいない……

アフガニスタンで使うヘリコプターは防弾パネルで守られていないと言われたが、それでもわたしは意見を変えなかった。そもそも銃弾が命中したら、われわれにはどうすることもできないのだ。

ヘリでの戦闘飛行にかんするわたしの個人的方針は、単純明快だ。パイロットがそうした状況におちいったら、危険を避ける態勢で飛ぶ必要がある。まず、高速飛行をできるだけ長時間続けなくてはならない。たとえ銃撃を受けても、回避行動をとってはならない。そうした飛行行動は速度が急激に落ちることが多く、当然ながら敵にとっては、ゆっくりと動く標的のほうが比較的速く動く標的よりも狙いやすい。

防弾ベストは着用しないが、サバイバル・ベストは

国務省などアメリカのさまざまな政府機関がアフガニスタンで進行中の作戦に関与している。そうした機関のエアクルーは、多くが民間軍事コントラクターによって警護されている。（写真・ニール・エリス）

まったく別の話だ。わたしに言わせれば、サバイバル・ベストは脅威環境で働くパイロットが着用すべき、もっとも重要な装備のひとつだ。

着用すべき理由は単純だ。ヘリコプターがエンジン・トラブルか地上からの攻撃で不時着した場合、パイロットが生きのびるのに使える残された装備は、身につけているものしかないからだ。

サバイバル装備を航空機の後部に格納しておいても意味はない。航空機が墜落して炎上しはじめた場合や、敵に地上から攻撃されて不時着した場合、航空機の後部からなにかを回収しようとしてもむずかしい――どころか不可能――だろうし、銃弾が飛んでくるなかなら、なおさらむりだ。飛行士が望ましくない状況で地上に降り立った事例は数多くあり、そうした場合に飛行士に残されているのはポケットにあるものだけだ。

わたしが携帯しているのは標準的な品ばかりで、携帯型GPSとVHF航空無線機、シグナル・ミラー、ホイッスル、「デイグロ」蛍光パネルを一枚か二枚、懐中電灯、ナイフ数本、折りたたみ式水筒、小さな医療パックなどだ。わたしにとって、このキットのなかの必需品は、抗炎症鎮痛剤だ。脱出および逃避行動で山を走りはじめることになったとき、鎮痛剤があればふだんの肉体の限界をはるかに超えて進みつづけることができるからだ。

これは常識に類することだが、着陸態勢に入ったときと、離陸直後のわずかな時間のふたつが、アフガニスタンを飛行する際にもっとも危険な段階である。しばしばタリバーンは、軍事基地の近くに陣取って、ヘリコプターが着陸のためやってくるのを待っており、その際には兵器として、有効性が実証ずみのRPG-7をもっともよく使う。砲弾は発射して約九〇〇メートル飛んだところで爆発し、うまいところに命中すれば機体にかなりの損傷をあたえることができる。また、AKやPKMなどの小火器も、ゲリラのあいだではさかんに用いられている。

遠隔地での離陸と着陸について、わたしはロシア人の飛行テクニックには大いに問題があると思っているし、アフガニスタンでは、そうした離着陸をする機会が非常に多い。

ロシア人飛行士の多くが着陸地帯から離陸直後にもっともよく使っているテクニックとは、比較的急な上昇角度を選び、最大で時速約一三〇キロの速度で上昇するというものだ。たしかに上昇速度はかなり速いが、このパイロットたちは、この飛び方を選んだ場合、自動火器をもった者にはかなりゆっくり動く標的に見えるという点を、頑として認めようとしない。

同様に、着陸する際のテクニックは、着陸地帯へ急角度で低速下降するというもので、その速度は着陸態勢に入ったときよりわずかに速い程度だ。わたしは何度かロシア人クルーのヘリに副操縦士や乗客として乗ったことがあるが、そのたびに自分たちが、RPGどころかアサルト・ライフルをもった敵にさえ格好の標的になっていることをひしひしと感じている。

アフガニスタンで撃墜されるロシアの民間ヘリコプターは無数にあり、その大半は着陸進入の最終段階に撃ち落とされており、数件は離陸直後の撃墜である。

南アフリカ空軍の作戦飛行訓練課程では、銃撃を受けたときの最善の対抗策はつねにスピードであると教えられた。そのテクニックは、離陸後はスピードを上げるため、できるだけ低空を飛び、それから必要に応じて上昇しはじめるというものだった。敵対的な地域で着陸のため進入するときは、安全に配慮しながらできるだけ速いスピードで進入して接地するのが大切だ。その目的は、地上にいてヘリを損傷させせようと考えている者から狙われにくい飛行ルートをとることにある。敵にこちらの進路を予想されて、機体が敵の砲弾と同時に同じ空域に入る事態を防ぐ必要があるのだ。

同じ空域に入れることは、ヘリコプターがすばやく動いていれば簡単ではないが、ヘリのスピードが抑えられているか、ほとんどホバリング状態である場合、進路予想は簡単になり、ヘリは被弾する。

アフガニスタンに派遣された当初、飛行任務はかならずコクピットに経験豊かなヘリコプター副操縦士を一名同乗させて実施された。

彼らは地域に通じていたし、国内各地にちらばるUSAIDの地方復興支援チーム（PRT）の基地に接近して着陸する手順も心得ていた。

PRTの一部は、NATOの前線作戦基地（FOB）と同じ場所に置かれており、そうした場所は火砲で重武装されていたため、着陸地帯に接近中に誤って射程に入らないよう、正しい周波数と進入路を知っている必要があった。何度か基地の作戦担当官から、進入を中止せよと必死になって警告する無線通信を受けたこともある。その場合、基地から遠く離れた安全な場所で旋回飛行し、砲兵隊が砲撃計画を完了させるのを待った。

これは理想的な状況とはいえなかった。アフガニスタンのような危険な場所で、時間の長さに関係なく旋回飛行していると、往々にしてタリバーンが、ゆっくり動くヘリに向かって砲撃してくるからだ。しかも、同じ場所の上空で旋回していると、地上にいる敵部隊に練習のチャンスをたっぷりあたえることにもなる。ヘリコプターが同じ場所で延々と旋廻していれば、一〇回続けて撃ち損じるかもしれないが、いずれは命中することもある。

こうした作戦地域では、これ以外にも、地上部隊と航空機のあいだの連絡に問題が生じることもあった。調整が不十分というか、まったくとれていないことが多かった。われわれが基地に近づき、最終進入段階に入ったところで、隣接する砲兵陣地から大きな爆発音がして、砲弾が一、二発飛んでくることがよくあった。

われわれが行く地域のほとんどには、セメント製の発着所があり、着陸地帯の周辺には大きな石がまかれていた。これは、ヘリコプターが離着陸する際に砂ぼこりが舞い上がるのを防ぐためで、砂ぼこり自体が障害となって、パイロットが地面を視認できなくなるおそれがあるからだった。

アフガニスタンの基地には、車輪のついたヘリコプターが滑走離陸できるような滑走路をそなえたところはほとんどない。滑走離陸だと、離陸態勢に入るときに使うパワーが少なくてすむ。この最初の段階を通ってしまえば、大きい荷物や重い荷物を積んで飛行でき、ヘリコプターは巡航速度まで安全に加速できる。

アフガニスタンでは、環境が敵対的なのは地上戦だけではない。上空にもさまざまな脅威があり、しかもそれは、タリバーンの地対空ミサイルや地上からの銃撃のせいだけではなく、固定翼機であれ回転翼機であれ、ほかの航空機と衝突する危険性も非常に高いからである。

実際、東欧諸国出身のパイロットのなかには、英語をうまく話せない者がいる。英語がほとんどわからないのだ。大半はロシア人かウクライナ人で、大多数は、標準作戦航空交通管制の無線に応答するよう指示されている。しかし、アフガニスタンに「平均的」なことなど何ひとつない。パイロットは、特定の地域で反政府活動があるからとして、ルートを変更したり、その地域の上空で待機したりするよう指示されることが多い。そうなったら現地の回線は大忙しで、大混雑することもしばしばだ。

その結果、外国人パイロットと、地上で航空交通管制を担当する係官とのあいだで大きな混乱が起こることがある。手をつけられないほどの混乱状態になることも――数多く――あり、とくにヘリコプターの航空管制については、異常接近がだれも認めなくないほど何回も起きている。

幸い、ヘリコプターは高速機ではない。そのため、たいていパイロットは異常接近があっても余裕をもって警告を受け、危険な進路からはずれることができる。

カブールなど市街地上空を飛ぶときは、これとは別の問題がある。敵が簡易爆発物（ＩＥＤ）を携帯電話や無線通信で爆発させるのを防ぐために、ＮＡＴＯ軍がはじめた強力な電波妨害が悩みの種になっているのだ。これが、かなりハイピッチで耳ざわりな、鼓膜を破りそうな音で、まるでヘヴィメタ・ロックバンドがマイクのハウリングを起こしているような騒音なのである。

ときには妨害電波が強くなりすぎて管制塔からの指示が聞こえなくなることもあり、これでは、どんな状況でも、すぐさま深刻な飛行障害になりかねない。妨害電波は、とくに空港周辺と外交官地区がひどい。

管制塔の指示に従うのが不可能だったことが何度もあった。さらに悪いことに、目視で確認できないときもあり、もし視界が悪いなかで衝突コースを飛んでいたら、おそらくまにあうように回避行動をとることはできなかっただろう。

出撃後にバグラム航空基地から帰還したときのことは、よく覚えており、当時の天気は、よくいっても飛行可能ギリギリだった。まわりはどしゃ降りで、もやも薄くかかっていた。対地高度は六〇メートルほどで、前方の視界は非常に悪い。管制塔から、滑走路に進入せよとの指示を受けた――管制官は、ほぼ同じ到着予定時刻に空港に着くほかのヘリコプターを近づけないようにもしていた――が、しばし緊張が高まった。ヘリコプターの二機編隊が同じ進入路にいるのに気づいたからだった。

わたしがアフガニスタン空域を飛行中に、もっとも強く緊張した瞬間は、はじめてアフガニスタン領空に到着したときに気づいた、あの悪い視界のなかでカブールに帰還したときだった。

また、アフガニスタンの天候もときには非常に過酷で、とくに冬のあいだはなんの前ぶれもなく天気が急変することが多い。毎年、悪天候で航空機が失われており、なかでも山に墜落するケースは多い。

われわれパイロットは、天候が悪化しそうなときに飛行する際のテクニックとして、自分の通ってきたルートをたえずふりかえって目で確認するという方法をすぐ身につけたが、これには立派な理由がある。気象前線は、ほぼ突然に近づいてきて、ときには安全な場所へ戻るルートが一本しかないのに、そのルートを遮断してしまうことが多いからだ。また、機体に着氷することもあり、寒い月にはこれがたえず問題となる。とくに気温がセ氏五度以下になる場合は、雪や嵐など、はっきりとした降水はすべてかならず避けるようにしている。

アフガニスタンで悪天候を経験したパイロットの話は、山ほどある。二年ほど前、経験豊富なベル412のパイロットがひとり、かなりあやうい気象条件のなか、カブールへ帰還していた途中、前方に吹雪を発見し、わずか数分で機体は完全に吹雪に飲みこまれた。

パイロットは、ただちに予防着陸をしなくてはならなかった。完全にIMC（計器気象状況）つまり計器飛行が必要な気象状況であり、すぐにも地面を視認できなくなりそうだったからだ。ほかにどんな選択肢も残されておらず、やむなく彼は、地元の農家が所有する塀をめぐらせた敷地に着陸したが、クルーにとっては幸いなことに、この農家はタリバーンの支持者ではなかった。クルーたちは現地の家族から自宅に招かれ、治安部隊が到着してヘリコプターを確保し、一同をカブールへつれて帰るまで、面倒を見てもらった。ヘリコプターは数日後、天候が十分に回復してから、ぶじに回収された。

われわれは、酸素呼吸器を支給されていないため、IMCで飛行するのも避けている。

雲のなかや悪天候のなかを安全に飛行してカブールで計器飛行による降下を実施できるためには、同国のおもな空港を囲む山脈に激突するのを避けるためすくなくとも高度五五〇〇メートルに達しておく必要がある。民間航空規則に従えば、高度約三六〇〇メートル以上を酸素なしで飛ぶことはできないので、われわれの作戦は日中のVFR（有視界飛行規則）による飛行に厳しく制限されている。アフガニスタンでヘリコプターの夜間飛行が認められるのは、暗視装置、略称NVGを装備していて、パイロットがその使い方の訓練を受けている場合にかぎられる。

そして夏が来ると、気温は四〇度以上になる日もある。やはり、こうした状況にはまったく新たな対応が必要であり、パイロットたちは荷物の積み方や飛行方法に注意をはらわなくてはならない。

気温が高くなると、高度が上がるほど空気は薄くなるため、飛行前に計画を十分に練っておく必要があるし、狭い着陸地帯に着陸しなくてはならない場合は、そこからの離陸も注意しなくてはならない。気温が高い高地では十分なパワーが得られず、ヘリコプターが離陸直後に墜落することがあるからだ。

ニール・エリスがよく言うように、アフガニスタンには目をみはるような景色があり、「いつも新たな発見がある」。（写真：ニール・エリス）

同じことは、ふだんから視界がほとんど効かないカブールにもあてはまる。

地元住民が食事を作るために燃やす何万本もの薪から出る煙が――砂ぼこりと混じって――作り出すもやが、あまりにもひどい朝が多く、そのため空港でIMCが宣言されることがある。しかも、空港から位置通報点へ向かうのが悪夢のような体験になることもある。最悪の事態が最後の最後、帰還時に待っていることも多い。ロシア人パイロットが、自分の位置を通報すべき位置通報点に来ていてもそれがなかなかわからず、これが同じ地域で活動している操縦士全員にとって深刻な障害となっている。

乾季には砂嵐が断続的に発生し、しかもなんの前ぶれもなく起こることが多い。カブールに戻ってみたものの、空港も町もどこにあるかまったくわからないということもある。そんなときは、前方の視界が二〇〇メートル以下の状態で、空港のまわりにある義務位置通報エリアから対地高度九〇メートルで進入路を飛ぶことを余儀なくされる。

「アフガニスタンほどの感動的な景色がある国は、世界にほとんどない——こちらを歓迎しようと地上で待っているものに、つい萎縮してしまうのだ……」。ニール・エリス談。

それにくわえて、カブール市の内外にはラジオ塔や電信柱が何本も立っており、航空機を着陸させる際は、そうした障害物につっこむのを避けるため、パイロットはどの場所の上空を飛んでいるかをつねに意識していなくてはならない。

しかも、最後に嬉しいおみやげがつく。たまたまアフガニスタン国民が、泥レンガの住居の上をヘリコプターが通過する瞬間、AK-47の試し撃ちを行なうのだ。幸い、こんな状況では視界が効かないので、撃つ方もふつうは狙いを定める暇がない。われわれがとれる唯一の対抗策は、ヘリの速度をできるだけ高速に維持し、薄暗がりのなかへ消えてしまうことだけだ。

現実には、反政府軍兵士たちは第三世界のトラブルメーカーたちと同じで、とにかく発砲するのが好きな連中だ。ありとあらゆる機会を使って、上空を飛ぶヘリコプターを撃ち落とそうとする。USAIDの軍事基地の多くが中央アジアでもとくにアクセスのむずかしい場所にあることも、問題を悪化させている。

こうした僻地の基地と主要道を結ぶ道路もあるにはあるが、たいてい舗装されていない。大半は、タリバーンによって地雷や、軍事用語で言うところの簡易爆発物(IED)が埋設されている。そのため道路を移動するのは危険であり、こうした基地に駐留する人員は、待ち伏せ攻撃を受けるおそれもあるため、当然ながら空路で移動する方を好む。つねに空路が移動方法として好まれており、固定翼機が着陸するのに適した滑走路がない以上、もっぱらヘリコプターが使われることになる。

あるとき、カブールの西南にあるザーボル県カラートへ飛行する任務をあたえられ、計画では地方復興支援チーム基地（ＰＲＴ）で乗客を降ろしたら、道路で二〜三キロほど離れた場所にあるラグマン前線作戦基地（ＦＯＢ）へ飛んで燃料を補給することになっていた。ヘリで移動する理由について両基地にいる軍人と文官の両方から、たとえＦＯＢとＰＲＴの距離がライフルの銃弾がとどく距離より短いとしても、両基地間を道路で移動するのは危険すぎるからだと言われた。

それに対してわたしは、同国にいる間に何度も、もしＮＡＴＯ軍が基地の周辺地域を制圧するのにほんとうに熱心に取り組んでいるのなら、実際のところ政府側の人員や兵士は、短い距離なら攻撃されたり誘拐されたりする心配をあまりせずに歩いて行けるはずではないかと主張した。

しかし、一九七〇年代と一九八〇年代にアンゴラと南西アフリカとザンビアでかなりの戦争経験を積んだ南アフリカ人として言わせてもらえば、政治的な意思決定はいつも密室で行なわれており、そうした政治の背景を理解するのは、たいてい容易なことではない。そこで疑問がひとつ生まれる。これほど危険な状態になるまで状況が悪化するのを放置したのは、いったいどうしてなのか？　かつてのソ連軍のように、ＮＡＴＯ軍は対反乱作戦を実施しており、しかもここ数年は戦闘がエスカレートしつづけている。なのにアフガニスタンにいる多国籍軍の地上部隊は、遠隔地を制圧するため出撃したりはせず、ずっと要塞のなかに立てこもったままだ。

首脳陣は、タリバーンが実権をにぎるのを事実上許してしまった。さらに重要なのは、一般のアフガニスタン人が、それを知っているということだ……

タリバーンが息を吹き返しているだけでなく、農村部を中心にアフガニスタンのほぼ全土で支配を固めているのは、もはや秘密でもなんでもない。地域によっては、タリバーンの幹部がＮＡＴＯ軍や政府職員に、現地にある民間用携帯電話の電波塔のスイッチを、いつ入れて、いつ切るかを正確に命じているところもあるという。

ゲリラたちが、ＮＡＴＯ軍部隊が多数駐留している地域で状況を決定できる立場に立ったことを、すごいと思う第三者はわたしひとりではないだろう。しかし、アフガニスタンに派遣されたNATO軍のうち、表舞台に現れないヨーロッパ人のなかには、自分から攻勢に出ることをいみ嫌い、ましてや本格的な戦争など真っ平御免と思っている者がいるのも確かである。

アフガニスタンにおける通常の作戦では、われわれは三台の異なるGPS追跡装置を機体に装備して飛行した。すべて緊急用である。

一台目は、アメリカ国務省から支給されたブルー・フォース・トラッカーだ。緊急ボタンを作動させると、一五分以内になんらかの対応がされることになっていて、それは固定翼の攻撃機による近接航空支援だったり、ヘリで輸送されてきた地上支援グループだったりする。

次はファスト・ウェイヴ・トラッカーで、これはわが社の作戦ルームでモニターされている。三つめの警報装置はスパイダートラック・システムで、南アフリカにいる会社の作戦担当者がモニターしている。

基本的には、われわれが飛行中に攻撃される――あるいは、地上からの敵の攻撃で敵対的な地域に不時着しなくてはならなくなる――か、エンジン・トラブルや、ヘリコプターの重要な装置が故障するなど、飛行中の緊急事態が発生したら、遭難信号を出し、そうすれば理論上、救援部隊がただちに向かうという予定だった。

しかし、空挺部隊が助けに来る保証は何ひとつなかった。われわれは民間機を運用しており、たとえ遠隔地の基地に必需品の多くを供給する任務についていても、一部の軍人から見れば優先順位はあきらかに低かった。

たとえば、ヌーリスタン県のカラグシュ前線作戦基地から東のアサダバードへ飛行中、冒頭で書いたとおり、われわれが乗っていたMi-8でマシン・トラブルが発生した。故障したエンジンを停止させると、われわれはブルー・フォース・トラッカーを起動させ、救難信号を出した。われわれは敵対的とされていた地域の上空を飛んでいたので、この処置は絶対必要だった。はっきり言うと、残っているエンジンも止まった場合は、武装した護衛部隊に十分な上空掩護をしてもらいたいと思ったのだ。

さらに気がかりだったのは、わずか二日前に、いま上空を飛んでいる、まさにその渓谷で、反政府勢力の陣地に対する非常に大規模な軍事作戦が行なわれたのを目撃していたことで、現在の地上のようすはまるでわからなかった。

われわれの救援信号に対して、すぐに反応はなかった。空挺部隊が護衛にやってくるかわりに、携帯電話がかかってきて、ぶじかどうかたずねられた。オペレーターは、われわれがまちがえてうっかりボタンを押してしまったのではないかと考えたのだ！

結局すべてなんとかなり、われわれはアサダバードに到着すると、エンジン一基だけでぶじ進入し、ヘリコプターを損傷させることなく着陸させたのだった。

USAIDとの契約で使っていたMi-8ヘリコプターには、通例、武装した四人の「銃手」を搭乗させていた。この四人のプロの仕事は、予防着陸や不時着でわれわれが地上に降りた場合に警護してもらうことだった。

われわれはアメリカ政府機関のパイロットであるため、武器の携帯は認められていなかったが、この武装した「乗客」を後ろに乗せていることで、十分に守られていると安心することができた。

われわれの「銃手」たちは、大半が軍隊で訓練を受けたことのある国外居住者で、なんらかの特殊部隊に所属していた経歴の持ち主だった。たいてい有能で腕が立ち、不時着したときだけでなく、カブールのあちこちにあってわれわれがよく行くバーでも、重大な事態が発生したときには近くにいてほしいタイプの連中だった。

チーム継続訓練の一環として、われわれは定期的に、緊急着陸せざるをえなくなった場合に実践すべき行動の訓練を受けた。「銃手」たちも、われわれが到着した基地の一部でエアクルー向けに小火器訓練を行なったり、われわれが使うことになるかもしれない各種武器について講義したりして、われわれの武器を扱う腕が錆びないようにしてくれた。

訓練では一貫して、緊急事態ですべきことと、自分たちに何が期待されているのかを、正しく理解することだと力説された。彼らのひとりが簡潔に言った言葉を借りれば、「困った事態になりはじめてから新たに訓練をはじめても遅い」のだ。

そして、一日の飛行任務を終えて基地に戻ると、よくわれわれは町へくりだすことにして、われわれの「銃手」も誘っていっしょに出かけた。繁華街のバーは、ふだんから男性が一〇対一の割合で多く、ビールを二、三杯飲むといざこざが大きくなることがあるので、彼らは心強いつれだった。

アフガニスタンの広大な国土を移動するうちに、徐々に各地のさまざまな基地をいくつも訪れることとなり、そうした基地ではたいてい軍人たちから大歓迎を受けた。階級が低い軍人はいつも協力的で、ちょっとしたトラブ

僻地にある発着場のなかには、タリバーンの不正規兵による攻撃にしばしばひどくさらされるところもあった。「それでも、それが仕事であり、われわれはただ黙々とやりとげなくてはならなかった」と、この写真を撮ったネリスは語っている。（写真：ニール・エリス）

ルや燃料補給は進んで手伝ってくれることが多かった。

それに対して、われわれが日々山間部を進むなかで出会う将校のなかには、じつに傲慢な者がいた。われわれは軍人でないから軽蔑していいと思いこんでいるような者も多かった。われわれがMｉ‐8から降ろした荷物がなければ何もできず、アフガニスタンでのわれわれの役割は彼らが戦争を続行するのを支援することなのに、そんなわれわれが彼らのちっぽけな縄張りにいるだけで怒り出す者さえいた。

二〇〇九年末、とりわけ強力な気象前線がアフガニスタン全土を通過し、飛行条件は急激に悪化した。ある日の夕方近く、ロシア人クルーを乗せたヘリコプターがアメリカ軍基地に着陸し、ロシア人機長は基地司令官に、今日はこれ以上飛行したくはないし、夜が迫っているのでふたたび離陸するのは危険だと訴えた。すでに無線で、この基地と最終目的地であるカブールとのあいだはこれから天候が悪化することも知らされていた。

基地司令官である大佐は、基地に一泊させてほしいというロシア人機長の要請をじつに冷淡に断わった。それどころかヘリコプターのクルーに、荷物を降ろししだいすぐに出発せよと命じたのである。あからさまにおどされたパイロットとクルーは、カブールに向けて出発すると、そのまま吹雪にまきこまれ、視界が効かなくなったヘリコプターは山に墜落して全員が死亡した。

悪天候はその後も数日続いたため、墜落したヘリコプターは、白色の目立つ外装だったにもかかわらず、捜索および救助活動がはじまってほぼ一週間後にようやく見つかった。クルーの死に直接責任がある大佐がヘリコプターのクルーを宿泊させなかったことで罰せられたかどうかは、推測の域を出ない。アメリカ人のことだから、もしかすると報奨を得て、准将に昇進しているかもしれない。このような偏狭な男は批判にさらす必要がある。彼のしたことを考えれば、こいつにいまなおアメリカ陸軍の制服を自慢げに着させておくわけにはいかない。

ほかに、いかにもアフガニスタンらしい問題もあった。同国で凧揚げの季節になると飛行士たちは、いくつかの潜在的危険とでもいうべき問題に悩まされることになり、とくに新入りにとっては大問題となる。凧揚げは国民的なスポーツであり、長い伝統を誇っている。

大きな町の周辺で活動しているパイロットは、凧を避けるためたえず回避行動をとりつづけなくてはならない。凧ひもがいとも簡単に制御装置にからまってしまうからだ。通常の飛行後点検を実施していると、凧がローターの制御装置にからまってできた、いわゆる「鳥の巣」が見つかることも、しょっちゅうだ。

さいわい、Ｍｉ－８ヒップは強力なヘリコプターで、凧がからまったくらいでは稼働中の制御装置に影響はないようだ。一方、凧揚げがじつは作戦で、タリバーンが損傷をあたえようとしてわれわれの飛行ルートにこの障害物を意図的に揚げているのかどうかは、定かではない。ただ、すぐに判明したのは、カブール空港の進入ルートと離陸ルートには、この国のほかのどの地域よりもふだんから多くの凧が揚がっているということだ。

あるとき、カンダハールＰＲＴに向かって飛行中、最終進入段階で地元住民の一団が飛行ルートへ凧を直接侵入させ、そのためわれわれは急いで回避行動をとる羽目になった。巧妙な作戦が進行中なのは明白で、いずれ重大な問題になるのではないかと思う。

国内の全空港から一・五キロなどと範囲を区切って凧揚げを禁止すれば話は簡単だ。しかし、この国の文民政権――および、政権に関与している軍部もおそらく――は、まともに機能しない指揮系統と、大混乱を生むおそれのある数々の記録や規制のせいで、弱体化しており、問題は深刻化しはじめている。

　われわれは任務の最中に、笑えるような瞬間を味わうこともたしかにあった。たとえば、われわれがNATO軍基地に着陸すると、基地の兵士がわれわれをロシア人だと思って近づいて来るときがそうだ。面白いことに、彼らは決まって、われわれは英語が理解できないものと思いこんでいた。

　たいてい彼らは、まず子どもっぽい片言英語を使ってやりとりしようとする。ときにはわれわれもそれにつきあうことがあり、その結果はたいがい愉快なものだが、それにしても欧米人の偽善ぶりには、まったく驚かされる。

　彼らはわれわれの目の前で、あの「何も知らないバカで間抜けなロシア人パイロットたち」について、じつにあけすけに話す。ところが連中は、じつはわれわれが彼らとだいたい同じ英語で会話できることに気づくと、とたんに笑い出したりする。しかし、もしわれわれが英語を話せるロシア人だったら大問題になっていただろうし、おそらく実際にそうしたことが起きたこともあると思う。

　アフガニスタンには、飛行契約を結んで来ている民間操縦士も数多くいる。ジー（旧ブラックウォーター）の子会社プレジデンシャルがピューマS330を飛ばし、国務省（DoS）航空団はヒューイ-2ヘリコプターを使い、エヴァーグリーンはS-61とピューマ・ヘリコプターを、CHCの子会社モルソンはベル212を、それぞれ運用している。

　われわれはDoS航空団と仕事をすることが多く、われわれが重要な高位高官を内陸部へ輸送する際はヒューイ-2ヘリコプターにわれわれを護衛してもらっていた。この年代物の戦闘ヘリは、通常、七・六二ミリ機関銃で武装しているが、M134六連装ガトリング・ガンを搭載しているものもある。こうしたすばらしい自動火器で膨大な量の銃弾を浴びせることができるだけでなく、パイロットもこの業界ではプロ中のプロで、のちにわたしも気づくのだが、つきあってみるとじつに楽しい連中だ。全員が元軍人で、それはつまり彼らの大多数が、アフガニスタンの過酷な環境で求められるものを完璧に理解しているということだった。

　現在DoS航空団はINL（国務省国際麻薬・法執行局）の監督下に入っているが、INL自体は基本的にダインコープの影響下にある。さらにダインコープは、現在進行中の大規模麻薬絶滅プログラムの一環として、われわれが使っていたのと同じMi-8MTVヘリコプターを飛ばしていた。

東側ブロックの国々も、パンジやブルンダイアヴィアなどの企業を通じて、やはりMi-8を運用して貢献している。

現地の企業のなかにも、カム・エアやカブール・エアのように、ヒップ・ヘリコプターを賃貸契約で貸し出す会社があり、たとえばロジスティック企業のスプリームは、こうした会社から提供されたヒップを使って食料を各地の軍事基地へ運んでいる。また、南米コロンビアの企業ベルティカル・デ・アビアシオンは、アメリカ陸軍工兵隊と契約を結んでいる。アブダビ・アヴィエーションは、わたしがいる間にベル412ヘリコプター二機をUSAIDに賃貸していた。

数々の怪しげな組織の頂点に立つのが、きわめて秘密主義的で、ペガサスという名前でしか知られていない部隊だ。民間会社というより準軍事組織というべきペガサスは、Mi-8MTVをさらに進化させたバージョンであるMi-171とMi-172ヘリコプターを運用し、多くの場合、夜間

バグラムやカブールの飛行場と同じく、カンダハールにも評価不能な独自の特徴がいくつもあった。「なによりもまず、はるかに大きすぎて適切な警備対策をとることができなかった。タリバーンがいつもどこかに隠れていたし……いまもどこかにいる」とエリスは語った。この写真を撮ったのもエリス。

作戦を実施している。さる情報源によると、ペガサスは「スーパー・スパイ」部隊の一部を支援する任務をあたえられているという。この部隊は、荒涼としたパキスタンとの国境沿いの遠隔地で活動しており、もしかすると国境を越えて活動しているのかもしれないといわれている。

ロシア人クルーを別として、アフガニスタンで活動しているヘリコプター・パイロットの大半は元軍人だ。実際、DoS航空団など一部の会社は、軍隊でのNVG使用訓練を入社の必須条件として明記している。

アフガニスタンで何台のヘリコプターが運用中か判断するのはむずかしい。軍の部隊をすべて計算に入れ——これに民間登録されている航空機をくわえ——れば、その数は軽く五〇〇機を超えるに違いない。そこでまた別の問題がもちあがる。これだけの数の機体を運用しつづけるだけでも、たいへんな仕事であるのはまちがいない。

何人ものさまざまな操縦士に必要な燃料と弾薬を供給する兵站業務は、物資のほぼすべてを陸路で同国へ運びこむのだから、膨大な規模となる。民間ヘリコプターは、一か月で最大九〇時間飛行するので、足し算をしてみれば、この燃費の悪い航空機に供給するため十分な量の燃料をアフガニスタンに運びこむのは、悪夢のようなものに違いないことがはっきりとわかる。しかも、燃料を積んだタンクローリーの多くはパキスタンから国内に入り、輸送車隊はアフガニスタンの国境内だけでなくパキスタン国内でも、途中でタリバーンの分派によってたびたび攻撃を受け、しばしば破壊されるのだから、その苦労はたいへんなものだ。

タンクローリーの大多数は個人所有で、そのため所有者は、あらゆる補給ルートを手あたりしだいに狙おうとするゲリラ勢力のせいで多大な損失をこうむっているのはまちがいない。

アフガニスタンの戦争は、基本的に、対反乱戦争の性格をもつ。しかしNATO軍は、OP（監視所）作戦を実施する際は小隊規模で移動する傾向が強い。

地球上のほかの地域——とりわけ中東とアフリカ——の紛争で見てきた経験からいうと、こうした戦争を戦う最善の方法は、小規模のチームを展開し、それを全国各地の基地に配した一連の即応機動ヘリボーン部隊で支援することだ。ヘリボーン部隊は、いつでもすぐに出撃できるよう待機させておく。当然ながら、これを装甲車両や、大砲とジェット戦闘機で補強してもいいだろう。

要するに成功の秘訣は、地上で兵士を活動させることにある。手強いゲリラ戦に対抗するには、反政府軍にこちらから戦いを仕かけなくてはならない。どこであろうと不正規戦では、マラヤやケニアや、最近ではアフリカのほかの国々でもはっきり実証されたように、敵がもっとも思いもよらないときに攻撃する必要がある。

アフリカ南部で起きた数度の紛争から生まれて大いに成功をおさめた「ファイヤー・フォース」という戦術は、アフガニスタンで活動する野戦指揮官のほぼ全員にはまったくなじみがない。しかし、アンゴラ、ザンビア、モザンビーク、それにローデシアで、この戦術は攻撃性と柔軟性を十二分に生かし、必要とあれば「物資を届ける」こともあった。

アフガニスタンは、小規模な偵察チームを山間部の監視所（ＯＰ）に派遣するのに完璧な環境だ。こうしたチームは、通常四人の兵士で構成される。ローデシアのサルー斥候隊は、二名からなるチームを敵戦線のはるか後方数百キロメートルの地点まで潜入させることが非常に多く、任務中は深刻な問題が発生することがあったが、たとえそうなっても、ヘリコプターによる緊急回収というぜいたくは望むべくもなかった。

アフガニスタンでは、小規模偵察部隊は、集落やパキスタンからの潜入ルートを監視できる場所へ戦略的に配置するのがいいだろう。そして、反政府部隊を確認したら、「ファイヤー・フォース」と同じ種類の部隊を要請して、必要なことをしてもらえばいい。

孤立した要地に駐留する監視部隊は、数日から、ときには数週間も派遣され、夜間にさまざまな陣地へ移動する。ひそかに身を隠し、敵部隊が駐留していて地元の民間人を恐怖で支配しようとしていることが判明している地域を監視する。もしタリバーンが監視部隊に危害をくわえようとしたら、空爆を要請して敵の脅威を無力化するか、ヘリを使って現場から回収してもらえばすむ話だ。

わたしは、イギリスとアメリカの特殊部隊がこれと同じ活動を実際に行なっていることを知っているが、そうした取り組みは小規模かつ断片的すぎて、長期的なインパクトをあたえるまでにいたっておらず、ＮＡＴＯが制空権を完全ににぎっていることを考えれば、意外というほかない。

十分に訓練を積んだ兵士の一団を、慎重に選んだ監視所に配置すれば、ほぼ確実に、民間人の死傷者を最小限に抑えることができるだろうし、地元住民の心をつかむ助けにもなる。起伏が多い土地だから、こうした兵士はそう簡単には発見されないだろう。なお、中央アジアで活動中のＮＡＴＯ軍は、日中と夜間の両方の作戦で戦える最先端の装備をもっているが、そうした装備は、アフガニスタンで活動を続けるための長期的な解決策にはならない。

今日のアフガニスタンで起きていることを、より広い視野で見てみると、タリバーンがはじめた反乱を封じこめるには、はっきり言って、絶対に基本に戻る必要がある。この点、たとえばアパッチ・ヘリコプターのような、あらかじめ決めておいた反政府側の標的に向けて数キロ先から銃撃できる最先端の発射装置は、あまり役に立たない。

アエロスパシアル・エキュレイユのような、もっとコンパクトなヘリ——あるいは、改造したカイオワを、側方から発射できる二〇ミリ機関砲で武装し、部隊の上空を旋回させる——のほうが、もっと効果的な支援を提供できる。こうした小型ヘリコプターなら、目標地域を掃射できるだけでなく、敵の逃走を防ぐため阻止部隊を派遣することもできる。われわれがアフリカ南部で戦争を実施していたときには、フランス製のアルーエットⅢ攻撃ヘリが、主要な戦力多重増強手段だったが、それは火力のためだけでなく、このヘリが万能タイプで、さまざまな任務を実行できたからでもあった。

側方発射用に七・六二ミリのガトリング・ガンではなく、HE弾を使う二〇ミリ機関砲を採用したのは、HE弾が地面にぶつかって爆発したときに出る音がものすごくうるさいからだ。南アフリカ空軍には、「もっとも大きな音を出した側方銃手が戦闘に勝つ……！」という言葉もあるほどだ。

アフリカ南部の「国境戦争」が続いていたあいだ、フランス製のアルーエット攻撃ヘリが反政府勢力の大多数からおそれられていたことに、疑問の余地はない。

アフガニスタンの山間部に潜伏する敵に対しては——こうした敵に効果的な攻撃をくわえるのはつねにむずかしい——最初はショックをあたえるため攻撃機を投入してもいいだろう。しかしその後は、歩兵部隊が進軍して、生き残った敵を排除するか捕虜にするかして一帯を掃討することが肝要だ。その過程で、兵器や通信機器、貴重な情報が手に入るかもしれない文書なども集めるといいだろう。

以前、USAID職員の小グループを内陸の軍事基地までヘリで送る任務を担当したとき——基地にはアメリカ特殊部隊が配置されていた——、わたしは上級隊員のひとりと「ファイヤー・フォース」戦術について話しあった。彼は、わたしが長年この戦術を直接体験していたこともあって、あきらかに興味をいだいていたが(3)、最後には、その考えはよさそうだが実行するのはむりだと言った。

監視兵を山の頂上へ配置するのはむずかしすぎるだろうというのが、その理由だった。さらに、アフガニスタンの川谷はヘリコプターが着陸するには深くて狭すぎるので、やはり危険だと言う。この隊員は経験も知識も豊富な兵士だったが、それでも、「ファイヤー・フォース」の進め方や、その基本的目標をまるで理解できなかった。

彼の態度を見て、残念ながらこれ以上の議論は無意味だと悟った。この戦術は、アメリカと大半のヨーロッパ諸国の軍事訓練制度では、反乱軍と戦う総合的な戦略の一部としては、まったく考えられていない。その一方で、彼はわたしがつねづね感じていた、アメリカ軍は戦争を戦う方法に柔軟性がなさすぎるという意見に賛同してくれた。また、アメリカ軍は教条主義的で、二五年前にアフガニスタンへ侵攻してきたソ連軍とほぼ同じように、現場にいる人間に自由な発想を許さないことが多かった。

もうひとつ重要な要素がある。現場の指揮官は、つねに指揮下の部隊を完全に掌握していなくてはならない。

そこで、この紛争でもっとも基本的な問題点が明らかになる。戦争の歴史のなかで、現場の兵士が、敵をはっきり照準に捕らえているのに、それでもまだ発砲許可を求めなくてはならないのか？

そして、現在のカブールでの物事の進め方から見て、現場の兵士は、一〇〇キロ以上離れた作戦ルームに座っている将校に、きっと許可を求めるのだろう。

バカらしい！

(1)　"Taliban Missile Downed Helicopter": *Daily Telegraph*. London, July 27, 2010, p. 5.

(2)　Lester W. Grau: *The Bear Went over the Mountain: Soviet Combat Tactics in Afghanistan*: Frank Cass Publishers, London, 1998.

(3)　Al J. Venter (with Neall Ellis and Richard Wood) *The Chopper Boys*: Greenhill Books, London, Stackpole Books, US, 1994. なお、Al J. Venter: *War Dog*. Casemate Publishing, US and UK, 2006 で、ニール・エリスがシエラレオネ内戦とバルカン戦争で実施した攻撃ヘリコプターによる作戦について記した第一章から第八章も参照のこと。

◆著者略歴

アル・J・フェンター（Al J. Venter）

国際的に活躍する戦争ジャーナリスト。30年近くにわたり、イギリスの軍事情報企業ジェーンズ・インフォメーション・グループなどに記事を提供している。またテレビ・ドキュメンタリーのプロデューサーとして、アフリカ各地の戦争やアフガニスタン戦争を扱ったものから、南アフリカの喜望峰沖でのシャーク・ハンティングを取材したものまで、多種多様な番組を制作している。著書に、『イラク戦争報告——なぜサダム・フセインは倒されたのか *The Iraqi War Debrief: Why Saddam Hussein Was Toppled*』（2004）や、『イランの核オプション——原爆製造をめざすイラン政府 *Iran's Nuclear Option: Tehran's Quest for the Atomic Bomb*』（2005）などがある。南アフリカ出身で、現在はイギリス在住。

◆訳者略歴

小林朋則（こばやし・とものり）

翻訳家。筑波大学人文学類卒。おもな訳書に、ボツマン『血塗られた慈悲、笞打つ帝国。』（インターシフト）、ファタードー編『ヴィジュアル版国家と国民の歴史』、ムーアとフレアリー『図説世界を変えた50の科学』、パーキンズ『図説世界を変えた50の政治』、スミス『図説世界史を変えた50の戦略』（以上、原書房）、マッキンタイアー『キム・フィルビー——かくも親密な裏切り』（中央公論新社）など。新潟県加茂市在住。

ドキュメント
世界《せかい》の傭兵最前線《ようへいさいぜんせん》
アメリカ・イラク・アフガニスタンから
アフリカまで

●

2016年3月31日　第1刷

著者………アル・J・フェンター
訳者………小林朋則《こばやしとものり》

装幀………川島進デザイン室
本文組版・印刷………株式会社ディグ
カバー印刷………株式会社明光社
製本………東京美術紙工協業組合
発行者………成瀬雅人

発行所………株式会社原書房
〒160-0022　東京都新宿区新宿1-25-13
電話・代表　03(3354)0685
http://www.harashobo.co.jp
振替・00150-6-151594
ISBN978-4-562-05306-3